#홈스쿨링
#10종교과서_완벽반영

우등생
수학

Chunjae
Makes
Chunjae

▼

[우등생] 초등 수학 6-2

기획총괄   김안나
편집/개발   김정희, 김혜민, 최수정, 김현주
디자인총괄   김희정
표지디자인   윤순미, 여화경
내지디자인   박희춘
제작   황성진, 조규영

발행일   2024년 3월 15일 2판 2024년 3월 15일 1쇄
발행인   (주)천재교육
주소   서울시 금천구 가산로9길 54
신고번호   제2001-000018호
고객센터   1577-0902

홈스쿨링

우등생 홈스쿨링

학년, 학기 선택

초등3 ∨   1학기 ∨   메뉴

★
수학

스케줄표

온라인 학습
개념강의
문제풀이

단원 성취도 평가

학습자료실
학습 만화
유사문제 생성기
학습 게임
서술형+수행평가
정답

검정 교과서 자료

★ **과목별 스케줄표와 통합 스케줄표를 이용할 수 있어요.**

통합 스케줄표
우등생 국어, 수학, 사회, 과학 과목이 함께 있는 12주 스케줄표

★ **교재의 날개 부분에 있는 「진도 완료 체크」 QR코드를 스캔하면 온라인 스케줄표에 자동으로 체크돼요.**

검정 교과서 학습 구성 &
우등생 수학 단원 구성 안내

영역	핵심 개념	3~4학년군 검정교과서 내용 요소	우등생 수학 단원 구성
수와 연산	수의 체계	– 다섯 자리 이상의 수 – 분수 – 소수	(3-1) 6. 분수와 소수 (3-2) 4. 분수 (4-1) 1. 큰 수
	수의 연산	– 세 자리 수의 덧셈과 뺄셈 – 자연수의 곱셈과 나눗셈 – 분모가 같은 분수의 덧셈과 뺄셈 – 소수의 덧셈과 뺄셈	(3-1) 1. 덧셈과 뺄셈 (3-1) 3. 나눗셈 (3-1) 4. 곱셈 (3-2) 1. 곱셈 (3-2) 2. 나눗셈 (4-1) 3. 곱셈과 나눗셈 (4-2) 1. 분수의 덧셈과 뺄셈 (4-2) 3. 소수의 덧셈과 뺄셈
도형	평면도형	– 도형의 기초 – 원의 구성 요소 – 여러 가지 삼각형 – 여러 가지 사각형 – 다각형 – 평면도형의 이동	(3-1) 2. 평면도형 (3-2) 3. 원 (4-1) 4. 평면도형의 이동 (4-2) 2. 삼각형 (4-2) 4. 사각형 (4-2) 6. 다각형
	입체도형		
측정	양의 측정	– 시간, 길이(mm, km) – 들이, 무게, 각도	(3-1) 5. 길이와 시간 (3-2) 5. 들이와 무게 (4-1) 2. 각도
	어림하기		
규칙성	규칙성과 대응	– 규칙을 수나 식으로 나타내기	(4-1) 6. 규칙 찾기
자료와 가능성	자료처리	– 간단한 그림그래프 – 막대그래프 – 꺾은선그래프	(3-2) 6. 자료의 정리(그림그래프) (4-1) 5. 막대그래프 (4-2) 5. 꺾은선그래프
	가능성		

어떤 교과서를 사용해도 수학 교과 교육과정을 꼼꼼하게 모두 학습할 수 있는 교과 기본서! 우등생 수학!

52회 홈스쿨링 스케줄표

다음의 표는 우등생 수학을 공부하는 데 알맞은 학습 진도표입니다.
본책과 평가 자료집을 52회로 나누어 공부하는 스케줄입니다.

어떤 교과서를 쓰더라도 ALWAYS **우등생**

수학 6·2

홈스쿨링   오답노트 *안드로이드만 가능 동영상 강의

1. 분수의 나눗셈

1회	2회	3회	4회	5회	6회	7회	8회	9회
1단계	2단계	1단계 2단계	1단계 2단계	3단계	4단계	단원평가	기본+실력	과정중심+심화
6~11쪽 ▶	12~13쪽	14~17쪽 ▶	18~21쪽 ▶	22~25쪽 ▶	26~27쪽 ▶	28~31쪽 ▶	평가 자료집 1~5쪽	평가 자료집 6~8쪽
월 일	월 일	월 일	월 일	월 일	월 일	월 일	월 일	월 일

2. 소수의 나눗셈

10회	11회	12회	13회	14회	15회	16회	17회
1단계 2단계	1단계 2단계	1단계 2단계	3단계	4단계	단원평가	기본+실력	과정중심+심화
32~37쪽 ▶	38~41쪽 ▶	42~47쪽 ▶	48~51쪽 ▶	52~53쪽 ▶	54~57쪽 ▶	평가 자료집 9~13쪽	평가 자료집 14~16쪽
월 일	월 일	월 일	월 일	월 일	월 일	월 일	월 일

3. 공간과 입체

18회	19회	20회	21회	22회	23회	24회	25회	26회
1단계 2단계	1단계 2단계	1단계 2단계	1단계 2단계	3단계	4단계	단원평가	기본+실력	과정중심+심화
58~63쪽 ▶	64~67쪽 ▶	68~71쪽 ▶	72~75쪽 ▶	76~79쪽 ▶	80~81쪽 ▶	82~85쪽 ▶	평가 자료집 17~21쪽	평가 자료집 22~24쪽
월 일	월 일	월 일	월 일	월 일	월 일	월 일	월 일	월 일

4. 비례식과 비례배분

27회	28회	29회	30회	31회	32회	33회	34회	35회
1단계	2단계	1단계 2단계	1단계 2단계	3단계	4단계	단원평가	기본+실력	과정중심+심화
86~91쪽 ▶	92~93쪽	94~99쪽 ▶	100~105쪽 ▶	106~109쪽 ▶	110~111쪽 ▶	112~115쪽 ▶	평가 자료집 25~29쪽	평가 자료집 30~32쪽
월 일	월 일	월 일	월 일	월 일	월 일	월 일	월 일	월 일

5. 원의 넓이

36회	37회	38회	39회	40회	41회	42회	43회	44회	45회
1단계	2단계	1단계 2단계	1단계	2단계	3단계	4단계	단원평가	기본+실력	과정중심+심화
116~121쪽 ▶	122~123쪽	124~129쪽 ▶	130~133쪽 ▶	134~135쪽	136~139쪽 ▶	140~141쪽 ▶	142~145쪽 ▶	평가 자료집 33~37쪽	평가 자료집 38~40쪽
월 일	월 일	월 일	월 일	월 일	월 일	월 일	월 일	월 일	월 일

6. 원기둥, 원뿔, 구

46회	47회	48회	49회	50회	51회	52회
1단계 2단계	1단계 2단계	3단계	4단계	단원평가	기본+실력	과정중심+심화
146~151쪽 ▶	152~157쪽 ▶	158~161쪽 ▶	162~163쪽 ▶	164~167쪽 ▶	평가 자료집 41~45쪽	평가 자료집 46~48쪽
월 일	월 일	월 일	월 일	월 일	월 일	월 일

40회 홈스쿨링 스케줄표

다음의 표는 우등생 수학을 공부하는 데 알맞은 학습 진도표입니다.
본책을 40회로 나누어 공부하는 스케줄입니다. (**1주일**에 **5회**씩 공부하면 학습하는 데 **8주**가 걸립니다.)
시험 대비 기간에는 평가 자료집을 사용하시면 좋습니다.

어떤 교과서를 쓰더라도 ALWAYS **우등생**
수학 6·2

홈스쿨링 오답노트

▶ 동영상 강의

1. 분수의 나눗셈

1회 1단계	**2**회 2단계	**3**회 1단계＋2단계	**4**회 1단계＋2단계	**5**회 3단계	**6**회 4단계	**7**회 단원평가
6～11쪽 ▶	12～13쪽 ▶	14～17쪽 ▶	18～21쪽 ▶	22～25쪽 ▶	26～27쪽 ▶	28～31쪽 ▶
월　일	월　일	월　일	월　일	월　일	월　일	월　일

2. 소수의 나눗셈

8회 1단계＋2단계	**9**회 1단계＋2단계	**10**회 1단계＋2단계
32～37쪽 ▶	38～41쪽 ▶	42～47쪽 ▶
월　일	월　일	월　일

2. 소수의 나눗셈

11회 3단계	**12**회 4단계	**13**회 단원평가
48～51쪽 ▶	52～53쪽 ▶	54～57쪽 ▶
월　일	월　일	월　일

3. 공간과 입체

14회 1단계＋2단계	**15**회 1단계＋2단계	**16**회 1단계＋2단계	**17**회 1단계＋2단계	**18**회 3단계	**19**회 4단계	**20**회 단원평가
58～63쪽 ▶	64～67쪽 ▶	68～71쪽 ▶	72～75쪽 ▶	76～79쪽 ▶	80～81쪽 ▶	82～85쪽 ▶
월　일	월　일	월　일	월　일	월　일	월　일	월　일

4. 비례식과 비례배분

21회 1단계	**22**회 2단계	**23**회 1단계＋2단계	**24**회 1단계＋2단계	**25**회 3단계	**26**회 4단계	**27**회 단원평가
86～91쪽 ▶	92～93쪽 ▶	94～99쪽 ▶	100～105쪽 ▶	106～109쪽 ▶	110～111쪽 ▶	112～115쪽 ▶
월　일	월　일	월　일	월　일	월　일	월　일	월　일

5. 원의 넓이

28회 1단계	**29**회 2단계	**30**회 1단계＋2단계
116～121쪽 ▶	122～123쪽 ▶	124～129쪽 ▶
월　일	월　일	월　일

5. 원의 넓이

31회 1단계	**32**회 2단계	**33**회 3단계	**34**회 4단계	**35**회 단원평가
130～133쪽 ▶	134～135쪽 ▶	136～139쪽 ▶	140～141쪽 ▶	142～145쪽 ▶
월　일	월　일	월　일	월　일	월　일

6. 원기둥, 원뿔, 구

36회 1단계＋2단계	**37**회 1단계＋2단계	**38**회 3단계	**39**회 4단계	**40**회 단원평가
146~151쪽 ▶	152～157쪽 ▶	158～161쪽 ▶	162～163쪽 ▶	164～167쪽 ▶
월　일	월　일	월　일	월　일	월　일

빅데이터를 이용한

단원 성취도 평가

- 빅데이터를 활용한 단원 성취도 평가는 모바일 QR코드로 접속하면 취약점 분석이 가능합니다.
- 정확한 데이터 분석을 위해 로그인이 필요합니다.

6-2

홈페이지에 답을 입력

↓

자동 채점

↓

취약점 분석

↓

취약점을 보완할 처방 문제 풀기

↓

확인평가로 다시 한 번 평가

1단원 성취도 평가

50분

01 그림을 보고 □ 안에 공통으로 들어갈 수를 구하시오.

0	$\frac{1}{7}$	$\frac{2}{7}$	$\frac{3}{7}$	$\frac{4}{7}$	$\frac{5}{7}$	$\frac{6}{7}$	1

- $\frac{5}{7}$ 에는 $\frac{1}{7}$ 이 □ 번 들어 있습니다.

- $\frac{5}{7} \div \frac{1}{7} = $ □

(   )

[02~04] □ 안에 알맞은 수를 써넣으시오.

02 $\frac{14}{15} \div \frac{2}{15} = $ □

03 $\frac{8}{13} \div \frac{5}{13} = $ □$\frac{□}{5}$

04 $\frac{2}{7} \div \frac{3}{5} = \frac{□}{□}$

05 그림을 보고 □ 안에 알맞은 수를 써넣으시오.

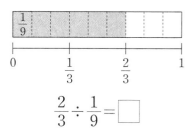

$$\frac{2}{3} \div \frac{1}{9} = □$$

06 나눗셈을 곱셈으로 바르게 나타낸 것을 찾아 기호를 쓰시오.

㉠ $\frac{3}{5} \div \frac{1}{4} = \frac{3}{5} \times 4$

㉡ $\frac{8}{9} \div \frac{5}{6} = \frac{8}{9} \times \frac{5}{6}$

㉢ $\frac{2}{9} \div \frac{3}{4} = \frac{9}{2} \times \frac{3}{4}$

(   )

[07~08] 계산 결과를 비교하여 ○ 안에 >, =, <를 알맞게 써넣으시오.

07 $\dfrac{5}{9} \div \dfrac{7}{9}$ ○ $\dfrac{5}{12} \div \dfrac{7}{12}$

08 $8 \div \dfrac{2}{3}$ ○ $15 \div \dfrac{3}{4}$

09 ㉠~㉣에 알맞은 수를 바르게 짝 지은 것을 고르시오. ······· ( )

$$\dfrac{3}{8} \div \dfrac{4}{7} = \dfrac{3}{8} \times \dfrac{1}{㉠} \times ㉡$$
$$= \dfrac{3}{8} \times \dfrac{㉢}{㉣}$$

① ㉠: 4, ㉡: 7, ㉢: 1, ㉣: 7
② ㉠: 7, ㉡: 4, ㉢: 7, ㉣: 4
③ ㉠: 4, ㉡: 7, ㉢: 7, ㉣: 7
④ ㉠: 4, ㉡: 7, ㉢: 7, ㉣: 4
⑤ ㉠: 7, ㉡: 4, ㉢: 4, ㉣: 7

10 계산 결과가 가장 큰 것을 찾아 기호를 쓰시오.

㉠ $12 \div \dfrac{3}{5}$

㉡ $16 \div \dfrac{4}{9}$

㉢ $21 \div \dfrac{7}{11}$

( )

11 □ 안에 알맞은 분수는 어느 것입니까?
······· ( )

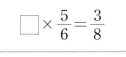

$$\square \times \dfrac{5}{6} = \dfrac{3}{8}$$

① $\dfrac{5}{16}$ ② $\dfrac{9}{10}$ ③ $\dfrac{9}{20}$

④ $\dfrac{9}{40}$ ⑤ $\dfrac{3}{7}$

12 바르게 계산한 사람의 이름을 쓰시오.

> 영우: $3\dfrac{2}{5} \div \dfrac{4}{9} = 3\dfrac{2}{5} \times \dfrac{9}{4} = 3\dfrac{18}{20}$
>
> 지오: $3\dfrac{2}{5} \div \dfrac{4}{9} = \dfrac{17}{5} \times \dfrac{9}{4} = \dfrac{153}{20}$
> $= 7\dfrac{13}{20}$

(   )

13 다음에서 ㉠과 ㉡의 합을 구하시오.

> $3\dfrac{2}{3} \div \dfrac{3}{5} = ㉠\dfrac{㉡}{9}$

(   )

[14~15] 넓이가 $\dfrac{6}{7}$ m²인 직사각형의 세로가 $\dfrac{3}{5}$ m입니다. 물음에 답하시오.

> $\dfrac{6}{7}$ m² $\dfrac{3}{5}$ m

14 직사각형의 가로를 구하는 식을 찾아 기호를 쓰시오.

> ㉠ $\dfrac{6}{7} \div \dfrac{3}{5}$
>
> ㉡ $\dfrac{3}{5} \div \dfrac{6}{7}$

(   )

15 직사각형의 가로는 몇 m인지 □ 안에 알맞은 수를 써넣으시오.

$\square\dfrac{\square}{7}$ m

16 □ 안에 알맞은 수를 써넣으시오.

> $\square\dfrac{\square}{5} \times \dfrac{3}{4} = 6\dfrac{4}{5} \div \dfrac{2}{3}$

17 은재는 주스를 $\frac{4}{11}$ L, 승우는 $\frac{2}{11}$ L 마셨습니다. 은재가 마신 주스 양은 승우가 마신 주스 양의 몇 배입니까?

( )배

18 케이크 한 개를 만드는 데 밀가루 $\frac{3}{5}$ kg 이 필요합니다. 밀가루 9 kg으로 만들 수 있는 케이크는 몇 개입니까?

( )개

19 지팡이 한 개를 만드는 데 나무 막대 $\frac{4}{15}$ m가 필요합니다. 나무 막대 $2\frac{2}{3}$ m 로 만들 수 있는 지팡이는 몇 개입니까?

( )개

20 지호네 집에서 학교까지의 거리는 $2\frac{2}{5}$ km입니다. 지호가 1분에 $\frac{1}{4}$ km씩 걸어간다면 집에서 학교까지 가는 데 몇 분이 걸리는지 대분수로 나타내시오.

$\Box\dfrac{\Box}{5}$분

01 □ 안에 알맞은 수를 써넣으시오.

$$9.1 \div 1.3 = \boxed{}$$

02 □ 안에 알맞은 수를 잘못 짝 지은 것은 어느 것입니까? ·······(   )

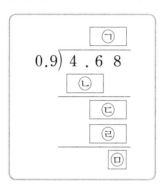

① ㉠－52   ② ㉡－45
③ ㉢－18   ④ ㉣－18
⑤ ㉤－0

03 소수의 나눗셈을 하려고 합니다. 소수점을 바르게 옮긴 것을 찾아 기호를 쓰시오.

㉠ $7.4)\overline{9.62}$ ㉡ $7.4)\overline{9.62}$

(   )

04 $405 \div 45 = 9$를 이용하여 □ 안에 알맞은 수를 구하시오.

$$40.5 \div 4.5 = \boxed{}$$

(   )

05 나눗셈의 몫을 자연수 부분까지 구하고 남는 양을 알아보시오.

$$254.7 \div 3$$

자연수 부분까지 구한 몫
⇨ (   )
남는 양 ⇨ (   )

06 몫이 다른 것은 어느 것입니까?(   )

① 996÷83   ② 99.6÷8.3

③ 9.96÷0.83   ④ 0.996÷0.83

⑤ 9960÷830

07 빈칸에 알맞은 수를 써넣으시오.

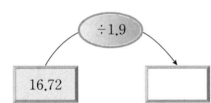

08 큰 수를 작은 수로 나누어 몫을 빈칸에 써넣으시오.

10.44	2.9

09 계산 결과를 비교하여 ○ 안에 >, =, <를 알맞게 써넣으시오.

$$66.7 ÷ 2.3 \bigcirc 95.2 ÷ 3.4$$

10 몫을 반올림하여 소수 첫째 자리까지 나타내시오.

$$31.6 ÷ 6$$

(   )

11 몫의 소수 100째 자리 숫자는 얼마입니까?

$$5.5 \div 3$$

( )

12 □ 안에 알맞은 수를 구하시오.

$$0.84 \times \boxed{} = 21$$

( )

13 몫이 가장 큰 것은 어느 것입니까?

.... ( )

① $9 \div 0.3$ ② $8 \div 0.25$

③ $14 \div 0.5$ ④ $3.48 \div 0.12$

⑤ $7.44 \div 0.24$

14 □ 안에 들어갈 수 있는 자연수는 모두 몇 개입니까?

$$28 \div 2.5 < \boxed{} < 18 \div 0.96$$

( )개

15 계산 결과를 비교하여 ○ 안에 >, =, < 를 알맞게 써넣으시오.

| 2.5÷7의 몫을 반올림하여 소수 둘째 자리까지 나타낸 수 | ○ | 2.5÷7 |

16 끈 17.3 m를 한 사람에 2 m씩 나누어 주려고 합니다. 나누어 줄 수 있는 사람 수는 몇 명입니까?

(   )명

17 다음 평행사변형의 넓이는 25.2 cm²이고, 밑변은 4.2 cm입니다. 이 평행사변형의 높이는 몇 cm입니까?

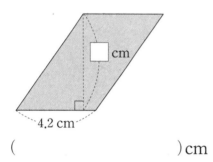

4.2 cm

(   )cm

18 케이크 한 개를 만드는 데 밀가루 0.16 kg이 필요합니다. 밀가루 0.96 kg으로 케이크 몇 개를 만들 수 있습니까?

(   )개

19 1.6 L의 휘발유로 14.4 km를 갈 수 있는 자동차가 있습니다. 휘발유 1 L로 갈 수 있는 거리는 몇 km입니까?

(   )km

20 음료수 4.15 L를 한 사람에게 0.35 L씩 똑같이 나누어 주려고 합니다. 최대한 많은 사람에게 나누어 줄 때, 남는 음료수의 양은 몇 L입니까?

(   )L

[01~02] 사용된 쌓기나무의 개수를 구하려고 합니다. 물음에 답하시오.

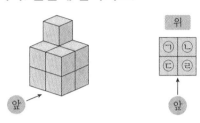

01 ㉠ 자리에 쌓인 쌓기나무는 몇 개입니까?

( )개

02 똑같은 모양을 만들기 위해 필요한 쌓기나무는 모두 몇 개입니까?

( )개

[03~05] 쌓기나무로 쌓은 모양을 보고 물음에 답하시오.

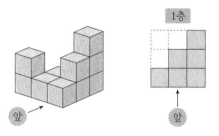

03 2층 모양으로 알맞은 것은 어느 것입니까? ·········· ( )

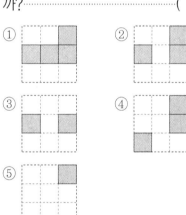

04 3층에 쌓인 쌓기나무는 몇 개입니까?

( )개

05 똑같은 모양을 만들기 위해 필요한 쌓기나무는 모두 몇 개입니까?

( )개

06 주어진 모양과 똑같은 모양을 쌓는 데 필요한 쌓기나무의 개수를 구하시오.

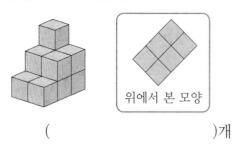

위에서 본 모양

( )개

[08~09] 쌓기나무 9개로 쌓은 모양입니다. 물음에 답하시오.

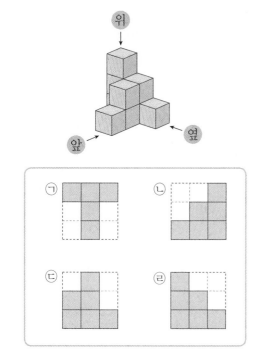

08 앞에서 본 모양을 찾아 기호를 쓰시오.

( )

07 보기와 같이 컵을 놓고 사진을 찍었습니다. 어느 방향에서 사진을 찍은 것입니까?

····················· ( )

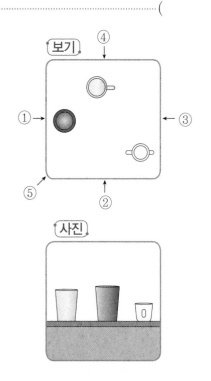

09 옆에서 본 모양을 찾아 기호를 쓰시오.

( )

[10~11] 쌓기나무로 쌓은 모양을 위, 앞, 옆에서 본 그림입니다. 물음에 답하시오.

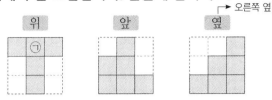

10 ㉠ 자리에 쌓인 쌓기나무는 몇 개입니까?

( )개

11 똑같은 모양을 만들기 위해 필요한 쌓기나무는 모두 몇 개입니까?

( )개

12 쌓기나무를 5개씩 붙여서 만든 모양입니다. 뒤집거나 돌렸을 때 같은 모양이 <u>아닌</u> 것을 찾아 기호를 쓰시오.

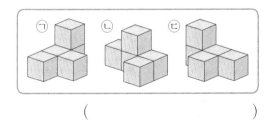

( )

[13~15] 각각 쌓기나무 6개를 사용하여 만든 모양입니다. 물음에 답하시오.

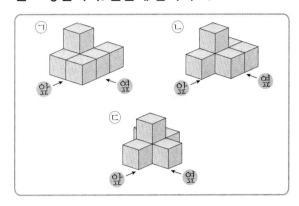

13 ㉠과 똑같은 모양을 만들 때 1층에 쌓아야 하는 쌓기나무는 몇 개입니까?

( )개

14 위에서 본 모양에 수를 쓰는 방법으로 나타냈을 때 다음과 같은 모양은 어느 모양인지 찾아 기호를 쓰시오.

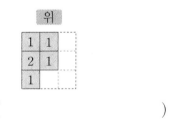

( )

15 쌓기나무로 쌓은 모양을 위, 앞, 옆에서 본 그림입니다. 어떤 모양을 본 것인지 찾아 기호를 쓰시오.

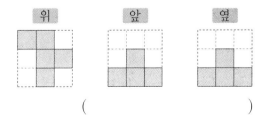

( )

16 오른쪽은 쌓기나무로 쌓은 모양을 보고 위에서 본 모양에 수를 써넣은 것입니다. 앞에서 본 모양을 찾아 기호를 쓰시오.

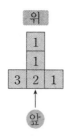

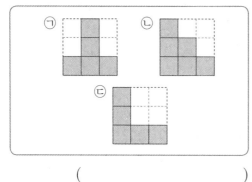

(   )

18 쌓기나무 8개로 조건 을 만족하는 모양 두 가지를 만들고 위에서 본 모양에 쌓기나무의 수를 쓰는 방법으로 나타내었습니다. □ 안에 알맞은 수를 써넣으시오.

조건
• 1층에는 쌓기나무가 4개 있습니다.
• 앞에서 본 모양과 옆에서 본 모양이 같습니다.

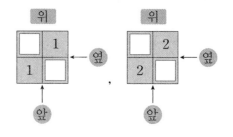

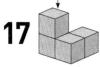
쌓기나무 4개를 붙여서 만든 모양

17 모양에 쌓기나무 1개를 더 붙여서 만들 수 없는 모양을 찾아 기호를 쓰시오.

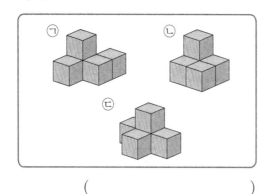

(   )

19 쌓기나무로 쌓은 모양과 위에서 본 모양입니다. 옆에서 보았을 때 가능한 모양은 모두 몇 가지입니까?

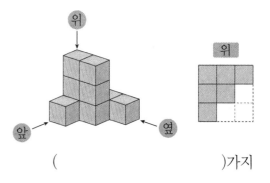

(   )가지

20 쌓기나무 3개를 붙여서 만든 모양에 쌓기나무 1개를 붙여서 만들 수 있는 모양은 모두 몇 가지입니까?

(   )가지

50분

01 비에서 전항과 후항을 각각 찾아 쓰시오.

$$2 : 7$$

전항 (   )

후항 (   )

02 비례식에서 외항과 내항을 각각 찾아 쓰시오.

$$2 : 5 = 4 : 10$$

외항: ☐, 10

내항: 5, ☐

03 ㉠과 ㉡에 알맞은 수를 각각 구하시오.

$$× ㉠$$

$$5 : 9 = 15 : ㉡$$

$$× ㉠$$

㉠ (   )

㉡ (   )

[04~05] 비를 보고 물음에 답하시오.

㉠ 3 : 5   ㉡ 5 : 3
㉢ 9 : 15   ㉣ 13 : 15

04 후항이 3이고 전항이 5인 비를 찾아 기호를 쓰시오.

(   )

05 비율이 같은 두 비를 찾아 기호를 쓰시오.

(   )

06 옳지 않은 비례식을 찾아 기호를 쓰시오.

> ㉠ $15 : 5 = 6 : 2$
> ㉡ $6 : 9 = 18 : 27$
> ㉢ $30 : 20 = 3 : 2$
> ㉣ $22 : 25 = 2 : 5$

(   )

07 100 m를 달리는 데 혜정이는 20초, 성빈이는 17초가 걸렸습니다. 혜정이와 성빈이가 100 m를 달리는 데 걸린 시간을 간단한 자연수의 비로 나타내시오.

$$20 : \boxed{}$$

[08~10] 비례식에서 □ 안에 알맞은 수를 써넣으시오.

08 $\boxed{} : 55 = 9 : 11$

09 $0.5 : 2.1 = 10 : \boxed{}$

10 $\dfrac{4}{5} : 9 = \boxed{} : 45$

[11~12] 지민이와 준원이가 사탕 28개를 3 : 4로 나누어 가지기로 했습니다. 물음에 답하시오.

11 지민이가 가지게 되는 사탕은 전체의 몇 분의 몇인지 기약분수로 나타내시오.

$$\frac{\Box}{\Box}$$

12 지민이가 가지게 되는 사탕은 몇 개입니까?

(   )개

13 $20 : \dfrac{3}{4}$을 간단한 자연수의 비로 바르게 나타낸 것은 어느 것입니까?···(　　　)

① $2 : 3$　　　　② $80 : 3$

③ $8 : 3$　　　　④ $6 : 160$

⑤ $3 : 80$

14 조건에 맞게 비례식을 완성하시오.

> **조건**
> • 비율은 $\dfrac{3}{4}$입니다.
> • 외항의 곱은 72입니다.

$$6 : \Box = \Box : \Box$$

15 서영이와 호영이가 할머니 생신에 24000 원짜리 케이크를 사려고 합니다. 서영이와 호영이가 5 : 3으로 나누어 돈을 낸다면 서영이는 호영이보다 얼마를 더 내야 합니까?

(   )원

[16~17] 자전거의 페달에 연결된 톱니바퀴는 톱니가 48개, 뒷바퀴에 연결된 톱니바퀴는 톱니가 12개입니다. 물음에 답하시오.

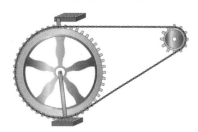

16 페달과 뒷바퀴에 각각 연결된 톱니바퀴의 톱니 수의 비를 간단한 자연수의 비로 나타내려고 합니다. □ 안에 알맞은 수를 써넣으시오.

$$48 : \boxed{} \Rightarrow \boxed{} : 1$$

17 자전거의 페달에 연결된 톱니바퀴를 3바퀴 회전시킬 때 뒷바퀴에 연결된 톱니바퀴는 몇 바퀴 회전합니까?

(   )바퀴

18 미주와 현수는 같은 책을 1시간 동안 읽었습니다. 미주는 전체의 $\frac{1}{4}$, 현수는 전체의 $\frac{1}{5}$ 을 읽었습니다. 미주와 현수가 각각 1시간 동안 읽은 책의 양을 자릿수가 한 자리인 자연수의 비로 나타내시오.

$$\boxed{} : \boxed{}$$

19 자동차가 일정한 빠르기로 12 km를 달리는 데 8분이 걸렸습니다. 같은 빠르기로 210 km를 달린다면 몇 시간 몇 분이 걸립니까?

$$\boxed{}시간 \boxed{}분$$

20 두 평행사변형 가와 나의 넓이의 합은 480 cm²입니다. 평행사변형 가의 넓이는 몇 cm²입니까?

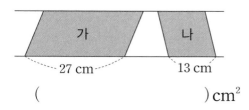

(   ) cm²

5단원 성취도 평가

5. 원의 넓이

01 원의 지름에 대한 원주의 비율을 무엇이라고 하는지 쓰시오.

( )

02 원주율을 소수로 나타내면 3.1415926…과 같이 끝없이 이어집니다. 원주율을 반올림하여 소수 둘째 자리까지 나타내시오.

( )

03 □ 안에 알맞은 수를 써넣으시오. (원주율: 3)

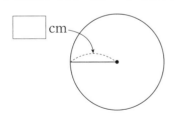

원주: 60 cm

04 (원주)÷(지름)을 비교하여 ○ 안에 >, =, <를 알맞게 써넣으시오.

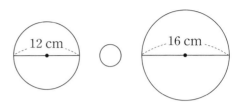

원주: 37.68 cm　　원주: 50.24 cm

05 지호가 그린 원의 원주가 몇 m인지 구하시오. (원주율: 3.1)

지호야, 네가 그린 원에서 중심을 지나도록 원 위의 두 점을 이은 선분의 길이는 몇 m니?

2 m야.

선미　　　　　　　지호

( ) m

06 다음 설명 중 <u>틀린</u> 것을 찾아 기호를 쓰시오.

> ㉠ 원주는 (반지름)×(원주율)입니다.
> ㉡ 반지름이 길어지면 원주도 길어집니다.
> ㉢ 원의 지름에 대한 원주의 비율은 항상 일정합니다.

(   )

07 그림과 같이 한 변이 10 cm인 정사각형에 지름이 10 cm인 원을 그리고 1 cm 간격으로 점선을 그렸습니다. 모눈의 수를 세어 원의 넓이를 바르게 어림한 것을 찾아 기호를 쓰시오.

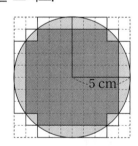

> ㉠ 60 cm² < (원의 넓이),
>   (원의 넓이) < 88 cm²
> ㉡ 88 cm² < (원의 넓이),
>   (원의 넓이) < 100 cm²

(   )

08 원의 넓이가 몇 cm²인지 구하시오. (원주율: 3.1)

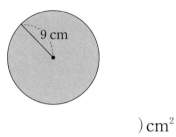

(   ) cm²

09 원주가 몇 cm인지 구하시오.

(원주율: 3.14)

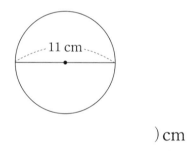

(   ) cm

10 원주가 99 cm인 원의 지름은 몇 cm인지 구하시오. (원주율: 3)

(   ) cm

11 원주가 긴 원부터 순서대로 기호를 쓰시오. (원주율: 3.14)

> ㉠ 지름이 13 cm인 원
> ㉡ 반지름이 6 cm인 원
> ㉢ 원주가 43.96 cm인 원

(   )

12 한 변이 10 cm인 정사각형 안에 들어갈 수 있는 가장 큰 원의 넓이는 몇 cm²인지 구하시오. (원주율: 3)

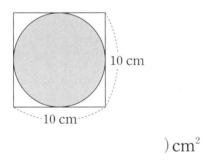

(   ) cm²

13 색칠한 부분의 넓이는 몇 cm²인지 구하시오. (원주율: 3.14)

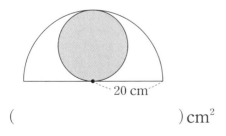

(   ) cm²

14 색칠한 부분의 넓이는 몇 cm²입니까?

(원주율: 3.14)

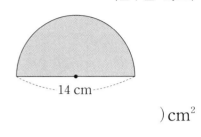

(   ) cm²

15 정사각형 모양의 색종이 가와 원 모양의 색종이 나의 넓이를 비교하여 더 넓은 색종이의 기호를 쓰시오. (원주율: 3.14)

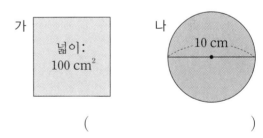

(   )

16 색칠한 부분의 넓이는 몇 cm²입니까?

(원주율: 3)

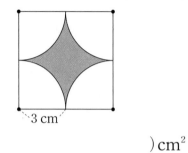

3 cm

(   ) cm²

17 다음 그림에서 큰 원의 원주는 34.1 cm 입니다. 두 원의 지름의 합은 몇 cm인지 구하시오. (원주율: 3.1)

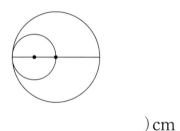

(   ) cm

18 지호는 넓이가 147 cm²인 원을 그리려고 합니다. 반지름을 몇 cm로 해야 하는지 구하시오. (원주율: 3)

(   ) cm

19 윤우는 지름이 25 cm인 굴렁쇠를 직선을 따라 한 바퀴 굴렸습니다. 굴렁쇠가 움직인 거리는 몇 cm인지 구하시오.

(원주율: 3.1)

(   ) cm

20 길이가 100.48 cm인 철사를 남김없이 모두 사용하여 가장 큰 원을 만들었습니다. 만든 원의 반지름은 몇 cm인지 구하시오. (원주율: 3.14)

(   ) cm

6단원 성취도 평가

6. 원기둥, 원뿔, 구

 분석·처방
50분

01 원뿔은 어느 것입니까? ·············· (   )

①   ②

③   ④

⑤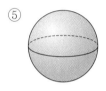

02 입체도형의 이름을 쓰시오.

(   )

03 반원 모양의 종이를 빨대에 붙여서 돌렸을 때 만들어지는 입체도형은 무엇입니까?

(   )

04 원뿔의 꼭짓점과 밑면인 원의 둘레의 한 점을 이은 선분을 무엇이라고 합니까?
·· (   )

① 원뿔의 꼭짓점   ② 높이

③ 모선   ④ 밑면

⑤ 옆면

05 구에서 ㉠ 부분의 이름으로 알맞은 것은 어느 것입니까? ······················ (   )

① 구의 꼭짓점   ② 구의 높이

③ 구의 중심   ④ 구의 반지름

⑤ 구의 옆면

06 원뿔에서 모선을 나타내는 선분이 <u>아닌</u> 것은 어느 것입니까?·····················(   )

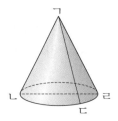

① 선분 ㄱㄴ   ② 선분 ㄱㄷ
③ 선분 ㄱㄹ   ④ 선분 ㄴㄹ

07 원기둥과 원뿔의 높이의 차는 몇 cm입니까?

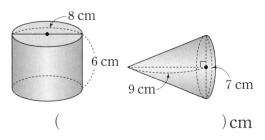

(   ) cm

[08~09] 그림을 보고 물음에 답하시오.

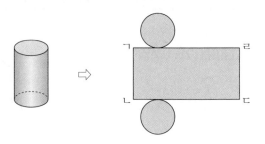

08 원기둥의 전개도에서 옆면은 어떤 도형인지 기호를 쓰시오.

㉠ 원	㉡ 직사각형
㉢ 삼각형	㉣ 굽은 면

(   )

09 밑면의 둘레와 길이가 같은 선분을 찾아 기호를 쓰시오.

㉠ 선분 ㄱㄴ	㉡ 선분 ㄴㄷ
㉢ 선분 ㄷㄹ	

(   )

[10~12] 입체도형을 다음과 같이 두 종류로 분류했습니다. 물음에 답하시오.

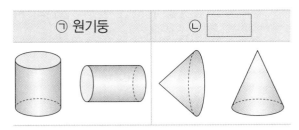

㉠ 원기둥	㉡ [ ]

10 위의 □ 안에 알맞은 말은 무엇인지 쓰시오.

(   )

11 ㉠ 도형과 ㉡ 도형의 공통점입니다. □ 안에 알맞은 말을 써넣으시오.

> □□의 모양은 원이고 옆면은 굽은 면입니다.

12 ㉠ 도형과 ㉡ 도형의 차이점입니다. 밑줄 친 곳에 공통으로 알맞은 말을 쓰시오.

> ㉡ 도형에는 원뿔의 [ ][ ][ ]이 있지만
> ㉠ 도형에는 [ ][ ][ ]이 없습니다.

(   )

[13~14] 원기둥과 원기둥의 전개도를 보고 물음에 답하시오. (원주율: 3)

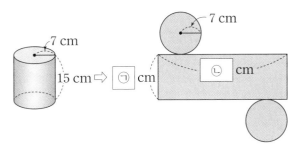

13 ㉠에 알맞은 수를 구하시오.

(   )

14 ㉡에 알맞은 수를 구하시오.

(   )

15 직각삼각형을 다음과 같이 한 변을 기준으로 돌려서 만든 입체도형의 모선은 몇 cm입니까?

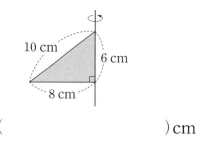

( ) cm

16 입체도형에 대한 설명으로 옳은 것은 어느 것입니까? ·····( )

① 원뿔의 높이는 모선의 길이보다 깁니다.

② 구는 보는 방향에 따라 모양이 다릅니다.

③ 원기둥의 밑면은 1개입니다.

④ 원뿔에는 원뿔의 꼭짓점이 1개 있습니다.

⑤ 원기둥의 높이는 밑면의 지름과 항상 같습니다.

17 원기둥 모양 과자 상자의 옆면의 넓이를 구하시오. (원주율: 3)

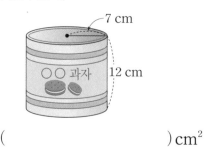

( ) cm^2

18 전개도가 다음과 같은 원기둥이 있습니다. 전개도에서 옆면의 가로는 43.4 cm, 세로는 10 cm입니다. 원기둥의 밑면의 지름은 몇 cm입니까? (원주율: 3.1)

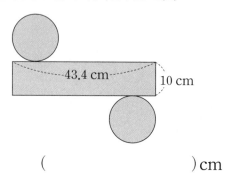

( ) cm

19 지름이 12 cm인 구를 옆에서 보았을 때 보이는 가장 큰 원의 넓이를 구하시오.

(원주율: 3)

( ) cm^2

20 한 밑면의 넓이가 75 cm^{2}일 때 옆면의 넓이를 구하시오. (원주율: 3)

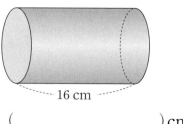

( ) cm^2

정답

3~6쪽 1단원

1 5   **2** 7

3 $1\dfrac{3}{5}$ **4** $\dfrac{10}{21}$

5 6   **6** ㉠

7 =   **8** <

9 ④   **10** ㉡

11 ③   **12** 지오

13 7   **14** ㉠

15 $1\dfrac{3}{7}$ **16** $13\dfrac{3}{5}$

17 2   **18** 15

19 10   **20** $9\dfrac{3}{5}$

7~10쪽 2단원

1 7   **2** ①

3 ㉡   **4** 9

5 84, 2.7   **6** ④

7 8.8   **8** 3.6

9 >   **10** 5.3

11 3   **12** 25

13 ②   **14** 7

15 >   **16** 8

17 6   **18** 6

19 9   **20** 0.3

11~14쪽 3단원

1 3   **2** 9

3 ④   **4** 1

5 10   **6** 11

7 ①   **8** ㉣

9 ㉡   **10** 3

11 9   **12** ㉠

13 5   **14** ㉡

15 ㉢   **16** ㉡

17 ㉢

18 (왼쪽에서부터) 3, 3, 2, 2

19 2   **20** 7

15~18쪽 4단원

1 2, 7   **2** 2, 4

3 3, 27   **4** ㉡

5 ㉠, ㉢   **6** ㉣

7 17   **8** 45

9 42   **10** 4

11 $\dfrac{3}{7}$ **12** 12

13 ②   **14** 8, 9, 12

15 6000   **16** 12, 4

17 12   **18** 5, 4

19 2, 20   **20** 324

19~22쪽 5단원

1 원주율   **2** 3.14

3 10   **4** =

5 6.2   **6** ㉠

7 ㉠   **8** 251.1

9 34.54   **10** 33

11 ㉢, ㉠, ㉡   **12** 75

13 314   **14** 76.93

15 가   **16** 9

17 16.5   **18** 7

19 77.5   **20** 16

23~26쪽 6단원

1 ①   **2** 원기둥

3 구   **4** ③

5 ③   **6** ④

7 3   **8** ㉡

9 ㉡   **10** 원뿔

11 밑면   **12** 꼭짓점

13 15   **14** 42

15 10   **16** ④

17 504   **18** 14

19 108   **20** 480

홈페이지에
들어가면
모든 자료를
볼 수 있어요.

우등생 홈스쿨링

우등생 수학 사용법

동영상 강의!

개념과 **풀이 강의!**
풀이 강의는
3, 4단계의 문제와
단원 평가의 과정 중심
평가 문제 제공

스케줄 관리!

진도 완료 체크 QR코드를 스캔하면
우등생 홈페이지의 스케줄표로 **슝~**
갈 수 있어.

일대일
문의 가능

1 단원
진도 완료 체크

틀린 문제 저장! 출력!

오답노트에 어떤 문제를 틀렸는지 표시해.
나중에 틀린 문제만 모아서 다시 풀 수 있어.

① 오답노트 앱을 설치 후 로그인
② 책 표지 홈스쿨링 QR코드를 스캔하여
   내 교재를 등록
③ 문항 번호를 선택하여 오답노트 만들기

문항번호 선택

날짜별 또는
단원별 보기

인쇄 가능

틀린 문제는
모르는 채 넘어
가지 말자구!

문제 생성기로 반복 학습!

본책의 단원평가 1~20번 문제는 문제 생성기로
유사문제를 만들 수 있어.
매번 할 때마다 다른 문제가 나오니깐
시험 보기 전에 연습하기 딱 좋지?

문제
생성기

구성과 특징

본책

1 어느 교과서로 배우더라도 꼭 알아야 하는 개념과 기본 문제 수록!

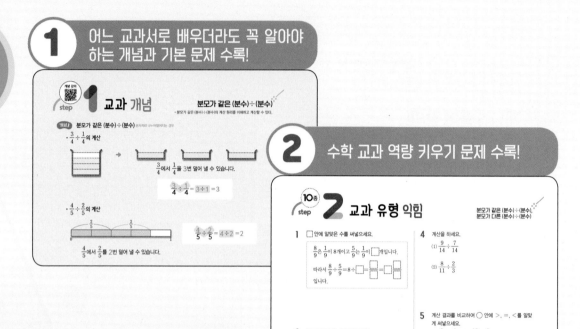

2 수학 교과 역량 키우기 문제 수록!

3 많은 학생들이 잘 틀리는 문제와 서술형 문제 연습!

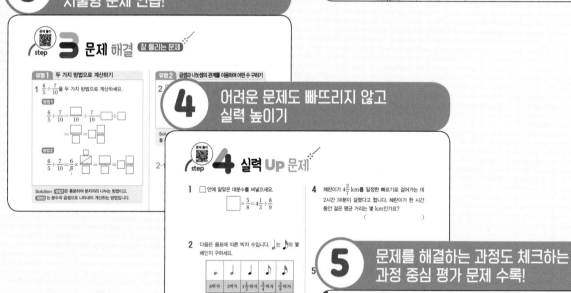

4 어려운 문제도 빠뜨리지 않고 실력 높이기

5 문제를 해결하는 과정도 체크하는 과정 중심 평가 문제 수록!

유사 문제 무한 생성
문제 생성기
(1~20번)

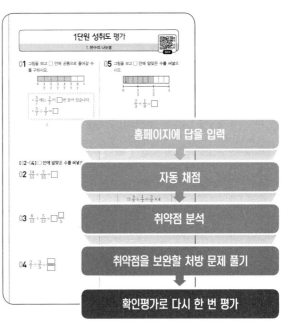

단원 성취도 평가

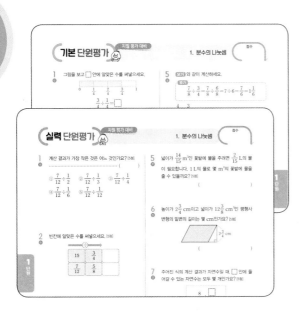

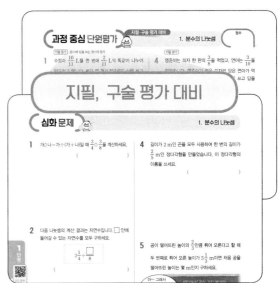

☆ 각종 평가를 대비할 수 있는 기본 단원평가, 실력 단원평가, 과정 중심 단원평가, 심화 문제!
☆ 과정 중심 단원평가에는 지필, 구술, 관찰 평가를 대비할 수 있는 문제 수록

 ## 검정교과서는 무엇인가요?

교육부가 편찬하는 국정교과서와 달리 일반출판사에서 저자를 섭외 구성하고, 교육과정을 반영한 후, 교육부 심사를 거친 교과서입니다.

적용 시기				2015 개정 교육과정 검정 교과서 적용		2022 개정 교육과정 적용			
구분	학년	과목	유형	22년	23년	24년	25년	26년	27년
초등	1, 2	국어/수학	국정			적용			
	3, 4	국어/도덕	국정				적용		
		수학/사회/과학	검정	적용					
	5, 6	국어/도덕	국정					적용	
		수학/사회/과학	검정		적용				
중고등	1	전과목	검정				적용		
	2							적용	
	3								적용

과정 중심 평가가 무엇인가요?

과정 중심 평가는 기존의 결과 중심 평가와 대비되는 평가 방식으로 학습의 과정 속에서 평가가 이루어지며, 과정에서 적절한 피드백을 제공하여 평가를 통해 학습 능력이 성장하도록 하는 데 목적이 있습니다.

우등생 수학

6-2

1 분수의 나눗셈

이어지는 내용을 확인하세요.

웹툰으로 단원 미리보기 **1화** 줄넘기를 얼마나 해야 될까?

🍎 이전에 배운 내용

5-2 (분수)×(분수)

・대분수는 가분수로 바꿉니다.

・분모는 분모끼리,
  분자는 분자끼리 곱합니다.

$$\frac{4}{5} \times \frac{2}{3} = \frac{4 \times 2}{5 \times 3}$$
$$= \frac{8}{15}$$

6-1 (자연수)÷(자연수)

$$2 \div 3 = \frac{2}{3}$$

나누어지는 수는 분자에,
나누는 수는 분모에 씁니다.

6-1 (분수)÷(자연수)

나눗셈을 곱셈으로 나타내어 계산
할 수 있습니다.

$$\frac{4}{5} \div 6 = \frac{\overset{2}{\cancel{4}}}{5} \times \frac{1}{\underset{3}{\cancel{6}}} = \frac{2}{15}$$

곱셈으로 나타내기

나누는 수를 분모가 1인 분수로
나타냅니다.

🍎 이 단원에서 배울 내용

1 step	교과 개념	분모가 같은 분수의 나눗셈
1 step	교과 개념	분모가 다른 분수의 나눗셈
2 step	교과 유형 익힘	
1 step	교과 개념	(자연수)÷(분수)
2 step	교과 유형 익힘	
1 step	교과 개념	(분수)÷(분수)를 (분수)×(분수)로 나타내기, (대분수)÷(분수)
2 step	교과 유형 익힘	
3 step	문제 해결	잘 틀리는 문제 서술형 문제
4 step	실력 **Up** 문제	
🍎	단원 평가	

이 단원을 배우면
(분수)÷(분수)의 계산 원리와
계산 방법을 알 수 있어요.

step **1** 교과 개념

분모가 같은 (분수)÷(분수)

개념1 분모가 같은 (분수)÷(분수) 분자끼리 나누어떨어지는 경우

• $\frac{3}{4} \div \frac{1}{4}$의 계산

 →

$\frac{3}{4}$에서 $\frac{1}{4}$을 3번 덜어 낼 수 있습니다.

$$\frac{3}{4} \div \frac{1}{4} = 3 \div 1 = 3$$

• $\frac{4}{5} \div \frac{2}{5}$의 계산

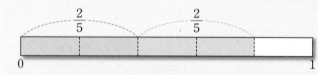

$$\frac{4}{5} \div \frac{2}{5} = 4 \div 2 = 2$$

$\frac{4}{5}$에서 $\frac{2}{5}$를 2번 덜어 낼 수 있습니다.

개념2 분모가 같은 (분수)÷(분수) 분자끼리 나누어떨어지지 않는 경우

• $\frac{7}{8} \div \frac{3}{8}$의 계산

$\frac{3}{8}$ L씩 담을 수 있는 컵으로 덜어 냅니다.

$\frac{7}{8}$ L에서 $\frac{3}{8}$ L씩 덜어 내면 2컵과 $\frac{1}{3}$ 컵입니다.

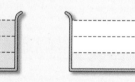

$$\frac{7}{8} \div \frac{3}{8} = 7 \div 3 = \frac{7}{3} = 2\frac{1}{3}$$

$\frac{7}{8}$은 $\frac{1}{8}$이 7개, $\frac{3}{8}$은 $\frac{1}{8}$이 3개이므로 7개를 3개로 나누는 것과 같습니다.

 ➋ 분모가 같은 진분수(가분수)의 계산

분자끼리 **나누어** 몫을 구합니다.

$$\frac{\blacksquare}{\star} \div \frac{\blacktriangle}{\star} = \blacksquare \div \blacktriangle = \frac{\blacksquare}{\blacktriangle}$$

1 $\dfrac{8}{9} \div \dfrac{2}{9}$ 를 계산하는 방법을 알아보려고 합니다.

□ 안에 알맞은 수를 써넣으세요.

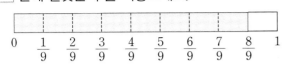

(1) $\dfrac{8}{9}$ 은 $\dfrac{1}{9}$ 이 □ 개이고

$\dfrac{2}{9}$ 는 $\dfrac{1}{9}$ 이 □ 개이므로

□ 개를 □ 개로 나누는 것과 같습니다.

(2) $\dfrac{8}{9} \div \dfrac{2}{9} = 8 \div \boxed{} = \boxed{}$

2 $\dfrac{5}{7}$ L를 $\dfrac{2}{7}$ L씩 담을 수 있는 컵에 나누어 담았습니다. □ 안에 알맞은 수를 써넣으세요.

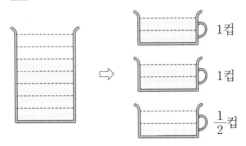

1컵

1컵

$\dfrac{1}{2}$ 컵

$\dfrac{5}{7}$ L를 $\dfrac{2}{7}$ L 크기의 컵에 나누어 담으면

□ 컵과 $\dfrac{1}{\boxed{}}$ 컵이 됩니다.

⇨ $\dfrac{5}{7} \div \dfrac{2}{7} = \boxed{} \div \boxed{} = \boxed{\dfrac{\boxed{}}{\boxed{}}}$

3 □ 안에 알맞은 수를 써넣으세요.

(1) $\dfrac{6}{7} \div \dfrac{2}{7} = \boxed{} \div \boxed{} = \boxed{}$

(2) $\dfrac{10}{11} \div \dfrac{7}{11} = \boxed{} \div \boxed{} = \dfrac{\boxed{}}{\boxed{}} = \boxed{\dfrac{\boxed{}}{\boxed{}}}$

4 계산을 하세요.

(1) $\dfrac{14}{15} \div \dfrac{2}{15}$

(2) $\dfrac{12}{13} \div \dfrac{3}{13}$

(3) $\dfrac{6}{19} \div \dfrac{7}{19}$

(4) $\dfrac{4}{9} \div \dfrac{3}{9}$

5 빈칸에 알맞은 수를 써넣으세요.

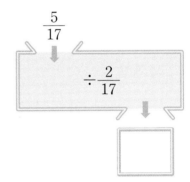

$\dfrac{5}{17}$

$\div \dfrac{2}{17}$

6 계산 결과를 비교하여 ○ 안에 >, =, <를 알맞게 써넣으세요.

$$\dfrac{9}{10} \div \dfrac{3}{10} \quad \bigcirc \quad \dfrac{5}{12} \div \dfrac{8}{12}$$

7 계산 결과가 가장 큰 것에 ○표 하세요.

$\dfrac{6}{7} \div \dfrac{3}{7}$ 　 $\dfrac{3}{8} \div \dfrac{1}{8}$ 　 $\dfrac{5}{7} \div \dfrac{4}{7}$

(　　) 　 (　　) 　 (　　)

개념1 분모가 다른 (분수)÷(분수) 통분했을 때 분자끼리 나누어떨어지는 경우

• $\dfrac{3}{4} \div \dfrac{3}{8}$ 의 계산

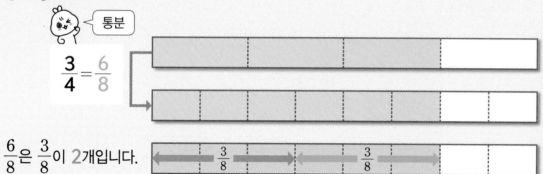

통분

$\dfrac{3}{4} = \dfrac{6}{8}$

$\dfrac{6}{8}$ 은 $\dfrac{3}{8}$ 이 **2**개입니다.

$$\dfrac{3}{4} \div \dfrac{3}{8} = \dfrac{6}{8} \div \dfrac{3}{8} = 6 \div 3 = 2$$

개념2 분모가 다른 (분수)÷(분수) 통분했을 때 분자끼리 나누어떨어지지 않는 경우

• $\dfrac{6}{7} \div \dfrac{2}{5}$ 의 계산

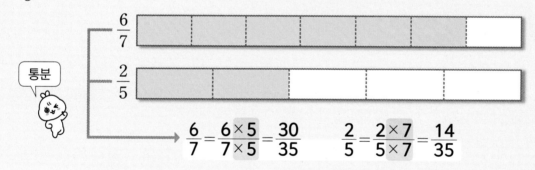

$\dfrac{6}{7}$

통분

$\dfrac{2}{5}$

$$\dfrac{6}{7} = \dfrac{6 \times 5}{7 \times 5} = \dfrac{30}{35} \qquad \dfrac{2}{5} = \dfrac{2 \times 7}{5 \times 7} = \dfrac{14}{35}$$

$$\dfrac{6}{7} \div \dfrac{2}{5} = \dfrac{30}{35} \div \dfrac{14}{35} = 30 \div 14$$

$$= \dfrac{\overset{15}{\cancel{30}}}{\underset{7}{\cancel{14}}} = \dfrac{15}{7} = 2\dfrac{1}{7}$$

❷ 분모가 다른 진분수(가분수)의 계산
통분하여 **분자**끼리 나눕니다.

개념 확인 1 그림을 보고 ☐ 안에 알맞은 수를 써넣으세요.

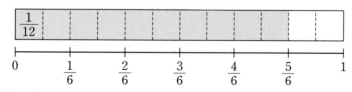

$\dfrac{1}{12}$

0 $\dfrac{1}{6}$ $\dfrac{2}{6}$ $\dfrac{3}{6}$ $\dfrac{4}{6}$ $\dfrac{5}{6}$ 1

$$\dfrac{5}{6} \div \dfrac{1}{12} = \dfrac{\boxed{}}{12} \div \dfrac{1}{12} = \boxed{}$$

어느 교과서로 배우더라도 꼭 알아야하는 **10종 교과서 문제**

2 그림을 보고 ☐ 안에 알맞은 수를 써넣으세요.

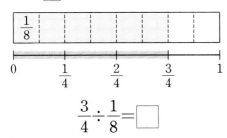

$$\frac{3}{4} \div \frac{1}{8} = \boxed{}$$

3 그림을 보고 ☐ 안에 알맞은 수를 써넣으세요.

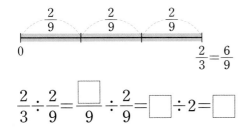

$$\frac{2}{3} \div \frac{2}{9} = \frac{\boxed{}}{9} \div \frac{2}{9} = \boxed{} \div 2 = \boxed{}$$

4 $\frac{2}{3} \div \frac{3}{5}$을 계산하려고 합니다. ☐ 안에 알맞은 수를 써넣으세요.

(1) $\frac{2}{3}$와 $\frac{3}{5}$을 통분해 보세요.

$$\frac{2}{3} = \frac{2 \times \boxed{}}{3 \times 5} = \frac{\boxed{}}{15} , \quad \frac{3}{5} = \frac{3 \times \boxed{}}{5 \times 3} = \frac{\boxed{}}{15}$$

(2) 통분한 것을 이용하여 계산하세요.

$$\frac{2}{3} \div \frac{3}{5} = \frac{\boxed{}}{15} \div \frac{\boxed{}}{15} = \boxed{} \div \boxed{}$$

└── 통분한 분수 쓰기

$$= \frac{\boxed{}}{\boxed{}} = \boxed{} \frac{\boxed{}}{\boxed{}}$$

5 ☐ 안에 알맞은 수를 써넣으세요.

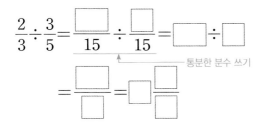

$$\frac{3}{8} \div \frac{3}{40} = \frac{\boxed{}}{40} \div \frac{\boxed{}}{40}$$
$$= \boxed{} \div \boxed{} = \boxed{}$$

6 ☐ 안에 알맞은 수를 써넣으세요.

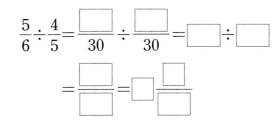

$$\frac{5}{6} \div \frac{4}{5} = \frac{\boxed{}}{30} \div \frac{\boxed{}}{30} = \boxed{} \div \boxed{}$$

$$= \frac{\boxed{}}{\boxed{}} = \boxed{} \frac{\boxed{}}{\boxed{}}$$

7 보기 와 같이 통분하여 계산하세요.

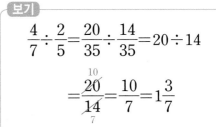

보기

$$\frac{4}{7} \div \frac{2}{5} = \frac{20}{35} \div \frac{14}{35} = 20 \div 14$$

$$= \frac{\overset{10}{\cancel{20}}}{\underset{7}{\cancel{14}}} = \frac{10}{7} = 1\frac{3}{7}$$

(1) $\frac{3}{4} \div \frac{5}{9}$

(2) $\frac{7}{10} \div \frac{7}{12}$

8 빈칸에 알맞은 수를 써넣으세요.

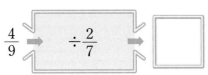

$$\frac{4}{9} \rightarrow \div \frac{2}{7} \rightarrow \boxed{}$$

9 계산을 하세요.

(1) $\frac{4}{7} \div \frac{3}{5}$

(2) $\frac{4}{5} \div \frac{5}{8}$

(3) $\frac{5}{6} \div \frac{3}{8}$

진도 완료 체크

1 ☐ 안에 알맞은 수를 써넣으세요.

$\dfrac{8}{9}$은 $\dfrac{1}{9}$이 8개이고 $\dfrac{5}{9}$는 $\dfrac{1}{9}$이 ☐ 개입니다.

따라서 $\dfrac{8}{9} \div \dfrac{5}{9} = 8 \div \boxed{} = \dfrac{\boxed{}}{\boxed{}} = \boxed{} \dfrac{\boxed{}}{\boxed{}}$ 입니다.

2 빈 곳에 알맞은 수를 써넣으세요.

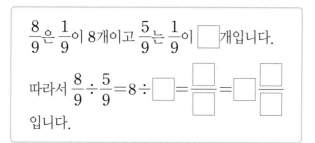

3 관계있는 것끼리 이으세요.

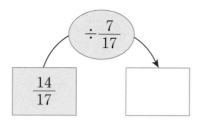

$\dfrac{8}{13} \div \dfrac{2}{13}$ ・ ・ $8 \div 2$ ・ ・ 7

$\dfrac{12}{16} \div \dfrac{3}{8}$ ・ ・ $14 \div 2$ ・ ・ 2

$\dfrac{14}{19} \div \dfrac{2}{19}$ ・ ・ $12 \div 6$ ・ ・ 4

4 계산을 하세요.

(1) $\dfrac{9}{14} \div \dfrac{7}{14}$

(2) $\dfrac{8}{11} \div \dfrac{2}{3}$

5 계산 결과를 비교하여 ◯ 안에 >, =, <를 알맞게 써넣으세요.

(1) $\dfrac{8}{15} \div \dfrac{4}{15}$ ◯ $\dfrac{12}{17} \div \dfrac{3}{17}$

(2) $\dfrac{7}{10} \div \dfrac{3}{5}$ ◯ $\dfrac{8}{15} \div \dfrac{1}{5}$

6 ☐ 안에 알맞은 수를 써넣으세요.

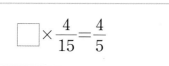

$\boxed{} \times \dfrac{4}{15} = \dfrac{4}{5}$

7 몫을 진분수로 나타낼 수 있는 나눗셈을 찾아 기호를 쓰세요.

㉠ $\dfrac{5}{9} \div \dfrac{2}{9}$ ㉡ $\dfrac{10}{11} \div \dfrac{3}{11}$

㉢ $\dfrac{8}{9} \div \dfrac{5}{6}$ ㉣ $\dfrac{2}{3} \div \dfrac{4}{5}$

(　　　　　　)

8 가장 큰 수를 가장 작은 수로 나눈 값을 구하세요.

$$\frac{3}{20} \qquad \frac{7}{40} \qquad \frac{11}{40}$$

(   )

9 $\frac{8}{11}$ kg의 지점토를 $\frac{2}{11}$ kg씩 똑같이 나누어 봉투에 넣으려고 합니다. 봉투는 몇 개 필요할까요?

(   )

10 어느 달팽이는 $\frac{7}{8}$ m를 기어가는 데 $\frac{1}{10}$ 시간이 걸립니다. 이 달팽이가 같은 빠르기로 1시간 동안 기어갈 수 있는 거리는 몇 m인지 구하세요.

(   )

✏️ **서술형 문제**

11 수아는 우유를 $\frac{3}{5}$ L, 민재는 $\frac{3}{10}$ L 마셨습니다. 수아가 마신 우유 양은 민재가 마신 우유 양의 몇 배인지 풀이 과정을 쓰고 답을 구하세요.

풀이 _____

_____

_____

답 _____

수학 역량을 키우는 **10종 교과 문제**

12 나눗셈의 몫이 모두 $\frac{4}{5}$ 가 되도록 ☐ 안에 알맞은
추론 수를 써넣으세요.

13 ☐ 안에 알맞은 수가 더 큰 나눗셈을 들고 있는 사
문제 람의 이름을 쓰세요.
해결

선미

$$\frac{2}{9} \div \frac{\square}{7} = \frac{14}{27}$$

$$\frac{1}{6} \div \frac{\square}{7} = \frac{7}{24}$$

지호

(   )

1 단원

진도 완료
체크

14 조건 을 만족하는 분수의 나눗셈을 찾아 계산해 보
추론 세요.

조건
• 9÷7과 계산 결과가 같습니다.
• 분모가 12보다 작은 두 진분수의 나눗셈입니다.
• 두 분수의 분모는 같습니다.

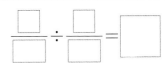

개념1 **(자연수)÷(단위분수)**

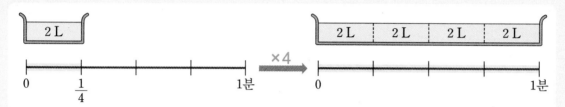

· $2 \div \dfrac{1}{4}$ 의 계산 예 $\dfrac{1}{4}$ 분 동안 물 2 L가 나오는 수도에서 1분 동안 나오는 물의 양 구하기

$\dfrac{1}{4}$ 분 동안 물 2 L가 나오는 수도에서 1분 동안 나오는 물의 양: $2 \times 4 = 8$ (L)

$$2 \div \dfrac{1}{4} = 2 \times 4 = 8$$

$$■ \div \dfrac{1}{▲} = ■ \times ▲$$

개념2 **(자연수)÷(분수)** 자연수가 분자로 나누어떨어지는 경우

· $6 \div \dfrac{3}{4}$ 의 계산 예 $\dfrac{3}{4}$ m의 무게가 6 kg일 때 1 m의 무게 구하기

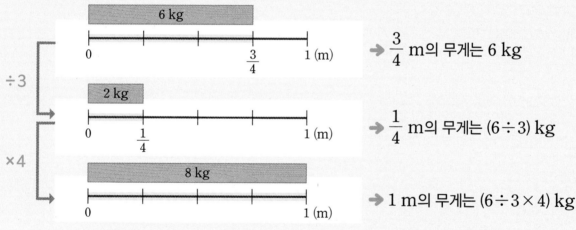

→ $\dfrac{3}{4}$ m의 무게는 6 kg

→ $\dfrac{1}{4}$ m의 무게는 $(6 \div 3)$ kg

→ 1 m의 무게는 $(6 \div 3 \times 4)$ kg

$\dfrac{3}{4}$ m의 무게가 6 kg일 때 1 m의 무게는 $6 \div 3 \times 4 = 8$ (kg)입니다.

$$6 \div \dfrac{3}{4} = 6 \div 3 \times 4 = 8$$

개념3 **(자연수)÷(분수)** 자연수가 분자로 나누어떨어지지 않는 경우

$$5 \div \dfrac{2}{3} = \dfrac{15}{3} \div \dfrac{2}{3} = 15 \div 2 = \dfrac{15}{2} = 7\dfrac{1}{2}$$

$5 = \dfrac{5 \times 3}{1 \times 3} = \dfrac{15}{3}$ 분모가 같은 분수로 나타내어 계산할 수 있습니다.

참고
■ m의 무게가 ▲ kg일 때
1 m의 무게 구하는 식 → ▲÷■

예 $\dfrac{3}{4}$ m의 무게가 5 kg일 때
1 m의 무게 구하는 식 → $5 \div \dfrac{3}{4}$

1 물 6 L를 빈 통에 담았더니 통의 $\frac{1}{4}$이 찼습니다. 한 통을 가득 채울 수 있는 물은 몇 L인지 알아보세요.

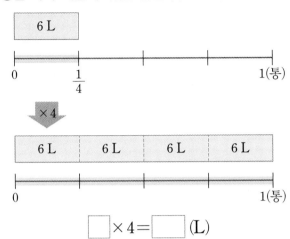

$\boxed{} \times 4 = \boxed{}$ (L)

2 조개 4 kg을 캐는 데 $\frac{2}{5}$시간이 걸릴 때, 1시간 동안 캘 수 있는 조개의 무게를 구하려고 합니다. $\boxed{}$ 안에 알맞은 수를 써넣으세요.

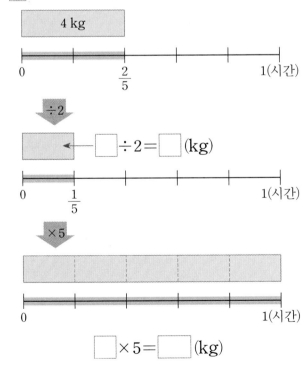

$\boxed{} \times 5 = \boxed{}$ (kg)

3 $\boxed{}$ 안에 알맞은 수를 써넣으세요.

$$15 \div \frac{5}{7} = (15 \div \boxed{}) \times \boxed{} = \boxed{}$$

4 계산을 하세요.

(1) $3 \div \frac{3}{4}$

(2) $12 \div \frac{6}{11}$

5 보기 와 같이 계산하세요.

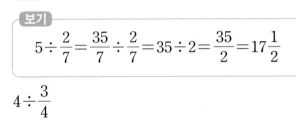

$4 \div \frac{3}{4}$

6 자연수를 분수로 나눈 몫을 구하세요.

7 물 3 L를 빈 통에 담았더니 통의 $\frac{1}{5}$만큼 찼습니다. 통을 가득 채우려면 물이 몇 L 있어야 할까요?

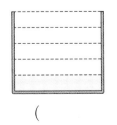

(   )

1 보기 와 같이 계산하세요.

> 보기
> $$8 \div \frac{2}{5} = (8 \div 2) \times 5 = 20$$

(1) $10 \div \frac{5}{8}$

(2) $21 \div \frac{7}{9}$

2 계산을 하세요.

(1) $9 \div \frac{3}{4}$

(2) $11 \div \frac{2}{7}$

3 빈칸에 알맞은 수를 써넣으세요.

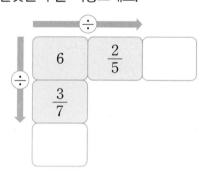

4 계산 결과를 비교하여 ◯ 안에 >, =, <를 알맞게 써넣으세요.

$$16 \div \frac{8}{19} \bigcirc 14 \div \frac{7}{17}$$

5 빈칸에 알맞은 수를 써넣으세요.

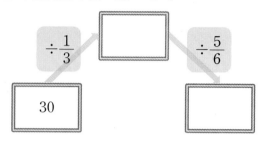

6 다음 식을 보고 바르게 설명한 것을 찾아 기호를 쓰세요.

$$9 \div \frac{1}{2}$$

> ㉠ 9를 2로 나눈 결과와 같습니다.
> ㉡ 몫은 나누어지는 수 9보다 작아집니다.
> ㉢ 9×2로 바꾸어 계산할 수 있습니다.

( )

7 $6 \div \frac{3}{10}$과 몫이 같은 나눗셈을 만든 사람의 이름을 쓰세요.

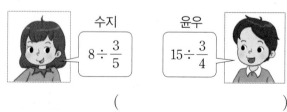

수지 $8 \div \frac{3}{5}$ 윤우 $15 \div \frac{3}{4}$

( )

8 계산 결과가 큰 것부터 순서대로 기호를 쓰세요.

$$\bigcirc \ 12 \div \frac{3}{8} \qquad \bigcirc \ 8 \div \frac{2}{9} \qquad \bigcirc \ 10 \div \frac{5}{6}$$

(　　　　　　　　)

9 트럭에 실을 수 있는 무게의 $\frac{2}{5}$가 400 kg입니다.
트럭에 실을 수 있는 무게는 모두 몇 kg인가요?

(　　　　　　　　)

10 길이가 12 m인 끈을 $\frac{4}{5}$ m씩 잘라 선물을 포장하려고 합니다. 선물 한 개를 포장하는 데 끈을 한 도막씩 사용할 때 선물은 모두 몇 개 포장할 수 있을까요?

(　　　　　　　　)

11 어떤 가전 제품은 배터리의 $\frac{1}{7}$을 충전하는 데 11분이 걸립니다. 같은 빠르기로 배터리를 완전히 충전하려면 몇 분이 걸리는지 구하세요.

(　　　　　　　　)

12 2개의 수도꼭지로 각각 크기와 모양이 같은 통에 물을 받았습니다. 다음을 읽고 한 통 가득 물을 받는 데 더 오래 걸리는 수도꼭지의 기호를 쓰세요.
〔정보처리〕

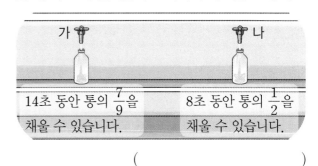

가	나
14초 동안 통의 $\frac{7}{9}$을 채울 수 있습니다.	8초 동안 통의 $\frac{1}{2}$을 채울 수 있습니다.

(　　　　　　　　)

✏️ 서술형 문제

13 준서는 오렌지 주스 10 L를 한 병에 $\frac{2}{5}$ L씩 나누어 담았습니다. 한 병에 2000원씩 받고 모두 팔았을 때 오렌지 주스를 판 금액은 얼마인지 풀이 과정을 쓰고 답을 구하세요.
〔문제해결〕

풀이 _____

_____

답 _____

✏️ 서술형 문제

14 수 카드 6 , 10 을 ☐ 안에 한 번씩만 넣어 나눗셈식을 만들려고 합니다. 몫이 가장 큰 나눗셈식을 만들고 몫을 구하세요.
〔추론〕

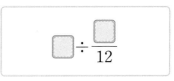

$$\square \div \frac{\square}{12}$$

식 _____

답 _____

step **1** 교과 개념 (분수)÷(분수)를 (분수)×(분수)로 나타내기, (대분수)÷(분수)

개념1 (분수)÷(분수)를 (분수)×(분수)로 나타내기

· $\dfrac{3}{4} \div \dfrac{2}{5}$의 계산 $\dfrac{3}{4}$ m가 $\dfrac{2}{5}$ m의 몇 배인지 구하기

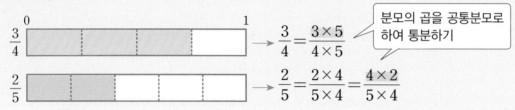

$\dfrac{3}{4} = \dfrac{3 \times 5}{4 \times 5}$

$\dfrac{2}{5} = \dfrac{2 \times 4}{5 \times 4} = \dfrac{4 \times 2}{5 \times 4}$

> 분모의 곱을 공통분모로 하여 통분하기

$$\dfrac{3}{4} \div \dfrac{2}{5} = \dfrac{3 \times 5}{4 \times 5} \div \dfrac{4 \times 2}{5 \times 4} = (3 \times 5) \div (4 \times 2)$$

$$= \dfrac{3 \times 5}{4 \times 2} = \dfrac{3}{4} \times \dfrac{5}{2} = \dfrac{15}{8} = 1\dfrac{7}{8}$$

> $\dfrac{2}{5}$로 나누는 것은 $\dfrac{5}{2}$를 곱하는 것과 같아요.

$\dfrac{3}{4}$ m는 $\dfrac{2}{5}$ m의 $1\dfrac{7}{8}$배입니다.

◗ 분모가 다른 진분수(가분수)의 계산

나누는 분수의 분모와 분자를 바꾸어 나누어지는 분수와 **곱**합니다.

$$\dfrac{♤}{☆} \div \dfrac{▲}{●} = \dfrac{♤}{☆} \times \dfrac{●}{▲}$$

개념2 (대분수)÷(분수)

방법1 통분하여 분자끼리 나누기

$$1\dfrac{1}{4} \div \dfrac{3}{5} = \dfrac{5}{4} \div \dfrac{3}{5} = \dfrac{25}{20} \div \dfrac{12}{20} = 25 \div 12$$

$$= \dfrac{25}{12} = 2\dfrac{1}{12}$$

◗ 분수의 나눗셈
① 대분수는 **가분수**로 바꿉니다.
② 나누는 분수의 **분모와 분자를 바꾸어** 나누어지는 수와 **곱**합니다.

방법2 분수의 곱셈으로 나타내어 계산하기

대분수를 가분수로 바꾸기

분수의 곱셈으로 나타내기

$$1\dfrac{1}{4} \div \dfrac{3}{5}$$
$$= \dfrac{5}{4} \div \dfrac{3}{5}$$
$$= \dfrac{5}{4} \times \dfrac{5}{3} = \dfrac{25}{12} = 2\dfrac{1}{12}$$

분모끼리, 분자끼리 곱합니다.

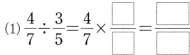 어느 교과서로 배우더라도 꼭 알아야하는 **10종 교과서 문제**

1 안에 알맞은 수를 써넣으세요.

(1) $\dfrac{4}{7} \div \dfrac{3}{5} = \dfrac{4}{7} \times \dfrac{\boxed{}}{\boxed{}} = \dfrac{\boxed{}}{\boxed{}}$

(2) $\dfrac{1}{10} \div \dfrac{5}{7} = \dfrac{1}{10} \times \dfrac{\boxed{}}{\boxed{}} = \dfrac{\boxed{}}{\boxed{}}$

2 $3\dfrac{1}{2} \div \dfrac{2}{3}$를 두 가지 방법으로 계산하려고 합니다.
□ 안에 알맞은 수를 써넣으세요.

방법1 통분하여 분자끼리 나누기

$3\dfrac{1}{2} \div \dfrac{2}{3} = \dfrac{\boxed{}}{2} \div \dfrac{2}{3} = \dfrac{\boxed{}}{6} \div \dfrac{\boxed{}}{6}$

$\quad = \boxed{} \div \boxed{} = \dfrac{\boxed{}}{\boxed{}} = \boxed{}\dfrac{\boxed{}}{\boxed{}}$

방법2 분수의 곱셈으로 나타내어 계산하기

$3\dfrac{1}{2} \div \dfrac{2}{3} = \dfrac{\boxed{}}{2} \div \dfrac{2}{3} = \dfrac{\boxed{}}{2} \times \dfrac{\boxed{}}{\boxed{}}$

$\quad = \dfrac{\boxed{}}{\boxed{}} = \boxed{}\dfrac{\boxed{}}{\boxed{}}$

3 안에 알맞은 수를 써넣으세요.

(1) $\dfrac{15}{7} \div \dfrac{5}{8} = \dfrac{15}{7} \times \dfrac{\boxed{}}{\boxed{}} = \dfrac{\boxed{}}{\boxed{}} = \boxed{}\dfrac{\boxed{}}{\boxed{}}$

(2) $5\dfrac{3}{4} \div \dfrac{3}{5} = \dfrac{\boxed{}}{4} \times \dfrac{\boxed{}}{\boxed{}}$

$\quad = \dfrac{\boxed{}}{\boxed{}} = \boxed{}\dfrac{\boxed{}}{\boxed{}}$

4 관계있는 것끼리 선으로 이으세요.

$\boxed{\dfrac{4}{7} \div \dfrac{9}{10}}$ ·   · $\boxed{\dfrac{4}{9} \times \dfrac{7}{10}}$

$\boxed{\dfrac{4}{9} \div \dfrac{10}{7}}$ ·   · $\boxed{\dfrac{4}{7} \times \dfrac{10}{9}}$

$\boxed{\dfrac{7}{4} \div \dfrac{9}{10}}$ ·   · $\boxed{\dfrac{7}{4} \times \dfrac{10}{9}}$

5 계산을 하세요.

(1) $\dfrac{7}{5} \div \dfrac{4}{9}$

(2) $2\dfrac{1}{6} \div \dfrac{3}{4}$

6 ○ 안에 >, =, <를 알맞게 써넣으세요.

(1) $\dfrac{4}{5}$ ◯ $\dfrac{4}{5} \div \dfrac{4}{7}$

(2) $\dfrac{8}{9} \div \dfrac{2}{5}$ ◯ $\dfrac{8}{9} \times \dfrac{2}{5}$

7 잘못 계산한 곳을 찾아 ◯표 하고, 답을 바르게 구하세요.

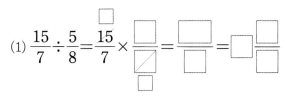

$$\dfrac{5}{11} \div \dfrac{5}{7} = \dfrac{5}{11} \times \dfrac{5}{7} = \dfrac{25}{77}$$

(   )

1 계산을 하세요.

(1) $\dfrac{5}{4} \div \dfrac{3}{7}$

(2) $\dfrac{12}{17} \div \dfrac{3}{4}$

2 보기 와 같이 분수의 곱셈으로 나타내어 계산하세요.

보기
$$4\dfrac{1}{4} \div \dfrac{3}{8} = \dfrac{17}{4} \div \dfrac{3}{8} = \dfrac{17}{\overset{}{4}} \times \dfrac{\overset{2}{8}}{3} = \dfrac{34}{3} = 11\dfrac{1}{3}$$

$3\dfrac{1}{6} \div \dfrac{5}{9}$

3 $3\dfrac{3}{5} \div \dfrac{7}{8}$을 두 가지 방법으로 계산하세요.

방법1
• 통분하여 계산하기

방법2
• 분수의 곱셈으로 나타내어 계산하기

4 계산 결과가 1보다 작은 것의 기호를 쓰세요.

ㄱ $\dfrac{2}{5} \div \dfrac{3}{7}$ ㄴ $\dfrac{5}{6} \div \dfrac{2}{9}$ ㄷ $\dfrac{5}{9} \div \dfrac{4}{11}$

( )

5 빈 곳에 알맞은 수를 써넣으세요.

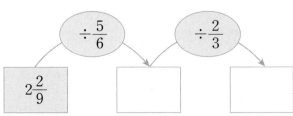

6 나눗셈의 몫이 자연수인 것에 ○표 하세요.

$4\dfrac{3}{8} \div \dfrac{7}{10}$ $5\dfrac{1}{3} \div \dfrac{8}{9}$

( )   ( )

7 계산 결과를 비교하여 ○ 안에 >, =, <를 알맞게 써넣으세요.

(1) $3\dfrac{5}{8} \div 1\dfrac{13}{16}$ ○ $2\dfrac{2}{9} \div \dfrac{4}{5}$

(2) $4\dfrac{2}{5} \div \dfrac{2}{7}$ ○ $5\dfrac{1}{6} \div 1\dfrac{7}{24}$

8 가장 큰 수를 가장 작은 수로 나눈 몫을 구하세요.

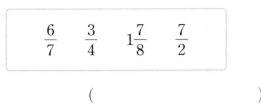

$$\frac{6}{7} \qquad \frac{3}{4} \qquad 1\frac{7}{8} \qquad \frac{7}{2}$$

(   )

9 ㉠ ÷ ㉡을 계산하세요.

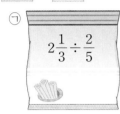

㉠ $2\frac{1}{3} \div \frac{2}{5}$

㉡ $1\frac{1}{9} \div \frac{5}{7}$

(   )

10 쿠키 한 판을 만드는 데 밀가루 $\frac{5}{8}$ 컵이 필요합니다. 밀가루 $7\frac{1}{2}$ 컵으로 만들 수 있는 쿠키는 모두 몇 판인가요?

(   )

11 넓이가 $10\frac{2}{3}$ cm²인 평행사변형이 있습니다. 이 평행사변형의 밑변의 길이가 $2\frac{6}{13}$ cm일 때 높이는 몇 cm인가요?

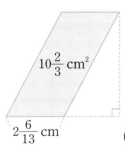

$10\frac{2}{3}$ cm²

$2\frac{6}{13}$ cm

(   )

12 나눗셈의 몫이 자연수일 때 ☐ 안에 들어갈 수 있는 수에 모두 ○표 하세요.

추론

(1)

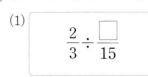

$$\frac{2}{3} \div \frac{\square}{15}$$

(2,   3,   4,   5,   6   )

(2)

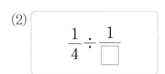

$$\frac{1}{4} \div \frac{1}{\square}$$

(4,   5,   6,   7,   8   )

✏ 서술형 문제

13 다음은 분수의 나눗셈을 잘못 계산한 것입니다. 계산이 잘못된 까닭을 찾고 바르게 고쳐 계산하세요.

의사소통

$$2\frac{2}{9} \div \frac{4}{7} = 2\frac{\overset{1}{2}}{9} \times \frac{7}{\underset{2}{4}} = 2\frac{7}{18}$$

잘못된 까닭 _____

_____

바른 계산 _____

_____

14 대화를 읽고 선미의 질문에 답하세요.

문제해결

$\frac{3}{20}$시간 동안 $\frac{5}{12}$ km를 걸었어.

윤우

같은 빠르기로 1시간 동안 걸은 거리는 몇 km일까?

선미

(   )

1단원

진도 완료 체크

유형1 두 가지 방법으로 계산하기

1 $\dfrac{6}{5} \div \dfrac{7}{10}$ 을 두 가지 방법으로 계산하세요.

방법1

$$\frac{6}{5} \div \frac{7}{10} = \frac{\square}{10} \div \frac{7}{10} = \square \div \square$$

$$= \frac{\square}{\square} = \square \frac{\square}{\square}$$

방법2

$$\frac{6}{5} \div \frac{7}{10} = \frac{6}{\underset{1}{5}} \times \frac{\square}{\square} = \frac{\square}{\square} = \square \frac{\square}{\square}$$

Solution 방법1 은 통분하여 분자끼리 나누는 방법이고, 방법2 는 분수의 곱셈으로 나타내어 계산하는 방법입니다.

1-1 $\dfrac{17}{6} \div \dfrac{4}{3}$ 를 두 가지 방법으로 계산하세요.

방법1 $\dfrac{17}{6} \div \dfrac{4}{3} = \dfrac{\square}{6} \div \dfrac{\square}{6} = \square \div \square$

$$= \frac{\square}{\square} = \square \frac{\square}{\square}$$

방법2 $\dfrac{17}{6} \div \dfrac{4}{3} = \dfrac{17}{\underset{2}{6}} \times \dfrac{\square}{\square} = \dfrac{\square}{\square} = \square \dfrac{\square}{\square}$

1-2 $8\dfrac{1}{3} \div \dfrac{4}{9}$ 를 두 가지 방법으로 계산하세요.

방법1 $8\dfrac{1}{3} \div \dfrac{4}{9}$ _____

방법2 $8\dfrac{1}{3} \div \dfrac{4}{9}$ _____

유형2 곱셈과 나눗셈의 관계를 이용하여 어떤 수 구하기

2 $\square$ 안에 알맞은 수를 써넣으세요.

$$\boxed{} \times \frac{5}{9} = 6\frac{2}{3}$$

Solution 곱셈과 나눗셈의 관계를 이용하여 □ 안에 알맞은 수를 구하는 식을 바르게 세우고 계산합니다.

2-1 $\square$ 안에 알맞은 수를 써넣으세요.

$$\boxed{} \times \frac{2}{11} = 1\frac{3}{22}$$

2-2 $\square$ 안에 알맞은 수를 써넣으세요.

$$\boxed{} \times \frac{5}{9} = 1\frac{1}{6} \div \frac{2}{3}$$

2-3 $5\dfrac{5}{6}$ 에 어떤 수를 곱하였더니 $4\dfrac{4}{9}$ 가 되었습니다. 어떤 수를 구하세요.

(   )

유형 3 문제를 이해하여 답을 자연수로 나타내기

3 소금 $\dfrac{5}{8}$ kg을 그릇에 담으려고 합니다. 그릇 한 개에 소금을 $\dfrac{7}{24}$ kg씩 담을 수 있을 때 소금을 남김 없이 모두 담으려면 그릇은 적어도 몇 개 필요할까요?

(   )

Solution $\dfrac{7}{24}$ kg씩 담고 남은 소금을 담을 그릇도 1개 더 필요함에 주의하여 답을 구합니다.

3-1 주스 $\dfrac{8}{9}$ L를 컵에 따르려고 합니다. 컵 하나에 $\dfrac{5}{18}$ L를 담을 수 있을 때 주스를 남김없이 모두 담으려면 컵은 적어도 몇 개 필요할까요?

(   )

3-2 $6\dfrac{3}{4}$ L 들이의 빈 물통과 $\dfrac{3}{5}$ L 들이의 바가지가 있습니다. 물통을 가득 채우려면 바가지로 물을 적어도 몇 번 부어야 할까요?

(   )

3-3 절편 1판을 만드는 데 쌀가루 $1\dfrac{3}{4}$ kg이 필요합니다. 한 판씩 상자에 넣어 팔 때 쌀가루 $9\dfrac{4}{5}$ kg으로 만든 절편은 최대 몇 상자를 팔 수 있을까요? (단, 상자가 채워지지 않으면 팔 수 없습니다.)

(   )

유형 4 시간과 관련 있는 문제 해결하기

4 민결이가 $\dfrac{3}{5}$ km를 수영하는 데 15분이 걸립니다. 같은 빠르기로 1시간 동안 수영할 수 있는 거리는 몇 km인가요?

(   )

Solution 분 단위를 시간 단위로 바꾸고 분수의 나눗셈식을 세워 계산합니다.

4-1 하진이는 $\dfrac{4}{5}$ km를 걷는 데 16분이 걸렸습니다. 같은 빠르기로 1시간 동안 걸을 수 있는 거리는 몇 km인가요?

(   )

4-2 서연이는 $2\dfrac{4}{9}$ km를 걷는 데 55분이 걸렸습니다. 같은 빠르기로 $3\dfrac{1}{5}$ km를 걷는 데 걸리는 시간은 몇 시간인가요?

(   )

4-3 전기 자동차 배터리의 $\dfrac{3}{8}$만큼 충전하는 데 12분이 걸립니다. 매 시간마다 충전되는 양이 일정할 때 완전히 충전하는 데 걸리는 시간은 몇 분일까요?

(   )

5 연습 문제

■ 안에 들어갈 수 있는 ②자연수를 모두 구하세요.

$$^{\text{①}}7 \div \frac{1}{■} < 30$$

① $7 \div \dfrac{1}{■}$ 을 분수의 곱셈으로 나타내면 ☐

입니다.

② 위의 곱셈식이 30보다 작으므로 ■ 안에 들어갈
수 있는 자연수는 ☐, ☐, ☐, ☐입니다.

답 ☐, ☐, ☐, ☐

5-1 실전 문제

☐ 안에 들어갈 수 있는 자연수는 모두 몇 개인지 풀
이 과정을 쓰고 답을 구하세요.

$$6 < □ \div \frac{1}{6} < 23$$

풀이

답 _____

6 연습 문제

①어떤 수를 $\dfrac{4}{5}$로 나누어야 할 것을 잘못하여 곱하였더
니 $5\dfrac{1}{10}$이 되었습니다. ②바르게 계산하면 얼마인지 알
아보세요.

① 어떤 수를 ■라 하면 $■ \times \dfrac{4}{5} = 5\dfrac{1}{10}$입니다.

$$⇨ ■ = 5\frac{1}{10} \div \frac{4}{5} = \frac{51}{10} \div \frac{□}{10}$$

$$= 51 \div □ = \frac{□}{□} = \frac{□}{□}$$

② 바르게 계산하면 $\dfrac{□}{□} \div \dfrac{4}{5} = \dfrac{□}{□} \div \dfrac{4}{5}$

$$= \frac{□}{□} \times \frac{5}{□} = \frac{□}{□} = □\frac{□}{□}$$입니다.

답

6-1 실전 문제

어떤 수를 $1\dfrac{2}{5}$로 나누어야 할 것을 잘못하여 곱하였
더니 $2\dfrac{9}{20}$가 되었습니다. 바르게 계산하면 얼마인지
풀이 과정을 쓰고 답을 구하세요.

풀이

답 _____

7 연습 문제

다음[1] 계산이 잘못된 까닭을 쓰고[2] 바르게 계산한 답은 얼마인지 알아보세요.

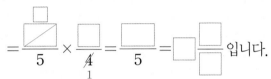

$$2\frac{2}{5} \div \frac{4}{9} = 2\frac{2}{5} \times \frac{9}{4} = 2\frac{9}{10}$$

❶ 까닭 대분수를 [　　] 로 고치지 않았습니다.

❷ 바른 계산

바르게 계산하면 $2\frac{2}{5} \div \frac{4}{9} = \frac{\square}{5} \div \frac{4}{9}$

$= \dfrac{\boxed{}}{5} \times \dfrac{\square}{4_{1}} = \dfrac{\square}{5} = \square\dfrac{\square}{\square}$ 입니다.

답 $\square\dfrac{\square}{\square}$

7-1 실전 문제

다음 계산이 잘못된 까닭을 쓰고, 바르게 계산한 풀이 과정과 답을 쓰세요.

$$4\frac{4}{5} \div \frac{3}{4} = \frac{\overset{6}{24}}{5} \times \frac{3}{4_{1}} = \frac{18}{5} = 3\frac{3}{5}$$

까닭

바른 계산

답 _____

1
단원

진도 완료
체크

8 연습 문제

❶밑변의 길이가 $\dfrac{4}{5}$ m인 삼각형의 넓이가 $\dfrac{5}{6}$ m²입니다.
이 ❷삼각형의 높이는 몇 m인지 알아보세요.

❶ (삼각형의 넓이)=([　　])×(높이)÷2이므로

(높이)=([　　])×2÷(밑변)으로 구할 수 있습니다.

❷ (높이)=$\dfrac{\square}{\square} \times 2 \div \dfrac{4}{5}$

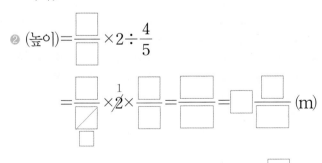

$= \dfrac{\square}{\square} \times \overset{1}{2} \times \dfrac{\square}{\square} = \dfrac{\square}{\square} = \square\dfrac{\square}{\square}$ (m)

답 $\square\dfrac{\square}{\square}$ m

8-1 실전 문제

세로가 $\dfrac{4}{5}$ m인 직사각형의 넓이가 $\dfrac{9}{10}$ m²입니다. 이 직사각형의 가로는 몇 m인지 풀이 과정을 쓰고 답을 구하세요.

풀이

답 _____

1 ☐ 안에 알맞은 대분수를 써넣으세요.

$$\boxed{} \times \frac{5}{8} = 4\frac{1}{3} \div \frac{8}{9}$$

2 다음은 음표에 따른 박자 수입니다. 는 의 몇 배인지 구하세요.

♩.	♩.	♩	♪.	♬
6박자	3박자	$1\frac{1}{2}$박자	$\frac{3}{4}$박자	$\frac{3}{8}$박자

( )

🖊 서술형 문제

3 정육각형의 넓이는 정사각형의 넓이의 $1\frac{3}{20}$ 배입니다. 정육각형의 넓이가 $3\frac{7}{20}$ m²일 때 정사각형의 넓이는 몇 m²인지 풀이 과정을 쓰고 답을 구하세요.

풀이 _____

_____

_____

_____

답 _____

4 혜란이가 $4\frac{2}{7}$ km를 일정한 빠르기로 걸어가는 데 2시간 30분이 걸렸다고 합니다. 혜란이가 한 시간 동안 걸은 평균 거리는 몇 km인가요?

( )

5 보조 배터리 그림을 보고 문제를 만들고 답을 구하세요.

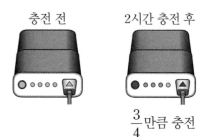

충전 전   2시간 충전 후

$\frac{3}{4}$ 만큼 충전

문제

답 _____

6 4장의 수 카드를 한 번씩 사용하여 (진분수)÷(진분수)인 나눗셈식을 만들려고 합니다. 나올 수 있는 몫 중에서 가장 큰 몫을 구하세요.

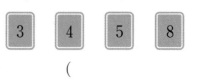

( )

7 다음 사다리꼴의 높이는 몇 cm인가요?

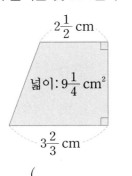

$2\frac{1}{2}$ cm

넓이: $9\frac{1}{4}$ cm²

$3\frac{2}{3}$ cm

(   )

8 강아지의 무게는 고양이의 무게의 $1\frac{1}{8}$배이고, 고양이의 무게는 토끼의 무게의 $1\frac{2}{3}$배입니다. 강아지의 무게가 $4\frac{1}{2}$ kg이라면 토끼의 무게는 몇 kg인지 구하세요.

(   )

9 다음과 같은 방법으로 주머니 난로 한 개를 만들 수 있습니다. 아세트산나트륨 $\frac{49}{50}$ kg으로는 몇 개의 주머니 난로를 만들 수 있는지 구하세요.

주머니 난로 만들기

① 아세트산나트륨 70 g, 물 12 mL, 똑딱이를 봉투에 넣고 입구를 밀봉합니다.

똑딱이 ↑ 꺾을 수 있는 작은 쇠 조각

② 봉투를 물에 넣고 중탕 가열합니다.

③ 용액이 다 녹으면 꺼내서 식힌 후 용액 속에 있는 똑딱이를 꺾어 봅니다.

(   )

10 A$=\frac{2}{3}$, B$=\frac{1}{3}$일 때 [보기]와 같은 순서도를 이용하여 계산 결과를 구하세요.

[보기]

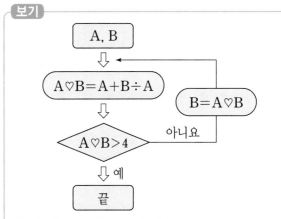

A, B

A♡B=A+B÷A

B=A♡B

A♡B>4

아니요

예

끝

예 ① A=2, B=3인 경우

② A♡B=$2+3÷2=2+\frac{3}{2}=3\frac{1}{2}$

③ $3\frac{1}{2}$은 4보다 작으므로 '아니요'로 이동

④ A=2, B=$3\frac{1}{2}$을 입력하여 다시 계산

(   )

진도 완료 체크

11 길이가 $14\frac{2}{5}$ cm인 향초에 불을 붙인 다음 1시간 후 남은 향초의 길이를 재어 보니 $7\frac{3}{5}$ cm였습니다. 길이가 $14\frac{2}{5}$ cm인 향초가 다 타는 데 걸리는 시간은 몇 시간인가요? (단, 향초는 일정하게 탑니다.)

(   )

1 그림을 보고 □ 안에 알맞은 수를 써넣으세요.

(1) $\dfrac{4}{5}$는 $\dfrac{1}{5}$의 □배입니다.

(2) $\dfrac{4}{5} \div \dfrac{1}{5} = \boxed{}$

2 $\dfrac{5}{7}$에는 $\dfrac{2}{7}$가 몇 번 들어가는지 그림에 나타내고 □ 안에 알맞은 수를 써넣으세요.

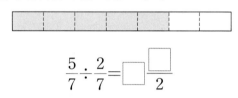

$$\dfrac{5}{7} \div \dfrac{2}{7} = \boxed{}\dfrac{\boxed{}}{2}$$

3 계산을 하세요.

(1) $6 \div \dfrac{1}{5}$

(2) $\dfrac{8}{11} \div \dfrac{2}{11}$

4 보기 와 같이 계산하세요.

보기
$$\dfrac{3}{4} \div \dfrac{2}{5} = \dfrac{15}{20} \div \dfrac{8}{20} = 15 \div 8 = \dfrac{15}{8} = 1\dfrac{7}{8}$$

$\dfrac{7}{8} \div \dfrac{2}{3}$

5 다음 중 틀린 것은 어느 것인가요?·········(　)

① $\dfrac{6}{7} \div \dfrac{1}{7} = \dfrac{6}{7} \times 7$

② $\dfrac{9}{10} \div \dfrac{3}{10} = \dfrac{9}{10} \times \dfrac{10}{3}$

③ $\dfrac{2}{3} \div \dfrac{4}{9} = \dfrac{2}{3} \times \dfrac{9}{4}$

④ $15 \div \dfrac{5}{8} = 15 \times \dfrac{5}{8}$

⑤ $\dfrac{4}{5} \div \dfrac{3}{10} = \dfrac{4}{5} \times \dfrac{10}{3}$

6 나눗셈에서 가장 먼저 해야 할 것을 바르게 말한 사람은 누구인가요?

$$3\dfrac{1}{3} \div \dfrac{10}{21}$$

 윤우 — 나누는 분수의 분모와 분자를 바꾸어 곱합니다.

약분하여 간단하게 나타냅니다. 수지

 선미 — 대분수를 가분수로 고칩니다.

(　　　　)

7 빈칸에 알맞은 수를 써넣으세요.

$\div$		
3	$\dfrac{9}{11}$	
5	$\dfrac{3}{4}$	

8 계산을 하세요.

(1) $1\dfrac{1}{3} \div \dfrac{4}{5}$

(2) $7\dfrac{2}{3} \div 3\dfrac{5}{6}$

9 계산 결과를 비교하여 ◯ 안에 $>$, $=$, $<$를 알맞게 써넣으세요.

(1) $6 \div \dfrac{3}{4}$ ◯ $8 \div \dfrac{2}{3}$

(2) $\dfrac{9}{14} \div \dfrac{3}{14}$ ◯ $\dfrac{15}{16} \div \dfrac{5}{16}$

10 나눗셈의 몫이 큰 것부터 차례로 기호를 쓰세요.

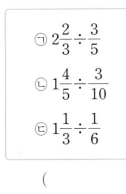

㉠ $2\dfrac{2}{3} \div \dfrac{3}{5}$

㉡ $1\dfrac{4}{5} \div \dfrac{3}{10}$

㉢ $1\dfrac{1}{3} \div \dfrac{1}{6}$

(   )

11 케이크를 만드는 데 밀가루 3컵, 설탕 $\dfrac{4}{5}$컵을 사용했습니다. 밀가루는 설탕의 몇 배를 사용했는지 나눗셈식을 쓰고 답을 구하세요.

식 _____

답 _____

12 다음은 분수의 나눗셈을 잘못 계산한 것입니다. 바르게 계산하세요.

$$\frac{3}{5} \div \frac{8}{15} = \frac{3}{5} \times \frac{8}{\overset{5}{\cancel{15}}} = \frac{8}{25}$$

$\dfrac{3}{5} \div \dfrac{8}{15}$ _____

_____

13 사전의 무게는 $\dfrac{3}{4}$ kg이고 공책의 무게는 $\dfrac{3}{16}$ kg입니다. 사전의 무게는 공책의 무게의 몇 배일까요?

(   )

14 밧줄 $\dfrac{7}{12}$ m의 무게가 $\dfrac{31}{30}$ kg입니다. 밧줄 1 m의 무게는 몇 kg인지 구하세요.

(   )

15 □ 안에 알맞은 분수를 구하세요.

$$\square \times \frac{3}{4} = 1\frac{7}{8}$$

(   )

16 다음은 지호가 찐빵을 만들기 위해 준비한 재료입니다. 물음에 답하세요.

재료	밀가루	팥
준비한 양(컵)	$9\frac{1}{3}$	6

(1) 찐빵 한 개를 만드는 데 팥 $\frac{2}{3}$컵이 필요하다면 준비한 팥으로는 찐빵을 몇 개 만들 수 있는지 식을 쓰고 답을 구하세요.

식 _____

답 _____

(2) 찐빵 한 개를 만드는 데 밀가루 $1\frac{1}{6}$컵이 필요하다면 준비한 밀가루로는 찐빵을 몇 개 만들 수 있는지 식을 쓰고 답을 구하세요.

식 _____

답 _____

(3) 지호가 준비한 재료로 찐빵을 모두 몇 개 만들 수 있을까요?

(   )

17 지웅이는 휴대폰으로 게임을 하고 있습니다. 게임 캐릭터는 한 번 공격을 피하면 $\frac{4}{5}$ km를 갈 수 있습니다. 게임 캐릭터가 8 km를 가려면 공격을 몇 번 피해야 하는지 구하세요.

(   )

18 다음 평행사변형의 높이가 $\frac{6}{7}$ cm일 때 밑변의 길이는 몇 cm일까요?

넓이: $3\frac{3}{4}$ cm² $\frac{6}{7}$ cm

(   )

19 45초 동안 $1\frac{7}{8}$ L의 물이 나오는 수도꼭지가 있습니다. 물이 일정하게 나올 때 물음에 답하세요.

(1) 수도꼭지를 1분 동안 틀어 놓았을 때 나오는 물의 양은 몇 L일까요?

(   )

(2) 수도꼭지에서 1 L의 물이 나오는 데 몇 분이 걸린 셈인가요?

(   )

20 $7\frac{2}{3}$ L의 우유를 $1\frac{5}{6}$ L들이의 병에 나누어 담으려고 합니다. 우유를 모두 담으려면 병은 적어도 몇 개 필요할까요?

(   )

문제 생성기
1~20번까지의
단원 평가 유사 문제 제공

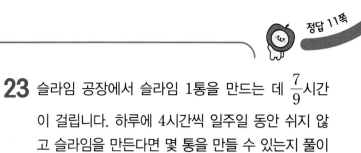

21 $1\frac{2}{3}$ t까지 실을 수 있는 트럭이 있습니다. 이 트럭에 무게가 $12\frac{1}{2}$ kg인 상자를 최대 몇 개까지 실을 수 있는지 알아보세요.

(1) $1\frac{2}{3}$ t은 몇 kg인가요?

(   )

(2) 트럭에 무게가 $12\frac{1}{2}$ kg인 상자를 최대 몇 개까지 실을 수 있는지 구하세요.

(   )

22 수현이는 2 km를 걷는 데 $\frac{4}{5}$시간이 걸렸습니다. 같은 빠르기로 걷는다면 2시간에 몇 km를 갈 수 있는지 알아보세요.

(1) 수현이는 1시간에 몇 km를 갈 수 있을까요?

(   )

(2) 수현이는 2시간에 몇 km를 갈 수 있을까요?

(   )

23 슬라임 공장에서 슬라임 1통을 만드는 데 $\frac{7}{9}$시간이 걸립니다. 하루에 4시간씩 일주일 동안 쉬지 않고 슬라임을 만든다면 몇 통을 만들 수 있는지 풀이 과정을 쓰고 답을 구하세요.

풀이 _____

_____

_____

_____

답 _____

24 $55\frac{4}{5}$ kg의 소금을 한 사람에게 $1\frac{1}{2}$ kg씩 12명에게 주고, 나머지 사람들에게는 $\frac{9}{5}$ kg씩 주었더니 소금을 모두 나누어 주게 되었습니다. 소금을 $\frac{9}{5}$ kg씩 받은 사람은 몇 명인지 풀이 과정을 쓰고 답을 구하세요.

풀이 _____

_____

_____

_____

_____

답 _____

배점	1~20번	4점	점수
	21~24번	5점	

오답 노트

2 소수의 나눗셈

웹툰으로 **단원 미리보기**

2화 한 시간에 오르는 거리는?

이어지는 내용을 확인하세요.

🍎 이전에 배운 내용

6-1 소수의 나눗셈

나누어지는 수가 $\frac{1}{10}$배가 되면 몫도 $\frac{1}{10}$배가 됩니다.

$$33.9 \div 3 = 11.3$$

$\frac{1}{10}$배 ↑↑ $\frac{1}{10}$배

$$339 \div 3 = 113$$

$\frac{1}{100}$배 ↓↓ $\frac{1}{100}$배

$$3.39 \div 3 = 1.13$$

6-1 (소수)÷(자연수)

$$\begin{array}{r} 2.6\,3 \\ 2{\overline{)5.2\,6}} \\ 4 \\ \hline 1\,2 \\ 1\,2 \\ \hline 6 \\ 6 \\ \hline 0 \end{array}$$

나누어지는 수의 소수점 위치에 맞춰 소수점을 올려 찍습니다.

6-2 (분수)÷(분수)

나누는 분수의 분모와 분자를 바꾸어 나누어지는 분수와 곱합니다.

곱셈으로 나타내기

$$\frac{4}{9} \div \frac{8}{15} = \frac{4}{9} \times \frac{15}{8}$$

$$= \frac{\overset{1}{\cancel{4}}}{\underset{3}{\cancel{9}}} \times \frac{\overset{5}{\cancel{15}}}{\underset{2}{\cancel{8}}} = \frac{5}{6}$$

🍎 이 단원에서 배울 내용

1 step	교과 개념	자릿수가 같은 (소수)÷(소수)
2 step	교과 유형 익힘	
1 step	교과 개념	자릿수가 다른 (소수)÷(소수), (자연수)÷(소수)
2 step	교과 유형 익힘	
1 step	교과 개념	몫을 반올림하여 나타내기
1 step	교과 개념	나누어 주고 남는 양 알아보기
2 step	교과 유형 익힘	
3 step	문제 해결	잘 틀리는 문제 서술형 문제
4 step	실력 **Up** 문제	
🍎	단원 평가	

이 단원을 배우면 (소수)÷(소수)의 계산 원리와 계산 방법을 알 수 있어요.

개념1 자연수의 나눗셈을 이용하여 (소수)÷(소수) 알아보기

• 테이프 2.4 cm를 0.6 cm씩 자르기

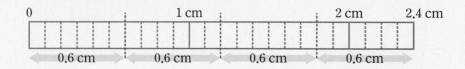

cm 단위일 때 **2.4 ÷ 0.6**

10배   10배

mm 단위일 때 **24 ÷ 6 = 4**

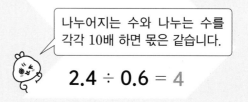

나누어지는 수와 나누는 수를 각각 10배 하면 몫은 같습니다.

2.4 ÷ 0.6 = 4

개념2 자릿수가 같은 (소수)÷(소수)

• 1.75÷0.05의 계산

방법1 분수의 나눗셈 이용하기

$$1.75 \div 0.05 = \frac{175}{100} \div \frac{5}{100} = 175 \div 5 = 35$$

소수 두 자리 수는 분모가 100인 분수로 바꾸어 계산할 수 있습니다.

방법2 자연수의 나눗셈 이용하기

100배

1.75 ÷ 0.05   **175 ÷ 5 = 35**

100배

나누어지는 수와 나누는 수를 똑같이 100배 하면 몫은 그대로입니다.

> ◉ 10배, 100배 하였을 때 소수점의 위치
>
> 소수를 10배 하면 소수점은 오른쪽으로 한 자리 이동하고, 100배 하면 소수점은 오른쪽으로 두 자리 이동합니다.
>
> 1.75 —10배→ 17.5
>
> 1.75 —100배→ 175

방법3 세로로 계산하기

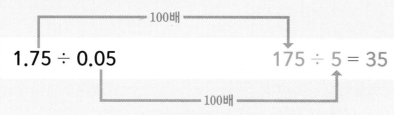

0.05)‾1.7‾5‾ → 0.05)‾1.7‾5‾ →

```
      3 5
 5 )1 7 5
   1 5
     2 5
     2 5
       0
```

나누어지는 수와 나누는 수의 소수점을 같은 자리만큼 이동해서 계산하세요.

1 자연수의 나눗셈을 이용하여 (소수)÷(소수)의 몫을 쓰세요.

$$16.1 \div 2.3 = \boxed{}$$

↑

$$161 \div 23 = 7$$

↓

$$1.61 \div 0.23 = \boxed{}$$

2 96÷4를 이용하여 계산하세요.

$$9.6 \div 0.4$$

10배 $\curvearrowright$ 10배

$$96 \div 4 = \boxed{}$$

$$\Rightarrow 9.6 \div 0.4 = \boxed{}$$

3 안에 알맞은 수를 써넣으세요.

$$4.32 \div 0.72 = \frac{432}{100} \div \frac{\boxed{}}{100}$$

$$= 432 \div \boxed{} = \boxed{}$$

4 종이띠 18.6 cm를 0.3 cm씩 자르려고 합니다. ☐ 안에 알맞은 수를 써넣으세요.

> 18.6 cm는 186 mm와 같고
> 0.3 cm는 3 mm와 같습니다.
> $186 \div 3 = \boxed{}$ 이므로
> 종이띠 조각은 ☐ 개 만들 수 있습니다.

5 철사 5.15 m를 0.05 m씩 자르려고 합니다. ☐ 안에 알맞은 수를 써넣으세요.

(1) 5.15 m = ☐ cm

　　0.05 m = ☐ cm

(2) 철사 515 cm를 5 cm씩 자르면

　　☐ 도막이 됩니다.

(3) 철사 5.15 m를 0.05 m씩 자르면

　　☐ 도막이 됩니다.

6 686÷98을 이용하여 6.86÷0.98을 계산하세요.

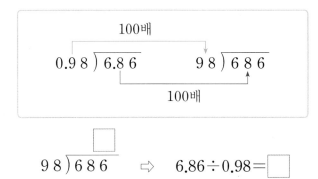

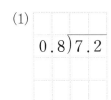 $\Rightarrow$  $6.86 \div 0.98 = \boxed{}$

7 계산을 하세요.

(1)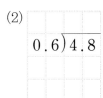

(2)

(3)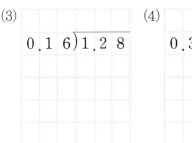

(4)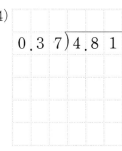

1 ☐ 안에 알맞은 수를 써넣으세요.

(1) $12.8 \div 0.8 = 128 \div \boxed{} = \boxed{}$

(2) $2.88 \div 0.24 = 288 \div \boxed{} = \boxed{}$

2 $8.36 \div 0.44$를 계산하고, $8.36 \div 0.44$와 몫이 같은 것을 모두 찾아 ○표 하세요.

$$8.36 \div 0.44 = \boxed{}$$

$83.6 \div 4.4$	$836 \div 44$	$83.6 \div 44$
( )	( )	( )

3 나눗셈을 하세요.

$$5.5\,)\overline{1\,4.3}$$

4 빈칸에 알맞은 수를 써넣으세요.

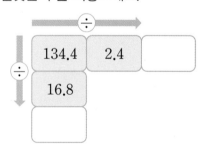

5 $1425 \div 15 = 95$일 때 나눗셈의 몫을 찾아 이으세요.

$142.5 \div 1.5$ •

$14.25 \div 0.15$ •

• 950

• 95

• 9.5

6 계산 결과를 비교하여 ○ 안에 >, =, <를 알맞게 써넣으세요.

(1) $7.2 \div 0.8 \bigcirc 1.8 \div 0.2$

(2) $16.9 \div 1.3 \bigcirc 11.2 \div 0.8$

7 가장 큰 수를 가장 작은 수로 나눈 몫을 구하세요.

| 7.2 | 9.6 | 1.2 | 1.6 |

( )

8 잘못 계산한 곳을 찾아 바르게 계산해 보세요.

$$\begin{array}{r} 0.2\,4 \\ 0.2\,8\,)\overline{6.7\,2} \\ \underline{5\,6} \\ 1\,1\,2 \\ \underline{1\,1\,2} \\ 0 \end{array} \Rightarrow$$

$$0.2\,8\,)\overline{6.7\,2}$$

9 ☐ 안에 알맞은 수를 써넣으세요.

(1)
```
          6
  0.9 ) 5 . ☐
        5 ☐
          0
```

(2)
```
        ☐ 4
3.6 ) 5 0 . ☐
      3 6
      1 4 ☐
      ☐☐☐☐
          0
```

10 윤우는 친구들과 오렌지 주스 10.64 L를 0.38 L씩 똑같이 나누어 마시려고 합니다. 몇 명이 나누어 마실 수 있을까요?

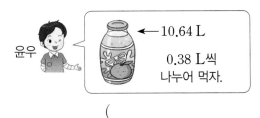

윤우

← 10.64 L

0.38 L씩 나누어 먹자.

(   )

✏️ 서술형 문제

11 가로가 8.3 cm, 넓이가 41.5 cm²인 직사각형이 있습니다. 이 직사각형의 세로는 몇 cm인지 식을 쓰고 답을 구하세요.

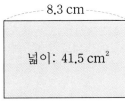

8.3 cm

넓이: 41.5 cm²

식 _____

답 _____

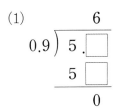
✏️ 서술형 문제

12 한 병에 들어 있는 소금의 무게는 0.5 kg이고, 봉투 하나에 들어 있는 소금의 무게는 3.6 kg입니다. 봉투 하나에 들어 있는 소금의 무게는 한 병에 들어 있는 소금의 무게의 몇 배인지 구하세요.

문제 해결

3.6 kg

0.5 kg

식 _____

답 _____

진도 완료 체크

13 친구들이 설명하는 나눗셈을 쓰고, 몫을 구하세요.

추론

798÷3을 이용하여 계산할 수 있어.

나누는 수와 나누어지는 수를 똑같이 10배 하면 798÷3이야.

식   ☐☐☐ ÷ ☐☐ = ☐☐☐

✏️ 서술형 문제

14 ☐ 안에 알맞은 수를 써넣고, 그 까닭을 쓰세요.

추론

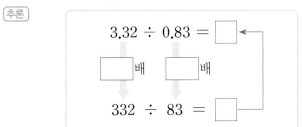

3.32 ÷ 0.83 = ☐

☐ 배   ☐ 배

332 ÷ 83 = ☐

까닭 _____

자릿수가 다른 (소수)÷(소수), (자연수)÷(소수)

개념1 자릿수가 다른 (소수)÷(소수)

• 5.92÷1.6의 계산

방법1 592÷160 이용하기

5.92 ÷ 1.6 = 3.7
↓100배   ↓100배
592 ÷ 160 = 3.7

$$1.6\underset{\frown}{0})\overline{5.9\underset{\frown}{2}} \rightarrow 160)\overline{59200}$$

소수점을 두 자리씩 옮깁니다.

몫은 **옮긴 소수점 위치**에 맞춰 소수점을 올려 찍습니다.

```
        3.7
160)59200
    480
    1120
    1120
       0
```

> 옮긴 소수점의 위치에 맞춰서 몫에 소수점을 찍어요.

방법2 59.2÷16 이용하기

5.92 ÷ 1.6 = 3.7
↓10배   ↓10배
59.2 ÷ 16 = 3.7

$$1.\underset{\frown}{6})\overline{5.9\underset{\frown}{2}} \rightarrow 16)\overline{592}$$

소수점을 한 자리씩 옮깁니다.

```
      3.7
16)592
   48
   112
   112
     0
```

➲ (소수)÷(소수)의 계산
나누는 수가 자연수가 되도록 두 수의 **소수점을 같은 자리만큼 옮기고** 계산합니다.

개념2 (자연수)÷(소수)

• 7÷1.75의 계산

방법1 분수의 나눗셈 이용하기

$$7 \div 1.75 = \frac{700}{100} \div \frac{175}{100} = 700 \div 175 = 4$$

분모가 100인 분수로 바꾸어 계산할 수 있습니다.

방법2 자연수의 나눗셈 이용

7 ÷ 1.75 = 4
↓100배   ↓100배
700 ÷ 175 = 4

방법3 세로로 계산하기

> 소수점을 오른쪽으로 옮길 때 수가 없으면 0을 씁니다.

$$1.7\underset{\frown}{5})\overline{7.0\underset{\frown}{0}} \rightarrow 175)\overline{700}$$

나누는 수가 자연수가 되도록 소수점을 두 자리씩 옮깁니다.

```
        4
175)700
    700
      0
```

어느 교과서로 배우더라도 꼭 알아야하는 **10종 교과서 문제**

1 ☐ 안에 알맞은 수를 써넣으세요.

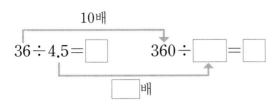

10배

$36 \div 4.5 =$ ☐ $360 \div$ ☐ $=$ ☐

☐ 배

2 ☐ 안에 알맞은 수를 써넣으세요.

(1) $4.55 \div 1.3$에서 4.55와 1.3을 100배씩 하여

계산하면 $455 \div$ ☐ $=$ ☐ 입니다.

⇨ $4.55 \div 1.3 =$ ☐

(2) $4.55 \div 1.3$에서 4.55와 1.3을 10배씩 하여

계산하면 ☐ $\div 13 =$ ☐ 입니다.

⇨ $4.55 \div 1.3 =$ ☐

3 $13.28 \div 1.6$을 분수의 나눗셈으로 계산하려고 합니다. ☐ 안에 알맞은 수를 써넣으세요.

(1) $13.28 \div 1.6 = \dfrac{132.8}{10} \div \dfrac{\boxed{}}{10}$

$= \boxed{} \div \boxed{} = \boxed{}$

(2) $13.28 \div 1.6 = \dfrac{1328}{100} \div \dfrac{\boxed{}}{100}$

$= \boxed{} \div \boxed{} = \boxed{}$

4 ☐ 안에 알맞은 수를 써넣으세요.

(1) $5.12 \div 3.2 = 512 \div$ ☐ $=$ ☐

(2) $9 \div 0.36 =$ ☐ $\div 36 =$ ☐

5 ☐ 안에 알맞은 수를 써넣으세요.

$42 \div 6 =$ ☐

$42 \div 0.6 =$ ☐

$42 \div 0.06 =$ ☐

6 ☐ 안에 알맞은 수를 써넣으세요.

$2.88 \div 0.08 =$ ☐

$28.8 \div 0.08 =$ ☐

$288 \div 0.08 =$ ☐

7 계산을 하세요.

(1)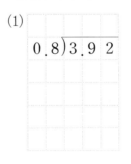

$0.8 \overline{)3.92}$

(2)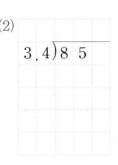

$3.4 \overline{)85}$

(3) $4.32 \div 1.2$

(4) $21 \div 0.84$

1 4÷0.16과 몫이 같은 것에 ○표 하세요.

0.04÷16	40÷16	400÷16
( )	( )	( )

2 ☐ 안에 알맞은 수를 써넣으세요.

(1) $12 \div 6 =$ ☐

$12 \div 0.6 =$ ☐

$12 \div 0.06 =$ ☐

(2) $1.28 \div 0.08 =$ ☐

$12.8 \div 0.08 =$ ☐

$128 \div 0.08 =$ ☐

3 계산을 하세요.

(1) $12.4 \overline{)7.44}$

(2) $9.4 \overline{)705}$

4 빈칸에 알맞은 수를 써넣으세요.

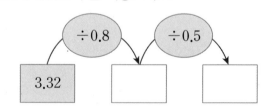

5 계산 결과를 비교하여 ○ 안에 >, =, <를 알맞게 써넣으세요.

(1) $2.73 \div 1.3$ ○ $7.75 \div 3.1$

(2) $4.05 \div 0.9$ ○ $9.89 \div 2.3$

✏ 서술형 문제

6 집에서 학교까지의 거리는 2.88 km이고 집에서 도서관까지의 거리는 1.2 km입니다. 집에서 학교까지의 거리는 집에서 도서관까지의 거리의 몇 배인지 식을 쓰고 답을 구하세요.

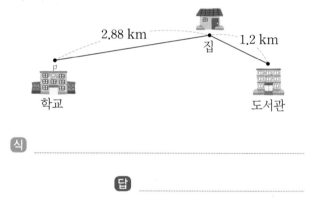

2.88 km   집   1.2 km

학교   도서관

식 _____

답 _____

7 아버지가 딴 포도의 무게는 62.98 kg이고 할머니가 딴 포도의 무게는 9.4 kg입니다. 아버지가 딴 포도의 무게는 할머니가 딴 포도의 무게의 몇 배일까요?

( )

8 다음 직육면체의 부피는 4.68 cm^3입니다. ☐ 안에 알맞은 수를 써넣으세요.

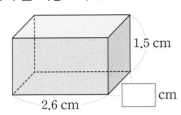

9 둘레가 43.5 cm인 정다각형을 그렸습니다. 한 변의 길이가 7.25 cm일 때 정다각형의 이름은 무엇인지 구하세요.

( )

10 두 직선 가와 나가 서로 평행하고 색칠한 부분의 넓이가 34.86 cm^2일 때, ㉠의 길이는 몇 cm일까요?

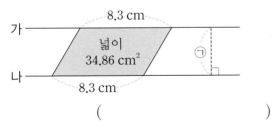

( )

11 어떤 수를 4.5로 나누어야 하는데 잘못하여 어떤 수에 4.5를 곱했더니 162가 되었습니다. 바르게 계산한 값을 구하세요.

( )

✏️ 서술형 문제

12 젤리 2.5 kg의 가격이 3500원일 때 젤리 1 kg의 가격은 얼마인지 식을 쓰고 답을 구하세요.

식 _____

답 _____

✏️ 서술형 문제

13 잘못 계산한 곳을 찾아 잘못된 까닭을 쓰고 바르게 계산하세요.

$$\begin{array}{r} 3.5 \\ 0.6\overline{)2\,1} \\ \underline{1\,8} \\ 3\,0 \\ \underline{3\,0} \\ 0 \end{array}$$

⇨

까닭 _____

_____

14 상자 1개를 묶는 데 리본 1.5 m가 필요합니다. 리본 9 m로 상자를 몇 개 묶을 수 있는지 두 가지 방법으로 구하세요.

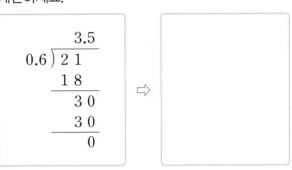

방법1

답 _____

방법2

답 _____

2단원

개념1 몫의 소수점 위치 확인하기

• 7.98 ÷ 4.2의 몫의 소수점 위치 확인

$$7.98 \div 4.2$$

반올림하여 일의 자리까지 나타내기

$$8 \div 4 = 2$$

7.98을 8로, 4.2를 4로 어림하면 8÷4의 몫이 2이므로 **7.98÷4.2의 몫은 약** 2입니다.

$$7.98 \div 4.2 \neq 0.19 \times$$

$$7.98 \div 4.2 = 1.9$$

$$7.98 \div 4.2 \neq 19 \times$$

0.19, 1.9, 19 중에서 약 2인 수는 1.9이므로 **몫에 소수점을 바르게 찍으면** 1.9입니다.

개념2 몫을 반올림하여 나타내기

• 2.5 ÷ 0.7의 몫 알아보기

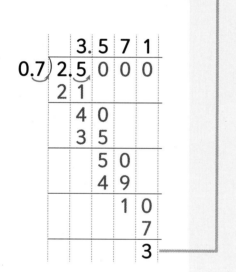

$$2.5 \div 0.7 = 3.571 \cdots$$

2.5÷0.7은 몫이 나누어떨어지지 않습니다.

몫을 반올림하여 **일의** 자리까지 나타내기

$$3.571 \cdots \rightarrow 4$$

바로 아래 자리의 숫자가 **5**입니다. 3.5 …

몫을 반올림하여 **소수 첫째** 자리까지 나타내기

$$3.571 \cdots \rightarrow 3.6$$

바로 아래 자리의 숫자가 **7**입니다. 3.57 …

몫을 반올림하여 **소수 둘째** 자리까지 나타내기

$$3.571 \cdots \rightarrow 3.57$$

바로 아래 자리의 숫자가 **1**입니다. 3.571 …

개념 확인 1 몫을 어림한 방법을 보고 알맞은 말에 ○표 하세요.

 4.5÷0.38=11.842…
↓
4.5÷0.38의 몫은 약 11.8이에요.

몫을 반올림하여
소수 (첫째 , 둘째 , 셋째)
자리까지 나타냈습니다.

2 보기 와 같이 소수를 반올림하여 일의 자리까지 나타내어 몫을 구하고, 소수의 나눗셈의 몫을 찾아 ○표 하세요.

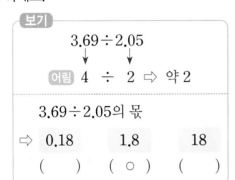

보기
3.69÷2.05
어림 4 ÷ 2 ⇨ 약 2

3.69÷2.05의 몫
⇨ 0.18   1.8   18
  (   ) (○) (   )

(1)
8.99÷3.1
어림 □ ÷ □ ⇨ 약 □

8.99÷3.1의 몫
⇨ 0.29   2.9   29
  (   ) (   ) (   )

(2)
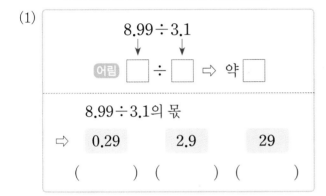
20.37÷4.85
어림 □ ÷ □ ⇨ 약 □

20.37÷4.85의 몫
⇨ 4.2   42   420
  (   ) (   ) (   )

3 나눗셈식을 보고 몫을 반올림하여 주어진 자리까지 나타내세요.

5.5÷0.6=9.166…

일의 자리 (   )

소수 첫째 자리 (   )

소수 둘째 자리 (   )

4 5.9÷9의 몫을 반올림하여 나타내세요.

(1) 몫을 반올림하여 소수 첫째 자리까지 나타내세요.

(   )

(2) 몫을 반올림하여 소수 둘째 자리까지 나타내세요.

(   )

5 몫을 반올림하여 소수 첫째 자리까지 나타내세요.

(1)
3) 8.5

(2)
6) 2 5.3

(   )   (   )

6 몫을 반올림하여 소수 둘째 자리까지 나타내세요.

(1)
1.87÷9

(   )

(2)
5.8÷0.6

(   )

개념1 나누어 주고 남는 양 알아보기

• 물 7.8 L를 한 사람에게 1.5 L씩 나누어 주기

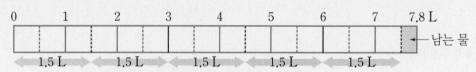

7.8 L를 5명에게 나누어 줄 수 있습니다.
나누어 주고 남는 물은 0.3 L입니다.

한 사람에게 나누어 → 준 물의 양

```
          5  ← 나누어 준 사람 수
    1.5 ) 7.8
          7 5
          0.3  ← 남는 물
```

> 사람 수는 소수가 아닌 자연수이므로 몫을 **자연수** 부분까지 구해야 합니다.

남는 양의 소수점의 위치는 나누어지는 수의 **처음 소수점의 위치**와 같습니다.

주의 나누어 주는 양과 남는 양의 합이 나누어 주기 전의 양과 같아야 합니다.

```
          5
    1.5 ) 7.8
          7 5
            3
```

나누어 준 사람 수: 5명
나누어 주고 남는 양: ~~3 L~~

• 나누어 주는 전체 양과 남는 양의 합
1.5×5+3=10.5 (L)
7.8 L가 아니므로 남는 양을 바르게 구하지 못했습니다.

```
          5.2
    1.5 ) 7.8
          7 5
            3 0
            3 0
              0
```

나누어 준 사람 수: 5명
나누어 주고 남는 양: ~~0.2 L~~

• 나누어 주는 전체 양과 남는 양의 합
1.5×5+0.2=7.7 (L)
7.8 L가 아니므로 남는 양을 바르게 구하지 못했습니다.

> 남는 양의 소수점의 위치는 나누어지는 수의 **처음 소수점 위치에 맞춰** 내려 찍습니다.
>
> ```
>          3
>    2 ) 6.3
>        6      내려 갈게.
>        0.3
> ```
> 나도 왔어.
>
> ➜ 몫이 3일 때 남는 양은 0.3입니다.

개념 확인 1 고구마 7.6 kg을 한 바구니에 3 kg씩 나누어 담으려고 합니다. ☐ 안에 알맞은 수를 써넣으세요.

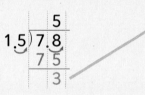

```
         ☐
    3 ) 7.6
        6
    ☐
```

나누어 담을 수 있는 바구니 수: ☐ 개

남는 고구마의 양: ☐ kg

2 밀가루 13.4 kg을 한 봉지에 4 kg씩 나누어 담으려고 합니다. 몇 봉지에 담을 수 있는지 알기 위해 다음과 같이 계산했습니다. 물음에 답하세요.

$$13.4 - 4 - 4 - 4 = \boxed{}$$

(1) ☐ 안에 알맞은 수를 써넣으세요.

(2) 계산식을 보고 밀가루를 몇 봉지에 나누어 담을 수 있는지 구하세요.

(   )

(3) 계산식을 보고 봉지에 나누어 담고 남는 밀가루의 양을 구하세요.

(   )

3 물 28.4 L를 한 사람에게 5 L씩 나누어 주려고 합니다. 나누어 줄 수 있는 사람 수와 남는 물의 양은 얼마인지 알아보려고 합니다. 물음에 답하세요.

(1) 몫을 자연수 부분까지 구하세요.

$$5\,)\overline{2\,8.4}$$

(2) 나누어 줄 수 있는 사람 수와 남는 양을 구하세요.

나누어 줄 수 있는 사람 수: ☐ 명

남는 물의 양: ☐ L

(3) 계산 결과가 맞는지 확인해 보세요.

$$5 \times \boxed{} + \boxed{} = 28.4$$

↑   ↑
나누어 준 물의 양   남는 양

4 포도 17.4 kg을 한 사람에게 4 kg씩 나누어 주려고 합니다. 나누어 줄 수 있는 사람 수와 남는 포도의 양을 구하세요.

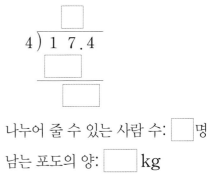

나누어 줄 수 있는 사람 수: ☐ 명

남는 포도의 양: ☐ kg

5 끈 42.3 m를 한 사람에게 8 m씩 나누어 주려고 합니다. 나누어 줄 수 있는 사람 수와 남는 끈의 길이를 구하세요.

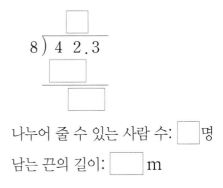

나누어 줄 수 있는 사람 수: ☐ 명

남는 끈의 길이: ☐ m

6 땅콩 60.5 kg을 한 상자에 0.7 kg씩 나누어 담으려고 합니다. 나누어 담을 수 있는 상자 수와 남는 땅콩의 양을 구하세요.

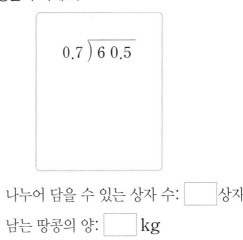

나누어 담을 수 있는 상자 수: ☐ 상자

남는 땅콩의 양: ☐ kg

1 몫을 반올림하여 소수 첫째 자리까지 나타내세요.

(1)
$$9 \overline{)\ 5\,7.2}$$

(   )

(2)
$$7 \overline{)\ 2\,1.5\,7}$$

(   )

2 나눗셈의 몫을 반올림하여 주어진 자리까지 나타내세요.

$$17 \div 7$$

일의 자리	소수 첫째 자리	소수 둘째 자리

3 어림을 이용하여 몫의 소수점 위치가 알맞은 것을 찾아 ○표 하세요.

$$9.604 \div 0.98$$

0.98	9.8	98	980
( )	( )	( )	( )

4 나눗셈의 몫을 소수 둘째 자리에서 반올림하여 나타내세요.

$$4.92 \div 2.3$$

(   )

5 끈 28.8 m를 한 사람에게 3 m씩 나누어 주려고 합니다. 나누어 줄 수 있는 사람 수와 남는 끈의 길이를 구하기 위해 다음과 같이 계산했습니다.

보기에서 ☐ 안에 알맞은 말을 골라 써넣으세요.

보기
나누어 주고 남는 양, 나누어 줄 수 있는 사람 수,
한 사람에게 나누어 주는 양, 나누어 준 양

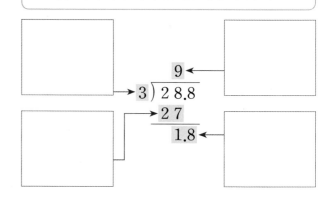

6 계산 결과를 비교하여 ○ 안에 >, =, <를 알맞게 써넣으세요.

77÷9의 몫을 반올림하여 일의 자리까지 나타낸 수	○	77÷9

7 콩 46.7 kg을 한 자루에 6 kg씩 나누어 담으려고 합니다. 나누어 담을 수 있는 자루 수와 남는 콩의 양을 구하세요.

나누어 담을 수 있는 자루 수: ☐자루

남는 콩의 양: ☐kg

8 몫을 어림하여 몫이 1 이상 10 이하인 나눗셈을 찾아 ○표 하세요.

2.016÷4.2	20.16÷4.2	201.6÷4.2

(   )   (   )   (   )

9 실험용 용액 6.8 L를 한 병에 0.15 L씩 담으려고 합니다. 용액을 담을 수 있는 병의 수와 남는 용액의 양은 몇 L인지 구하세요.

(   ), (   )

10 두께가 일정한 통나무 3 m의 무게가 245.5 kg입니다. 통나무 1 m의 무게는 몇 kg인지 반올림하여 소수 둘째 자리까지 나타내세요.

(   )

11 타조의 무게는 154.2 kg이고 타조알의 무게는 1.8 kg입니다. 타조의 무게는 타조알의 무게의 몇 배인지 반올림하여 소수 첫째 자리까지 나타내세요.

(   )

🖉 서술형 문제

12 딸기 38.4 kg을 한 사람에게 6 kg씩 나누어 줄 때 나누어 줄 수 있는 사람 수와 남는 딸기의 양을 알기 위해 다음과 같이 계산했습니다. 잘못 계산한 곳을 찾아 바르게 계산하고, 그 까닭을 쓰세요.

[문제 해결]

$$\begin{array}{r} 6 \\ 6\,\overline{)\,3\,8.4} \\ 3\,6 \\ \hline 2\,4 \end{array}$$
나누어 줄 수 있는 사람 수: 6명,
남는 딸기의 양: 24 kg

⇩

$$6\,\overline{)\,3\,8.4}$$
나누어 줄 수 있는 사람 수: ☐명,
남는 딸기의 양: ☐ kg

까닭 _____

2 단원

진도 완료 체크

13 친구 3명의 키를 나타낸 표입니다. 친구들 키의 평균은 몇 cm인지 반올림하여 소수 첫째 자리까지 나타내세요.

[정보 처리]

이름	은서	찬희	윤비
키(cm)	154.3	155.3	153.5

(   )

🖉 서술형 문제

14 수 카드를 모두 한 번씩 사용하여 몫이 가장 크게 되는 (소수 한 자리 수)÷(소수 두 자리 수) 식을 만들고, 몫을 반올림하여 소수 첫째 자리까지 나타내세요.

[정보 처리]

9	7	4	2	0

식 _____

답 _____

유형1　소수의 나눗셈 활용하기

1 길이가 31.2 cm인 색 테이프를 각각 정훈이는 1.2 cm씩, 성하는 2.6 cm씩 잘랐습니다. 정훈이가 자른 조각 수는 성하가 자른 조각 수보다 몇 조각 더 많은지 구하세요.

(　　　　　　　)

Solution 나누어지는 수는 같고 나누는 수만 바꾸어 나눗셈의 몫을 구하고 비교하는 문제입니다.

1-1 길이가 17.6 cm인 색 테이프를 각각 수정이는 1.1 cm씩, 재민이는 0.8 cm씩 잘랐습니다. 재민이가 자른 조각 수는 수정이가 자른 조각 수보다 몇 조각 더 많은지 구하세요.

(　　　　　　　)

1-2 길이가 95.2 cm인 가래떡을 각각 진호는 6.8 cm씩, 민지는 5.6 cm씩 썰었습니다. 누가 썬 가래떡 조각 수가 몇 조각 더 많은지 구하세요.

(　　　　　), (　　　　　)

1-3 주스와 우유가 4.55 L씩 있습니다. 주스를 병 한 개에 0.05 L씩 담고, 우유를 병 한 개에 0.07 L씩 담았습니다. 주스를 담은 병과 우유를 담은 병은 모두 몇 개일까요?

(　　　　　　　)

유형2　몫의 소수점 아래 숫자들의 규칙 찾기

2 몫의 소수 아홉째 자리 숫자를 구하세요.

$$9.2 \div 9$$

(　　　　　　　)

Solution 몫의 규칙을 찾을 때에는 나눗셈을 하여 몫의 소수점 아래 숫자가 반복되는 규칙을 찾습니다.

2-1 몫의 소수 15째 자리 숫자를 구하세요.

$$52.4 \div 6$$

(　　　　　　　)

2-2 몫의 소수 20째 자리 숫자를 구하세요.

$$3.5 \div 2.2$$

(　　　　　　　)

2-3 몫을 반올림하여 소수 여덟째 자리까지 나타낼 때, 몫의 소수 여덟째 자리 숫자는 얼마일까요?

$$161.6 \div 3$$

(　　　　　　　)

유형3 둘레에 놓는 것의 개수 구하기

3 둘레가 147.56 m인 원 모양의 공원이 있습니다. 이 공원의 둘레에 4.76 m 간격으로 가로등을 세우려고 합니다. 가로등을 몇 개 세울 수 있는지 구하세요. (단, 가로등의 두께는 생각하지 않습니다.)

( )

Solution • 원 모양의 둘레에 가로등을 세울 때
(필요한 가로등의 수)＝(둘레)÷(가로등 사이의 간격)

참고 직선 도로의 한쪽에 처음부터 끝까지 가로수를 세울 때
(필요한 가로수의 수)
＝(도로의 길이)÷(가로수 사이의 간격)＋1

3-1 둘레가 20.8 m인 원 모양의 텃밭에 1.3 m 간격으로 기둥을 세우려고 합니다. 기둥을 몇 개 세울 수 있는지 구하세요. (단, 기둥의 두께는 생각하지 않습니다.)

( )

3-2 길이가 270 m인 도로 한쪽에 2.5 m 간격으로 처음부터 끝까지 가로수를 심었습니다. 심은 가로수는 모두 몇 그루일까요? (단, 가로수의 두께는 생각하지 않습니다.)

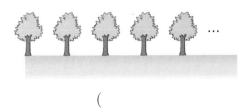

( )

유형4 어떤 수를 구하여 바르게 계산하기

4 어떤 수를 2.4로 나누어야 할 것을 잘못하여 어떤 수를 4.2로 나누었더니 3이 되었습니다. 바르게 계산하면 얼마인지 구하세요.

( )

Solution 어떤 수가 들어간 식을 세워 어떤 수를 구한 후 이를 이용해 바르게 계산한 몫을 구합니다.

4-1 어떤 수를 1.5로 나누어야 할 것을 잘못하여 어떤 수를 1.2로 나누었더니 5가 되었습니다. 바르게 계산하면 얼마인지 구하세요.

( )

4-2 어떤 수를 0.04로 나누어야 할 것을 잘못하여 어떤 수에 0.04를 곱했더니 1.12가 되었습니다. 바르게 계산하면 얼마인지 구하세요.

( )

4-3 어떤 수를 0.5로 나누어야 할 것을 잘못하여 어떤 수에 0.5를 곱했더니 3.4가 되었습니다. 바르게 계산하면 얼마인지 구하세요.

( )

5 연습 문제

❶몫을 반올림하여 소수 첫째 자리까지 나타낸 값과 소수 둘째 자리까지 나타낸 값의❷차를 알아보세요.

$$95 \div 7$$

❶ $95 \div 7 = 13.\boxed{}\boxed{}\boxed{}$ …이므로

몫을 반올림하여 소수 첫째 자리까지 나타내면

$\boxed{}$이고, 몫을 반올림하여 소수 둘째 자리까지 나타내면 $\boxed{}$입니다.

❷ 따라서 두 값의 차는 $13.6 - \boxed{} = \boxed{}$ 입니다.

답 $\boxed{}$

5-1 실전 문제

몫을 반올림하여 소수 첫째 자리까지 나타낸 값과 소수 둘째 자리까지 나타낸 값의 차를 구하려고 합니다. 풀이 과정을 쓰고 답을 구하세요.

$$20 \div 13$$

풀이

답 _____

6 연습 문제

❶넓이가 29.26 cm²인 삼각형이 있습니다.❷이 삼각형의 밑변의 길이가 8.36 cm라면 높이는 몇 cm인지 알아보세요.

넓이: 29.26 cm²

8.36 cm

❶ (삼각형의 넓이)=(밑변의 길이)×(높이)÷2이므로 (높이)=(삼각형의 넓이)×$\boxed{}$÷(밑변의 길이)입니다.

❷ 따라서 삼각형의 높이는

$29.26 \times \boxed{} \div \boxed{}$

$= \boxed{} \div \boxed{} = \boxed{}$ (cm)입니다.

답 $\boxed{}$ cm

6-1 실전 문제

넓이가 23.55 cm²인 사다리꼴이 있습니다. 이 사다리꼴의 윗변의 길이가 6.2 cm, 아랫변의 길이가 9.5 cm라면 높이는 몇 cm인지 풀이 과정을 쓰고 답을 구하세요.

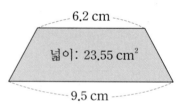

6.2 cm

넓이: 23.55 cm²

9.5 cm

풀이

답 _____

7 연습 문제

①쌀 18.2 kg과 보리 6.2 kg을 섞은 다음②한 봉지에 3 kg씩 나누어 담으려고 합니다. 몇 봉지까지 담을 수 있고 몇 kg이 남는지 알아보세요.

❶ 쌀 18.2 kg과 보리 6.2 kg을 섞으면 모두

$18.2 +$ ☐ $=$ ☐ (kg)입니다.

❷

```
    ☐
3 ) 2 4 . 4
    2 4
    ☐
```

따라서 ☐ 봉지까지 담을 수 있고 ☐ kg이 남습니다.

답 ☐ 봉지, ☐ kg

7-1 실전 문제

물 16.5 L와 매실액 3.2 L를 섞은 다음 한 병에 2 L씩 나누어 담으려고 합니다. 몇 병까지 담을 수 있고 몇 L가 남는지 풀이 과정을 쓰고 답을 구하세요.

풀이

답 _____ . _____

2 단원

진도 완료 체크

8 연습 문제

버스가①2시간 24분 동안 180 km를 달렸습니다.②이 버스가 한 시간 동안 달린 평균 거리는 몇 km인지 알아보세요.

❶ 24분$=\dfrac{☐}{60}$시간$=\dfrac{☐}{10}$시간$=0.$☐시간이므로

2시간 24분은 ☐ 시간입니다.

❷ 이 버스가 한 시간 동안 달린 평균 거리는

$180 ÷$ ☐ $=$ ☐ (km)입니다.

답 ☐ km

8-1 실전 문제

주희는 1시간 15분 동안 2.5 km를 걸었습니다. 주희가 한 시간 동안 걸은 평균 거리는 몇 km인지 풀이 과정을 쓰고 답을 구하세요.

풀이

답 _____

1 ☐ 안에 들어갈 수 있는 자연수 중 가장 큰 수를 구하세요.

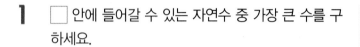

$$131.3 \div 6.5 > \boxed{}$$

( )

2 민호네 학교 6학년 학생 중에서 통학 거리가 1시간 이상인 학생은 21명입니다. 이 수는 6학년 전체 학생의 0.14라고 합니다. 민호네 학교 6학년 전체 학생은 몇 명일까요?

( )

3 성수네 모둠 학생들의 50 m 달리기 평균 기록은 몇 초인지 반올림하여 소수 둘째 자리까지 나타내세요.

성수네 모둠의
50 m 달리기 기록

이름	기록(초)
성수	10.57
주희	8.73
현석	9.76

( )

4 각 음식을 정화시키는 데 필요한 물의 양을 조사하였습니다. 음식을 정화시키는 데 필요한 물의 양은 음식의 양의 각각 몇 배인지 구하세요.

라면 국물 0.15 L   식용유 0.05 L   우유 0.2 L
⇩   ⇩   ⇩
물 564 L   물 1350 L   물 10000 L

라면 국물 ( )

식용유 ( )

우유 ( )

5 가로가 8.24 cm, 세로가 6 cm인 직사각형이 있습니다. 이 직사각형의 세로를 2 cm 늘인다면 가로는 몇 cm를 줄여야 처음 직사각형의 넓이와 같게 되는지 구하세요.

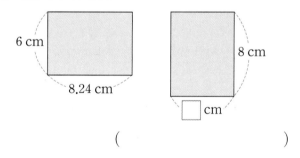

( )

6 지훈이와 지혜는 넓이가 77.5 m²인 담을 칠하려고 합니다. 담 2.5 m²를 칠하는 데 페인트 0.6 L가 필요하다고 합니다. 한 통에 들어 있는 페인트의 양이 1.5 L일 때, 담을 모두 칠하는 데 필요한 페인트를 사려면 적어도 몇 통을 사야 하는지 구하세요.
(단, 페인트는 통 단위로만 살 수 있습니다.)

( )

7 사다리꼴에서 윗변의 길이와 아랫변의 길이의 합이 윗변의 길이의 2.2배라면 아랫변은 몇 cm일까요?

넓이: 12.32 cm²   3.2 cm

(   )

8 번개가 친 곳으로부터 0.34 km 떨어진 곳에서 번개를 본 뒤 1초 후에 천둥소리를 들을 수 있다고 합니다. 선준이가 번개가 친 곳으로부터 2.5 km 떨어진 곳에서 번개를 본 뒤 몇 초 후에 천둥소리를 들을 수 있는지 반올림하여 소수 둘째 자리까지 나타내세요.

(   )

9 한 시간에 60 km를 가는 자동차가 일정한 빠르기로 2시간 15분 동안 달렸을 때 사용된 휘발유의 양은 7.5 L였습니다. 이 자동차가 휘발유 1 L로 갈 수 있는 거리는 몇 km인지 구하세요.

(   )

10 어떤 수를 입력한 다음 버튼 ÷★ 을 누르면 다음과 같은 규칙으로 나올 때 ☐ 안에 알맞은 수를 써넣으세요.

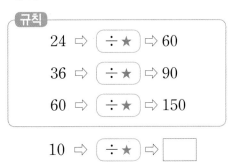
규칙
24 ⇨ ÷★ ⇨ 60
36 ⇨ ÷★ ⇨ 90
60 ⇨ ÷★ ⇨ 150

10 ⇨ ÷★ ⇨ ☐

2단원

11 길이가 9.21 km인 터널이 있습니다. 길이가 150 m인 기차가 1분에 1.56 km를 가는 빠르기로 달릴 때 터널을 완전히 지나는 데 걸리는 시간은 몇 분일까요?

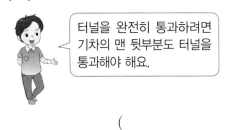
터널을 완전히 통과하려면 기차의 맨 뒷부분도 터널을 통과해야 해요.

(   )

12 똑같은 우유 50개를 담은 상자의 무게는 16.97 kg이었습니다. 우유 18개를 덜어 낸 후 남는 우유와 상자의 무게를 달아 보니 12.39 kg이었습니다. 우유 한 개의 무게는 몇 kg인지 반올림하여 소수 둘째 자리까지 나타내세요.

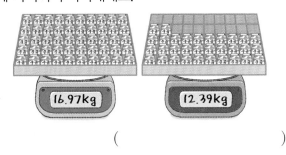
16.97kg   12.39kg

(   )

1 ☐ 안에 알맞은 수를 써넣으세요.

(1) $3.2 \div 0.4 = \dfrac{32}{10} \div \dfrac{\boxed{}}{10} = 32 \div \boxed{} = \boxed{}$

(2) $13.25 \div 0.53 = \dfrac{\boxed{}}{100} \div \dfrac{\boxed{}}{100}$

$= \boxed{} \div \boxed{} = \boxed{}$

2 ☐ 안에 알맞은 수를 써넣으세요.

4.2에서 0.7을 ☐번 빼면 0이 되므로

$4.2 \div 0.7 = \boxed{}$ 입니다.

3 $7.29 \div 0.09$를 계산하려고 합니다. 자연수의 나눗셈을 이용하여 계산해 보세요.

$$7.29 \div 0.09$$

100배   ☐배

$$\boxed{} \div \boxed{} = \boxed{}$$

⇨ $7.29 \div 0.09 = \boxed{}$

4 계산을 하세요.

(1) $0.5 \overline{)2.15}$

(2) $1.3 \overline{)6.89}$

5 설탕 26.7 kg을 한 봉지에 7 kg씩 나누어 담으려고 합니다. 나누어 담을 수 있는 봉지 수와 남는 설탕의 양을 알아보려고 합니다. ☐ 안에 알맞은 수를 써넣으세요.

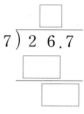

나누어 담을 수 있는 봉지 수: ☐봉지

남는 설탕의 양: ☐ kg

6 계산 결과를 비교하여 ◯ 안에 >, =, <를 알맞게 써넣으세요.

$96 \div 6.4 \ \bigcirc \ 12 \div 0.16$

7 소수의 나눗셈에서 소수점의 위치를 바르게 옮긴 것은 어느 것인가요? ·····················(   )

① $0.4\overline{)1.04} \ \Rightarrow \ 4\overline{)104}$

② $0.13\overline{)5.25} \ \Rightarrow \ 1.3\overline{)525}$

③ $0.23\overline{)34.8} \ \Rightarrow \ 23\overline{)348}$

④ $1.2\overline{)2.56} \ \Rightarrow \ 12\overline{)25.6}$

⑤ $3.22\overline{)50.6} \ \Rightarrow \ 322\overline{)506}$

8 ☐ 안에 알맞은 수를 써넣으세요.

(1) $3.64 \div 0.07 =$ ☐

(2) $36.4 \div 0.07 =$ ☐

(3) $364 \div 0.07 =$ ☐

9 보리 247.7 kg을 한 자루에 5 kg씩 나누어 담으려고 합니다. 나누어 담을 수 있는 자루 수와 남는 보리의 양을 구하세요.

나누어 담을 수 있는 자루 수

⇨ (   )

남는 보리의 양 ⇨ (   )

10 몫을 반올림하여 소수 첫째 자리까지 나타내세요.

(1)

$7) \overline{2\,1.5\,7}$

(2)

$9) \overline{2\,5.7}$

(   )   (   )

11 계산 결과를 비교하여 더 작은 쪽에 ○표 하세요.

50÷7의 몫을 반올림하여 소수 첫째 자리까지 나타낸 수	50÷7

(   )   (   )

12 12.6 kg의 밀가루를 한 봉지에 0.3 kg씩 담으면 몇 봉지가 되는지 식을 쓰고 답을 구하세요.

식 _____

답 _____

13 어떤 자동차는 연료 0.15 L를 넣으면 1 km를 갈 수 있습니다. 이 자동차에 연료 13.95 L를 넣으면 몇 km를 갈 수 있을까요?

1 km를 가는 데 연료 0.15 L가 필요해요.

(   )

14 생선 가게에서 꽃게 83.8 kg을 한 상자에 4 kg씩 담아서 팔려고 합니다. 꽃게를 몇 상자까지 팔 수 있고, 남는 꽃게는 몇 kg일까요?

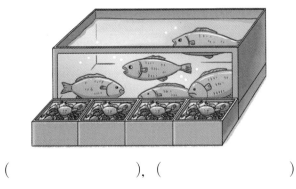

(   ), (   )

2단원

단원 평가

15 책의 무게는 302.48 g이고 동전의 무게는 7.6 g 입니다. 책의 무게는 동전의 무게의 몇 배일까요?

( )

16 딸기 147.6 kg을 4 kg씩 담을 수 있는 상자에 담으려고 합니다. 딸기를 모두 담으려면 상자는 적어도 몇 개 필요할까요?

( )

17 밑변의 길이가 23.77 cm, 넓이가 285.24 cm^2 인 평행사변형이 있습니다. 이 평행사변형의 높이는 몇 cm인지 구하세요.

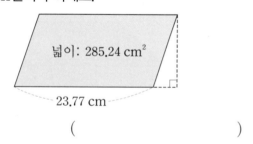

넓이: 285.24 cm^2

23.77 cm

( )

18 삼촌의 몸무게는 66.5 kg이고 은정이의 몸무게는 27.5 kg입니다. 삼촌의 몸무게는 은정이의 몸무게의 몇 배인지 반올림하여 소수 둘째 자리까지 나타내세요.

( )

19 수 카드 4 , 6 , 7 을 한 번씩만 사용하여 몫이 가장 크게 되도록 나눗셈식을 완성하고 몫을 구하세요.

$$0.\boxed{}\,)\,\overline{\boxed{}\boxed{}}$$

( )

20 1분 동안 23.25 L씩 물이 나오는 수도꼭지와 1분 동안 20.83 L씩 물이 나오는 수도꼭지가 있습니다. 두 수도꼭지를 동시에 틀어서 264.48 L의 물을 받는 데 걸리는 시간은 몇 분인지 구하세요.

( )

1~20번까지의
단원 평가 유사 문제 제공

문제 생성기

21 소금 4봉지 반의 무게는 21.15 kg이고, 설탕 8봉지 반의 무게는 40.8 kg입니다. 소금 한 봉지와 설탕 한 봉지 무게의 차는 몇 kg인지 알아보세요.

(1) 소금 한 봉지의 무게는 몇 kg일까요?

(   )

(2) 설탕 한 봉지의 무게는 몇 kg일까요?

(   )

(3) 소금 한 봉지와 설탕 한 봉지의 무게의 차는 몇 kg일까요?

(   )

22 둘레가 15.6 cm이고 넓이가 17.7 cm²인 정육각형을 6등분 하였습니다. 색칠한 삼각형이 정삼각형일 때 색칠한 삼각형의 높이는 몇 cm인지 알아보세요.

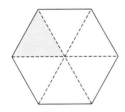

(1) 색칠한 삼각형의 한 변의 길이는 몇 cm일까요?

(   )

(2) 색칠한 삼각형의 넓이는 몇 cm²일까요?

(   )

(3) 색칠한 삼각형의 높이는 몇 cm인지 반올림하여 소수 첫째 자리까지 나타내세요.

(   )

23 길이가 20 cm이고, 불을 붙이면 일정하게 타는 양초가 있습니다. 불을 붙인 후 1시간 36분 후에 양초의 길이가 5.6 cm 남았다면 이 양초는 1시간에 몇 cm씩 타 들어갔는지 풀이 과정을 쓰고 답을 구하세요.

1시간 36분 후

풀이 _____

답 _____

24 어떤 건물의 높이는 60.9 m이고, 1층에서 5층까지 각 층의 높이는 2.34 m로 모두 같습니다. 6층부터 각 층의 높이가 2.05 m로 모두 같다면 이 건물은 모두 몇 층인지 풀이 과정을 쓰고 답을 구하세요.

풀이 _____

답 _____

오답 노트

배점	1~20번	4점	점수
	21~24번	5점	

3 공간과 입체

웹툰으로 **단원 미리보기** **3**화 어떻게 생긴 건축물일까? 이어지는 내용을 확인하세요.

이전에 배운 내용

2-1 쌓은 모양 알아보기

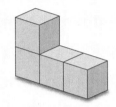

쌓기나무 3개가 옆으로 나란히 있고, 가장 왼쪽 쌓기나무 위에 쌓기나무 1개가 있습니다.

2-1 쌓기나무의 수 알아보기

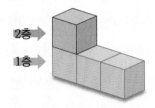

2층
1층

1층에 3개, 2층에 1개
⇨ 3+1=4(개)

5-2 정육면체

정육면체: 정사각형 6개로 둘러싸인 도형

이 단원에서 배울 내용

1 step 교과 개념
어느 방향에서 본 모양인지 알아보기,
쌓기나무로 쌓은 모양과 개수 알아보기 – 위에서 본 모양

2 step 교과 유형 익힘

1 step 교과 개념
쌓기나무로 쌓은 모양과 개수 알아보기 – 위, 앞, 옆에서 본 모양

2 step 교과 유형 익힘

1 step 교과 개념
쌓기나무로 쌓은 모양과 개수 알아보기 – 위에서 본 모양에 수를 쓰는 방법, 층별로 나타내는 방법

2 step 교과 유형 익힘

1 step 교과 개념
여러 가지 모양 만들기, 규칙을 찾아 쌓기나무의 개수 알아보기

2 step 교과 유형 익힘

3 step 문제 해결 　잘 틀리는 문제　 　서술형 문제

4 step 실력 Up 문제

단원 평가

> 이 단원에서는 쌓기나무를 쌓은 모양을 보고 공간과 입체에 대해 배워요.

교과 개념

어느 방향에서 본 모양인지 알아보기;
쌓기나무로 쌓은 모양과 개수 알아보기
– 위에서 본 모양

개념1 어느 방향에서 본 모양인지 알아보기

• 어느 방향에서 찍은 사진인지 알아보기

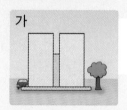

가

나무가 오른쪽에 있고,
건물 뒷면이 보입니다.

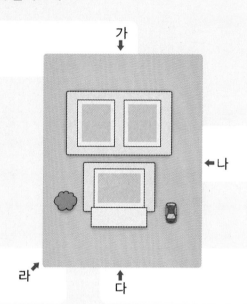

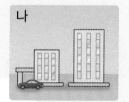

나

자동차가 보이고, 건물
옆면이 보입니다.

라

나무가 앞에 있고 건물의
앞쪽과 옆쪽이 보입니다.

다

나무가 왼쪽에 있고,
자동차가 오른쪽에 있
습니다.

개념2 쌓은 모양과 쌓기나무의 개수 알아보기

뒤쪽 부분이 보이지 않기 때문에 쌓기나무를
몇 개 쌓은 것인지 알 수 없습니다.

참고

6개처럼
보이지만
돌려 보면...

7개!

들켰다.

• 위에서 본 모양이 다음과 같은 경우

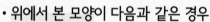
이 곳에는 쌓기나무가 없습니다.

보이지 않는 부분을 위에서 본 모양에서 확인할 수 있습
니다.
쌓기나무의 개수는 11개입니다.
1층에 5개, 2층과 3층에 3개씩 있습니다.

• 위에서 본 모양이 다음과 같은 경우

보이지 않는 곳에도
쌓기나무가 있어요.

보이지
않는 곳

위에서 본 모양만으로는 보이지 않는 곳에 쌓기나무가
1개인지 2개인지 알 수 없습니다.
쌓기나무의 개수는 12개 또는 13개입니다.
보이지 않는 곳에 쌓기나무가 1개 있을 경우 12개,
2개 있을 경우 13개입니다.

1 쌓기나무로 쌓은 모양을 보고 물음에 답하세요.

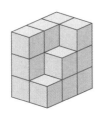

(1) 쌓기나무의 수를 정확히 알 수 있습니까?
( )

(2) 위에서 본 모양이 다음과 같을 때 사용한 쌓기나무의 개수를 구하시오.

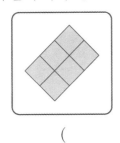

( )

2 오른쪽 건물 모양을 쌓기나무로 쌓은 것입니다. 쌓은 모양을 만드는 데 필요한 쌓기나무는 몇 개인지 구하세요.

(1)

□개

위에서 본 모양

(2)

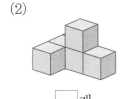

□개

위에서 본 모양

3 쌓기나무 6개로 쌓은 모양입니다. 이 모양을 위에서 본 모양을 찾아 기호를 쓰세요.

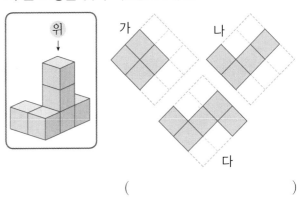

( )

4 쌓기나무로 쌓은 모양과 위에서 본 모양입니다. 똑같은 모양으로 쌓는 데 필요한 쌓기나무는 몇 개인지 구하세요.

(1)

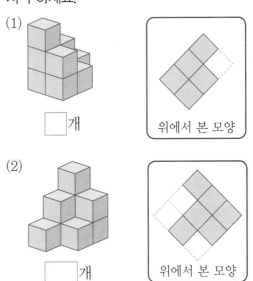

□개

위에서 본 모양

(2)

□개

위에서 본 모양

5 빨간색 쌓기나무를 못 보는 친구의 이름을 쓰세요.

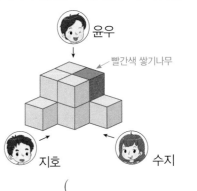

( )

어느 방향에서 본 모양인지 알아보기, 쌓기나무로 쌓은 모양과 개수 알아보기
– 위에서 본 모양

1 주어진 모양과 똑같이 쌓는 데 필요한 쌓기나무의 개수를 구하세요.

(1)

위에서 본 모양

( )

(2)

위에서 본 모양

( )

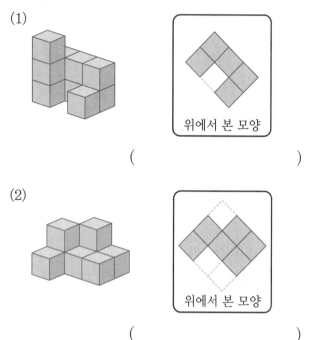

2 보기 와 같이 그릇을 놓았을 때 찍을 수 <u>없는</u> 사진을 찾아 기호를 쓰세요.

보기

가   나

다   라

( )

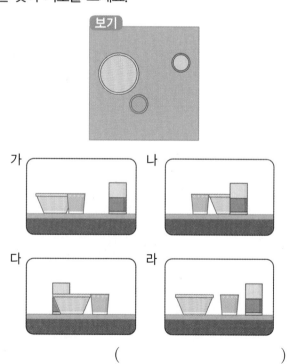

3 배를 타고 여러 방향에서 사진을 찍었습니다. 각 사진은 어느 배에서 찍은 것인지 알아보세요.

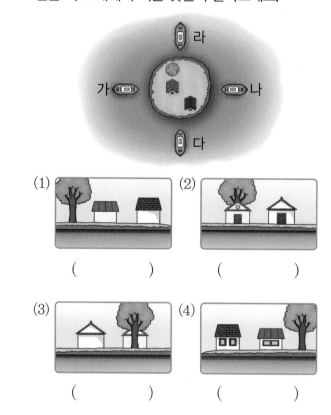

(1)   (2)

( )   ( )

(3)   (4)

( )   ( )

4 쌓기나무로 쌓은 모양을 보고 위에서 본 모양을 그렸습니다. 위에서 본 모양을 각각 찾아 이으세요.

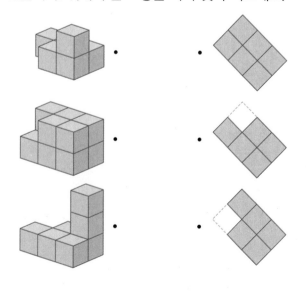

5 쌓기나무를 사용하여 탑 모양을 만들었습니다. 탑 모양을 만드는 데 사용한 쌓기나무의 개수를 구하세요.

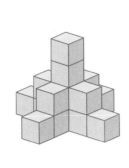

위에서 본 모양

(   )

6 위에서 본 모양이 모두 오른쪽과 같을 때 똑같은 모양으로 쌓는 데 필요한 쌓기나무의 개수가 가장 많은 것을 찾아 기호를 쓰세요.

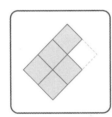

가   나   다

 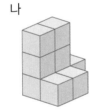 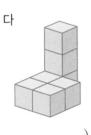

(   )

7 쌓기나무로 쌓은 모양과 위에서 본 모양입니다. 똑같은 모양을 만드는 데 쌓기나무가 가장 적은 경우와 가장 많은 경우를 각각 구하세요.

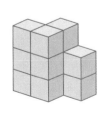 

위에서 본 모양

가장 적은 경우 (   )
가장 많은 경우 (   )

8 지호는 조각상을 여러 방향에서 찍었습니다. 각 사진을 찍은 위치를 찾아 기호를 쓰세요.
[추론]

(1)
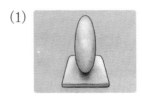
(   )

(2)

(   )

(3)

(   )

(4)

(   )

3 단원

진도 완료 체크

9 주어진 모양에 쌓기나무를 더 쌓아서 가장 작은 정육면체 모양을 만들려고 합니다. 더 필요한 쌓기나무는 몇 개인지 구하세요.
[문제 해결]

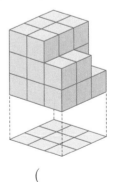

(   )

step 1 교과 개념 쌀기나무로 쌓은 모양과 개수 알아보기
– 위, 앞, 옆에서 본 모양

개념1 쌀기나무로 쌓은 모양을 보고 위, 앞, 옆에서 본 모양 그리기

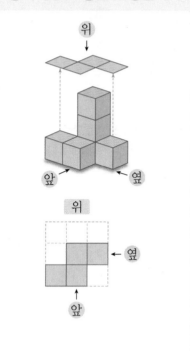

앞에서 본 모양은
왼쪽에서부터 1층, 3층,
1층입니다.

옆에서 본 모양은
왼쪽에서부터 1층, 3층
입니다.

개념2 위, 앞, 옆에서 본 모양을 보고 쌓은 모양과 쌓기나무의 개수 알아보기

> **참고**
> 이 단원에서 옆에서 본 모양은
> 오른쪽 옆에서 본 모양으로
> 약속합니다.

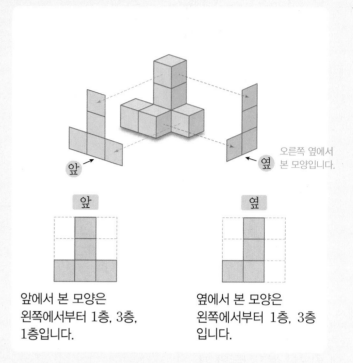

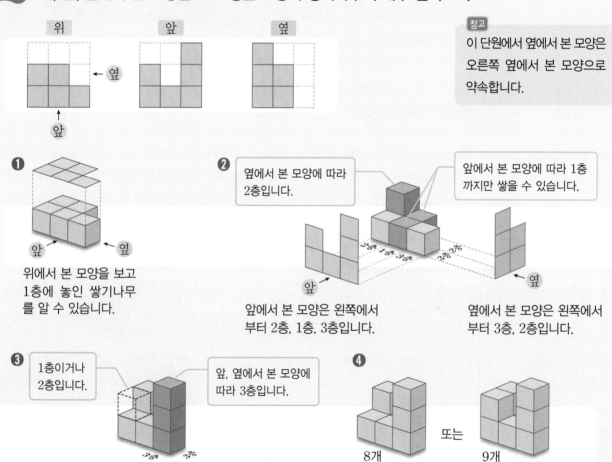

❶ 위에서 본 모양을 보고
1층에 놓인 쌓기나무
를 알 수 있습니다.

❷ 옆에서 본 모양에 따라
2층입니다.

앞에서 본 모양에 따라 1층
까지만 쌓을 수 있습니다.

앞에서 본 모양은 왼쪽에서
부터 2층, 1층, 3층입니다.

옆에서 본 모양은 왼쪽에서
부터 3층, 2층입니다.

❸ 1층이거나
2층입니다.

앞, 옆에서 본 모양에
따라 3층입니다.

❹ 8개 또는 9개

1 쌓기나무로 쌓은 모양을 보고, ☐ 안에 위, 앞, 옆을 알맞게 써넣으세요.

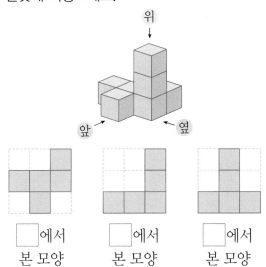

☐에서
본 모양

☐에서
본 모양

☐에서
본 모양

2 쌓기나무로 쌓은 모양을 위, 앞, 옆에서 본 모양입니다. 어떤 모양을 본 것인지 기호를 쓰세요.

(1)

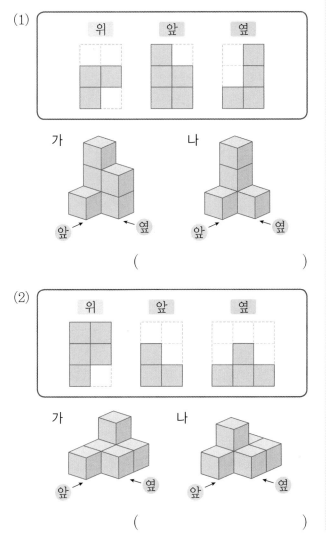

위   앞   옆

가   나

앞   옆   앞   옆

(   )

(2)

위   앞   옆

가   나

앞   옆   앞   옆

(   )

3 쌓기나무로 쌓은 모양이 오른쪽과 같을 때 위에서 본 모양을 보고 옆에서 본 모양을 그리세요.

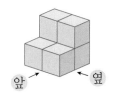

앞 ← → 옆

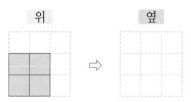

위   ⇨   옆

4 쌓기나무 7개로 쌓은 모양을 위, 앞, 옆에서 본 모양입니다. 가능한 모양을 찾아 기호를 쓰세요.

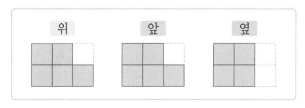

위   앞   옆

가   나   다

앞   앞   앞

(   )

5 가, 나, 다 중 한 모양을 보고 위, 앞, 옆에서 본 모양을 나타낸 것입니다. 어느 모양을 본 것인지 기호를 쓰세요.

→ 오른쪽 옆에
서 본 모양

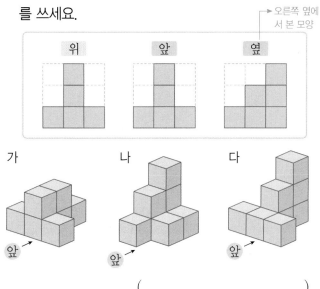

위   앞   옆

가   나   다

앞   앞   앞

(   )

3
단
원

1 쌓기나무 8개로 쌓은 모양입니다. 앞과 옆에서 본 모양을 각각 그리세요.

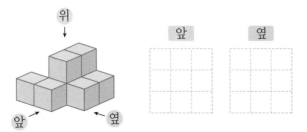

2 쌓기나무로 쌓은 모양과 위에서 본 모양입니다. 앞, 옆에서 본 모양을 각각 그리세요.

(1)

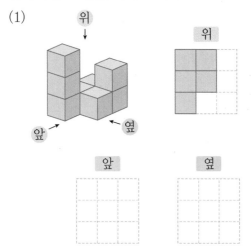

(2)

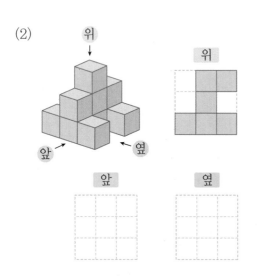

3 쌓기나무 7개로 쌓은 모양을 위와 앞에서 본 모양입니다. 옆에서 본 모양을 그리세요.
오른쪽 옆 →

(1)

(2)

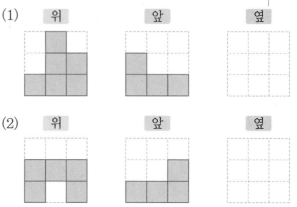

4 가, 나, 다 중에서 한 모양을 위, 앞, 옆에서 본 모양입니다. 어떤 모양을 본 것인지 기호를 쓰세요.

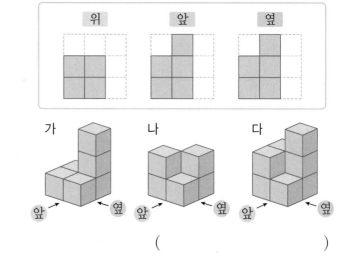

가   나   다

(   )

5 오른쪽은 쌓기나무 10개로 쌓은 모양입니다. 위, 앞, 옆에서 본 모양을 각각 그리세요.

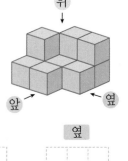

위   앞   옆

6 쌓기나무로 쌓은 모양을 위, 앞에서 본 모양입니다. 옆에서 본 모양을 찾아 기호를 쓰고 똑같은 모양으로 쌓는 데 필요한 쌓기나무의 개수를 구하세요.

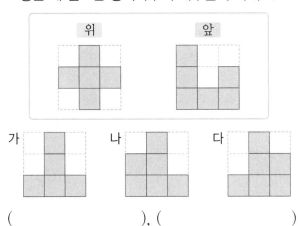

( ), ( )

7 쌓기나무로 쌓은 모양과 위에서 본 모양입니다. 앞에서 본 모양이 될 수 있는 모양을 2가지 그리세요.

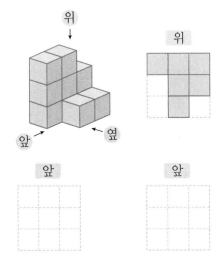

8 쌓기나무로 쌓은 모양을 위, 앞, 옆에서 본 모양입니다. 똑같은 모양으로 쌓는 데 필요한 쌓기나무의 개수를 구하세요.

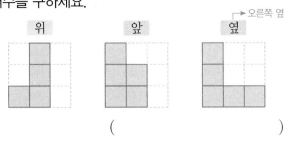

( )

9 쌓기나무 9개로 쌓은 모양입니다. 빨간색 쌓기나무 2개를 빼냈을 때 위, 앞, 옆에서 본 모양을 그리세요.

문제
해결

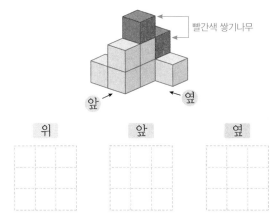

10 쌓기나무로 쌓은 모양을 위, 앞, 옆에서 본 모양입니다. 똑같은 모양으로 쌓는 데 필요한 쌓기나무는 적어도 몇 개인지 구하세요.

추론

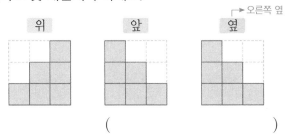

( )

11 쌓기나무로 쌓은 모양을 위, 앞, 옆에서 본 모양입니다. 사용한 쌓기나무가 가장 많은 경우와 가장 적은 경우의 쌓기나무의 개수의 차는 몇 개인지 구하세요.

추론

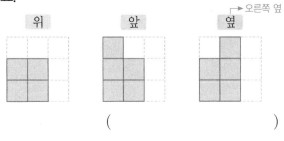

( )

교과 개념

쌓기나무로 쌓은 모양과 개수 알아보기

– 위에서 본 모양에 수를 쓰는 방법, 층별로 나타내는 방법

개념1 위에서 본 모양에 수를 쓰는 방법으로 쌓은 모양과 개수 알아보기

• 위에서 본 모양에 수를 쓰는 방법

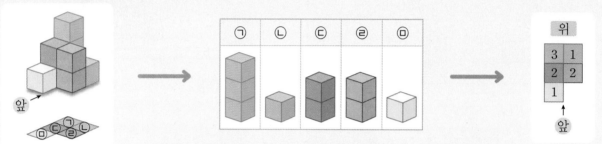

위에서 본 모양의 각 자리에 쌓여 있는 쌓기나무 수를 썼습니다.

쌓기나무의 개수 ⇨ 3+1+2+2+1=9(개)

• 위에서 본 모양에 수를 쓴 것을 보고 앞, 옆에서 본 모양 그리기

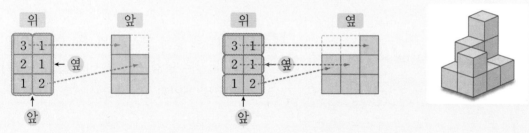

앞, 옆에서 볼 때 각각의 줄에서 **가장 큰 수가 보이는 면의 수**가 됩니다.

개념2 층별로 나타내는 방법으로 쌓은 모양과 개수 알아보기

2층과 3층을 나타낼 때에는 위치에 주의하세요.

• 층별로 위에서 본 모양 알아보기

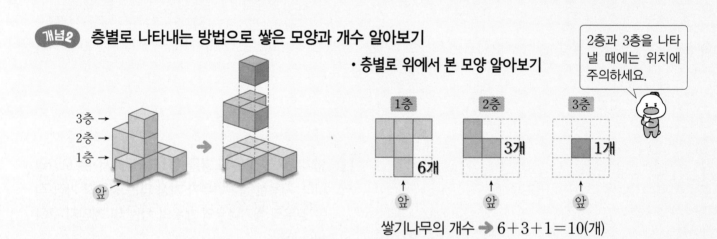

쌓기나무의 개수 ➡ 6+3+1=10(개)

• 층별로 위에서 본 모양을 보고, 위에서 본 모양에 수를 쓰는 방법으로 나타내기

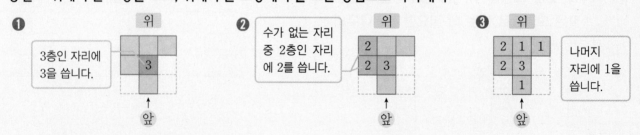

❶ 3층인 자리에 3을 씁니다.

❷ 수가 없는 자리 중 2층인 자리에 2를 씁니다.

❸ 나머지 자리에 1을 씁니다.

위에서 본 모양은 1층 모양과 같습니다.

어느 교과서로 배우더라도 꼭 알아야하는 **10종 교과서 문제**

1 쌓기나무로 쌓은 모양을 보고 위에서 본 모양의 각 자리에 수를 써넣으세요.

(1)

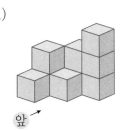

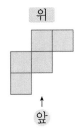

(2)

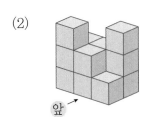

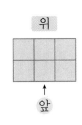

2 쌓기나무로 쌓은 모양을 보고 위에서 본 모양에 수를 썼습니다. 물음에 답하세요.

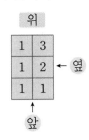

(1) 똑같은 모양으로 쌓는 데 필요한 쌓기나무는 몇 개입니까?

( )

(2) 앞과 옆에서 본 모양을 그리세요.

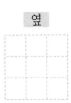

3 쌓기나무 6개로 쌓은 모양을 보고 1층과 2층의 모양을 각각 그리세요.

(1)

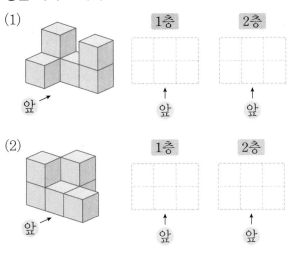

(2)

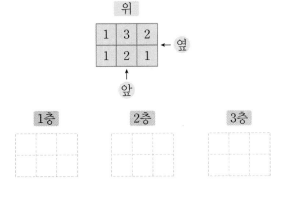

4 위에서 본 모양에 수를 쓰는 방법으로 나타낸 것을 보고 쌓기나무로 쌓은 모양을 층별로 나타내세요.

위

| 1 | 3 | 2 |
| 1 | 2 | 1 |

← 옆

앞

1층   2층   3층

5 쌓기나무로 쌓은 모양을 층별로 나타낸 모양입니다. 위에서 본 모양에 수를 쓰는 방법으로 나타내세요.

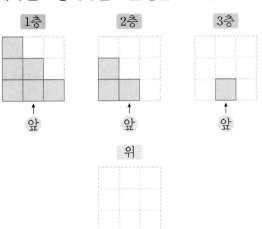

1 쌓기나무로 쌓은 모양을 보고 위에서 본 모양에 수를 썼습니다. 앞과 옆에서 본 모양을 각각 그리세요.

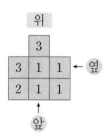

2 다음은 쌓기나무 10개로 쌓은 오른쪽 모양을 보고 층별로 나타낸 모양입니다. ( ) 안에 층수를 알맞게 써넣으세요.

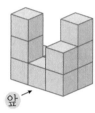

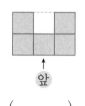 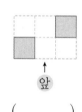 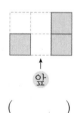

( ) ( ) ( )

3 쌓기나무로 쌓은 모양을 위, 앞, 옆에서 본 모양입니다. 빈칸에 알맞은 수를 써넣고 똑같은 모양으로 쌓는 데 필요한 쌓기나무의 개수를 구하세요.

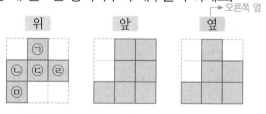

자리	㉠	㉡	㉢	㉣	㉤
쌓기나무의 수(개)					

( )

4 쌓기나무로 쌓은 모양을 보고 위에서 본 모양에 수를 썼습니다. 관계있는 것끼리 이으세요.

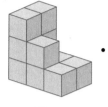

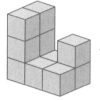

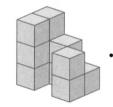

5 쌓기나무를 쌓은 모양을 층별로 나타낸 모양을 보고 쌓은 모양을 찾아 기호를 쓰세요.

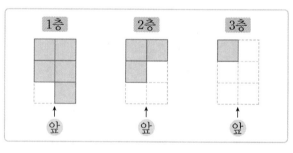

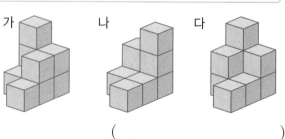

( ) ( )

6 층별로 나타낸 모양을 보고 위, 앞, 옆에서 본 모양을 각각 그리세요.

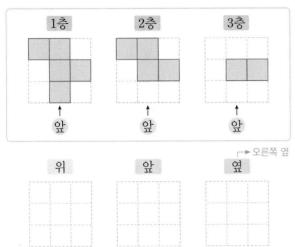

위   앞   옆

7 쌓기나무로 쌓은 모양을 위, 옆에서 본 모양입니다. 똑같은 모양으로 쌓는 데 필요한 쌓기나무는 몇 개입니까?

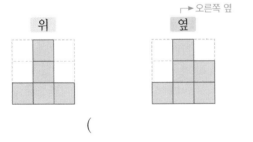

(   )

8 쌓기나무로 쌓은 모양을 위, 앞, 옆에서 본 모양입니다. 위에서 본 모양에 수를 쓰는 방법으로 나타내세요.

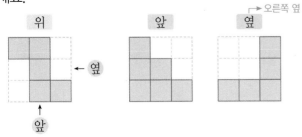

9 쌓기나무로 1층 위에 2층과 3층을 쌓으려고 합니다. 오른쪽 1층 모양을 보고 2층과 3층 모양으로 알맞은 것을 찾아 기호를 쓰세요.

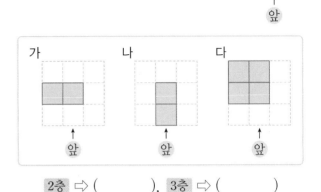

2층 ⇨ (   ), 3층 ⇨ (   )

10 쌓기나무로 만든 모양에 대해 말한 것을 보고 위에서 본 모양에 수를 쓰는 방법으로 나타내세요.

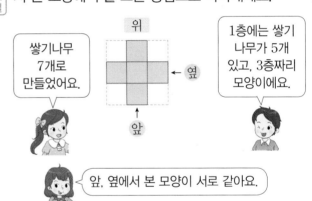

11 쌓기나무를 8개씩 사용하여 조건 을 만족하도록 쌓았을 때 위에서 본 모양에 수를 쓰는 방법으로 나타내세요.

조건
• 가와 나의 쌓은 모양은 서로 다릅니다.
• 앞에서 본 모양이 서로 같습니다.
• 옆에서 본 모양이 서로 같습니다.

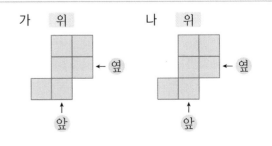

step 1 교과 개념

**여러 가지 모양 만들기,
규칙을 찾아 쌓기나무의 개수 알아보기**

개념1 여러 가지 모양 만들기

• **쌓기나무 4개로 만들 수 있는 모양 알아보기**

쌓기나무 3개로 만들 수 있는 모양에 쌓기나무 1개를 더 붙여서
만들 수 있습니다.

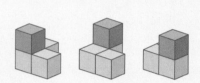

• 쌓기나무 2개로 만들 수 있는
모양: 1가지 →

• 쌓기나무 3개로 만들 수 있는
모양: 2가지

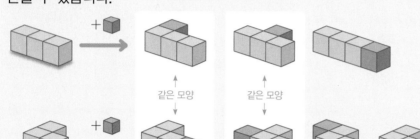

쌓기나무 **4개**로 만들 수 있는 서로 다른 모양은 **8가지**입니다.

참고
뒤집거나 돌려서 모양이
같으면 같은 모양입니다.

서로
← 다른 →
모양

• **쌓기나무 4개로 만든 모양 중 두 가지를 붙여서 모양 만들기**

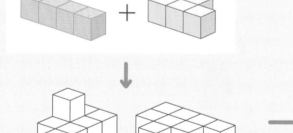

• **어떻게 만들었는지 구분하여 색칠하기**

하나의 모양이 들어갈 수 있는 곳을 찾고 나머지
자리에 다른 모양이 들어갈 수 있는지 확인하세요.

개념2 규칙을 찾아 쌓기나무의 개수 알아보기

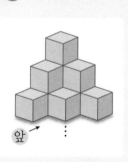

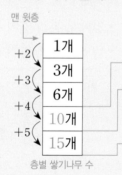

맨 윗층

| 1개 |
| 3개 |
| 6개 |
| 10개 |
| 15개 |

+2
+3
+4
+5

층별 쌓기나무 수

아래 층으로 내려갈수록 쌓기나무가 2개, 3개씩 늘어납니다.

3층까지 쌓는다면 쌓기나무는 모두 $1+3+6=10$(개)입니다.

같은 규칙으로 4층을 쌓는다면 쌓기나무는 모두
$10+10=20$(개)입니다.

같은 규칙으로 5층을 쌓는다면 쌓기나무는 모두
$20+15=35$(개)입니다.

1 ☐ 안에 알맞은 수를 써넣으세요. (단, 뒤집거나 돌려서 모양이 같아지면 같은 모양입니다.)

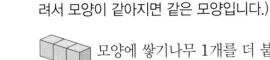 모양에 쌓기나무 1개를 더 붙여서 만들 수 있는 모양은 ☐ 가지입니다.

2 쌓기나무를 4개씩 붙여서 만든 모양입니다. 뒤집거나 돌렸을 때 같은 모양이 되는 것을 찾아 기호를 쓰세요.

가 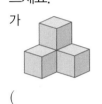 나   다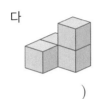

( )와 ( )

3 오른쪽은 쌓기나무 4개를 붙여서 만든 모양입니다. 이 모양에 쌓기나무 1개를 더 붙여서 만들 수 있는 모양의 기호를 쓰세요.

가 나 다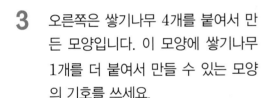

( )

4 보기 의 두 쌓기나무 모양을 사용하여 만들 수 있는 모양에 ○표 하세요.

보기

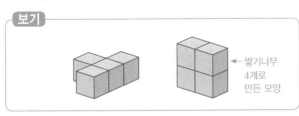
← 쌓기나무 4개로 만든 모양

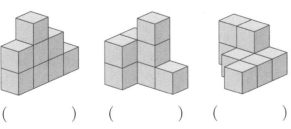

( ) ( ) ( )

5 오른쪽 보기 의 모양에 쌓기나무 1개를 더 붙여서 만든 모양입니다. 더 붙인 쌓기나무에 ○표 하세요.

보기

(1)  (2)

6 쌓기나무를 4개씩 붙여서 만든 모양입니다. 뒤집거나 돌렸을 때 같은 모양이 되는 것을 찾아 기호를 쓰세요.

가 나 다 라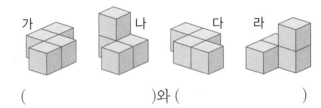

( )와 ( )

7 쌓기나무로 쌓은 모양을 보고 물음에 답하세요.

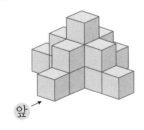
앞

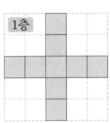
1층

(1) 층별로 위에서 본 모양을 그리세요.

2층

3층

(2) 아래층으로 내려갈수록 쌓기나무가 몇 개씩 늘어나고 있나요?

( )

(3) 쌓기나무는 모두 몇 개인가요?

( )

1 쌓기나무 5개를 붙여서 만든 모양입니다. 돌리거나 뒤집었을 때 같은 모양이 되는 것끼리만 이으세요.

 · ·

 · ·

 · ·

2 오른쪽 모양에 쌓기나무 1개를 더 붙여 서 만들 수 있는 모양을 모두 찾아 기호 를 쓰세요.

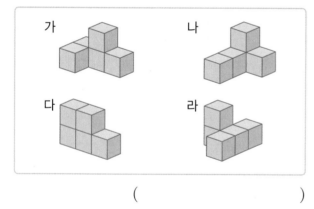

( )

3 다음 모양에 쌓기나무 1개를 더 붙여서 만들 수 있 는 모양은 모두 몇 가지인지 구하세요. (단, 뒤집거 나 돌려서 모양이 같아지면 같은 모양입니다.)

쌓기나무
4개를
붙여서
만든 모양

( )

4 위에서 본 모양에 수를 쓰는 방법으로 나타낸 모양 을 보고 □ 안에 알맞은 수를 써넣으세요.

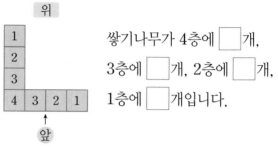

위

쌓기나무가 4층에 □개,

3층에 □개, 2층에 □개,

1층에 □개입니다.

⇨ 아래층으로 내려갈수록 쌓기나무의 개수가

□개씩 늘어납니다.

5 보기 의 두 가지 모양을 사용하여 만들 수 있는 모 양을 알아보려고 합니다. 물음에 답하세요.

보기

쌓기나무를 4개씩 붙여서 만든 모양

(1) 만들 수 있는 모양을 찾아 기호를 쓰세요.

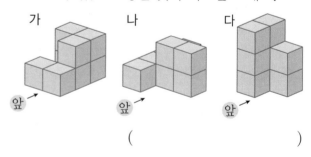

가 나 다

앞 앞 앞

( )

(2) 위 (1)에서 찾은 모양을 층별로 위에서 본 모 양을 그리세요.

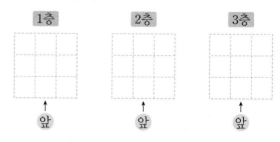

1층 2층 3층

앞 앞 앞

6 보기 는 쌓기나무를 4개씩 붙여서 만든 모양입니다. 새로운 모양을 만들 때 어느 모양을 사용했는지 보기 에서 2개를 찾아 기호를 쓰세요.

보기
가 나 라

다

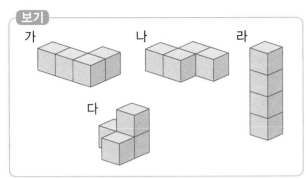

(1)

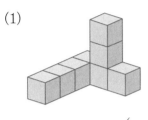

(   )

(2)

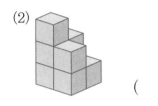

(   )

7 오른쪽은 쌓기나무 5개를 붙여서 만든 것입니다. 이 모양에 쌓기나무 1개를 더 붙여서 만들 수 있는 모양이 <u>아닌</u> 것은 어느 것입니까? ·········· (   )

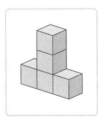

① 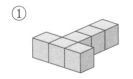 ②

③ 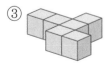 ④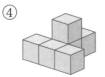

⑤

8 쌓기나무를 4개씩 붙여서 만든 모양 두 가지를 사용하여 새로운 모양을 만들었습니다. 어떻게 만들었는지 구분하여 색칠하세요.

추론

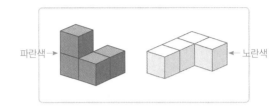

파란색 →   ← 노란색

(1)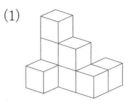

(2)

9 쌓기나무를 4개씩 붙여서 만든 똑같은 모양 두 개를 사용하여 모양을 만들었습니다. 어떻게 만들었는지 두 부분으로 구분하세요.

문제해결

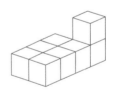

10 쌓기나무를 4개씩 붙여서 만든 모양 두 가지를 사용하여 새로운 모양을 만들었습니다. 위, 앞, 옆에서 본 모양을 색을 구분하여 색칠하세요.

문제해결

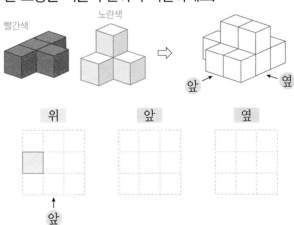

빨간색   노란색 ⇨

앞 ←   → 옆

위   앞   옆

↑
앞

step 3 문제 해결 · 잘 틀리는 문제

문제 풀이 (QR 코드)

유형 1 층별로 나타낸 모양을 보고 쌓기

1 층별로 바르게 쌓은 모양을 찾아 기호를 쓰세요.

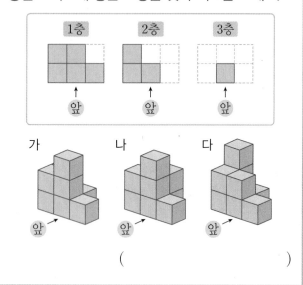

(   )

Solution 2층과 3층에 나타낸 모양은 1층의 어느 자리에 해당하는지 찾아보면서 바르게 쌓은 모양을 찾습니다.

1-1 층별로 바르게 쌓은 모양을 찾아 기호를 쓰세요.

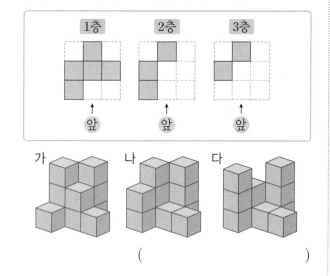

(   )

1-2 층별로 나타낸 모양입니다. 앞에서 본 모양을 그리세요.

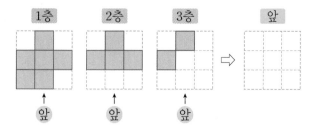

유형 2 어떻게 만들었는지 구분하기

2 쌓기나무를 4개씩 붙여서 만든 두 가지 모양을 사용하여 새로운 모양을 만들었습니다. 사용한 두 모양을 찾아 기호를 쓰세요.

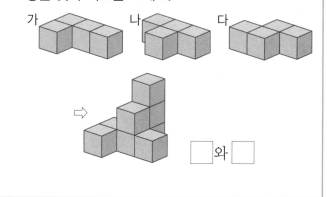

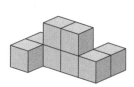

Solution 하나의 모양이 들어갈 수 있는 곳을 먼저 찾아보고 남은 부분이 쌓기나무 4개로 만들 수 있는 모양인지 알아봅니다.

2-1 가, 나, 다 중에서 두 모양을 사용하여 오른쪽 모양을 만들었습니다. 사용한 두 모양을 찾아 기호를 쓰세요.

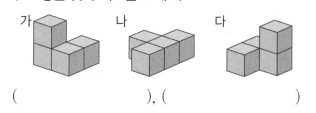

(   ), (   )

2-2 쌓기나무를 4개씩 붙여서 만든 두 가지 모양을 사용하여 새로운 모양을 만들었습니다. 어떻게 만들었는지 구분하여 색칠하세요.

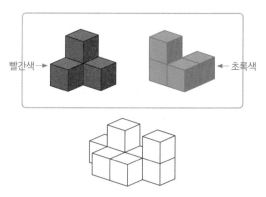

유형3 조건에 맞게 쌓기

3 쌓기나무를 8개씩 사용하여 조건에 맞게 쌓았을 때 위에서 본 모양에 수를 쓰는 방법으로 나타내세요.

• 가와 나의 쌓은 모양은 서로 다릅니다.
• 앞에서 본 모양이 서로 같습니다.
• 옆에서 본 모양이 서로 같습니다.

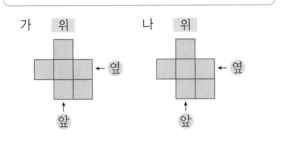

Solution 2층 이상에 있는 쌓기나무의 수를 구하여, 가와 나가 서로 다른 모양이 되도록 수를 써넣습니다.

3-1 쌓기나무를 9개씩 사용하여 조건에 맞게 쌓았을 때 위에서 본 모양에 수를 쓰는 방법으로 나타내세요.

조건
• 가와 나의 쌓은 모양은 서로 다릅니다.
• 앞에서 본 모양이 서로 같습니다.
• 옆에서 본 모양이 서로 같습니다.

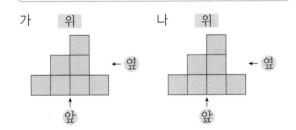

3-2 조건에 맞게 쌓았을 때 위에서 본 모양에 수를 쓰는 방법으로 나타내세요.

조건
• 앞에서 본 모양과 옆에서 본 모양이 같습니다.
• 쌓기나무를 6개 쌓았습니다.

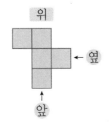

유형4 위, 앞, 옆에서 본 모양을 이용하여 쌓기

4 쌓기나무 8개로 쌓은 모양을 위, 앞, 옆에서 본 모양입니다. 쌓은 모양으로 가능한 모양은 몇 가지인가요?

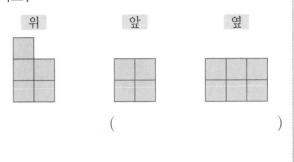

(   )

3
단원

Solution 위에서 본 모양의 각 자리에 쌓여 있는 쌓기나무의 수를 쓰면서 알아봅니다.

4-1 쌓기나무 8개로 쌓은 모양을 위, 앞, 옆에서 본 모양입니다. 쌓은 모양으로 가능한 모양은 몇 가지인가요?

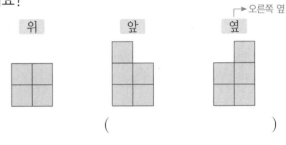

(   )

4-2 쌓기나무 10개로 쌓은 모양을 위, 앞, 옆에서 본 모양입니다. 쌓은 모양으로 가능한 모양은 몇 가지인가요?

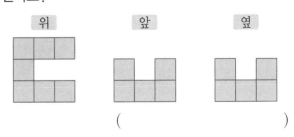

(   )

5 연습 문제

①쌓기나무로 쌓은 모양과 위에서 본 모양에 기호를 써 넣은 것입니다. ②똑같은 모양으로 쌓는 데 필요한 쌓기 나무의 개수를 알아보세요.

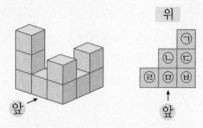

❶ 각 자리에 쌓여 있는 쌓기나무는

ㄱ: ☐ 개, ㄴ: ☐ 개, ㄷ: ☐ 개, ㄹ: ☐ 개

ㅁ: ☐ 개, ㅂ: ☐ 개입니다.

❷ 필요한 쌓기나무는 ☐ 개입니다.

답 ☐ 개

5-1 실전 문제

쌓기나무로 쌓은 모양과 위에서 본 모양에 기호를 써 넣은 것입니다. 똑같은 모양으로 쌓는 데 필요한 쌓기 나무는 몇 개인지 풀이 과정을 쓰고 답을 구하세요.

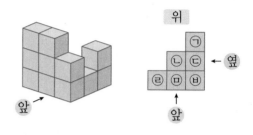

풀이

답 _____

6 연습 문제

①쌓기나무로 쌓은 모양을 위, 앞, 옆에서 본 모양입니 다. ②똑같은 모양으로 쌓는 데 필요한 쌓기나무의 개수 를 알아보세요.

위   앞   옆

❶ 위에서 본 모양에 수를 쓰는 방법으로 나타냅니다.

위

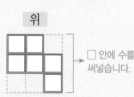 → ☐ 안에 수를 써넣습니다.

❷ 수를 모두 더하여 알아보면

필요한 쌓기나무는 ☐ 개입니다.

답 ☐ 개

6-1 실전 문제

쌓기나무로 쌓은 모양을 위, 앞, 옆에서 본 모양입니 다. 똑같은 모양으로 쌓는 데 필요한 쌓기나무는 몇 개 인지 풀이 과정을 쓰고 답을 구하세요.

위   앞   옆

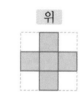

풀이

답 _____

7 연습 문제

①가는 쌓기나무로 쌓은 모양을 층별로 나타낸 모양이고, ②나는 위에서 본 모양에 수를 쓴 방법으로 나타낸 것입니다. ③똑같이 쌓는 데 필요한 쌓기나무의 개수의 차를 알아보세요.

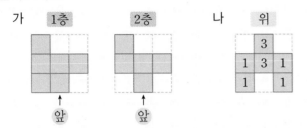

❶ 가는 1층에 ▢개, 2층에 ▢개가 쌓여 있으므로 필요한 쌓기나무는 ▢개입니다.

❷ 나에서 필요한 쌓기나무는 ▢개입니다.

❸ 필요한 쌓기나무의 개수의 차는 ▢개입니다.

답 ▢개

7-1 실전 문제

가는 쌓기나무로 쌓은 모양을 층별로 나타낸 모양이고, 나는 위에서 본 모양에 수를 쓴 방법으로 나타낸 것입니다. 똑같이 쌓는 데 필요한 쌓기나무의 개수의 차는 몇 개인지 풀이 과정을 쓰고 답을 구하세요.

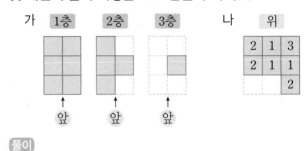

풀이

답 _____

3 단원

진도 완료 체크

8 연습 문제

왼쪽의 쌓기나무로 쌓은 모양에서①쌓기나무 몇 개를 빼냈더니 오른쪽 모양이 되었습니다. ②빼낸 쌓기나무의 개수를 알아보세요.

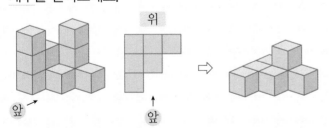

❶ 왼쪽 모양은 쌓기나무 ▢개로, 오른쪽 모양은 쌓기나무 ▢개로 쌓은 모양입니다.

❷ 빼낸 쌓기나무는 ▢－▢＝▢(개)입니다.

답 ▢개

8-1 실전 문제

왼쪽의 쌓기나무로 쌓은 모양에서 쌓기나무 몇 개를 빼냈더니 오른쪽 모양이 되었습니다. 빼낸 쌓기나무는 몇 개인지 풀이 과정을 쓰고 답을 구하세요.

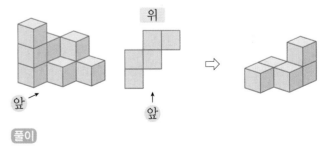

풀이

답 _____

1 윤우, 지호, 선미는 가, 나, 다 중 서로 다른 한 곳에 있습니다. 대화를 읽고 위치를 찾아 각각 기호를 쓰세요.

윤우: 내 위치에서 사진 2장을 찍었어.

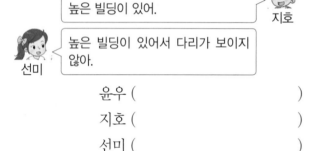

지호: 오른쪽에는 다리가 있고, 왼쪽에는 높은 빌딩이 있어.

선미: 높은 빌딩이 있어서 다리가 보이지 않아.

윤우 (   )

지호 (   )

선미 (   )

2 쌓기나무 10개로 쌓은 왼쪽 모양에서 쌓기나무를 ㉠ 자리에 1개, ㉡ 자리에 1개, ㉢ 자리에 1개를 더 쌓았습니다. 쌓은 모양을 옆에서 본 모양을 그리세요.

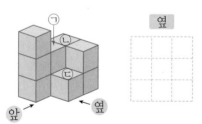

3 쌓기나무로 쌓은 모양과 위에서 본 모양입니다. 똑같은 모양으로 쌓을 때 쌓기나무는 적어도 몇 개 필요할까요?

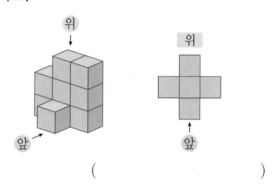

(   )

4 왼쪽 모양에 쌓기나무를 더 쌓아 위에서 본 모양에 수를 쓰는 방법으로 나타내었을 때 오른쪽 모양과 같아지도록 만들려고 합니다. 쌓기나무는 몇 개 더 필요할까요?

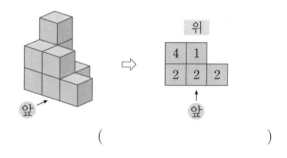

(   )

5 다음은 위에서 본 모양에 수를 쓰는 방법으로 나타낸 것인데 수가 보이지 않는 자리가 있습니다. 사용한 쌓기나무가 13개일 때 앞과 옆에서 본 모양을 각각 그리세요.

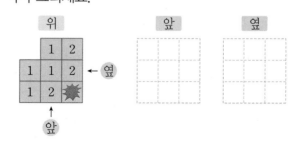

6 쌓기나무 3개로 만든 모양에 쌓기나무 1개를 더 붙여서 만들 수 있는 모양은 모두 몇 가지인가요? (단, 뒤집거나 돌려서 모양이 같아지면 같은 모양입니다.)

쌓기나무 3개로
만든 모양 ⇨

(   )

7 쌓기나무로 쌓은 모양을 위, 앞, 옆에서 본 모양이 각각 다음 모양과 같습니다. 사용한 쌓기나무가 가장 적은 경우의 쌓기나무는 몇 개인지 구하세요.

위   앞   옆

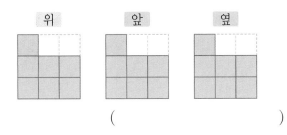

(   )

8 오른쪽은 쌓기나무 8개를 붙여서 만든 모양입니다. 똑같은 모양 2개로 나누었을 때 나올 수 없는 모양을 찾아 기호를 쓰세요.

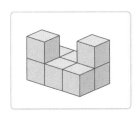

가   나

다   라

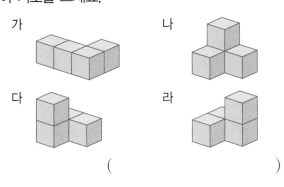

(   )

9 다음과 같이 쌓기나무를 쌓아 직육면체 모양을 만들었습니다. 이 모양의 바깥쪽 면을 모두 색칠했을 때 두 면만 색칠된 쌓기나무는 몇 개인가요?

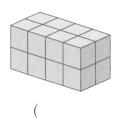

(   )

10 한 모서리의 길이가 1 cm인 정육면체 모양의 쌓기나무를 다음과 같이 쌓았습니다. 앞과 옆에서 본 모양을 각각 그리고 쌓기나무로 쌓은 모양의 겉넓이를 구하세요.

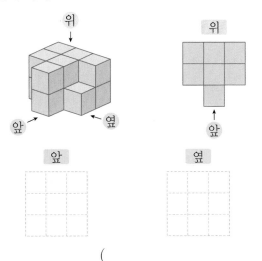

앞   옆

(   )

11 쌓기나무 6개를 사용하여 윤우와 선미가 말한 조건을 만족하는 모양을 만들려고 합니다. 모두 몇 가지를 만들 수 있을까요?

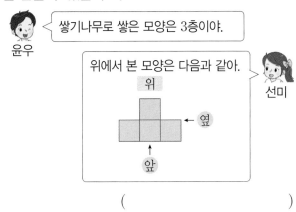

윤우: 쌓기나무로 쌓은 모양은 3층이야.

선미: 위에서 본 모양은 다음과 같아.

(   )

1 사용한 쌓기나무의 개수를 구하려고 합니다.
　안에 알맞은 수를 써넣으세요.

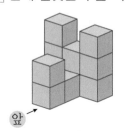

위에서 본 모양에 수를 쓰면 ㉠에 　개, ㉡에
　개, ㉢에 　개, ㉣에 　개, ㉤에 2개이므
로 모두 　개입니다.

2 쌓기나무로 쌓은 모양을 보고 위에서 본 모양에 수를 썼습니다. 앞에서 본 모양을 그리세요.

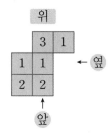 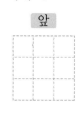

[3~4] 주어진 모양과 똑같이 쌓는 데 필요한 쌓기나무의 개수를 구하세요.

3

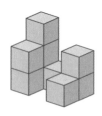

위에서 본 모양

(　　　　)

4

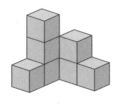

위에서 본 모양

(　　　　)

5 쌓기나무로 쌓은 모양과 1층 모양을 보고 2층과 3층 모양을 각각 그리세요.

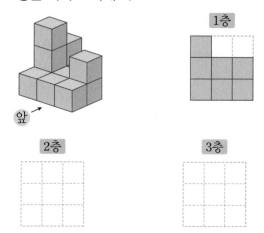

2층

3층

6 사용한 쌓기나무의 개수를 구하려고 합니다.
　안에 알맞은 수를 써넣으세요.

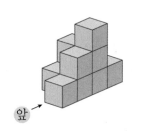 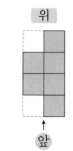

1층에 　개, 2층에 　개, 3층에 　개이므로
모두 　개입니다.

7 쌓기나무로 쌓은 모양과 위에서 본 모양을 보고 　안에 알맞은 수를 써넣으세요.

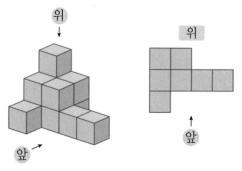

윤우

쌓기나무를 　층으로 쌓았습니다. 2층에 쌓은 쌓기나무는 　개이고, 전체 쌓기나무의 수는 　개입니다.

8 쌓기나무를 5개씩 붙여서 만든 모양입니다. 돌리거나 뒤집었을 때 같은 모양인 것끼리 이으세요.

 · ·

 · ·

9 쌓기나무로 쌓은 모양과 위에서 본 모양입니다. 옆에서 본 모양을 그리세요.

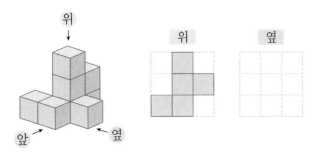

10 쌓기나무를 층별로 나타낸 그림을 보고 앞에서 본 모양을 그리세요.

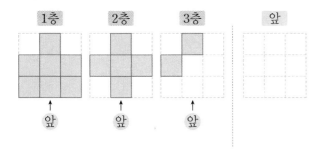

11  모양에 쌓기나무 1개를 붙여서 만들 수 있는 모양은 몇 가지인가요? (단, 뒤집거나 돌려서 모양이 같아지면 같은 모양입니다.)

( )

12 보기 와 같이 컵을 놓고 보았을 때 가능하지 <u>않은</u> 그림을 찾아 기호를 쓰세요.

가 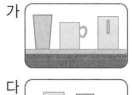 나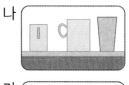

다 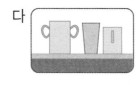 라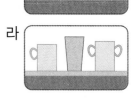

( )

13 쌓기나무로 쌓은 모양을 위, 앞, 옆에서 본 모양입니다. 사용한 쌓기나무는 몇 개인가요?

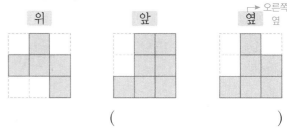

( )

14 위, 앞, 옆에서 본 모양을 보고 쌓은 모양으로 가능한 모양은 어느 것인가요? ····················· ( )

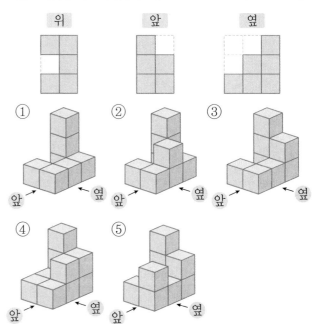

15 쌓기나무로 쌓은 모양에 대한 설명으로 옳은 것은 어느 것인가요? ················· (   )

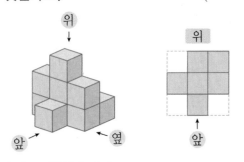

① 2층으로 쌓았습니다.

② 2층에 쌓은 쌓기나무는 3개입니다.

③ 1층에 쌓은 쌓기나무는 5개입니다.

④ 사용한 쌓기나무는 모두 11개입니다.

⑤ 앞에서 본 모양과 옆에서 본 모양이 같습니다.

16 쌓기나무를 8개씩 쌓은 모양입니다. 옆에서 본 모양이 나머지와 <u>다른</u> 하나를 찾아 기호를 쓰세요.

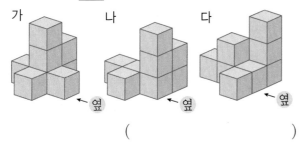

(   )

17 위에서 본 모양에 수를 쓰는 방법으로 나타낸 것입니다. 앞과 옆에서 본 모양이 같은 것의 기호를 쓰세요.

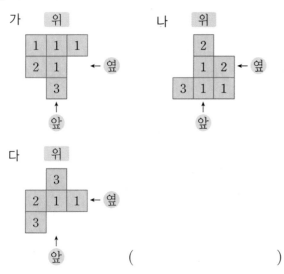

(   )

18 보기 의 두 가지 모양을 사용하여 만들 수 있는 모양을 찾아 기호를 쓰세요.

쌓기나무를 4개씩 붙여서 만든 모양

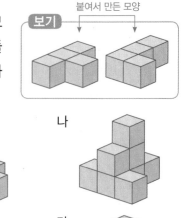

가   나

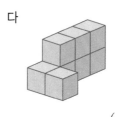   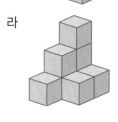

다   라

(   )

19 될 수 있는 대로 쌓기나무를 적게 사용하여 위, 앞, 옆에서 본 모양이 다음과 같이 되도록 쌓는 데 필요한 쌓기나무는 몇 개인지 구하세요.

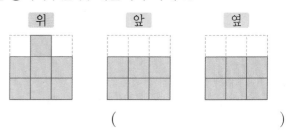

(   )

20 쌓기나무 11개로 조건을 만족하는 모양을 만들었을 때 위에서 본 모양을 그리고, 각 자리에 쌓은 쌓기나무의 수를 쓰세요.

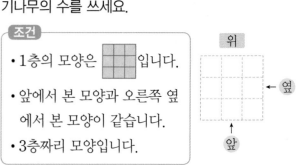

조건
• 1층의 모양은 ▦ 입니다.
• 앞에서 본 모양과 오른쪽 옆에서 본 모양이 같습니다.
• 3층짜리 모양입니다.

1~20번까지의
단원 평가 유사 문제 제공

문제 생성기

21 쌓기나무로 쌓은 모양을 위, 앞, 옆에서 보고 그렸는데 표시를 하지 않았습니다. 사용한 쌓기나무의 개수를 알아보세요.

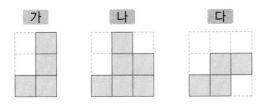

(1) 위, 앞, 옆에서 본 모양을 찾아 기호를 쓰세요.

위 (   ), 앞 (   ), 옆 (   )

└─ 오른쪽 옆

(2) 사용한 쌓기나무는 몇 개입니까?

(   )

22 쌓기나무로 쌓은 모양 가와 나를 위에서 본 모양은 서로 같습니다. 쌓기나무를 더 많이 사용한 것은 어느 것인지 알아보세요.

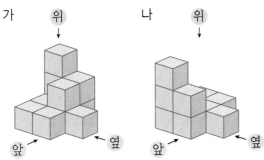

(1) 위에서 본 모양을 그리고, 각 자리에 쌓은 쌓기나무의 수를 써넣으세요.

(2) 쌓기나무를 더 많이 사용한 것은 어느 것입니까?

(   )

23 쌓기나무로 쌓은 모양과 위에서 본 모양입니다. 초록색 쌓기나무 3개를 모두 빼냈을 때 남은 쌓기나무는 몇 개인지 풀이 과정을 쓰고 답을 구하세요.

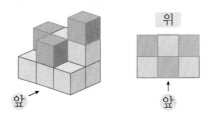

풀이 _____

_____

_____

_____

답 _____

24 왼쪽 정육면체 모양에서 쌓기나무 몇 개를 빼냈더니 오른쪽과 같은 모양이 되었습니다. 빼낸 쌓기나무는 몇 개인지 풀이 과정을 쓰고 답을 구하세요.

풀이 _____

_____

_____

_____

답 _____

배점	1~20번	4점	점수
	21~24번	5점	

오답 노트

4 비례식과 비례배분

웹툰으로 **단원 미리보기** **4**화 커피와 설탕의 양은? 이어지는 내용을 확인하세요.

이전에 배운 내용

5-1 최대공약수, 최소공배수

$$
\begin{array}{r}
2\,)\underline{\;6\quad 18\;} \\
3\,)\underline{\;3\quad 9\;} \\
1\quad 3
\end{array}
$$

↓

최대공약수: $2 \times 3 = 6$

최소공배수: $2 \times 3 \times 1 \times 3 = 18$

5-2 (자연수) × (진분수)

3의 $\dfrac{3}{4}$은 $3 \times \dfrac{3}{4}$과 같습니다.

↓

$$3 \times \dfrac{3}{4} = \dfrac{3 \times 3}{4} = \dfrac{9}{4}$$

6-1 비와 비율

쓰기 $6 : 5$

읽기 6 대 5

6과 5의 비

6의 5에 대한 비

5에 대한 6의 비

$$(비율) = \dfrac{(비교하는\ 양)}{(기준량)}$$

이 단원에서 배울 내용

이 단원을 배우면
비의 성질, 비례식, 비례배분을
알 수 있어요.

개념1 비의 전항과 후항

비 2 : 3에서 2와 3을 **항**이라 하고
기호 ' : ' 앞에 있는 2를 **전항**,
뒤에 있는 3을 **후항**이라고 합니다.

항

2 : **3**

전항   후항

> : 앞에 있으면 前(앞 전)을 붙여 전항, : 뒤에 있으면 後(뒤 후)를 붙여 후항이라고 합니다.

개념2 비의 성질 (1)

비의 전항과 후항에 0이 아닌 같은 수를 곱하여도 비율은 같습니다.

비 $2:3$ 비율 $\dfrac{2}{3}$

비 $4:6$ 비율 $\dfrac{4}{6}=\dfrac{2}{3}$

$=$

$$2:3 \xrightarrow{\times 2} 4:6 \xleftarrow{\times 2}$$

> ① 전항과 후항에 0을 곱하면 0 : 0이 되므로 0을 곱할 수 없습니다.
> ② $\square \div \triangle = \square \times \dfrac{1}{\triangle}$입니다. 어떤 수를 0으로 나누는 것은 어떤 수에 분모가 0인 분수를 곱하는 것인데 이런 분수는 없으므로 0이 아닌 수로 나누어야 합니다.

개념3 비의 성질 (2)

비의 전항과 후항을 0이 아닌 같은 수로 나누어도 비율은 같습니다.

비 $12:24$ 비율 $\dfrac{12}{24}=\dfrac{6}{12}$

비 $6:12$ 비율 $\dfrac{6}{12}$

$=$

$$12:24 \xrightarrow{\div 2} 6:12 \xleftarrow{\div 2}$$

개념 확인 **1**   알맞은 말에 ○표 하고, ☐ 안에 알맞은 수를 써넣으세요.

(1) 비의 전항과 후항에 0이 아닌 같은 수를 곱하여도
비율은 (같습니다 , 다릅니다).

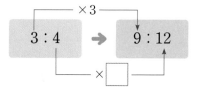

(2) 비의 전항과 후항을 0이 아닌 같은 수로 나누어도
비율은 (같습니다 , 다릅니다).

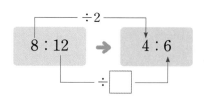

2 바구니에 사과를 4개씩, 귤을 5개씩 담았습니다. 물음에 답하세요.

(1) 사과 수와 귤 수를 쓰고, 귤 수에 대한 사과 수의 비와 비율을 구하세요.

바구니 수(개)	1	2	3
사과 수(개)	4	8	
귤 수(개)	5	10	
비	4 : 5	8 : 10	
비율	$\frac{4}{5}$		

(2) 바구니 1개, 2개, 3개에 들어 있는 귤 수에 대한 사과 수의 비율은 (같습니다 , 다릅니다).

3 비의 전항과 후항을 찾아 쓰세요.

(1) 3 : 2 ⇨ 전항 ☐ , 후항 ☐

(2) 5 : 8 ⇨ 전항 ☐ , 후항 ☐

(3) 0.7 : 0.5 ⇨ 전항 ☐ , 후항 ☐

4 전항이 1이고, 후항이 $\frac{1}{4}$인 비를 쓰세요.

( )

5 비의 성질을 이용하여 비율이 같은 비를 만들려고 합니다. ☐ 안에 알맞은 수를 써넣으세요.

(1)
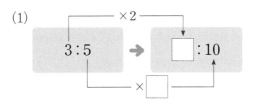

(2)
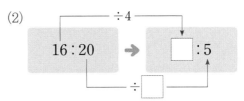

(3)
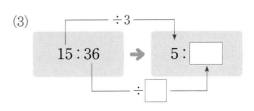

6 비율이 같은 비를 찾아 선으로 이으세요.

3 : 7 •

• 6 : 15

• 9 : 21

• 12 : 35

7 비의 성질을 이용하여 24 : 20과 비율이 같은 비를 찾아 쓰세요.

| 18 : 10 | 5 : 6 | 10 : 12 | 6 : 5 |

( )

개념1 소수의 비를 간단한 자연수의 비로 나타내기

전항과 후항에 10, 100, 1000, ...을 곱합니다.

$$0.5 : 0.7 \xrightarrow{\times 10 \\ \times 10} 5 : 7$$

소수 한 자리 수이므로 전항과 후항에 10을 곱합니다.

개념2 분수의 비를 간단한 자연수의 비로 나타내기

전항과 후항에 두 분모의 공배수를 곱합니다.

$$\frac{1}{4} : \frac{1}{3} \xrightarrow{\times 12 \\ \times 12} 3 : 4$$

4와 3의 최소공배수 12를 곱하면 수가 가장 작아집니다.

개념3 자연수의 비를 간단한 자연수의 비로 나타내기

전항과 후항을 두 수의 공약수로 나눕니다.

$$20 : 30 \xrightarrow{\div 10 \\ \div 10} 2 : 3$$

20과 30의 최대공약수 10으로 나누면 수가 가장 작아집니다.

개념4 분수와 소수가 섞인 비를 간단한 자연수의 비로 나타내기

분수를 소수로 바꾸거나 소수를 분수로 바꾸어 간단한 자연수의 비로 나타냅니다.

$$0.3 : \frac{1}{5} \rightarrow 0.3 : 0.2 \rightarrow 3 : 2$$

$$0.3 : \frac{1}{5} \rightarrow \frac{3}{10} : \frac{1}{5} \rightarrow 3 : 2$$

개념 확인 **1** ☐ 안에 알맞은 수를 써넣어 간단한 자연수의 비로 나타내세요.

(1) $$0.4 : 0.9 \xrightarrow{\times 10 \\ \times \boxed{}} 4 : \boxed{}$$

(2) $$\frac{1}{5} : \frac{1}{4} \xrightarrow{\times 20 \\ \times \boxed{}} 4 : \boxed{}$$

(3) $$15 : 18 \xrightarrow{\div 3 \\ \div \boxed{}} 5 : \boxed{}$$

(4) $$28 : 24 \xrightarrow{\div 4 \\ \div \boxed{}} \boxed{} : 6$$

2 두 분모의 최소공배수를 구하고 전항과 후항에 최소공배수를 곱하여 간단한 자연수의 비로 나타내세요.

$$\frac{1}{6} : \frac{1}{4}$$

(1) 최소공배수 ( )

(2) 간단한 자연수의 비 ( )

3 전항과 후항의 최대공약수를 구하고 전항과 후항을 최대공약수로 나누어 간단한 자연수의 비로 나타내세요.

$$42 : 72$$

(1) 최대공약수 ( )

(2) 간단한 자연수의 비 ( )

4 $0.7 : \frac{3}{5}$을 간단한 자연수의 비로 나타내세요.

방법1 0.7을 분수로 바꾸면 $\dfrac{\square}{10}$입니다.

$\dfrac{\square}{10} : \dfrac{3}{5}$의 전항과 후항에 각각 $\square$을 곱하면 $\square$: 6이 됩니다 .

방법2 $\dfrac{3}{5}$을 소수로 바꾸면 $\square$입니다.

$0.7 : \square$의 전항과 후항에 각각 $\square$을 곱하면 $\square$: 6이 됩니다.

5 간단한 자연수의 비로 나타내세요.

(1) $0.5 : 0.8$ ( )

(2) $\dfrac{1}{3} : \dfrac{3}{4}$ ( )

(3) $10 : 12$ ( )

4
단
원

6 $\dfrac{9}{20} : 0.3$을 간단한 자연수의 비로 나타내세요.

(1)  분수를 소수로 나타내기

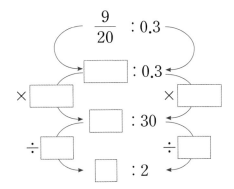

(2)  소수를 분수로 나타내기

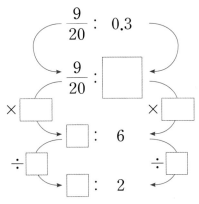

1 전항에 △표, 후항에 ○표 하세요.

(1) 1 : 5

(2) 6 : 7

2 □ 안에 공통으로 들어갈 수 있는 수를 쓰세요.

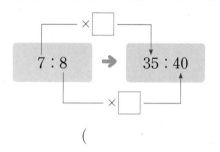

( )

3 비의 성질을 이용하여 비율이 같은 비를 찾아 이으세요.

3 : 7 •   • 9 : 5

4 : 9 •   • 15 : 35

45 : 25 •   • 36 : 81

4 $2\frac{3}{4} : \frac{5}{12}$ 를 간단한 자연수의 비로 나타내려면 전항과 후항에 각각 얼마를 곱해야 하나요?

( )

5 $0.38 : 1.27$ 을 간단한 자연수의 비로 나타내려면 전항과 후항에 각각 얼마를 곱해야 하나요?

( )

6 간단한 자연수의 비로 나타내세요.

(1)  $\frac{1}{5} : \frac{1}{12}$

( )

(2) $0.8 : 1\frac{4}{5}$

( )

7 비의 성질을 이용하여 9 : 21과 비율이 같은 비를 2개만 쓰세요.

( )

8 $1\frac{3}{4} : 3.2$ 를 후항이 64인 간단한 자연수의 비로 나타내었을 때 전항을 구하세요.

( )

9 종이배를 한솔이는 99개 접었고, 주아는 72개 접었습니다. 한솔이가 접은 종이배 수와 주아가 접은 종이배 수의 비를 간단한 자연수의 비로 나타내세요.

( )

10 카드의 가로와 세로의 비를 간단한 자연수의 비로 나타내세요.

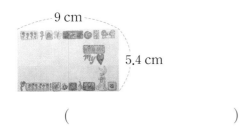

9 cm

5.4 cm

( )

11 윤우와 선미는 레몬에이드를 만들었습니다. 물음에 답하세요.

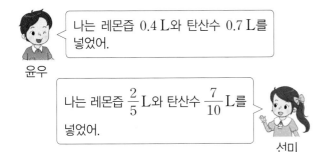

나는 레몬즙 0.4 L와 탄산수 0.7 L를 넣었어.

윤우

나는 레몬즙 $\frac{2}{5}$ L와 탄산수 $\frac{7}{10}$ L를 넣었어.

선미

(1) 윤우가 사용한 레몬즙과 탄산수의 양의 비를 간단한 자연수의 비로 나타내세요.

( )

(2) 선미가 사용한 레몬즙과 탄산수의 양의 비를 간단한 자연수의 비로 나타내세요.

( )

(3) 윤우와 선미의 레몬에이드의 진하기를 비교해 보세요.

_____

✎ 서술형 문제

12 비의 성질에 대하여 잘못 설명하고 있는 친구의 이름을 쓰고 그 까닭을 쓰세요.

[정보 처리]

비의 전항과 후항에 5를 곱해도 비율은 같아.

비의 전항과 후항을 0이 아닌 같은 수로 나누어도 같겠구나.

그럼 전항과 후항에 0을 곱해도 비율이 같겠네.

윤우   선미   지호

이름 _____

까닭 _____

_____

4 단원

진도 완료 체크

13 보기 와 같이 비율이 같은 비를 수직선에 나타내려고 합니다. ☐ 안에 알맞은 수를 써넣어 8 : 12와 비율이 같은 비를 수직선에 나타내세요.

[창의 융합]

보기

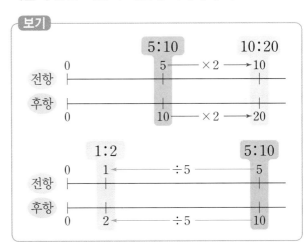

(1)
(2)

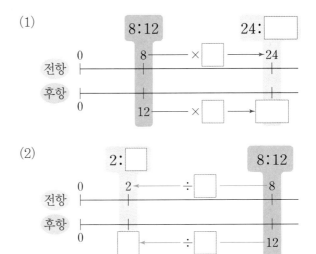

step 1 교과 개념

비례식 알아보기

개념1 비례식 알아보기

> **비례식: 비율이 같은 두 비를 기호 '='를 사용하여 나타낸 식**

3 : 4의 비율 → $\frac{3}{4}$

6 : 8의 비율 → $\frac{6}{8} = \frac{3}{4}$

= → 3 : 4 = 6 : 8

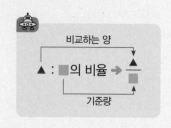

> **외항**: 비례식에서 **바깥쪽**에 있는 두 항
> **내항**: 비례식에서 **안쪽**에 있는 두 항

외항

3 : 4 = 6 : 8

내항

> 바깥쪽에 있는 항은 外(바깥 외)를 붙여 외항, 안쪽에 있는 항은 內(안 내)를 붙여 내항이라고 합니다.

개념2 비의 성질을 이용하여 비례식 만들기

① 전항과 후항에 같은 수를 곱하여 비례식 만들기

$$7 : 8 = 21 : 24$$
(×3, ×3)

전항과 후항에 3을 곱하여 비례식을 만들었습니다.

외항	7, 24
내항	8, 21

② 전항과 후항을 같은 수로 나누어 비례식 만들기

$$36 : 20 = 9 : 5$$
(÷4, ÷4)

전항과 후항을 4로 나누어 비례식을 만들었습니다.

외항	36, 5
내항	20, 9

개념 확인 1 두 비 1 : 4와 7 : 28의 비율을 이용하여 비례식으로 나타내세요.

1 : 4의 비율 ⇨ $\frac{1}{\boxed{}}$

7 : 28의 비율 ⇨ $\frac{7}{\boxed{}} = \frac{1}{\boxed{}}$

⇨ 1 : $\boxed{}$ = $\boxed{}$: $\boxed{}$

2 비율이 같은 두 비를 기호 '＝'를 사용하여 5 : 8＝10 : 16과 같이 나타낸 식을 무엇이라고 합니까?

(   )

3 비례식에서 외항과 내항을 각각 찾아 쓰세요

(1)

$$2 : 7 = 4 : 14$$

외항 (,   )
내항 (,   )

(2)

$$15 : 45 = 2 : 6$$

외항 (,   )
내항 (,   )

4 ☐ 안에 알맞은 수를 써넣으세요.

(1)

$$5 : 9 = \boxed{} : \boxed{}$$

5 : 9는 전항과 후항에 각각 3을 곱한

☐ : ☐ 와/과 그 비율이 같습니다.

(2)

$$36 : 28 = \boxed{} : \boxed{}$$

36 : 28은 전항과 후항을 각각 4로 나눈

☐ : ☐ 와/과 그 비율이 같습니다.

5 비율이 같은 두 비를 찾아 비례식을 만들려고 합니다. 물음에 답하세요.

| 3 : 5   6 : 12   9 : 15 |

(1) 비율을 각각 분수로 나타내세요.

비	3 : 5	6 : 12	9 : 15
비율			

(2) 비율이 같은 두 비를 찾아 비례식으로 나타내세요.

$$\boxed{} : \boxed{} = \boxed{} : \boxed{}$$

6 비율이 같은 비를 보기 에서 찾아 비례식으로 나타내려고 합니다. ☐ 안에 알맞은 수를 써넣으세요.

보기

| 4 : 10   2 : 1   3 : 9   6 : 9 |

(1) 1 : 3 = ☐ : ☐   (2) 10 : 5 = ☐ : ☐

(3) 2 : 5 = ☐ : ☐   (4) 12 : 18 = ☐ : ☐

7 간단한 자연수의 비로 나타내고, 나타낸 비를 이용하여 비례식을 세워 보세요.

$$\frac{5}{6} : \frac{1}{4}$$

간단한 자연수의 비 (   )

비례식 (   )

 **step 1 교과 개념**

개념1 비례식의 성질 알아보기

> **비례식의 성질**
>
> 비례식에서 외항의 곱과 내항의 곱은 같습니다.

$$4 \times 6 = 24$$
$$4 : 3 = 8 : 6$$
$$3 \times 8 = 24$$

개념2 비례식의 성질 확인하기

 가 쿠키 4개 2400원   나 쿠키 8개 4800원

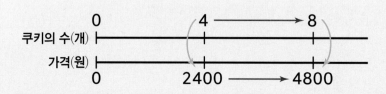

쿠키의 수(개) 0 ── 4 ──→ 8
가격(원) 0 ── 2400 ──→ 4800

> 가 상자와 나 상자에 들어 있는 쿠키의 수의 비 ➡ 4 : 8
> 가 상자와 나 상자의 가격의 비 ➡ 2400 : 4800
>
> ➡ $4 : 8 = 2400 : 4800$ ← 외항의 곱과 내항의 곱은 같습니다.

> 가 상자에 들어 있는 쿠키의 수와 가격의 비 ➡ 4 : 2400
> 나 상자에 들어 있는 쿠키의 수와 가격의 비 ➡ 8 : 4800
>
> ➡ $4 : 2400 = 8 : 4800$ ← 외항의 곱과 내항의 곱은 같습니다.

개념3 비례식의 성질을 이용하여 □의 값 구하기

$$7 \times \square$$
$$7 : 9 = 21 : \square$$
$$9 \times 21$$

$7 \times \square = 9 \times 21$
$7 \times \square = 189$
$\square = 189 \div 7$
$\square = 27$

> 비례식에서 외항의 곱과 내항의 곱이 같다는 성질을 이용해요.

1 비례식에서 외항의 곱과 내항의 곱을 구하고, 크기를 비교하여 ◯ 안에 >, =, <를 알맞게 써넣으세요.

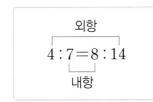

┌ (외항의 곱)＝4× ☐ ＝ ☐
└ (내항의 곱)＝7× ☐ ＝ ☐

⇨ (외항의 곱) ◯ (내항의 곱)

2 보기 와 같이 비례식의 성질을 이용하여 비례식을 곱셈식으로 나타내세요.

┌ 보기
│ 3 : 4＝15 : 20 ⇨ 3×20＝4×15

(1) 5 : 7＝20 : 28
   ⇨ (   )

(2) 8 : 3＝24 : 9
   ⇨ (   )

3 ☐ 안에 알맞은 수를 써넣고, 비례식인지 아닌지 쓰세요.

9×16＝ ☐

9 : 7 ＝ 18 : 16

7×18＝ ☐

(   )

4 비례식이면 ◯표, 비례식이 아니면 ×표 하세요.

(1) | 4 : 10＝180 : 380 |

(   )

(2) | 7.2 : 5＝57.6 : 40 |

(   )

5 비례식의 성질을 이용하여 ●의 값을 구하려고 합니다. ☐ 안에 알맞은 수를 써넣으세요.

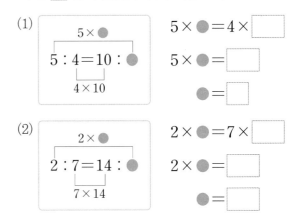

(1)
5×● ＝4× ☐
5×● ＝ ☐
● ＝ ☐

(2)
2×● ＝7× ☐
2×● ＝ ☐
● ＝ ☐

6 ☐ 안에 알맞은 수를 써넣으세요.

(1) 4 : 5＝36 : ☐

(2) 68 : ☐ ＝17 : 6

(3) 4 : 7＝ ☐ : 49

(4) ☐ : 8＝72 : 64

1 다음 식에 대한 설명 중 옳지 <u>않은</u> 것은 어느 것인 가요? ·····················( )

$$3 : 8 = 12 : 32$$

① 비례식입니다.

② 두 비 3 : 8과 12 : 32의 비율은 같습니다.

③ 3과 32는 외항입니다.

④ 8과 12는 내항입니다.

⑤ 12와 32는 후항입니다.

2 비율이 같은 두 비를 찾아 비례식으로 나타내세요.

| 3 : 7 | 6 : 8 | 9 : 21 | 12 : 20 |

( )

3 비례식에서 외항이면서 후항인 수를 찾아 쓰세요.

$$17 : 42 = 34 : 84$$

( )

4 비례식의 성질을 이용하여 ☐ 안에 알맞은 수를 써 넣으세요.

(1) 5 : 6 = 25 : ☐

(2) 2 : ☐ = 1.8 : 4.5

5 보기 와 같이 두 비율을 보고 비례식으로 나타내 세요.

보기

$$\frac{4}{5} = \frac{8}{10} \Rightarrow 4 : 5 = 8 : 10$$

(1) $\frac{3}{14} = \frac{6}{28}$ ⇨ _____

(2) $\frac{9}{4} = \frac{18}{8}$ ⇨ _____

✏️ 서술형 문제

6 다음 식이 비례식이 아닌 까닭을 비례식의 성질을 이용하여 써 보세요.

$$5.6 : 3.5 = 3 : 5$$

_____

_____

7 비례식을 따라 할머니 댁까지 가세요.

출발
9:6=3:2
6:11=3:7
20:4=25:5
8:6=3:4
2:3=8:12
5:1=20:10
2:6=3:9
7:2=8:28
도착

8 ☐ 안에 들어갈 수 있는 비는 어느 것인가요?
( )

$$5 : 8 = \boxed{}$$

① 10 : 18 ② 15 : 4 ③ 15 : 24
④ 20 : 40 ⑤ 30 : 32

9 내항의 곱이 72가 되도록 ☐ 안에 알맞은 수를 써 넣으세요.

$$12 : \boxed{} = 9 : \boxed{}$$

10 외항의 곱이 180이 되도록 ☐ 안에 알맞은 수를 써넣으세요.

$$\boxed{} : 9 = \boxed{} : 36$$

11 각 비율이 $\frac{3}{4}$이 되도록 ☐ 안에 알맞은 수를 써넣으세요.

(1) $3 : \boxed{} = 9 : \boxed{}$

(2) $\boxed{} : 8 = 27 : \boxed{}$

12 지호와 수지가 비례식 3 : 5 = 12 : 20을 보고 한
[추론] 생각입니다. 친구들의 생각이 맞는지 틀린지 알아 보세요.

(1) 지호의 생각은 맞습니까, 틀립니까?

두 비의 비율이 같으니 비례식 3 : 5 = 12 : 20으로 나타낼 수 있어.

지호

( )

(2) 수지의 생각이 맞는지 틀린지 알아보고 잘못 설명한 부분이 있으면 바르게 고치세요.

비례식 3 : 5 = 12 : 20에서 내항은 3과 12이고, 외항은 5와 20이야.

수지

( )

바르게 고치기

_____

_____

🖊 서술형 문제

13 수 카드 6장 중에서 4장을 사용하여 비례식을 세우
[정보 처리] 고 만든 방법을 쓰세요.

| 4 | 32 | 2 | 1 | 8 | 16 |

비례식 _____

방법 _____

_____

개념1 비례식을 이용하여 문제 해결하기

복사기는 6초에 5장을 복사할 수 있습니다. 20장을 복사하려면 몇 초가 걸리는지 구해 봅시다.

20장을 복사하는 데 걸리는 시간을 □초라 하고 비례식을 세우면

$$6 : 5 = □ : 20$$

비례식을 $6 : □ = 5 : 20$
으로 세울 수도 있습니다.
$6 : □ = 5 : 20$
→ $6 \times 20 = □ \times 5$
$120 = □ \times 5$
$□ = 24$

방법1 비의 성질을 이용하기 ← 비의 전항과 후항에 0이 아닌 같은 수를 곱하거나 나누어도 비율은 같습니다.

$$6 : 5 = □ : 20 \xrightarrow{} □ = 6 \times 4 = 24$$
$×4$ ... $×4$

방법2 비례식의 성질을 이용하기 ← 외항의 곱과 내항의 곱은 같습니다.

6×20
$$6 : 5 = □ : 20 \xrightarrow{}$$
$5 \times □$

$6 \times 20 = 5 \times □$
$120 = 5 \times □$
$□ = 120 \div 5 = 24$

수가 복잡하면 주로 **방법2** 를 사용하여 비례식을 풉니다.

→ 이와 같이 비례식을 풀어 보면 20장을 복사하는 데 **24초**가 걸립니다.

다른 풀이 (1장을 복사하는 데 걸리는 시간) $= 6 \div 5 = \dfrac{6}{5}$(초)

(20장을 복사하는 데 걸리는 시간) $= \dfrac{6}{5} \times 20 = 24$(초)

개념 확인 1 오른쪽 직사각형의 가로와 세로의 비는 7 : 4입니다. 직사각형의 가로가 35 cm라면 세로는 몇 cm인지 구하려고 합니다. □ 안에 알맞은 수를 써넣으세요.

35 cm
▲ cm

(1) 세로를 ▲ cm라 하고 비례식을 세우면 7 : 4 = □ : ▲입니다.

(2) 비의 성질을 이용하면 7 : 4 = 35 : ▲이므로 ▲ = 4 × 5 = □ 입니다.
$×5$ ... $×5$

(3) 비례식의 성질을 이용하면 7 : 4 = 35 : ▲에서 7 × ▲ = 140, ▲ = □ 입니다.
$7 × ▲$ ... $4 × 35$

2 사과가 4개에 3000원입니다. 12000원으로 사과를 몇 개 살 수 있는지 구하려고 합니다. 물음에 답하세요.

(1) 12000원으로 살 수 있는 사과의 수를 ■개라 하고 비례식을 완성하세요.

$$4 : 3000 = ■ : \boxed{}$$

(2) ☐ 안에 알맞은 수를 써넣으세요.

$$4 : 3000 = ■ : \boxed{}$$

$\times \boxed{}$ (위)
$\times \boxed{}$ (아래)

(3) 12000원으로 사과를 몇 개 살 수 있습니까?

(   )

3 문제를 읽고 물음에 답하세요.

> 휘발유 2 L로 24 km를 가는 자동차가 있습니다. 이 자동차가 72 km를 가려면 휘발유는 몇 L 필요합니까?

(1) 필요한 휘발유의 양을 ☐ L라 하고 비례식을 세운 것에 ○표 하세요.

| $2 : 24 = 72 : \boxed{}$ | (   ) |

| $2 : 24 = \boxed{} : 72$ | (   ) |

(2) 자동차가 72 km를 가려면 휘발유는 몇 L 필요합니까?

(   )

4 바닷가 근처의 염전에서 소금 30 kg을 얻으려면 바닷물 750 L가 필요합니다. 소금 12 kg을 얻으려면 바닷물 몇 L가 필요한지 알아보세요.

소금 30 kg을 얻으려면 바닷물 750 L가 필요하대.

소금 12 kg을 얻으려면 바닷물 몇 L가 필요하지?

(1) 소금 12 kg을 얻기 위해 필요한 바닷물의 양을 ■ L라 하고 비례식을 완성하세요.

$$30 : 750 = \boxed{} : ■$$

(2) 비례식의 성질을 이용하여 ■의 값을 구하세요.

(   )

(3) 소금 12 kg을 얻으려면 바닷물 몇 L가 필요합니까?

(   )

5 맞물려 돌아가는 두 톱니바퀴가 있습니다. ㉮가 3번 도는 동안에 ㉯는 5번 돕니다. ㉮가 45번 도는 동안에 ㉯는 몇 번 도는지 알아보세요.

(1) ㉮가 45번 도는 동안에 ㉯의 회전수를 ☐번 이라 하고 비례식을 세우세요.

> 비례식

(2) ㉮가 45번 도는 동안에 ㉯는 몇 번 돕니까?

(   )

개념1 비례배분 알아보기

• **비례배분**: 전체를 주어진 비로 배분하는 것

• 전체(■)를 ● : ▲로 나누어 가질 때 각각 가지는 양 ➡ $■ \times \dfrac{●}{●+▲}$, $■ \times \dfrac{▲}{●+▲}$

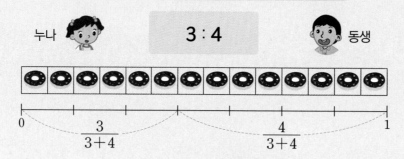

빵 14개를 누나와 동생이 3:4로 나누는 방법

누나   3:4   동생

$$0 \quad \frac{3}{3+4} \quad \frac{4}{3+4} \quad 1$$

$$14 \times \frac{3}{3+4} = 14 \times \frac{3}{7} = 6\,(개)$$

$$14 \times \frac{4}{3+4} = 14 \times \frac{4}{7} = 8\,(개)$$

개념2 비례배분 문제 해결하기

조개 40개를 지수와 혜나가 2:3으로 나누어 가지려고 합니다.
조개를 어떻게 나누어 가져야 하는지 알아보세요.

방법1 비례배분 이용하기

지수: $40 \times \dfrac{2}{2+3} = 40 \times \dfrac{2}{5} = 16\,(개)$

혜나: $40 \times \dfrac{3}{2+3} = 40 \times \dfrac{3}{5} = 24\,(개)$

방법1 의 식이 간단하고 풀기 쉽네요.

방법2 비례식 이용하기

① (지수가 가질 수 있는 조개 수) : (전체 조개 수) ➡ 2:5

└─ 2:3에서 2와 3을 더한 수

② 지수가 가질 수 있는 조개 수를 □개라 하면

$2:5 = □:40$ ➡ $2 \times 40 = 5 \times □$, $□ = 16$

③ 지수: 16개, 혜나: $40 - 16 = 24\,(개)$

1 바나나 10개를 선미와 지호에게 3 : 2로 나누어 주려고 합니다. 선미와 지호가 가지는 바나나를 ○로 나타내고 ☐ 안에 알맞은 수를 써넣으세요.

선미 ☐ 개   ☐ 개 지호

2 200을 1 : 3으로 나누려고 합니다. ☐ 안에 알맞은 수를 써넣으세요.

$$200 \times \frac{1}{1+\boxed{}} = 200 \times \frac{\boxed{}}{\boxed{}} = \boxed{}$$

$$200 \times \frac{3}{\boxed{}+3} = 200 \times \frac{\boxed{}}{\boxed{}} = \boxed{}$$

3 42를 주어진 비로 나누어 보세요.

(1) ┌─────────────┐
   │   2 : 1   │
   └─────────────┘
   (,   )

(2) ┌─────────────┐
   │   5 : 9   │
   └─────────────┘
   (,   )

4 태희와 성준이가 빵 21개를 5 : 2로 나누어 가지려고 합니다. 태희가 가지게 되는 빵은 몇 개인지 ☐ 안에 알맞은 수를 써넣어 알아보세요.

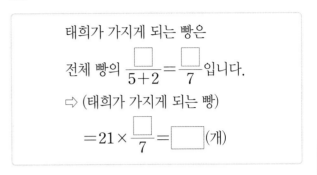

태희가 가지게 되는 빵은

전체 빵의 $\dfrac{\boxed{}}{5+2} = \dfrac{\boxed{}}{7}$ 입니다.

⇨ (태희가 가지게 되는 빵)

$= 21 \times \dfrac{\boxed{}}{7} = \boxed{}$ (개)

5 형과 진호가 4500원을 4 : 5로 나누어 가지려고 합니다. 형이 가지게 되는 돈은 얼마인지 ☐ 안에 알맞은 수를 써넣어 알아보세요.

① 형이 가지게 되는 돈이 ■ 원이라면
   (형이 가지게 되는 돈) : (전체 돈)
   $= ■ : \boxed{}$
② 비례식을 세워 보면
   $4 : \boxed{} = ■ : \boxed{}$,
   ➜ $4 \times \boxed{} = \boxed{} \times ■$,
   $■ = \boxed{}$
③ 형이 가지게 되는 돈: $\boxed{}$ 원

6 길이가 360 cm인 나무 막대를 길이의 비가 2 : 3이 되도록 두 도막으로 잘랐습니다. 각 도막의 길이를 구하세요.

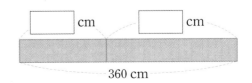

☐ cm   ☐ cm

360 cm

1 ☐ 안의 개수를 주어진 비로 나누어 [,] 안에 쓰세요.

(1) 사과 54개

1 : 5 ⇨ [,   ]

(2) 복숭아 72개

5 : 4 ⇨ [,   ]

2 오른쪽은 성진이의 몸의 길이를 재어 나타낸 비입니다. 머리부터 배꼽까지의 길이가 48 cm라면 배꼽부터 발까지 길이는 몇 cm인지 구하세요.

머리

6

배꼽

7

발

(1) 배꼽부터 발까지의 길이를 ☐ cm라 하고 비례식을 세우세요.

비례식 _____

(2) 배꼽부터 발까지의 길이는 몇 cm인가요?

(   )

3 세희는 5000원, 윤아는 7500원을 가지고 있습니다. 5000원짜리 빵을 사는 데 각자 가지고 있는 돈의 비로 나누어 돈을 낼 때 물음에 답하세요 .

(1) 세희와 윤아가 가지고 있는 돈의 비를 간단한 자연수의 비로 나타내세요.

(세희) : (윤아)＝(   )

(2) 윤아가 내야 할 돈은 얼마인가요?

(   )

4 8분 동안 32 L의 물이 나오는 수도가 있습니다. 이 수도로 160 L 들이의 욕조에 물을 가득 채우려면 몇 분 동안 물을 받아야 하는지 구하려고 합니다. 걸리는 시간을 ☐분이라 하여 비례식을 바르게 세운 것을 찾아 기호를 쓰고, 걸리는 시간을 구하세요.

> ㉠ 8 : 32＝160 : ☐
>
> ㉡ 8 : ☐＝160 : 32
>
> ㉢ 8 : 32＝☐ : 160

(   ), (   )

5 지아는 고추장 만들기 체험 행사에서 찹쌀가루와 고춧가루를 5 : 4로 섞어 고추장을 만들려고 합니다. 찹쌀가루를 600 g 넣었다면 고춧가루는 몇 g을 넣어야 할까요?

(   )

6 사탕 28개를 지호와 선미가 3 : 4로 나누어 먹으려고 합니다. 지호의 설명 중 잘못된 곳을 찾아 바르게 고쳐 보세요.

> 사탕을 나와 선미가 3 : 4로 나누어 먹어야 하므로 선미는 사탕을 $28 \times \frac{3}{4} = 21$(개) 먹으면 돼.

지호

바르게 고치기

_____

_____

[7 ~ 8] 높이가 주어진 도형에서 밑변의 길이와 높이의 비가 다음과 같을 때, 넓이는 몇 cm² 인지 구하세요.

7

밑변의 길이와 높이의 비가 5 : 3인 평행사변형

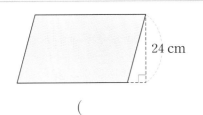

24 cm

( )

8

밑변의 길이와 높이의 비가 9 : 5인 삼각형

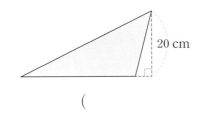

20 cm

( )

9 어느 날 낮과 밤의 길이의 비가 7 : 5라면 밤은 몇 시간인가요?

( )

10 시온이네 가족은 3명, 리한이네 가족은 4명입니다. 배 84개를 가족 수에 따라 나누어 가지려면 두 가족은 배를 몇 개씩 나누어 가져야 하나요?

시온이네 가족 ( )

리한이네 가족 ( )

수학 역량을 키우는 **10종 교과 문제**

✏ 서술형 문제

11 귤 5개는 3000원입니다. 물음에 답하세요.

3000원

(1) 귤 8개는 얼마인지 비례식을 세워서 답을 구하세요.

비례식 _____

답 _____

(2) 귤의 개수 또는 귤의 가격을 바꾸어 새로운 문제를 만들고 해결해 보세요.

문제 _____

풀이 _____

_____

_____

_____

답 _____

✏ 서술형 문제

12 정완이네 학교 6학년 전체 학생은 546명이고, 남학생 수와 여학생 수의 비는 7 : 6입니다. 6학년 여학생은 몇 명인지 두 가지 방법으로 구하세요.

방법1 비례배분 이용하기

방법2 비례식 이용하기

step 3 문제 해결 〔잘 틀리는 문제〕

유형 1 넓이의 비를 간단한 자연수의 비로 나타내기

1 직선 가와 직선 나는 서로 평행합니다. 직사각형과 평행사변형의 넓이의 비를 간단한 자연수의 비로 나타내세요.

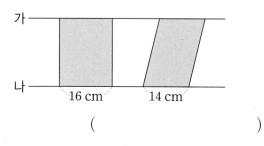

(   )

Solution (직사각형의 넓이)=(가로)×(세로),
(평행사변형의 넓이)=(밑변)×(높이)이고, 직사각형과 평행사변형의 높이가 같음을 이용하여 비로 나타내어 봅니다.

1-1 직선 가와 직선 나는 서로 평행합니다. 정사각형과 평행사변형의 넓이의 비를 간단한 자연수의 비로 나타내세요.

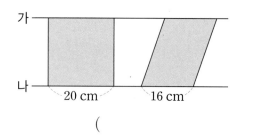

(   )

1-2 직선 가와 직선 나는 서로 평행합니다. 평행사변형과 삼각형의 넓이의 비를 간단한 자연수의 비로 나타내세요.

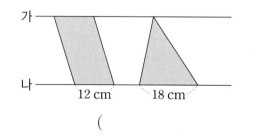

(   )

유형 2 조건에 맞는 비례식 완성하기

2 조건에 맞는 비례식을 완성하세요.

> • 비율은 $\dfrac{1}{3}$입니다.
> • 내항의 곱은 90입니다.

$\boxed{} : 15 = \boxed{} : \boxed{}$

Solution ▲ : ■의 비율 ⇨ $\dfrac{▲}{■}$임을 이용하여 □ : 15의 □를 먼저 구한 다음 비례식의 외항의 곱과 내항이 곱이 같음을 이용하여 비례식을 완성합니다.

2-1 조건에 맞는 비례식을 완성하세요.

> • 비율은 $\dfrac{2}{5}$입니다.
> • 내항의 곱은 160입니다.

$4 : \boxed{} = \boxed{} : \boxed{}$

2-2 조건에 맞는 비례식을 완성하세요.

> • 비율은 $\dfrac{3}{4}$입니다.
> • 외항의 곱은 72입니다.

$\boxed{} : 12 = \boxed{} : \boxed{}$

4
단원

유형3 부분의 비율을 구하여 전체 구하기

3 지원이네 반 학생의 60 %는 목련 마을에 삽니다. 지원이네 반 학생 중 목련 마을에 살지 않는 학생이 12명일 때, 지원이네 반 학생은 모두 몇 명인지 구하세요.

( )

Solution 목련마을에 살지 않는 학생의 비율을 구한 후 전체 학생 수를 □로 놓고 비례식을 세워 구합니다.

3-1 어느 농장에서 고구마를 수확하여 전체의 75 %를 팔았습니다. 팔고 남은 고구마의 양이 150 kg일 때, 이 농장의 전체 고구마 수확량은 몇 kg인지 구하세요.

( )

3-2 다음 직사각형 모양 화단 중에서 색칠한 삼각형 부분에 코스모스를 심었습니다. 코스모스를 심은 부분의 넓이는 전체 화단의 20 %이고 코스모스를 심지 않은 부분의 넓이는 28 m²일 때, 전체 화단의 넓이는 몇 m²인지 구하세요.

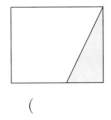

( )

유형4 비례배분하여 길이, 넓이 구하기

4 직사각형의 가로와 세로의 비가 4 : 5입니다. 이 직사각형의 둘레가 126 cm일 때 가로와 세로는 각각 몇 cm입니까?

가로 ( ), 세로 ( )

Solution 직사각형의 가로와 세로의 합을 구하여 직사각형의 가로와 세로의 비로 비례배분합니다.

4-1 112 cm의 끈을 겹치지 않게 모두 사용하여 가로와 세로의 비가 4 : 3인 직사각형 모양 1개를 만들었습니다. 만든 직사각형의 세로는 몇 cm입니까?

( )

4-2 태극기의 가로와 세로의 비가 3 : 2입니다. 태극기의 둘레가 200 cm일 때, 이 태극기의 넓이는 몇 cm²입니까?

( )

4-3 직사각형을 그림과 같이 ㉮, ㉯ 두 부분으로 나누었더니 ㉮와 ㉯의 넓이의 비가 2 : 3이었습니다. ㉯의 넓이가 120 cm²라면 직사각형 전체의 넓이는 몇 cm²입니까?

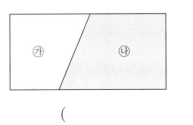

( )

5 연습 문제

같은 책을 읽는 데 ❶은아는 2시간, 소미는 3시간이 걸렸습니다. ❷은아와 소미가 한 시간에 읽은 책의 양의 비를 간단한 자연수의 비로 나타내세요.

❶ 한 시간 동안 읽은 책의 양을 알아보면 은아는

전체의 $\dfrac{1}{\boxed{}}$, 소미는 전체의 $\dfrac{1}{\boxed{}}$입니다.

❷ 은아와 소미가 한 시간에 읽은 책의 양의 비는

$\dfrac{1}{2} : \dfrac{1}{\boxed{}}$이고, 이 비의 전항과 후항에 각각 6을

곱하면 $\boxed{} : \boxed{}$가 됩니다.

답 $\boxed{} : \boxed{}$

5-1 실전 문제

똑같은 일을 하는 데 동휘는 4시간, 은재는 5시간이 걸렸습니다. 동휘와 은재가 한 시간 동안 일한 양의 비를 간단한 자연수의 비로 나타내려고 합니다. 풀이 과정을 쓰고 답을 구하세요.

풀이

답 _____

6 연습 문제

지원이는 ❶3일 동안 일을 하고 108000원을 받았습니다. 지원이가 ❷720000원을 받으려면 며칠 동안 일해야 하는지 알아보세요.

❶ ●일 동안 일을 하고 720000원을 받을 때 비례식

을 세우면 3 : 108000 = ● : $\boxed{}$ 입니다.

❷ $3 \times \boxed{} = 108000 \times ●$,

$\boxed{} = 108000 \times ●$, $● = \boxed{}$

따라서 $\boxed{}$일 동안 일해야 합니다.

답 $\boxed{}$일

6-1 실전 문제

어떤 사람이 일주일 동안 일을 하고 196000원을 받았습니다. 이 사람이 700000원을 받으려면 며칠 동안 일해야 하는지 풀이 과정을 쓰고 답을 구하세요.

풀이

답 _____

7 연습 문제

맞물려 돌아가는 두 톱니바퀴가 있습니다.  ❶㉮의 톱니 수는 45개, ㉯의 톱니 수는 36개입니다. ❷㉮가 20번 돌 때 ㉯는 몇 번 도는지 알아보세요.

❶ ㉮와 ㉯의 톱니 수의 비가 45 : 36 ⇨ 5 : □ 이므로 회전수의 비는 □ : 5입니다.

❷ ㉮가 20번 도는 동안 ㉯가 ■번 돈다고 하여 비례식을 세우면 4 : 5 = 20 : ■입니다.

$4 \times ■ = □ \times □$, ■ = □

> 톱니 수의 비가 ▲ : ■인 두 톱니바퀴의 회전수의 비는 ■ : ▲입니다. 자세한 내용은 풀이집을 참고하세요.

답 □ 번

7-1 실전 문제

맞물려 돌아가는 두 톱니바퀴가 있습니다. ㉮의 톱니 수는 20개이고, ㉯의 톱니 수는 15개입니다. ㉮가 24번 돌 때 ㉯는 몇 번 도는지 풀이 과정을 쓰고 답을 구하세요.

답 _____

8 연습 문제

은지와 유나가 각각 ❶150만 원, 200만 원을 투자하여 얻은 이익금을 투자한 금액의 비로 나누어 가졌습니다. ❷은지가 받은 이익금이 45만 원이라면 두 사람이 얻은 전체 이익금은 얼마인지 알아보세요.

❶ 은지와 유나가 투자한 금액의 비를 간단한 자연수의 비로 나타내면

150만 : 200만 ⇨ □ : 4입니다.

❷ 전체 이익금을 ●만 원이라고 하면 은지가 받은

이익금이 45만 원이므로 $● \times \dfrac{□}{7} = 45$입니다.

$● = □ \div \dfrac{□}{7} = □$

답 □ 만 원

8-1 실전 문제

준서와 민규가 각각 120만 원, 180만 원을 투자하여 얻은 이익금을 투자한 금액의 비로 나누어 가졌습니다. 준서가 받은 이익금이 36만 원이라면 두 사람이 얻은 전체 이익금은 얼마인지 풀이 과정을 쓰고 구하세요.

풀이

답 _____

1 직사각형 가와 나가 그림과 같이 겹쳐져 있습니다. 겹쳐진 부분의 넓이는 가의 $\frac{3}{5}$이고 나의 $\frac{3}{4}$일 때 물음에 답하세요.

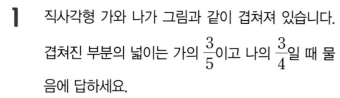

(1) ☐ 안에 알맞은 수를 써넣으세요.

가의 $\frac{3}{5}$과 나의 $\frac{3}{4}$은 같으므로

가 $\times \dfrac{3}{\boxed{}}$ = 나 $\times \dfrac{3}{\boxed{}}$ 입니다.

(2) **보기**와 같이 생각하여 (1)의 등식을 비례식으로 나타내세요.

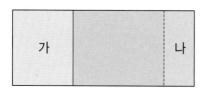

보기

내항의 곱

$3 : \mathbf{2} = 6 : 4 \longleftarrow \mathbf{3} \times 4 = \mathbf{2} \times 6$

외항의 곱

가 : 나 = $\dfrac{3}{\boxed{}} : \dfrac{3}{\boxed{}}$

(3) 가와 나의 넓이의 비를 간단한 자연수의 비로 나타내세요.

(   )

2 비율이 모두 같습니다. ㉠과 ㉡에 알맞은 수의 합을 구하세요.

$1.2 : 4$ ㉠ : 20 $9.6 : ㉡$

(   )

3 화살표 방향으로 규칙에 따라 차례대로 계산하려고 합니다. ㉠에 알맞은 비를 구하세요.

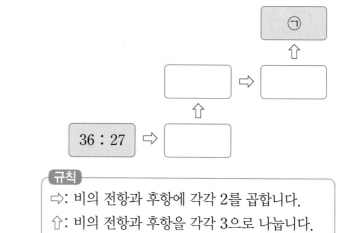

규칙

⇨: 비의 전항과 후항에 각각 2를 곱합니다.
⇧: 비의 전항과 후항을 각각 3으로 나눕니다.

(   )

4 사람이 가장 안정감을 느끼고 균형이 있다고 생각하는 비를 황금비(1 : 1.618)라고 부릅니다. 텔레비전의 세로와 가로의 비가 황금비에 가까운 3 : 5가 되도록 만들었더니 세로가 72 cm가 되었다고 합니다. 이 텔레비전의 둘레는 몇 cm입니까?

(   )

5 정사각형 가와 나의 한 변의 길이의 비는 4 : 5입니다. 정사각형 가와 나의 넓이의 비를 간단한 자연수의 비로 나타내세요.

(   )

6 전항과 후항의 차가 9이고, 간단한 자연수의 비로 나타내면 2 : 5가 되는 비가 있습니다. 이 비의 전항과 후항의 합을 구하세요.

( )

7 공원 안내 지도는 실제 거리 20000 cm를 1 cm 로 나타낸 것입니다. 현우가 입구에서 시계탑을 거쳐 놀이터에 가려고 합니다. 실제 이동 거리는 몇 m인지 구하세요.

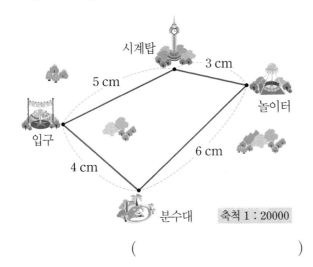

( )

8 ㉮와 ㉯의 곱이 80보다 크고 500보다 작은 6의 배수일 때, ☐ 안에 들어갈 수 있는 가장 작은 자연수와 가장 큰 자연수의 차를 구하세요.

㉮ : ☐ = 11 : ㉯

( )

9 그림과 같이 두 원 가와 나가 겹쳐져 있습니다. 겹쳐진 부분의 넓이가 가의 0.4이고 나의 $\frac{3}{8}$일 때, 가와 나의 넓이의 비를 간단한 자연수의 비로 나타내세요.

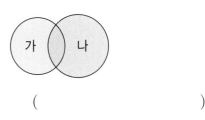

( )

10 다음과 같은 물통에 30 L의 물을 더 넣으면 물통이 가득 차게 됩니다. 이 물통에 담긴 물의 높이가 35 cm일 때 물통에 담긴 물은 몇 L인지 구하세요.

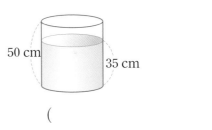

( )

11 원희네 교실 시계는 하루에 2분씩 느려진다고 합니다. 월요일 오후 1시에 시각을 정확히 맞추어 놓았다면 같은 주 목요일 오전 1시에 원희네 교실 시계는 오전 몇 시 몇 분을 가리키는지 구하세요.

( )

1 비를 보고 전항과 후항을 각각 찾아 쓰세요.

$$7 : 10$$

전항 (   )

후항 (   )

2 ☐ 안에 알맞은 수를 써넣으세요.

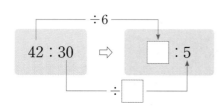

3 비례식을 보고 외항의 곱과 내항의 곱을 각각 구하세요.

$$5 : 7 = 20 : 28$$

외항의 곱 (   )

내항의 곱 (   )

4 ☐ 안에 알맞은 수를 써넣으세요.

$$2 : 25 = \boxed{} : 150$$

5 비례식에서 외항이면서 후항인 수를 찾아 쓰세요.

$$45 : 75 = 3 : 5$$

(   )

6 비율이 같은 두 비를 찾아 비례식으로 나타내세요.

$$6 : 10 \quad\quad 4 : 5 \quad\quad 8 : 15 \quad\quad 21 : 35$$

(   )

7 길이가 420 cm인 끈을 주어진 비로 나누려고 합니다. 나누어진 두 끈의 길이는 각각 몇 cm가 됩니까?

$$2 : 5 \Rightarrow \boxed{} \text{ cm}, \boxed{} \text{ cm}$$

8 간단한 자연수의 비로 나타내세요.

(1) $36 : 81 \Rightarrow$ (   )

(2) $\dfrac{2}{3} : \dfrac{4}{7} \Rightarrow$ (   )

9 비율이 같은 비를 찾아 이으세요.

| 7.2 : 4.8 | • | • | 7 : 3 |

| $1\frac{1}{2} : 1\frac{1}{5}$ | • | • | 5 : 4 |

| 105 : 45 | • | • | 3 : 2 |

12 비례식을 모두 찾아 기호를 쓰세요.

㉠ 8 : 3＝3 : 8　　㉡ 2.5 : 7.5＝1 : 3
㉢ 20 : 8＝2 : 5　　㉣ 10 : 1＝200 : 20
㉤ 6 : 10＝7.5 : 25　㉥ 6 : 7＝36 : 58

(　　　　　　　　)

10 ☐ 안에 알맞은 수가 가장 큰 것은 어느 것입니까?

·····································(　　　)

① ☐ : 8＝9 : 24

② 14 : 10.5＝4 : ☐

③ 6 : 14＝3 : ☐

④ ☐ : $\frac{4}{5}$＝20 : 8

⑤ $\frac{1}{6} : \frac{1}{9}$＝☐ : 2

13 바닷물 12 L를 증발시켜 90 g의 소금을 얻었습니다. 같은 바닷물을 증발시켜 소금 210 g을 얻으려고 할 때, 필요한 바닷물의 양은 몇 L입니까?

(　　　　　　　　)

11 비례식에서 내항의 곱이 140일 때 ㉠과 ㉡에 알맞은 수를 각각 구하세요.

㉠ : 10＝㉡ : 35

㉠ (　　　　　　　)
㉡ (　　　　　　　)

14 밑변과 높이의 비가 5 : 4인 삼각형이 있습니다. 밑변의 길이가 20 cm일 때 넓이는 몇 cm²입니까?

(　　　　　　　　)

15 휘서네 가족은 3명이고 예지네 가족은 5명입니다. 한 상자에 들어 있는 귤 104개를 가족 수의 비로 나누어 가지려고 합니다. 휘서네 가족과 예지네 가족이 가지게 되는 귤은 각각 몇 개입니까?

휘서네 가족 (   )

예지네 가족 (   )

16 조건에 맞게 비례식을 완성하고, ☐ 안에 알맞은 수의 합을 구하세요.

> • 비율은 $\dfrac{4}{3}$입니다.
>
> • 외항의 곱은 72입니다.

$$8 : \boxed{} = \boxed{} : \boxed{}$$

(   )

17 ●와 ▲에 알맞은 수의 곱을 구하세요.

> $54 : ● = \dfrac{1}{6} : \dfrac{1}{9}$
>
> $10 : ▲ = 50 : 30$

(   )

18 정사각형과 직사각형의 넓이의 비를 간단한 자연수의 비로 나타내세요.

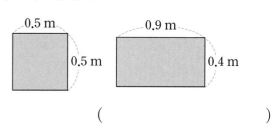

0.5 m   0.5 m   0.9 m   0.4 m

(   )

19 맞물려 돌아가는 두 톱니바퀴가 있습니다. ㉮가 12번 도는 동안 ㉯는 10번 돕니다. ㉮가 42번 도는 동안 ㉯는 몇 번 돕니까?

(   )

20 은지와 지수는 각각 100만 원과 150만 원을 투자하여 얻은 이익금을 투자한 금액의 비로 나누어 가졌습니다. 은지가 받은 이익금이 12만 원이라면 두 사람이 얻은 전체 이익금은 얼마입니까?

(   )

> 1~20번까지의
> 단원 평가 유사 문제 제공
>
> 문제 생성기

21 영아는 도넛 반죽을 만드는 데 찹쌀가루와 밀가루를 $\frac{1}{3} : \frac{1}{5}$로 섞었습니다. 찹쌀가루의 무게가 450 g일 때 밀가루의 무게를 알아보시오.

(1) 찹쌀가루와 밀가루의 무게의 비를 간단한 자연수의 비로 나타내시오.

( )

(2) 밀가루의 무게를 □g이라고 하여 비례식을 세워 보시오.

( )

(3) 밀가루의 무게는 몇 g입니까?

( )

22 어느 컬링 팀은 스톤 270개를 가지고 있다고 합니다. 스톤 중 $\frac{1}{9}$을 남기고 남자 팀과 여자 팀이 5 : 1로 나누어 가졌습니다. 남자 팀과 여자 팀이 나누어 가진 스톤 수를 알아보시오.

(1) 남자 팀과 여자 팀이 나누어 가진 스톤은 모두 몇 개입니까?

( )

(2) 남자 팀과 여자 팀이 나누어 가진 스톤은 각각 몇 개인지 구하시오.

남자 팀 ( )
여자 팀 ( )

23 1시간 30분 동안 121.5 km를 가는 승용차가 있습니다. 같은 빠르기로 2시간 10분 동안 몇 km를 가는지 비례식을 이용하여 풀이 과정을 쓰고 답을 구하시오.

풀이

답

4
단원

진도 완료 체크

24 지우네 학교의 6학년 남학생과 여학생의 처음 학생 수의 비는 5 : 4였습니다. 이후 여학생 몇 명이 전학을 와서 남학생과 여학생 수의 비가 8 : 7이 되었습니다. 현재 6학년 전체 학생 수가 225명이라면, 처음 6학년 여학생은 몇 명이었는지 풀이 과정을 쓰고 답을 구하시오.

풀이

답

오답 노트

배점	1~20번	4점	점수
	21~24번	5점	

5 원의 넓이

웹툰으로 **단원 미리보기**

5화 피자인 듯 피자 아닌 떡

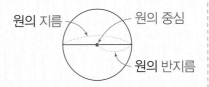 배운 내용

5-1 정다각형의 둘레

(정다각형의 둘레)
＝(한 변의 길이)×(변의 수)

예 4 cm (정오각형의 둘레)
＝4×5
＝20(cm)

6-1 비율

비율: 기준량에 대한 비교하는 양의 크기

(비율)＝(비교하는 양)÷(기준량)

$=\dfrac{(비교하는\ 양)}{(기준량)}$

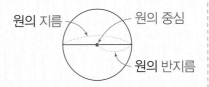 배울 내용

1 step 교과 개념	원주와 지름의 관계	
1 step 교과 개념	원주율 알아보기	
2 step 교과 유형 익힘		
1 step 교과 개념	원주와 지름 구하기	
1 step 교과 개념	원의 넓이 어림하기	
2 step 교과 유형 익힘		
1 step 교과 개념	원의 넓이 구하는 방법 알아보기	
1 step 교과 개념	여러 가지 원의 넓이 구하기	
2 step 교과 유형 익힘		
3 step 문제 해결	잘 틀리는 문제 서술형 문제	
4 step 실력 Up 문제		
단원 평가		

이 단원을 배우면
원의 둘레(=원주)와 원의 넓이를
구할 수 있어요.

 개념1 원의 구성 요소 알아보기

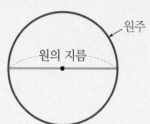

원의 둘레를 원주라고 합니다.

원주의 '주'의 한자는 周(두루 주)로 둘레를 뜻합니다.

원의 지름은 원 위의 두 점을 이은 선분 중에서 원의 중심을 지나는 선분입니다.

개념2 원주와 지름의 관계 알아보기

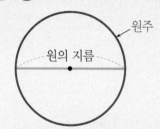
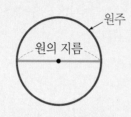

➡ 원의 지름이 길어지면 원주도 길어집니다.

개념3 원주가 원의 지름의 몇 배인지 어림하기

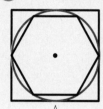
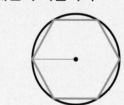
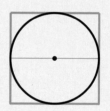

원의 둘레는 정육각형의 둘레보다 길고, 정사각형의 둘레보다 짧습니다.

(정육각형의 둘레)
$= (반지름) \times 6 = (지름) \times 3$
➡ (정육각형의 둘레) $<$ (원주)
└→(지름)$\times 3$

(정사각형의 둘레)
$= (지름) \times 4$
➡ (원주) $<$ (정사각형의 둘레)
└→(지름)$\times 4$

원주는 지름의 3배보다 길고, 4배보다 짧습니다.

개념 확인 1 ☐ 안에 공통으로 들어갈 말을 쓰세요.

• 원의 둘레를 ☐ 라고 합니다.
• 원의 지름이 길어지면 ☐ 도 길어집니다.

( )

2 ☐ 안에 알맞은 말을 써넣으세요.

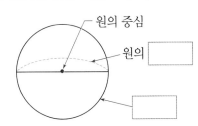

3 원주를 찾아 그려 보세요.

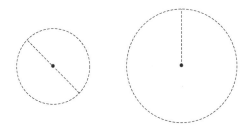

4 그림을 보고 알맞은 말에 ○표 하세요.

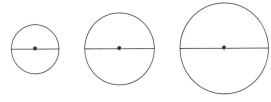

(1) 원의 크기가 커지면 원주는
(길어집니다 , 짧아집니다).

(2) 원의 지름이 길어지면 원주는
(길어집니다 , 짧아집니다).

5 설명이 맞으면 ○표, 틀리면 ✕표 하세요.

> 원 위의 두 점을 이은 선분 중에서 가장 긴 선분은 원의 반지름입니다.

(   )

6 원주가 짧은 것부터 순서대로 기호를 쓰세요.

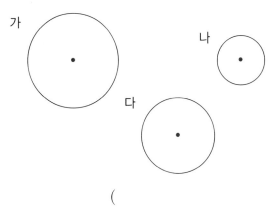

(   )

5단원

7 한 변의 길이가 1 cm인 정육각형, 2 cm인 정사각형을 보고, 지름이 2 cm인 원의 원주를 어림하려고 합니다. ☐ 안에 알맞은 수를 써넣으세요.

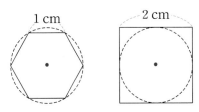

(1) (정육각형의 둘레)
＝(원의 반지름)×☐
＝(원의 지름)×☐＝2×☐＝☐ (cm)

(2) (정사각형의 둘레)
＝(원의 지름)×☐＝2×☐＝☐ (cm)

(3) 원주는 원의 지름의 ☐배보다 길고,
원의 지름의 ☐배보다 짧습니다.

8 원주가 더 긴 원을 찾아 기호를 쓰세요.

> ㉠ 지름이 10 cm인 원
> ㉡ 지름이 9 cm인 원

(   )

개념1 원주율 알아보기

> **원의 지름에 대한 원주의 비율을 원주율이라고 합니다.**
>
> $$(\text{원주율}) = (\text{원주}) \div (\text{지름}) = \frac{(\text{원주})}{(\text{지름})}$$

원주율을 소수로 나타내면 3.1415926535897932…와 같이
끝없이 계속됩니다.
원주율은 필요에 따라 3, 3.1, 3.14 등으로 어림하여 사용합니다.

개념2 반올림하여 원주율 구해 보기

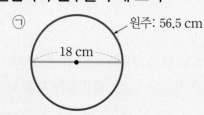

지름: 18 cm, 원주: 56.5 cm

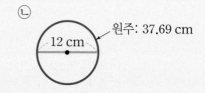

지름: 12 cm, 원주: 37.69 cm

원	원주율(원주 ÷ 지름)	
	반올림하여 소수 첫째 자리까지	반올림하여 소수 둘째 자리까지
㉠	3.1	3.14
㉡	3.1	3.14

←56.5÷18=3.138…

←37.69÷12=3.140…

➡ **원의 크기와 관계없이 원주율은 변하지 않습니다.**

개념 확인 1 ☐ 안에 알맞은 말이나 수를 써넣으세요.

(1) 원의 지름에 대한 원주의 비율을 [＿＿＿＿]이라고 합니다.

(2) (원주율) = (원주) ÷ ([＿＿＿])

(3) 원주율을 반올림하여 소수 둘째 자리까지 나타내면 [＿＿＿]입니다.

> 원주율을 구할
> 때 원의 지름은
> 기준량, 원주는
> 비교하는 양입니다.
> 기준은 지름! 꼭
> 기억하세요!

2 원주율을 구하려고 합니다. ☐ 안에 알맞은 수를 써넣으세요.

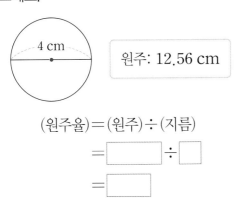

원주: 12.56 cm

(원주율)=(원주)÷(지름)

= ☐ ÷ ☐

= ☐

3 수지와 지호는 원주율에 대해 설명하고 있습니다. 바르게 설명한 사람은 누구인가요?

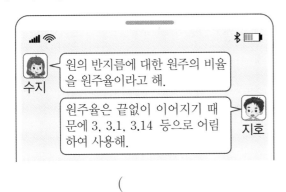

수지: 원의 반지름에 대한 원주의 비율을 원주율이라고 해.

지호: 원주율은 끝없이 이어지기 때문에 3, 3.1, 3.14 등으로 어림하여 사용해.

( )

4 원주율을 소수로 나타내면 3.14159265358…과 같이 끝없이 이어집니다. 원주율을 반올림하여 주어진 자리까지 나타내세요.

	일의 자리까지	소수 첫째 자리까지	소수 둘째 자리까지
원주율			

5 알맞은 말에 ○표 하세요.

원의 크기가 달라도 (원주 , 지름 , 원주율)은/는 같습니다.

6 원 모양이 있는 여러 가지 물건들의 (원주)÷(지름)을 구하려고 합니다. 물음에 답하세요.

(1) 빈칸에 알맞은 수를 써넣으세요.

물건의 이름	원주 (cm)	지름 (cm)	(원주)÷(지름)
풀	6.28	2	
음료수 캔	18.84	6	
물통	28.26	9	

(2) 위의 표를 보고 ☐ 안에 알맞은 수를 써넣으세요.

(원주)÷(지름)의 값을 비교해 보면 ☐ 로 모두 같습니다.

7 민서는 보온병 뚜껑의 원 모양을 찾아 원주와 지름을 재었습니다. (원주)÷(지름)을 반올림하여 소수 첫째 자리까지 나타내세요.

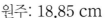
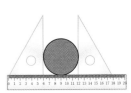

원주: 18.85 cm   지름: 6 cm

( )

1 원주가 가장 긴 원을 찾아 기호를 쓰세요.

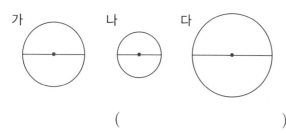

가　　　나　　　다

(　　　　　　　)

2 친구들이 원 모양이 있는 물건의 원주와 지름을 재고 있습니다. 바르게 말한 친구는 누구인가요?

지름은 원의 중심을 지나는 선분의 길이를 재야 해.

원주는 지름의 약 2배야.

선미　　　　　　윤우

(　　　　　　　)

3 다음 중 옳은 것은 어느 것인가요?·········(　　　)

① 원주율은 항상 일정합니다.

② 원주와 지름의 길이는 같습니다.

③ 원의 둘레를 원주율이라고 합니다.

④ (원주율)=(지름)×(원주)입니다.

⑤ 원의 반지름에 대한 원주의 비율을 원주율이라고 합니다.

4 한 변의 길이가 10 cm인 정육각형, 지름이 20 cm인 원, 한 변의 길이가 20 cm인 정사각형을 보고, 물음에 답하세요.

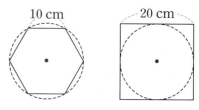

10 cm　　　　　20 cm

(1) 정육각형의 둘레를 나타낸 것과 같이 정사각형의 둘레를 수직선에 나타내세요.

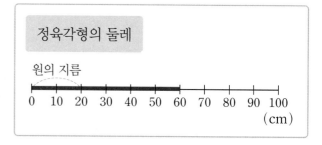

정육각형의 둘레

원의 지름

0　10　20　30　40　50　60　70　80　90　100 (cm)

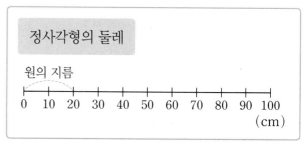

정사각형의 둘레

원의 지름

0　10　20　30　40　50　60　70　80　90　100 (cm)

(2) 원주가 얼마쯤일지 수직선에 나타내세요.

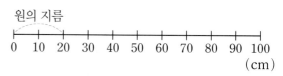

원의 지름

0　10　20　30　40　50　60　70　80　90　100 (cm)

(3) ☐ 안에 알맞은 수를 써넣으세요.

(원의 지름)×☐ < (원주)

(원주) < (원의 지름)×☐

5 수지와 친구들이 원 모양의 과녁을 보면서 이야기를 나누고 있습니다. 바르게 설명한 친구는 누구인가요?

수지 ── 과녁의 중심을 지나는 빨간색 선분의 길이를 과녁의 둘레로 나누면 약 3.14야.

파란색 원의 원주율은 노란색 원의 원주율보다 커. ── 선미

지호 ── 빨간색 원의 원주는 검정색 원의 원주보다 짧아.

(   )

6 각 고리의 (원주)÷(지름)을 비교하여 ◯ 안에 >, =, <를 알맞게 써넣으세요.

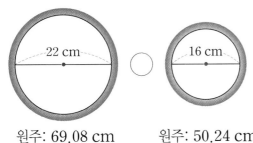

원주: 69.08 cm   원주: 50.24 cm

🖊 서술형 문제

7 시계의 원주와 지름을 재었습니다. (원주)÷(지름)을 반올림하여 소수 둘째 자리까지 나타내고, 원주율을 어림하여 사용하는 까닭을 쓰세요.

원주: 81.67 cm
지름: 26 cm

(   )

까닭

────────────────────────────

8 지름이 2 cm인 원의 원주와 가장 비슷한 길이를 찾아 ◯표 하세요.
추론

2 cm

4 cm   6 cm   10 cm

9 원 모양이 들어 있는 악기를 보고 빈칸을 채우세요.
문제
해결

탬버린   소고   북

지름: 18 cm   지름: 17 cm   지름: 60 cm
원주: 56.52 cm   원주: 53.38 cm   원주: 188.4 cm

	(원주)÷(지름)
탬버린	
소고	
북	

원의 크기가 달라도 [   ]은 같습니다.

🖊 서술형 문제

10 지름이 30 cm인 원반의 둘레를 완전히 감을 수 있는 리본을 사려고 합니다. 문구점에서 길이가 50 cm짜리 리본, 80 cm짜리 리본, 100 cm짜리 리본을 판다면 어느 리본을 사야 하는지 쓰고, 그 까닭을 쓰세요.
문제
해결

답 _____

까닭

────────────────────────────

진도 완료
체크

원주와 지름 구하기

 지름을 알 때, 원주 구하기

> **(원주율)＝(원주)÷(지름) ➡ (원주)＝(지름)×(원주율)**

① 지름이 10 cm인 원의 원주 구하기

(원주율: 3.14)

(원주)＝10×3.14
＝31.4 (cm)

② 반지름이 9 cm인 원의 원주 구하기

(원주율: 3.14)

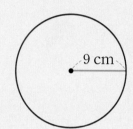

(원주)＝$\underset{\text{(지름)}}{9×2}$×3.14
＝56.52 (cm)

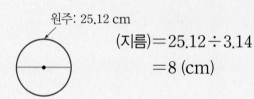 **원주를 알 때, 지름 구하기**

> **(원주율)＝(원주)÷(지름) ➡ (지름)＝(원주)÷(원주율)**

① 원주가 25.12 cm인 원의 지름 구하기

(원주율: 3.14)

원주: 25.12 cm

(지름)＝25.12÷3.14
＝8 (cm)

② 원주가 50.24 cm인 원의 반지름 구하기

(원주율: 3.14)

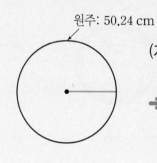

원주: 50.24 cm

(지름)＝50.24÷3.14
＝16 (cm)
➡ (반지름)＝16÷2
＝8 (cm)

개념 확인 1 ☐ 안에 알맞은 말을 써넣으세요.

(1) (원주율)＝(원주)÷(지름) ⇨ (원주)＝(☐)×(원주율)

(2) (원주율)＝(원주)÷(지름) ⇨ (지름)＝(원주)÷(☐)

개념 확인 2 ☐ 안에 알맞은 수를 써넣으세요. (원주율: 3)

지름 (cm)	1	2	4	8
원주 (cm)	3	6	12	24

➡ 원주가 2배가 되면 지름도 ☐ 배가 됩니다.

3 원주를 구하려고 합니다. ☐ 안에 알맞은 수를 써 넣으세요. (원주율: 3.1)

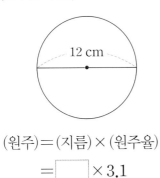

(원주)＝(지름)×(원주율)

＝ ☐ ×3.1

＝ ☐ (cm)

4 원주는 몇 cm인가요? (원주율: 3.14)

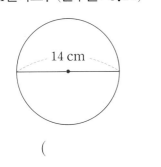

(   )

5 원주가 다음과 같을 때 ☐ 안에 알맞은 수를 써넣으세요. (원주율: 3.1)

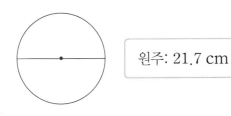

(지름)＝(원주)÷(원주율)

＝ ☐ ÷3.1＝ ☐ (cm)

6 지름은 몇 cm인가요? (원주율: 3.14)

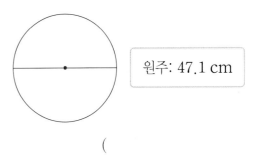

(   )

7 원주는 몇 cm인가요? (원주율: 3.14)

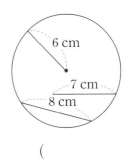

(   )

8 작은 원의 원주는 몇 cm인가요? (원주율: 3)

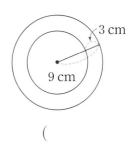

(   )

9 원주가 27.9 cm인 원의 지름은 몇 cm인가요?

(원주율: 3.1)

(   )

5

단원

개념1 원 안과 원 밖의 도형으로 원의 넓이 어림하기

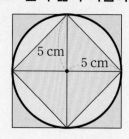

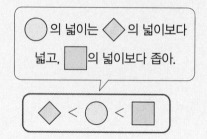

○의 넓이는 ◇의 넓이보다 넓고, □의 넓이보다 좁아.

◇ < ○ < □

(1) (연두색 정사각형의 넓이) $<$ 원의 넓이

원의 넓이 $<$ (분홍색 정사각형의 넓이)

(2) (원 안에 있는 연두색 정사각형의 넓이)$=10 \times 10 \div 2 = 50 \,(\text{cm}^2)$

(원 밖에 있는 분홍색 정사각형의 넓이)$=10 \times 10 = 100 \,(\text{cm}^2)$

(3) 원의 넓이는 $50 \,\text{cm}^2$보다 넓고 $100 \,\text{cm}^2$보다 좁습니다.

개념2 모눈의 수를 세어 원의 넓이 어림하기

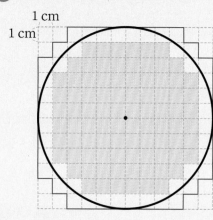

(1) (연두색 모눈의 넓이) $<$ 원의 넓이

원의 넓이 $<$ (빨간색 선 안쪽의 넓이)

(2) (연두색 모눈의 수)$=88$개

(빨간색 선 안쪽 모눈의 수)$=132$개

(3) 원의 넓이는 $88 \,\text{cm}^2$보다 넓고 $132 \,\text{cm}^2$보다 좁습니다.

개념 확인 **1** 지름이 20 cm인 원의 넓이를 어림하려고 합니다. ☐ 안에 알맞은 수를 써넣으세요.

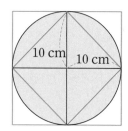

(1) (원 안에 있는 정사각형의 넓이)$=20 \times \boxed{} \div 2$

$= \boxed{} \,(\text{cm}^2)$

(2) (원 밖에 있는 정사각형의 넓이)$=20 \times \boxed{}$

$= \boxed{} \,(\text{cm}^2)$

(3) 원의 넓이는 $\boxed{} \,\text{cm}^2$보다 넓고, $\boxed{} \,\text{cm}^2$보다 좁습니다.

2 지름이 30 cm인 원의 넓이를 어림하려고 합니다. ☐ 안에 알맞은 수를 써넣으세요.

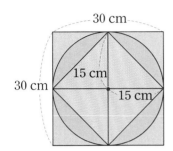

(1) 원 안에 있는 연두색 정사각형의 넓이를 구하세요.

$$30 \times \boxed{} \div 2 = \boxed{} \ (\text{cm}^2)$$

(2) 원 밖에 있는 보라색 정사각형의 넓이를 구하세요.

$$30 \times \boxed{} = \boxed{} \ (\text{cm}^2)$$

(3) 원의 넓이는 $\boxed{}$ cm² 보다 넓고,
$\boxed{}$ cm² 보다 좁습니다.

3 원 안에 있는 정사각형의 넓이와 원 밖에 있는 정사각형의 넓이를 구하여 원의 넓이를 어림하려고 합니다. ☐ 안에 알맞은 수를 써넣으세요.

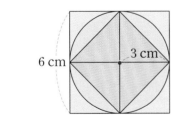

$$\boxed{} \ \text{cm}^2 < (원의 넓이)$$

$$(원의 넓이) < \boxed{} \ \text{cm}^2$$

4 지름이 10 cm인 원의 넓이를 어림하려고 합니다. 물음에 답하세요.

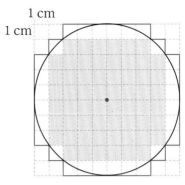

(1) 원 안의 색칠한 모눈의 수는 몇 개인가요?

( )

(2) 원 밖의 빨간색 선 안쪽 모눈의 수는 몇 개인가요?

( )

(3) 원의 넓이는 $\boxed{}$ cm² 보다 넓고,
$\boxed{}$ cm² 보다 좁습니다.

5 원 안의 색칠한 모눈의 수와 원 밖의 빨간색 선 안쪽 모눈의 수를 이용하여 원의 넓이를 어림하려고 합니다. ☐ 안에 알맞은 수를 써넣으세요.

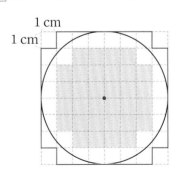

$$\boxed{} \ \text{cm}^2 < (원의 넓이)$$

$$(원의 넓이) < \boxed{} \ \text{cm}^2$$

1 원주가 다음과 같을 때 지름은 몇 cm인가요?

(원주율: 3.14)

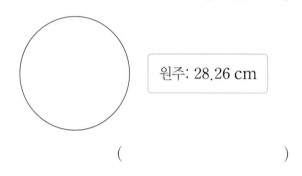

원주: 28.26 cm

(   )

2 길이가 60 cm인 종이띠를 겹치지 않게 붙여서 원을 만들었습니다. 만들어진 원의 지름은 몇 cm인가요? (원주율: 3)

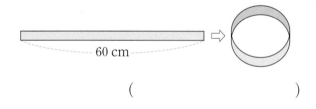

60 cm

(   )

3 원 안에 연두색 모눈의 수와 원 밖의 빨간색 선 안쪽 모눈의 수로 원의 넓이를 어림하려고 합니다. ☐ 안에 알맞은 수를 써넣으세요.

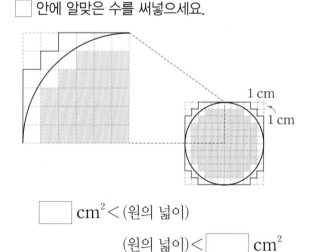

1 cm

1 cm

☐ cm² < (원의 넓이)

(원의 넓이) < ☐ cm²

4 프로펠러의 길이가 10 cm인 드론이 있습니다. 프로펠러 한 개가 돌 때 생기는 원의 원주는 몇 cm인가요? (원주율: 3)

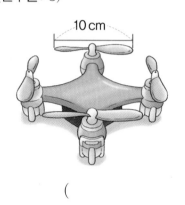

10 cm

(   )

5 선미와 지호는 훌라후프를 돌리고 있습니다. 선미의 훌라후프는 바깥쪽 반지름이 45 cm이고, 지호의 훌라후프는 바깥쪽 원주가 248 cm입니다. 훌라후프가 더 큰 사람은 누구인가요? (원주율: 3.1)

선미   지호

(   )

6 놀이공원의 기차가 지름이 6 m인 원 모양의 철로 위를 한 바퀴 돌았습니다. 기차가 달린 거리는 몇 m인가요? (원주율: 3.14)

(   )

7 길이가 4 m인 밧줄을 사용해 운동장에 그릴 수 있는 가장 큰 원을 그렸습니다. 그린 원의 원주는 몇 m인가요? (원주율: 3.14)

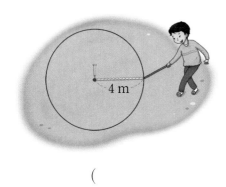

4 m

(   )

8 원주가 짧은 원부터 차례로 기호를 쓰세요.

(원주율: 3)

> ㉠ 반지름이 13 cm인 원
> ㉡ 지름이 20 cm인 원
> ㉢ 원주가 54 cm인 원

(   )

9 원 모양 냄비에 꼭 맞는 뚜껑을 사려고 합니다. 지름이 몇 cm인 뚜껑을 사야 하나요? (원주율: 3.14)

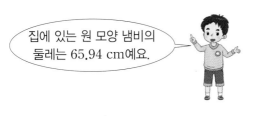

집에 있는 원 모양 냄비의 둘레는 65.94 cm예요.

(   )

수학 역량을 키우는 **10종 교과 문제**

10 지름이 70 cm인 원 모양의 바퀴 자를 사용하여 집에서 학교까지의 거리를 알아보려고 합니다. 바퀴가 100바퀴 돌았다면 집에서 학교까지의 거리는 몇 cm인지 구하세요. (원주율: 3.1)

[창의 융합]

(   )

11 튜브 안쪽 둘레가 77 cm보다 긴 튜브를 모두 찾아 기호를 쓰세요. (원주율: 3)

[창의 융합]

가   나   다

24 cm   26 cm   28 cm

(   )

12 정육각형의 넓이를 이용하여 원의 넓이를 어림하려고 합니다. 삼각형 ㄱㅇㄷ의 넓이가 24 cm², 삼각형 ㄹㅇㅂ의 넓이가 32 cm²라면 원의 넓이는 얼마인지 어림하세요.

[추론]

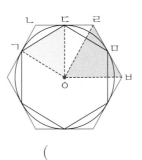

(   )

5 단원

진도 완료 체크

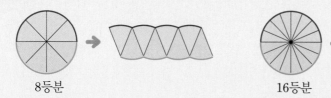

개념1 원의 넓이 구하는 방법 알아보기

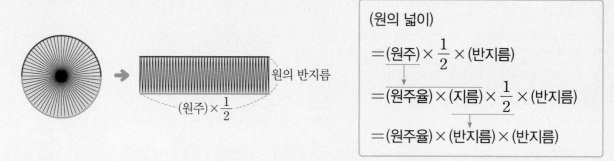

8등분   16등분

원을 한없이 잘게 이어 붙이면 점점 직사각형에 가까워집니다.

직사각형을 이용하여 원의 넓이를 구하는 방법을 알아봅니다.

(원의 넓이)

$$=(원주) \times \frac{1}{2} \times (반지름)$$

$$=(원주율) \times (지름) \times \frac{1}{2} \times (반지름)$$

$$=(원주율) \times (반지름) \times (반지름)$$

(원의 넓이)=(반지름)×(반지름)×(원주율)

개념2 반지름과 원의 넓이의 관계 알아보기 (원주율: 3)

반지름	넓이
1 cm	$1 \times 1 \times 3 = 3$ (cm²)
2 cm	$2 \times 2 \times 3 = 12$ (cm²)
3 cm	$3 \times 3 \times 3 = 27$ (cm²)

2배, 3배 → 4배, 9배

반지름이 2배가 되면 넓이는 4배, 반지름이 3배가 되면 넓이는 9배가 됩니다.

개념 확인 1 ☐ 안에 알맞은 말을 써넣으세요.

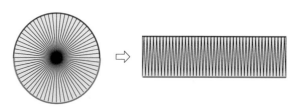

(1) 원을 한없이 잘라 이어 붙이면 점점 [   ]에 가까워집니다.

(2) 직사각형의 가로는 ([   ])×$\frac{1}{2}$과 같고, 세로는 원의 [   ]과 같습니다.

2 원을 한없이 잘라 이어 붙여서 직사각형 모양을 만들었습니다. ☐ 안에 알맞은 말을 써넣으세요.

(원의 넓이)

$$= (\boxed{}) \times \frac{1}{2} \times (\boxed{})$$

$$= (원주율) \times (\boxed{}) \times \frac{1}{2} \times (\boxed{})$$

$$= (원주율) \times (\boxed{}) \times (\boxed{})$$

3 원을 한없이 잘라 이어 붙여서 직사각형 모양을 만들었습니다. ☐ 안에 알맞은 수를 써넣으세요.

(원주율: 3.14)

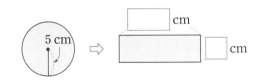

(원의 넓이) = (직사각형의 넓이)

$$= \boxed{} \times 5 = \boxed{} \ (\text{cm}^2)$$

4 원의 넓이를 구하려고 합니다. ☐ 안에 알맞은 수를 써넣으세요. (원주율: 3)

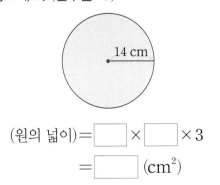

(원의 넓이) $= \boxed{} \times \boxed{} \times 3$

$$= \boxed{} \ (\text{cm}^2)$$

5 원의 넓이를 구하세요. (원주율: 3)

(1)

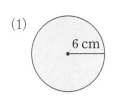

(   )

(2)

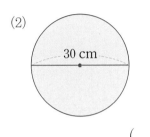

(   )

6 그림과 같이 컴퍼스를 벌려 원을 그렸을 때 그린 원의 넓이를 구하세요. (원주율: 3.14)

(1)

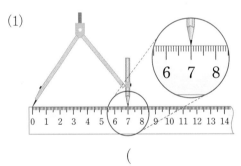

(   )

(2)

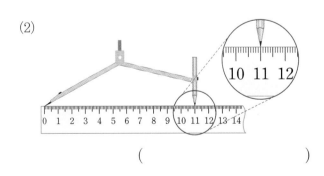

(   )

7 원의 반지름을 이용하여 원의 넓이를 구하세요.

(원주율: 3.1)

반지름	원의 넓이를 구하는 식	원의 넓이
5 cm	$5 \times 5 \times 3.1$	
8 cm		

교과 개념

개념 1 색칠한 부분의 넓이 구하기(원주율: 3.1)

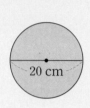

원의 넓이의 $\frac{1}{2}$

원의 넓이의 $\frac{1}{4}$

$$10 \times 10 \times 3.1$$
$$= 310 \ (cm^2)$$

$$10 \times 10 \times 3.1 \div 2$$
$$= 155 \ (cm^2)$$

$$10 \times 10 \times 3.1 \div 4$$
$$= 77.5 \ (cm^2)$$

개념 2 원의 넓이를 이용하여 다양한 모양의 넓이 구하기(원주율: 3.14)

① 전체에서 부분의 넓이 빼기

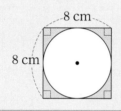

> **정사각형의 넓이에서 원의 넓이를 뺍니다.**

(색칠한 부분의 넓이)
$$= (정사각형의 \ 넓이) - (원의 \ 넓이)$$
$$= 8 \times 8 - 4 \times 4 \times 3.14$$
$$= 64 - 50.24$$
$$= 13.76 \ (cm^2)$$

② 도형의 일부분 옮기기

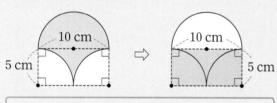

> **반원 부분을 옮기면 직사각형이 됩니다.**

(색칠한 부분의 넓이)
$$= (직사각형의 \ 넓이)$$
$$= 10 \times 5$$
$$= 50 \ (cm^2)$$

원을 반으로 자른 도형을 반원이라고 합니다.

개념 확인 1 색칠한 부분의 넓이를 구하려고 합니다. ☐ 안에 알맞은 수를 써넣으세요.

(원주율: 3)

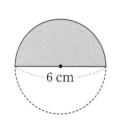

반지름이 ☐ cm인 원의 넓이의 $\frac{1}{2}$입니다.

➡ ☐ × ☐ × 3 ÷ 2 = ☐ (cm²)

어느 교과서로 배우더라도 꼭 알아야하는 **10종 교과서 문제**

[2~4] 색칠한 부분의 넓이를 구하려고 합니다.
☐ 안에 알맞은 수를 써넣으세요. (원주율: 3)

2

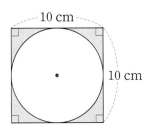

(색칠한 부분의 넓이)

= (정사각형의 넓이) − (원의 넓이)

= 10 × ☐ − 5 × ☐ × 3

= ☐ − ☐ = ☐ (cm²)

3

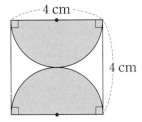

(색칠한 부분의 넓이) = (원의 넓이)

= 2 × ☐ × ☐

= ☐ (cm²)

4

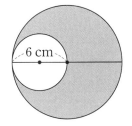

(색칠한 부분의 넓이)

= (큰 원의 넓이) − (작은 원의 넓이)

= ☐ × ☐ × 3 − ☐ × ☐ × 3

= ☐ − ☐ = ☐ (cm²)

[5~7] 색칠한 부분의 넓이를 구하려고 합니다.
☐ 안에 알맞은 수를 써넣으세요. (원주율: 3.1)

5

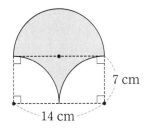

(색칠한 부분의 넓이) = (직사각형의 넓이)

= ☐ × ☐

= ☐ (cm²)

6

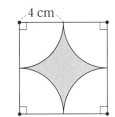

(색칠한 부분의 넓이)

= (정사각형의 넓이) − (원의 넓이)

= ☐ × ☐ − ☐ × ☐ × 3.1

= ☐ − ☐ = ☐ (cm²)

7

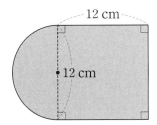

(색칠한 부분의 넓이)

= (반원의 넓이) + (정사각형의 넓이)

= ☐ × ☐ × 3.1 ÷ 2 + 12 × ☐

= ☐ + ☐

= ☐ (cm²)

1 원의 지름을 이용하여 원의 넓이를 구하세요.

(원주율: 3.14)

지름(cm)	반지름(cm)	원의 넓이(cm²)
6		
12		

2 원 모양의 표지판이 있습니다. 표지판의 지름이 60 cm일 때 원의 넓이는 몇 cm²인가요?

(원주율: 3.14)

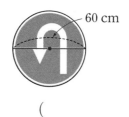

60 cm

( )

3 두 원의 넓이의 합은 몇 cm²인가요? (원주율: 3.14)

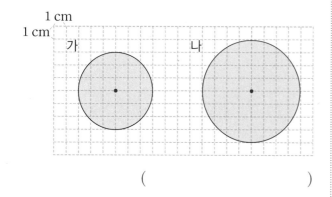

1 cm
1 cm
가   나

( )

4 넓이가 넓은 원부터 차례로 기호를 쓰세요.

(원주율: 3)

> ㉠ 지름이 14 cm인 원
> ㉡ 반지름이 9 cm인 원
> ㉢ 원주가 48 cm인 원
> ㉣ 넓이가 108 cm²인 원

( )

5 포도잼 뚜껑 윗면의 넓이는 몇 cm²인가요?

(원주율: 3.1)

6 cm

( )

6 다음과 같은 모양의 공원의 넓이는 몇 m²인가요?

(원주율: 3)

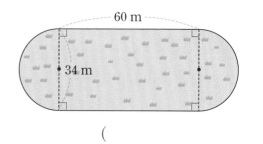

60 m
34 m

( )

7 색칠한 부분의 넓이를 구하고, 두 넓이를 비교하여 ◯ 안에 >, =, <를 알맞게 써넣으세요.

(원주율: 3.1)

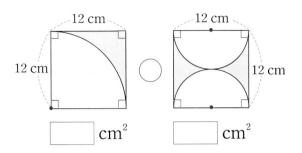

◯

[   ] cm²   [   ] cm²

8 색칠한 부분의 넓이는 몇 cm²인가요?

(원주율: 3.14)

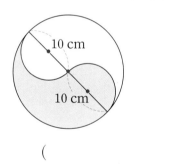

(   )

9 알맞은 말에 ◯표 하세요.

(1) 반지름이 2배가 되면
   원주는 (1배, 2배, 3배)가 됩니다.

(2) 반지름이 3배가 되면
   넓이는 (3배, 4배, 9배)가 됩니다.

10 다 모양에서 색칠한 부분의 넓이는 몇 cm²인가요?

(원주율: 3)

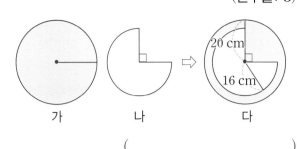

가   나   다

(   )

11 각 부분의 넓이를 구하세요. (원주율: 3.1)

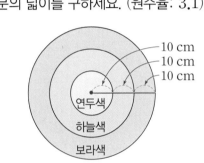

연두색 (   )

하늘색 (   )

보라색 (   )

12 은주는 종이로 색칠한 부분과 같이 하트 모양의 편지지를 만들었습니다. 곡선 부분은 같은 크기의 반원일 때, 편지지의 넓이는 몇 cm²인가요?

(원주율: 3.14)

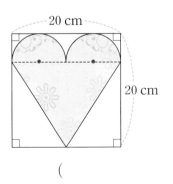

(   )

유형 1 굴린 바퀴 수 구하기

1 지원이가 지름이 50 cm인 원 모양의 굴렁쇠를 몇 바퀴 굴렸더니 앞으로 628 cm만큼 굴러갔습니다. 지원이는 굴렁쇠를 몇 바퀴 굴린 것인가요?

(원주율: 3.14)

( )

Solution 몇 바퀴를 굴린 것인지 알아보려면 굴러간 거리를 굴렁쇠의 원주로 나눕니다.

⇨ (굴러간 바퀴 수)＝(굴러간 거리)÷(굴렁쇠의 원주)

1-1 반지름이 20 cm인 원 모양의 굴렁쇠를 몇 바퀴 굴렸더니 앞으로 720 cm만큼 굴러갔습니다. 굴렁쇠를 몇 바퀴 굴린 것인가요? (원주율: 3)

( )

1-2 수경이가 지름이 70 cm인 바퀴를 몇 바퀴 굴렸더니 앞으로 8 m 68 cm만큼 굴러갔습니다. 수경이는 바퀴를 몇 바퀴 굴린 것인가요? (원주율: 3.1)

( )

1-3 놀이공원의 기차가 반지름이 10 m인 원 모양의 철로 위를 따라 502.4 m 달린 후 멈췄습니다. 기차는 원 모양의 철로를 몇 바퀴 돈 것인가요?

(원주율: 3.14)

( )

유형 2 끈의 길이 구하기

2 밑면의 반지름이 10 cm인 둥근 통나무 2개를 다음과 같이 끈으로 묶으려고 합니다. 필요한 끈의 길이는 몇 cm인가요? (단, 매듭의 길이는 생각하지 않습니다.) (원주율: 3.14)

( )

Solution 필요한 끈의 길이는 곡선 부분과 직선 부분으로 나누어 구합니다. 곡선 부분의 길이는 통나무의 둘레를 이용하고, 직선 부분의 길이는 통나무의 반지름을 이용합니다.

2-1 밑면의 반지름이 8 cm인 둥근 통나무 3개를 다음과 같이 끈으로 묶으려고 합니다. 필요한 끈의 길이는 몇 cm인가요? (단, 매듭의 길이는 생각하지 않습니다.) (원주율: 3.14)

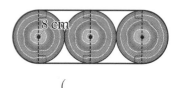

( )

2-2 밑면의 지름이 12 cm인 둥근 통조림 4개를 다음과 같이 끈으로 묶었습니다. 매듭의 길이는 생각하지 않을 때 사용한 끈의 길이는 몇 cm인가요?

(원주율: 3.1)

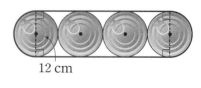

12 cm

( )

유형3 넓이 비교하기

3 한 변이 30 cm인 정사각형 모양의 피자 ㉠과 지름이 34 cm인 원 모양의 피자 ㉡ 중 넓이가 더 넓은 피자를 찾아 기호를 쓰세요. (원주율: 3.1)

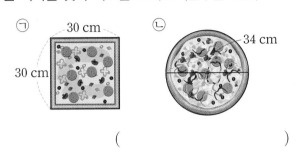

(   )

Solution ㉠과 ㉡의 넓이를 각각 구한 후 넓이가 더 넓은 피자를 선택합니다.

3-1 정사각형 모양의 피자 ㉠과 원 모양의 피자 ㉡ 중 넓이가 더 넓은 피자를 찾아 기호를 쓰세요.

(원주율: 3.1)

㉠
둘레: 100 cm

㉡
원주: 93 cm

(   )

3-2 정사각형 모양의 피자 ㉠과 지름이 20 cm인 원 모양의 피자 ㉡, 직사각형 모양의 피자 ㉢ 중 넓이가 가장 넓은 피자부터 차례로 기호를 쓰세요.

(원주율: 3.14)

㉠ 20 cm

㉡ 20 cm

㉢ 22 cm
18 cm

(   )

유형4 색칠한 부분의 넓이 구하기

4 사다리꼴 안의 원의 넓이가 151.9 cm^{2}일 때 색칠한 부분의 넓이를 구하세요. (원주율: 3.1)

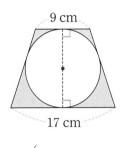
9 cm
17 cm

(   )

Solution 사다리꼴의 높이는 원의 지름과 같고, (색칠한 부분의 넓이)=(사다리꼴의 넓이)-(원의 넓이)를 이용하여 구합니다.

4-1 사다리꼴 안의 원의 넓이가 78.5 cm^{2}일 때 색칠한 부분의 넓이를 구하세요. (원주율: 3.14)

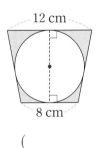
12 cm
8 cm

(   )

4-2 색칠한 부분의 넓이를 구하세요. (원주율: 3)

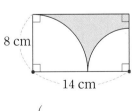
8 cm
14 cm

(   )

5
단
원

5 연습 문제

②밑면이 정사각형 모양인 상자에 ①원 모양의 피자를 담아 포장하려고 합니다. ②상자 밑면의 한 변의 길이는 적어도 몇 cm보다 길어야 하는지 알아보세요. (원주율: 3.1)

피자의 둘레: 108.5 cm

❶ (피자의 지름)＝(피자의 둘레)÷(원주율)

$$= \boxed{} \div 3.1 = \boxed{} \text{(cm)}$$

❷ 따라서 피자 상자 밑면의 한 변의 길이는 적어도 피자의 지름인 $\boxed{}$ cm보다 길어야 합니다.

답 $\boxed{}$ cm

5-1 실전 문제

정우는 원 모양의 피자를 만들어 부모님께 드리려고 합니다. 밑면이 정사각형 모양인 피자 상자에 피자를 담을 때 밑면의 한 변의 길이는 적어도 몇 cm보다 길어야 하는지 풀이 과정을 쓰고 답을 구하세요. (원주율: 3.14)

피자의 둘레: 131.88 cm

풀이

답 _____

6 연습 문제

①반지름이 4 cm인 원 ㉠과 ②반지름이 8 cm인 원 ㉡이 있습니다. ③㉡의 넓이는 ㉠의 넓이의 몇 배인지 알아보세요. (원주율: 3)

❶ ㉠의 넓이는 $\boxed{} \times \boxed{} \times 3 = \boxed{}$ (cm²)이고,

❷ ㉡의 넓이는 $\boxed{} \times \boxed{} \times 3 = \boxed{}$ (cm²)입니다.

❸ 따라서 ㉡의 넓이는 ㉠의 넓이의

$$\boxed{} \div \boxed{} = \boxed{} \text{(배)입니다.}$$

답 $\boxed{}$ 배

6-1 실전 문제

반지름이 3 cm인 원 ㉠과 반지름이 9 cm인 원 ㉡이 있습니다. ㉡의 넓이는 ㉠의 넓이의 몇 배인지 풀이 과정을 쓰고 답을 구하세요. (원주율: 3.1)

풀이

답 _____

7 연습 문제

①원 모양의 접시의 둘레는 62.8 cm입니다. 이 ②접시의 넓이는 몇 cm²인지 알아보세요. (원주율: 3.14)

❶ (접시의 지름)＝(접시의 둘레)÷(원주율)

$$= \boxed{} \div 3.14 = \boxed{} \ (cm)$$

이므로 접시의 반지름은 $\boxed{}$ cm입니다.

❷ 따라서 접시의 넓이는

$$\boxed{} \times \boxed{} \times 3.14 = \boxed{} \ (cm^2)$$입니다.

답 $\boxed{}$ cm²

7-1 실전 문제

원 모양의 시계의 둘레는 74.4 cm입니다. 이 시계의 넓이는 몇 cm²인지 풀이 과정을 쓰고 답을 구하세요.
(원주율: 3.1)

풀이

답 _____

5 단원

8 연습 문제

다음 ①직사각형 안에 그릴 수 있는 가장 큰 원의 ②넓이는 몇 cm²인지 알아보세요. (원주율: 3)

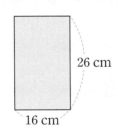

26 cm

16 cm

❶ 직사각형 안에 그릴 수 있는 가장 큰 원의 반지름은 $\boxed{} \div 2 = \boxed{}$ (cm)입니다.

❷ 따라서 원의 넓이는

$$\boxed{} \times \boxed{} \times 3 = \boxed{} \ (cm^2)$$입니다.

답 $\boxed{}$ cm²

8-1 실전 문제

다음 직사각형 안에 그릴 수 있는 가장 큰 원의 넓이는 몇 cm²인지 풀이 과정을 쓰고 답을 구하세요.
(원주율: 3.1)

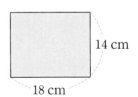

14 cm

18 cm

풀이

답 _____

5. 원의 넓이 **139**

1 컴퍼스를 벌려서 원을 그렸더니 그린 원의 넓이가 198.4 cm²였습니다. 컴퍼스를 몇 cm만큼 벌려서 원을 그렸는지 구하세요. (원주율: 3.1)

(   )

2 색칠한 부분의 둘레는 몇 cm인가요? (원주율: 3.14)

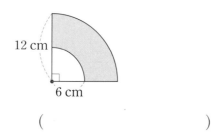

(   )

3 주민이는 다음과 같은 직사각형 모양의 종이 위에 가장 큰 원을 그린 후 원을 제외한 부분에 색칠을 하려고 합니다. 색칠하려는 부분의 넓이는 몇 cm² 인지 구하세요. (원주율: 3.1)

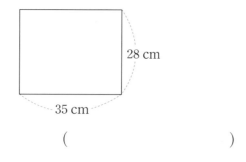

(   )

4 색칠한 부분의 넓이를 구하세요. (원주율: 3.1)

(1)

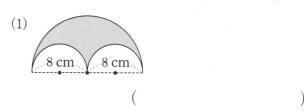

(   )

(2)

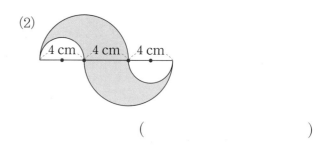

(   )

5 다람쥐가 반지름이 15 cm인 원 모양의 쳇바퀴를 돌고 있습니다. 쳇바퀴를 30바퀴 돌았다면 다람쥐가 달린 거리는 몇 m인가요? (원주율: 3.14)

(   )

6 한 밑면의 넓이가 254.34 cm²인 둥근 통나무 3개를 다음과 같이 끈으로 묶었습니다. 매듭의 길이는 생각하지 않을 때 사용한 끈의 길이는 몇 cm인가요? (원주율: 3.14)

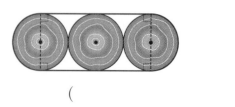

(   )

정답 53쪽

7 육상 경기를 위한 트랙은 직선 구간과 반원 모양의 곡선 구간으로 되어 있습니다. 200 m 달리기 경기에서는 곡선 구간이 포함되어 있기 때문에 레인마다 출발 위치가 다릅니다. 각 레인의 폭이 1 m일 때 200 m 달리기 경기에서 1번 레인과 4번 레인의 출발 위치의 차를 알아보세요. (원주율: 3.14)

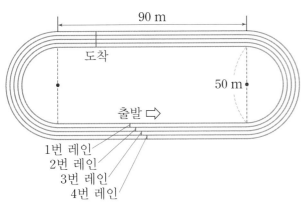

200 m 달리기를 할 때 곡선 구간은 한 번 지나는구나.

(1) 1번 레인의 곡선 구간 반원의 지름은 50 m 이고 각 레인의 폭은 1 m입니다. 4번 레인의 곡선 구간 반원의 지름을 구하세요.

( )

(2) 1번 레인과 4번 레인의 곡선 구간의 거리를 각각 구하세요.

1번 레인 ( )

4번 레인 ( )

(3) 4번 레인은 1번 레인보다 몇 m 앞에서 출발해야 하나요?

( )

8 크기와 모양이 같은 3개의 빈 생수통을 그림과 같이 묶어 재활용품으로 내다 놓으려고 합니다. 필요한 끈의 길이는 몇 cm인가요? (단, 매듭의 길이는 생각하지 않습니다.) (원주율: 3.14)

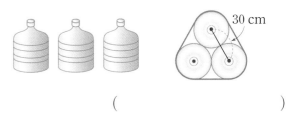

( )

9 현주는 색칠한 부분과 같이 과자를 만들었습니다. 곡선 부분은 같은 크기의 반원일 때, 현주가 만든 과자의 넓이를 구하세요. (원주율: 3.14)

( )

10 오른쪽 그림에서 ㉠과 ㉡의 넓이가 같을 때, 선분 ㄱㄷ의 길이를 구하세요. (원주율: 3.14)

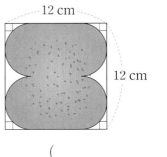

( )

1 친구들이 말한 내용을 보고 잘못 말한 친구를 찾아 이름을 쓰세요.

> 우성: 지름에 대한 원주의 비율은 변하지 않아.
> 민식: 원의 크기가 커지면 원주율도 커져.
> 다희: 원주는 지름의 약 3배야.
> 채림: 지름이 짧아지면 원주도 짧아져.

(   )

2 (원주)÷(지름)을 비교하여 ○ 안에 >, =, <를 알맞게 써넣으세요.

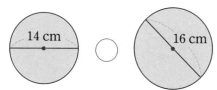

원주: 43.96 cm   원주: 50.24 cm

3 반지름이 10 cm인 원을 한없이 잘라 이어 붙여서 직사각형 모양을 만들었습니다. □ 안에 알맞은 수를 써넣으세요. (원주율: 3.1)

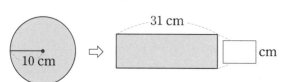

4 원 안에 있는 정사각형의 넓이와 원 밖에 있는 정사각형의 넓이를 구하여 원의 넓이의 범위를 알아보려고 합니다. □ 안에 알맞은 수를 써넣으세요.

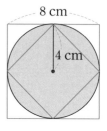

8 cm
4 cm

$\boxed{}$ cm² < (원의 넓이)

(원의 넓이) < $\boxed{}$ cm²

5 빈칸에 알맞은 수를 써넣으세요.

지름(cm)	원주율	원주(cm)	원의 넓이(cm²)
20	3	60	
20	3.1		310
20	3.14	62.8	

6 학생들이 손을 잡아 원을 만들었습니다. 원의 중심을 가로지르는 학생들이 연결한 길이가 6 m일 때 학생들이 만든 원의 넓이는 몇 m²인가요?

(원주율: 3.1)

(   )

7 두 원의 원주의 차는 몇 cm인가요? (원주율: 3.14)

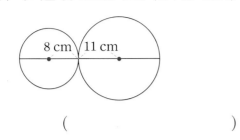

(   )

8 와플 가게에서 크기가 다른 원 모양의 와플을 팔고 있습니다. 큰 와플의 넓이는 보통 와플의 넓이보다 몇 cm^2 더 넓나요? (원주율: 3.14)

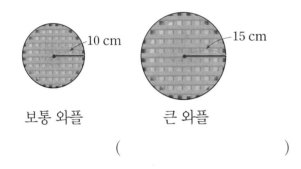

보통 와플   큰 와플

(   )

9 색칠한 부분의 넓이는 몇 cm^2인가요? (원주율: 3)

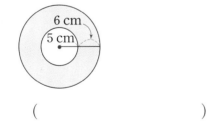

(   )

10 반원의 넓이와 둘레를 각각 구하세요.

(원주율: 3.14)

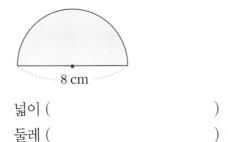

넓이 (   )

둘레 (   )

11 큰 원의 원주는 62.8 cm입니다. 큰 원과 작은 원의 반지름의 합은 몇 cm인가요? (원주율: 3.14)

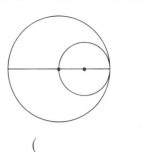

(   )

12 소영이는 미술 시간에 다음 끈을 원주로 하는 원을 만들려고 합니다. 소영이가 끈을 이용하여 만들 수 있는 가장 큰 원의 반지름은 몇 cm인가요?

(원주율: 3.1)

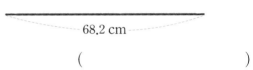

68.2 cm

(   )

13 원을 똑같이 8부분으로 나누었습니다. 색칠한 부분의 넓이는 몇 cm^2인가요? (원주율: 3.14)

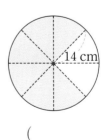

(   )

14 지름이 21 m인 원 모양의 대관람차 원주에 3 m 간격으로 관람차가 매달려 있습니다. 모두 몇 대의 관람차가 매달려 있는지 구하세요. (원주율: 3)

( )

15 원 모양의 굴렁쇠를 5바퀴 굴렸더니 899 cm만큼 굴러갔습니다. 굴렁쇠의 반지름은 몇 cm인가요? (원주율: 3.1)

( )

16 원주가 31 cm인 원 모양의 접시를 밑면이 정사각형 모양인 직육면체 모양의 상자에 담으려고 합니다. 상자의 밑면의 한 변의 길이는 적어도 몇 cm보다 길어야 하는지 구하세요. (원주율: 3.1)

( )

17 지름이 15 cm인 원의 원주와 넓이를 각각 구하세요. (원주율: 3)

원주 ( )

넓이 ( )

18 큰 바퀴의 원주는 74.4 cm이고, 큰 바퀴의 지름은 작은 바퀴의 지름의 3배입니다. 작은 바퀴의 원주는 몇 cm인가요? (원주율: 3.1)

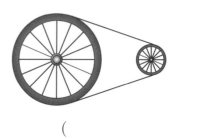

( )

19 전통 부채를 만들기 위해 화선지를 색칠한 부분과 같이 오렸습니다. 오린 화선지의 넓이를 구하세요. (원주율: 3.14)

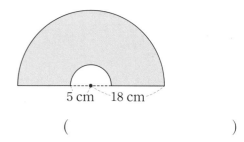

5 cm   18 cm

( )

20 다음과 같은 꽃밭의 넓이를 구하세요. (원주율: 3)

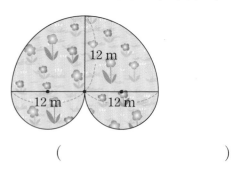

12 m
12 m   12 m

( )

1~20번까지의 단원 평가 유사 문제 제공

21 삼각형 ㄱㅇㄷ의 넓이가 48 cm²이고 삼각형 ㄹㅇㅂ의 넓이가 36 cm²일 때, 원의 넓이는 몇 cm²인지 어림하세요.

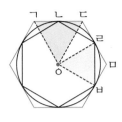

(1) 원 밖에 있는 정육각형의 넓이는 몇 cm²인가요?

(   )

(2) 원 안에 있는 정육각형의 넓이는 몇 cm²인가요?

(   )

(3) 원의 넓이는 몇 cm²인지 어림하세요.

(   )

22 색칠한 부분의 둘레는 몇 cm인지 알아보세요.

(원주율: 3.14)

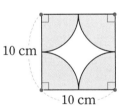

(1) 사각형의 둘레는 몇 cm인가요?

(   )

(2) 4등분 된 원 조각 4개의 둥근 부분 둘레는 몇 cm인가요?

(   )

(3) 색칠한 부분의 둘레는 몇 cm인가요?

(   )

23 지름이 6 cm인 반원과 지름이 36 cm인 반원이 있습니다. 작은 반원의 둘레와 큰 반원의 둘레의 합은 몇 cm인지 풀이 과정을 쓰고 답을 구하세요.

(원주율: 3.14)

풀이 _____

_____

_____

답 _____

24 원 안에 있는 사각형이 정사각형일 때 색칠한 부분의 넓이는 몇 cm²인지 풀이 과정을 쓰고 답을 구하세요. (원주율: 3)

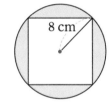

풀이 _____

_____

_____

_____

답 _____

배점	1~20번	4점	점수
	21~24번	5점	

오답 노트

6 원기둥, 원뿔, 구

이어지는 내용을 확인하세요.

웹툰으로 단원 미리보기   **6화** 원기둥, 원뿔, 구로 모양 만들기

🍎 이전에 배운 내용

6-1 각기둥

• 각기둥: 서로 평행한 두 면이 합동인 다각형으로 이루어진 입체도형

6-1 각기둥의 전개도

• 각기둥의 전개도: 각기둥의 모서리를 잘라서 평면 위에 펼쳐 놓은 그림

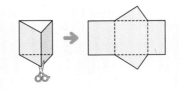

6-1 각뿔

• 각뿔: 밑에 놓인 면이 다각형이고 옆면이 모두 삼각형으로 둘러싸인 뿔 모양의 입체도형

🍎 이 단원에서 배울 내용

이 단원을 배우면 원기둥, 원기둥의 전개도, 원뿔, 구를 알 수 있어요.

step 1 교과 개념

원기둥 알아보기, 원기둥의 전개도

개념1 원기둥 알아보기

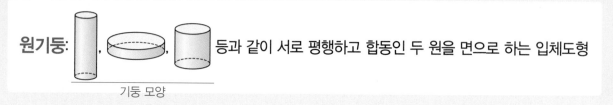

원기둥: ⬚, ⬚, ⬚ 등과 같이 서로 평행하고 합동인 두 원을 면으로 하는 입체도형

기둥 모양

개념2 원기둥의 구성 요소

밑면: 서로 평행하고 합동인 두 면
옆면: 두 밑면과 만나는 면,
　　　 이때 옆면은 굽은 면임
높이: 두 밑면에 수직인 선분의 길이

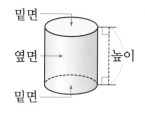

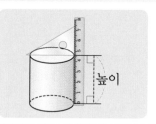

개념3 직사각형 모양의 종이를 한 변을 기준으로 한 바퀴 돌려 원기둥 만들기

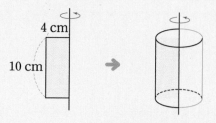

밑면의 지름: 8 cm

높이: 10 cm

> 돌리기 전의 직사각형의 가로는 원기둥의 밑면의 반지름과 같고, 직사각형의 세로는 원기둥의 높이와 같습니다.

개념4 원기둥의 전개도

• 원기둥을 잘라서 평면 위에 펼쳐 놓은 그림을 원기둥의 전개도라고 합니다.

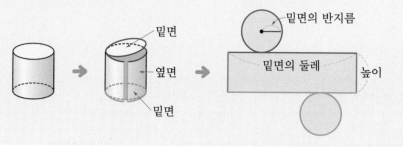

밑면의 반지름

밑면

옆면

밑면의 둘레

높이

밑면

> 원기둥의 옆면을 밑면에 수직인 선분을 따라 자르면 펼친 옆면은 직사각형이 됩니다. 원기둥의 옆면을 자르는 방법에 따라 옆면의 모양은 다양해질 수 있으나 옆면이 직사각형이 되는 경우만 다루어 봅니다.

(옆면의 가로)=(원기둥의 밑면의 둘레)=(밑면의 지름)×(원주율)

(옆면의 세로)=(원기둥의 높이)

1 보기에서 알맞은 말을 골라 ☐ 안에 써넣으세요.

> 보기
> 밑면　　　옆면　　　높이

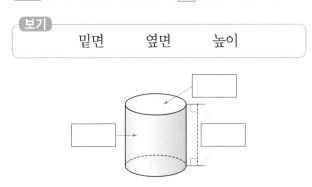

2 밑면을 모두 찾아 색칠하고, 밑면은 어떤 도형인지 쓰세요.

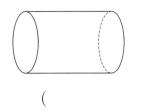

(　　　　　　　)

3 원기둥의 높이를 구하세요.

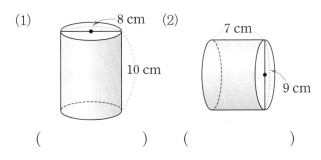

(1) 8 cm, 10 cm
(2) 7 cm, 9 cm

(　　　　　) (　　　　　)

4 원기둥의 높이를 재는 그림에 ◯표 하세요.

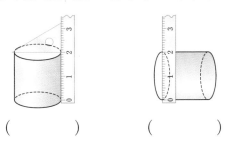

(　　　) (　　　)

5 원기둥의 전개도를 모두 찾아 기호를 쓰세요.

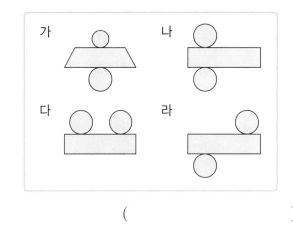

가　　나　　다　　라

(　　　　　　　　　　)

6 밑면의 둘레는 전개도의 어떤 선분과 길이가 같은지 모두 쓰세요.

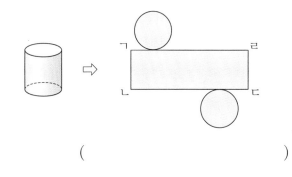

(　　　　　　　　　　)

7 원기둥의 전개도를 보고 ☐ 안에 알맞은 수를 써넣으세요.

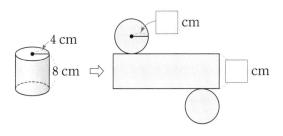

4 cm, 8 cm, ☐ cm, ☐ cm

1 원기둥을 모두 찾아 기호를 쓰세요.

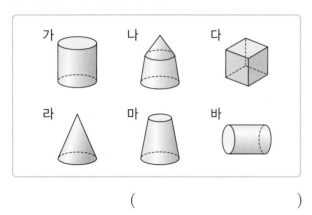

( )

2 원기둥에 대한 설명입니다. ☐ 안에 알맞은 말을 써넣으세요.

> 원기둥에서 서로 평행하고 합동인 두 면을 ☐ 이라 하고, 두 밑면과 만나는 면을 ☐ 이라고 합니다. 또, 두 밑면에 수직인 선분의 길이를 ☐ 라고 합니다.

3 직사각형 모양의 종이를 한 변을 기준으로 한 바퀴 돌렸을 때 만들어지는 입체도형의 이름을 쓰세요.

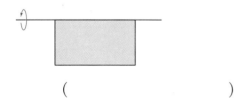

( )

4 직사각형 모양의 종이를 돌려서 입체도형을 만들었습니다. ☐ 안에 알맞은 수를 써넣으세요.

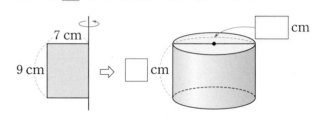

5 원기둥과 원기둥의 전개도를 보고 ☐ 안에 알맞은 수를 써넣으세요. (원주율: 3.1)

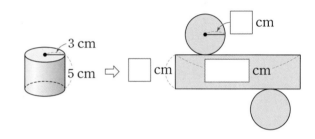

6 원기둥을 보고 설명이 옳은 것에 ○표, 틀린 것에 ×표 하세요.

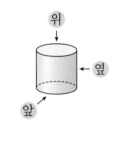

(1) 두 밑면은 서로 평행하지만 합동은 아닙니다.

( )

(2) 원기둥의 옆면은 굽은 면입니다.

( )

(3) 원기둥을 위에서 본 모양은 원입니다.

( )

(4) 원기둥을 앞에서 본 모양과 옆에서 본 모양은 다릅니다.

( )

정답 57쪽

정답 57쪽

✏️ 서술형 문제

7 원기둥의 전개도가 아닌 까닭을 쓰세요.

_____

_____

_____

8 원기둥의 전개도를 그리고 옆면의 가로는 몇 cm인지 구하세요.

(원주율: 3)

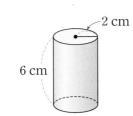

2 cm

6 cm

1 cm
1 cm

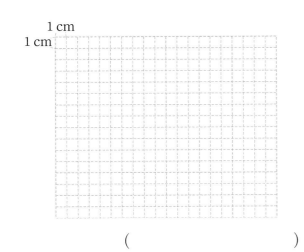

( )

9 두 친구의 대화를 읽고 원기둥 모양 통조림 캔의 높이를 구하세요.

통조림

윤우: 통조림 캔을 앞에서 본 모양은 정사각형 이야.

수지: 통조림 캔을 위에서 본 모양은 반지름이 4 cm인 원이야.

( )

✏️ 서술형 문제

10 원기둥과 각기둥의 공통점 또는 차이점을 잘못 말한 친구를 찾고 그 까닭을 쓰세요.

[정보 처리]

 선미 ◁ 원기둥의 밑면은 원이고 각기둥의 밑면은 다각형이야.

원기둥과 각기둥은 모두 밑면이 2개야. ▷ 지호

 윤우 ◁ 원기둥에는 굽은 면이 있고, 각기둥에는 굽은 면이 없어.

원기둥과 각기둥은 모두 기둥 모양이고 모서리가 있어. ▷ 수지

[잘못 말한 친구] ( )

[까닭] _____

_____

11 원기둥의 전개도에서 옆면의 가로가 12.56 cm, 세로가 6 cm일 때 원기둥의 밑면의 반지름은 몇 cm인지 구하세요. (원주율: 3.14)

[추론]

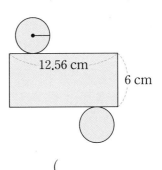

12.56 cm

6 cm

( )

step 1 교과 개념

개념1 원뿔 알아보기

원뿔: , , 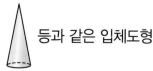 등과 같은 입체도형

원뿔은 뾰족한 부분이 있고 평평한 면이 원인 뿔 모양의 입체도형입니다.

개념2 원뿔의 구성 요소

밑면: 평평한 면

옆면: 옆을 둘러싼 굽은 면

원뿔의 꼭짓점: 뾰족한 부분의 점

모선: 원뿔의 꼭짓점과 밑면인 원의 둘레의 한 점을 이은 선분, 모선은 무수히 많고 그 길이는 모두 같습니다.

높이: 원뿔의 꼭짓점에서 밑면까지 수직으로 연결한 선분의 길이

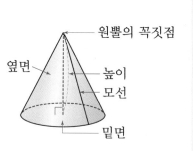

개념3 원뿔의 높이, 모선의 길이, 밑면의 지름 재는 방법

높이 재는 방법

모선의 길이 재는 방법

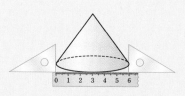

밑면의 지름 재는 방법

개념4 직각삼각형 모양의 종이를 한 변을 기준으로 한 바퀴 돌려 원뿔 만들기

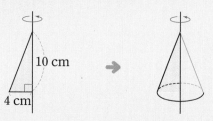

밑면의 지름: 8 cm

높이: 10 cm

돌리기 전의 직각삼각형의 밑변의 길이는 원뿔의 밑면의 반지름과 같고 직각삼각형의 높이는 원뿔의 높이와 같습니다.

1 ☐ 안에 알맞은 말을 써넣으세요.

(1) 원뿔에서 뾰족한 부분의 점을 원뿔의
☐ 이라고 합니다.

(2) 원뿔의 꼭짓점과 밑면인 원의 둘레의 한 점을
이은 선분을 ☐ 이라고 합니다.

2 원뿔은 어느 것인가요? ·············· (   )

① 　② 　③

④ 　⑤

3 원뿔의 밑면은 어떤 모양인지 이름을 쓰세요.

(   )

4 원뿔의 높이를 나타내는 선분을 찾아 쓰세요.

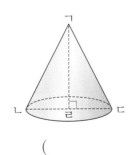

(   )

5 원뿔에서 모선의 길이는 몇 cm인가요?

25 cm　24 cm　14 cm

(   )

6 높이와 모선의 길이 중 무엇을 재는 것인지 쓰고,
그 길이는 몇 cm인지 쓰세요.

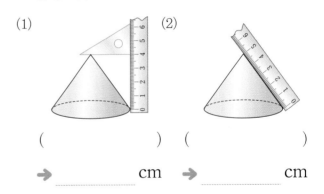

(1) (   )   (2) (   )

→ _____ cm   → _____ cm

7 원뿔에 대한 설명으로 바른 것은 어느 것입니까?

·············· (   )

① 밑면은 2개입니다.

② 꼭짓점은 2개입니다.

③ 모선의 길이를 잴 수 있는 선분은 1개입니다.

④ 밑면의 모양은 원입니다.

⑤ 앞에서 본 모양은 원입니다.

개념1 구 알아보기

구: ⚾, 🏀, ⚽ 등과 같은 입체도형

> 구는 공 모양의 입체도형입니다.

개념2 구의 구성 요소

구의 중심: 구의 중심에서 가장 안쪽에 있는 점
구의 반지름: 구의 중심에서 구의 겉면의 한 점을 이은 선분, 구의 반지름은 무수히 많고 그 길이는 모두 같습니다.

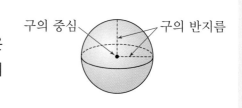

구의 중심 · 구의 반지름

개념3 반원 모양의 종이를 지름을 기준으로 한 바퀴 돌려 구 만들기

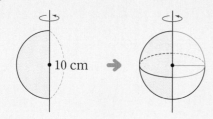

10 cm → 구의 반지름: 5 cm

> 구의 중심은 구를 반으로 잘라서 나오는 면의 가장 중간에 있는 부분입니다.

개념4 원기둥, 원뿔, 구의 비교

입체도형	원기둥	원뿔	구
전체 모양	기둥 모양	뿔 모양	공 모양
밑면	원 2개	원 1개	굽은 면으로 둘러싸여 있음.
옆면	굽은 면	굽은 면	
꼭짓점	없음	1개	없음
위에서 본 모양	원	원	원
앞, 옆에서 본 모양	직사각형	이등변삼각형	원

참고 구는 어느 방향에서 보아도 원 모양입니다.

어느 교과서로 배우더라도 꼭 알아야하는 **10종 교과서 문제**

1 구 모양의 물건을 모두 찾아 기호를 쓰세요.

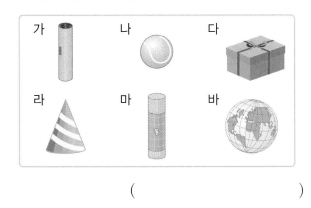

가 　 나 　 다

라 　 마 　 바

(　　　　　)

2 구에서 각 부분의 이름을 ☐ 안에 써넣으세요.

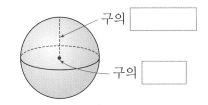

구의 ☐

구의 ☐

3 구의 반지름은 몇 cm인가요?

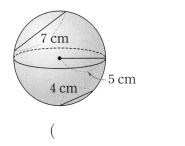

7 cm

5 cm

4 cm

(　　　　　)

4 원기둥, 원뿔, 구를 비교한 것입니다. ☐ 안에 알맞은 말을 써넣으세요.

원기둥과 원뿔은 밑면이 있고, 구는 밑면이

☐ .

5 반원 모양의 종이를 지름을 기준으로 한 바퀴 돌려서 만들어지는 입체도형의 이름을 쓰세요.

(　　　　　)

6 반원을 한 바퀴 돌려서 만들어지는 입체도형의 겨냥도를 그리세요.

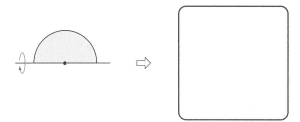 ⇨

7 원기둥, 원뿔, 구 중에서 두 가지 도형을 붙여 만든 것입니다. 붙인 두 입체도형을 모두 찾아 ○표 하세요.

(　원기둥 　, 　원뿔 　, 　구 　)

8 원기둥, 원뿔, 구를 몇 개씩 사용하여 만든 모양인가요?

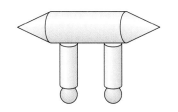

원기둥: ☐ 개

원뿔: ☐ 개

구: ☐ 개

2 교과 유형 익힘

1 원기둥, 원뿔, 구를 모두 찾아 기호를 쓰세요.

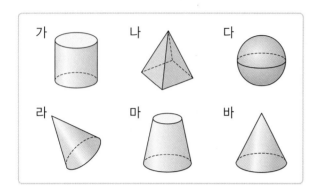

원기둥	원뿔	구

2 ☐ 안에 알맞은 말을 써넣으세요.

(1) 구에서 가장 안쪽에 있는 점을 구의 ☐ 이라고 합니다.

(2) 구의 중심에서 구의 겉면의 한 점을 이은 선분을 구의 ☐ 이라고 합니다.

3 원뿔에서 모선의 길이와 밑면의 지름을 구하세요.

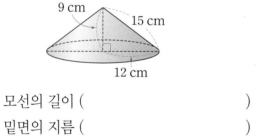

모선의 길이 ( )

밑면의 지름 ( )

4 ☐ 안에 알맞은 말을 〔보기〕에서 찾아 써넣으세요.

〔보기〕
밑면, 옆면, 평평한 면, 굽은 면

원기둥, 원뿔, 구에는 모두 ☐ 이 있습니다.

5 한 변을 기준으로 반원 모양의 종이를 한 바퀴 돌려서 만든 입체도형의 반지름은 몇 cm인가요?

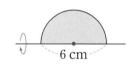

( )

6 직각삼각형을 한 변을 기준으로 한 바퀴 돌렸을 때 만들어지는 입체도형의 겨냥도를 그리세요.

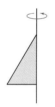 

7 구를 위에서 본 모양의 둘레는 몇 cm인가요? (원주율: 3)

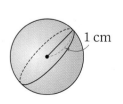

( )

8 원뿔과 각뿔의 공통점과 차이점에 대하여 <u>잘못</u> 이야기한 사람을 찾아 이름을 쓰세요.

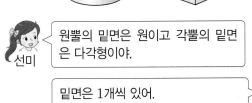

 선미: 원뿔의 밑면은 원이고 각뿔의 밑면은 다각형이야.

밑면은 1개씩 있어. 지호

윤우: 옆면이 삼각형으로 같아.

꼭짓점이 있다는 점이 같아. 수지

( )

9 원기둥, 원뿔, 구를 위, 앞, 옆에서 본 모양을 보기 에서 찾아 기호를 쓰세요.

보기

㉠ □   ㉡ △   ㉢ ○

입체도형	위	앞	옆
위↓ 옆← 앞↗ (원기둥)			
위↓ 옆← 앞↗ (원뿔)			
위↓ 옆← 앞↗ (구)			

10 입체도형을 보고 물음에 답하세요.

문제 해결

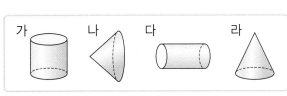

가   나   다   라

(1) 입체도형을 두 종류로 분류하였습니다. 분류한 도형의 이름을 쓰세요.

기호	가, 다	나, 라
도형의 이름		

(2) 분류한 두 종류 도형의 다른 점을 한 가지만 쓰세요.

_____

_____

_____

6 단원

📝 서술형 문제

11 모양과 크기가 같은 원뿔을 보고 세 사람이 나눈 대화입니다. <u>잘못</u> 말한 친구를 찾고 그 까닭을 쓰세요.

의사 소통

가   나

윤찬: 가와 나는 원뿔의 서로 다른 부분을 재고 있어. 가는 원뿔의 모선의 길이를 재는 방법이야.
혜원: 나는 원뿔의 높이를 재는 방법이야.
예지: 높이와 모선의 길이는 항상 같아.

잘못 말한 친구 ( )

까닭 _____

_____

유형 1 밑면의 반지름 구하기

1 원기둥과 원기둥의 전개도를 보고 밑면의 반지름은 몇 cm인지 구하세요. (원주율: 3.1)

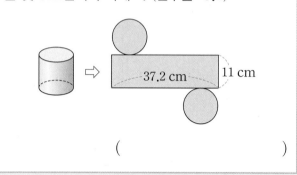

( )

Solution 원기둥의 전개도에서 밑면의 둘레가 옆면의 가로와 같다는 점을 이용하여 반지름을 구합니다.

1-1 원기둥과 원기둥의 전개도를 보고 밑면의 반지름은 몇 cm인지 구하세요. (원주율: 3.14)

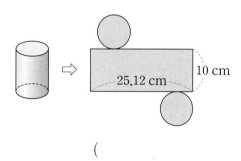

( )

1-2 원기둥과 원기둥의 전개도를 보고 한 밑면의 넓이는 몇 cm²인지 구하세요. (원주율: 3.1)

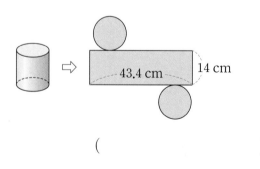

( )

유형 2 앞에서 본 모양의 넓이

2 직각삼각형을 한 변을 기준으로 한 바퀴 돌려 얻은 입체도형을 앞에서 본 모양의 넓이는 몇 cm²인가요?

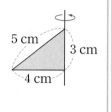

( )

Solution 원뿔을 앞에서 본 모양의 밑변의 길이는 처음 평면도형의 밑변의 길이의 두 배입니다.

2-1 직각삼각형을 한 변을 기준으로 한 바퀴 돌려 얻은 입체도형을 앞에서 본 모양의 넓이는 몇 cm²인가요?

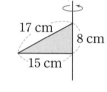

( )

2-2 직각삼각형을 한 변을 기준으로 한 바퀴 돌려 얻은 입체도형을 앞에서 본 모양의 둘레는 몇 cm인가요?

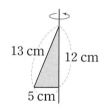

( )

2-3 반원을 지름을 기준으로 한 바퀴 돌려 얻은 입체도형을 앞에서 본 모양의 넓이는 몇 cm²인가요?
(원주율: 3)

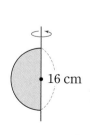

( )

유형3 옆면의 넓이를 이용하여 높이 구하기

3 원기둥의 전개도를 그렸을 때 옆면의 넓이가 330 cm²였습니다. 원기둥의 높이는 몇 cm인가요? (원주율: 3)

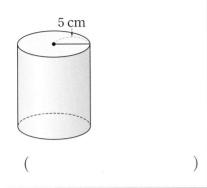

( )

Solution 밑면의 반지름을 이용하여 원기둥의 전개도에서 옆면의 가로를 구합니다.

3-1 원기둥의 전개도를 그렸을 때 옆면의 넓이가 744 cm²였습니다. 원기둥의 높이는 몇 cm인가요? (원주율: 3.1)

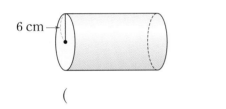

( )

3-2 원기둥의 전개도를 그렸을 때 옆면의 넓이가 372 cm²였습니다. 원기둥의 높이는 몇 cm인가요? (원주율: 3.1)

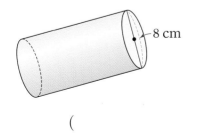

( )

유형4 평면도형을 돌려서 만든 입체도형

4 직사각형 모양의 종이를 한 변을 기준으로 돌려 만든 입체도형의 옆면의 넓이를 구하세요. (원주율: 3)

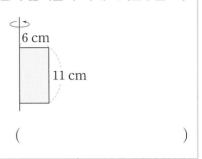

( )

Solution 만들어지는 입체도형은 원기둥입니다. 원기둥의 옆면의 넓이를 구하기 위해서는 밑면의 둘레를 먼저 구해야 합니다.

4-1 직사각형 모양의 종이를 한 변을 기준으로 돌려 만든 입체도형의 옆면의 넓이를 구하세요. (원주율: 3)

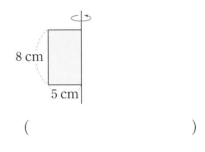

( )

4-2 직사각형 모양의 종이를 한 변을 기준으로 돌려서 입체도형을 각각 만들었습니다. 두 도형의 한 밑면의 넓이의 차를 구하세요. (원주율: 3)

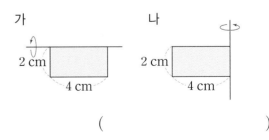

( )

6. 원기둥, 원뿔, 구 **159**

5 연습 문제

원기둥과 원뿔이 있습니다. 두 입체도형의 높이의 차는 몇 cm인지 알아보세요.

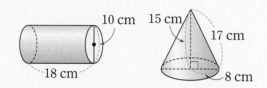

❶ 원기둥의 높이는 ☐ cm이고, 원뿔의 높이는 ☐ cm입니다.

❷ (두 입체도형의 높이의 차)
= ☐ − ☐ = ☐ (cm)

답 ☐ cm

5-1 실전 문제

원뿔과 원기둥이 있습니다. 두 입체도형의 높이의 합은 몇 cm인지 풀이 과정을 쓰고 답을 구하세요.

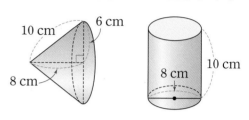

풀이

답 _____

6 연습 문제

가희는 원기둥 모양의 과자 포장지를 펼쳐서 전개도를 만들었습니다. 전개도에서 옆면인 직사각형의 넓이는 몇 cm²인지 알아보세요. (원주율: 3)

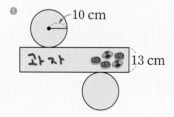

❶ 밑면의 둘레는 ☐ × 2 × 3 = ☐ (cm)입니다.

❷ 옆면의 가로는 밑면의 둘레와 같고,
세로는 ☐ cm이므로 넓이는
☐ × ☐ = ☐ (cm²)입니다.

답 ☐ cm²

6-1 실전 문제

민성이는 원기둥 모양의 과자 포장지를 펼쳐서 전개도를 만들었습니다. 전개도에서 옆면인 직사각형의 넓이는 몇 cm²인지 풀이 과정을 쓰고 답을 구하세요.

(원주율: 3)

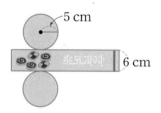

풀이

답 _____

7 연습 문제

원기둥 가와 나의 전개도에서 옆면의 넓이가 같을 때 원기둥 나의 높이를 알아보세요. (원주율: 3)

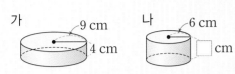

① (가의 옆면의 가로)=9×2× ☐ = ☐ (cm)

(나의 옆면의 넓이)=(가의 옆면의 넓이)

$$= \boxed{} \times 4 = \boxed{} \ (cm^2)$$

② (나의 옆면의 가로)=6×2× ☐ = ☐ (cm)

(나의 높이)= ☐ ÷ ☐ = ☐ (cm)

답 ☐ cm

7-1 실전 문제

원기둥 가와 나의 전개도에서 옆면의 넓이가 같을 때 원기둥 나의 높이는 몇 cm인지 풀이 과정을 쓰고 답을 구하세요. (원주율: 3)

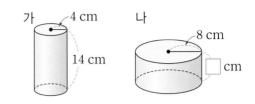

풀이

답 _____

8 연습 문제

조건 을 만족하는 원기둥의 높이를 알아보세요.

(원주율: 3)

조건
• 전개도에서 옆면의 둘레는 40 cm입니다.
• 원기둥의 높이와 밑면의 지름은 같습니다.

①

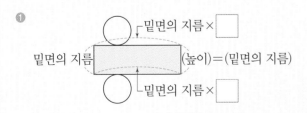

옆면의 둘레는 밑면의 지름 ☐ 개와 길이가 같습니다.

② (높이)=(밑면의 지름)=40÷ ☐ = ☐ (cm)

답 ☐ cm

8-1 실전 문제

조건 을 만족하는 원기둥의 높이를 구하는 풀이 과정을 쓰고 답을 구하세요. (원주율: 3)

조건
• 전개도에서 옆면의 둘레는 56 cm입니다.
• 원기둥의 높이와 밑면의 지름은 같습니다.

풀이

답 _____

6 단원

진도 완료 체크

1 원기둥, 원뿔, 구의 공통점으로 옳은 것을 모두 찾아 기호를 쓰세요.

> ㉠ 굽은 면이 있습니다.
> ㉡ 앞에서 본 모양이 같습니다.
> ㉢ 원 모양인 밑면이 있습니다.
> ㉣ 어떤 방향에서 보아도 모양이 모두 원입니다.
> ㉤ 평면도형을 한 직선을 기준으로 돌려서 만들 수 있습니다.
> ㉥ 뾰족한 부분이 있습니다.

( )

2 원기둥, 원뿔, 구 중에서 한 입체도형을 위, 앞, 옆에서 본 것입니다. 이 도형의 이름을 쓰세요.

위　　　　앞　　　　옆

( )

3 어떤 직각삼각형의 한 변을 기준으로 하여 한 바퀴 돌려서 만들어진 원뿔입니다. 돌리기 전 도형의 넓이를 구하세요.

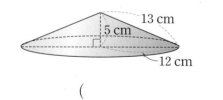

13 cm
5 cm
12 cm

( )

4 전라북도 진안에 있는 마이탑사에는 마이산탑이라는 돌탑이 있습니다. 다음 중 <u>틀리게</u> 말한 사람은 누구인지 쓰고 바르게 고치세요.

탑은 원뿔 모양과 같네.

> 영민: 탑은 밑면이 원 모양이고 꼭짓점이 하나인 원뿔 모양 같아.
> 예은: 탑을 앞에서 보면 삼각형 모양이야.
> 다원: 위에서 보면 원 모양과 같구나.
> 수경: 직사각형을 한 변을 기준으로 돌리면 만들 수 있는 모양이야.

( )

바르게 고치기
_____

5 직사각형을 한 바퀴 돌려서 만들어지는 입체도형의 전개도를 그리세요. (원주율: 3)

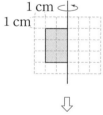

1 cm
1 cm

⇩

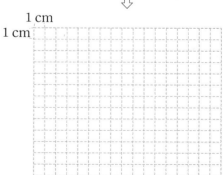

1 cm
1 cm

6 원기둥과 원기둥의 전개도입니다. ☐ 안에 알맞은 수를 써넣으세요. (원주율: 3.14)

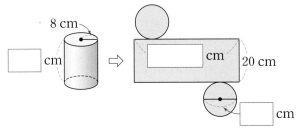

7 반지름이 6 cm인 반원을 한 바퀴 돌려서 만들어지는 구 3개로 입체도형을 만들었습니다. 세 구의 중심을 이어 그린 삼각형의 둘레는 몇 cm인가요?

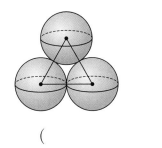

( )

8 가와 나 두 원기둥의 전개도에서 옆면의 넓이가 같을 때 원기둥 나의 밑면의 반지름을 구하세요.

(원주율: 3)

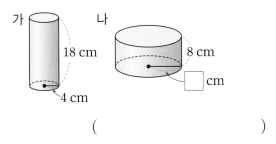

( )

9 아르키메데스 묘비에는 원기둥 안에 꼭 맞게 들어가는 구가 그려져 있습니다. 원기둥의 전개도를 그렸을 때 옆면의 둘레를 구하세요. (원주율: 3.14)

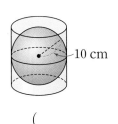

( )

10 조건 을 만족하는 원기둥의 밑면의 반지름을 구하세요. (원주율: 3)

> **조건**
> • 전개도에서 옆면의 둘레는 64 cm입니다.
> • 원기둥의 높이와 밑면의 지름은 같습니다.

( )

11 원기둥의 가운데에 세로가 3 cm인 직사각형 모양의 색종이를 겹치지 않게 붙이려고 합니다. 필요한 색종이의 넓이는 몇 cm²인가요? (원주율: 3.14)

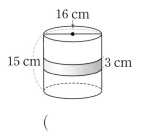

( )

1 입체도형의 이름을 쓰세요.

( )

2 원뿔의 각 부분의 이름을 설명한 것입니다. 관계있는 것끼리 이으세요.

모선	•	•	원뿔의 뾰족한 부분의 점
밑면	•	•	원뿔에서 평평한 면
원뿔의 꼭짓점	•	•	원뿔의 꼭짓점과 밑면인 원의 둘레의 한 점을 이은 선분

3 어떤 입체도형을 위, 앞, 옆에서 본 모양입니다. 이 도형의 이름을 쓰세요.

위에서 본 모양	앞에서 본 모양	옆에서 본 모양
◯	◯	◯

( )

4 구의 반지름은 몇 cm 인가요?

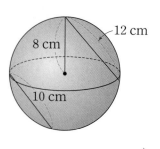

( )

[5 ~ 6] 원뿔을 보고 물음에 답하세요.

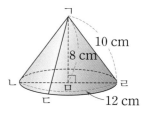

5 원뿔에서 밑면의 지름, 모선의 길이, 높이는 각각 몇 cm인가요?

밑면의 지름 ( )
모선의 길이 ( )
높이 ( )

6 선분 ㄱㄷ의 길이는 몇 cm인가요?

( )

7 원기둥과 원뿔의 높이의 차는 몇 cm인가요?

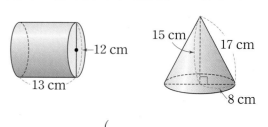

( )

8 원뿔을 모두 찾아 기호를 쓰세요.

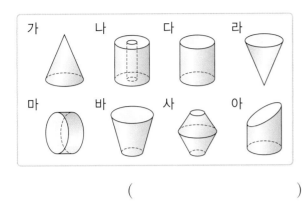

( )

9 원기둥의 각 부분의 이름이 틀린 것은 어느 것인가요?·····( )

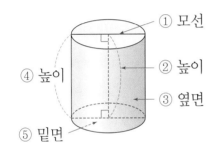

① 모선
② 높이
③ 옆면
④ 높이
⑤ 밑면

10 원뿔의 밑면의 지름을 바르게 잰 것을 찾아 기호를 쓰세요.

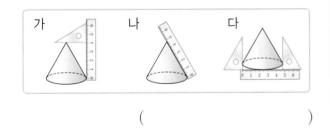

( )

11 원뿔의 모선의 길이와 높이의 차를 구하세요.

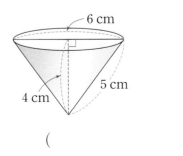

6 cm
5 cm
4 cm

( )

12 ☐ 안에 알맞은 말이나 수를 써넣으세요.

입체 도형	밑면의 모양	밑면의 수(개)	꼭짓점의 수(개)
원기둥	원	2	
원뿔			

13 원기둥의 전개도는 어느 것인가요?·········( )

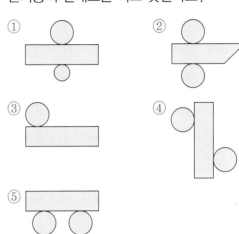

14 원기둥, 원뿔, 구에 대한 설명입니다. 옳지 <u>않은</u> 것은 어느 것인가요?·····( )

① 원기둥과 원뿔에는 밑면이 있습니다.
② 원뿔에만 꼭짓점이 있습니다.
③ 원기둥과 원뿔의 옆면은 굽은 면입니다.
④ 원뿔에는 평평한 면이 있지만 구에는 없습니다.
⑤ 원기둥과 구는 앞에서 본 모양이 원으로 같습니다.

6 단원

15 원기둥의 전개도를 보고 선분 ㄱㄹ의 길이를 구하세요. (원주율: 3.1)

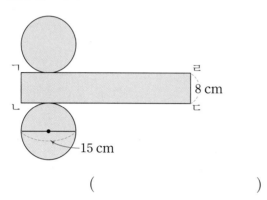

(   )

16 원기둥의 전개도를 그리세요. (원주율: 3)

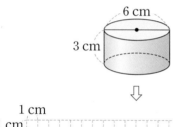

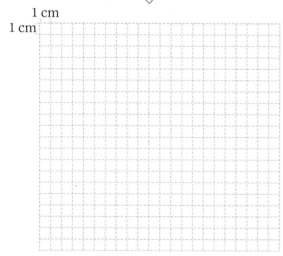

17 구를 옆에서 본 모양의 둘레는 몇 cm인지 구하세요. (원주율: 3)

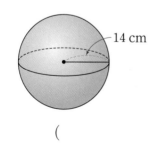

(   )

18 원기둥 모양 과자의 포장지를 잘라 펼쳤습니다. ☐ 안에 알맞은 수를 써넣으세요. (원주율: 3.1)

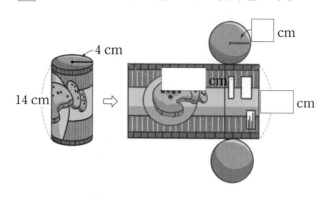

19 밑면의 둘레는 42 cm이고, 높이가 9 cm인 원기둥의 전개도입니다. 이 전개도에서 직사각형의 둘레를 구하세요.

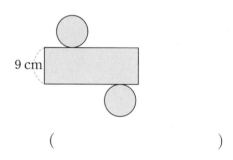

(   )

20 밑면의 넓이가 75 cm²일 때 옆면의 넓이는 몇 cm²인가요? (원주율: 3)

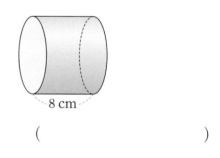

(   )

1~20번까지의
단원 평가 유사 문제 제공

21 밑면의 둘레가 30 cm, 높이가 15 cm인 원기둥 모양의 나무 토막이 있습니다. 밑면을 모두 찾아 색칠할 때 색을 칠해야 하는 부분의 넓이는 몇 cm² 인지 알아보세요. (원주율: 3)

(1) 밑면의 반지름은 몇 cm인가요?

( )

(2) 밑면은 몇 개인가요?

( )

(3) 색을 칠해야 하는 부분의 넓이는 몇 cm²인가요?

( )

22 원기둥 모양의 롤러가 있습니다. 이 롤러에 페인트를 칠한 다음 7바퀴를 굴렸을 때, 페인트가 칠해진 부분의 넓이를 알아보세요. (원주율: 3.1)

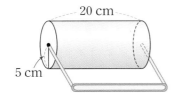
20 cm
5 cm

(1) 롤러의 옆면의 넓이는 몇 cm²인가요?

( )

(2) 페인트가 칠해진 부분의 넓이는 몇 cm²인가요?

( )

23 원기둥의 전개도에서 옆면의 넓이는 몇 cm²인지 풀이 과정을 쓰고 답을 구하세요. (원주율: 3.14)

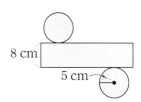
8 cm
5 cm

풀이 _____

_____

_____

_____

답 _____

6 단원

진도 완료 체크

24 조건 을 만족하는 원뿔의 높이는 몇 cm인지 풀이 과정을 쓰고 답을 구하세요. (원주율: 3)

조건
• 원뿔의 밑면의 넓이는 27 cm²입니다.
• 넓이가 12 cm²인 직각삼각형의 한 변을 기준으로 돌려 원뿔을 만들었습니다.

풀이 _____

_____

_____

_____

_____

답 _____

오답 노트

배점	1~20번	4점	점수
	21~24번	5점	

우등생 세미나

분수의 곱셈이 어려웠던 수학자 파치올리!

☆ 파치올리(Luca Pacioli)는 이탈리아의 지방에서 태어난 수학자예요. 그는 1445년에 태어난 약 500년 전의 사람입니다. 그런데 수학자인 파치올리가 분수를 배울 때 분수의 곱셈 때문에 고생한 사실을 아세요?

파치올리는 분수의 곱셈을 배우는데 도저히 이해되지 않는 것이 있었어요. 곱셈을 하면 수가 커져야 하는데 진분수의 곱셈은 답이 원래보다 작아지는 거예요.

$$\frac{3}{4} \times \frac{2}{3} = \frac{6}{12} \quad \Rightarrow \quad \frac{3}{4} > \frac{6}{12}$$

파치올리는 결국 화까지 내고 말았어요. 당시 수를 '곱하는 것'은 곧 수가 '커지는 것'이라고 생각했기 때문에 어떤 수도 예외일 수는 없다고 단정 지었기 때문이에요.

친구들 중에는 '파치올리같은 수학자가 설마 분수의 곱셈 원리를 몰랐다는 거야?'라고 생각하는 친구가 있을지도 모르겠지만 사실이랍니다.

파치올리는 정사각형을 이용해 진분수의 곱셈 원리를 찾아냈어요.

한 변이 처음의 $\frac{1}{2}$인 정사각형을 만들면 그 넓이가 처음 넓이의 $\frac{1}{4}$이 된다는 사실을 확인한 거예요.

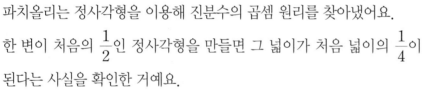

한 변이 처음의 $\frac{1}{2}$ 넓이는 처음의 $\frac{1}{4}$

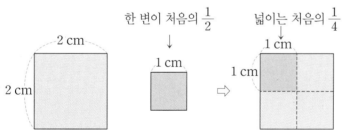

비로소 곱할수록 작아지는 진분수의 곱셈 원리를 스스로 찾아 내고 이해하게 되었대요.

분수의 나눗셈은 분수의 곱셈을 이용하여 구할 수 있어요. 다음과 같이 곱셈으로 나타낼 때에는 분모와 분자를 바꾸어 곱하면 편리하답니다.

$$\frac{3}{4} \div \frac{2}{3} = \frac{3}{4} \times \frac{3}{2} = \frac{9}{8} = 1\frac{1}{8}$$

단계별 수학 전문서

[개념·유형·응용]

수학의 해법이 풀리다!

해결의 법칙
시리즈

단계별 맞춤 학습

개념, 유형, 응용의 단계별 교재로
교과서 차시에 맞춘 쉬운 개념부터
응용·심화까지 수학 완전 정복

혼자서도 OK!

이미지로 구성된 핵심 개념과 셀프 체크,
모바일 코칭 시스템과 동영상 강의로
자기주도 학습 및 홈스쿨링에 최적화

300여 명의 검증

수학의 메카 천재교육 집필진과
300여 명의 교사·학부모의
검증을 거쳐 탄생한 친절한 교재

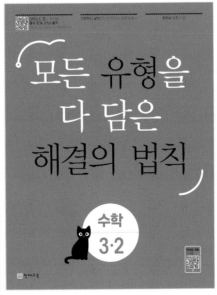

흔들리지 않는 탄탄한 수학의 완성! (초등 1~6학년 / 학기별)

뭘 좋아할지 몰라 다 준비했어♥
전과목 교재

전과목 시리즈 교재

●무등생 해법시리즈

– 국어/수학	1~6학년, 학기용
– 사회/과학	3~6학년, 학기용
– SET(전과목/국수, 국사과)	1~6학년, 학기용

●똑똑한 하루 시리즈

– 똑똑한 하루 독해	예비초~6학년, 총 14권
– 똑똑한 하루 글쓰기	예비초~6학년, 총 14권
– 똑똑한 하루 어휘	예비초~6학년, 총 14권
– 똑똑한 하루 한자	예비초~6학년, 총 14권
– 똑똑한 하루 수학	1~6학년, 총 12권
– 똑똑한 하루 계산	예비초~6학년, 총 14권
– 똑똑한 하루 도형	예비초~6학년, 총 8권
– 똑똑한 하루 사고력	1~6학년, 총 12권
– 똑똑한 하루 사회/과학	3~6학년, 학기용
– 똑똑한 하루 봄/여름/가을/겨울	1~2학년, 총 8권
– 똑똑한 하루 안전	1~2학년, 총 2권
– 똑똑한 하루 Voca	3~6학년, 학기용
– 똑똑한 하루 Reading	초3~초6, 학기용
– 똑똑한 하루 Grammar	초3~초6, 학기용
– 똑똑한 하루 Phonics	예비초~초등, 총 8권

●독해가 힘이다 시리즈

– 초등 수학도 독해가 힘이다	1~6학년, 학기용
– 초등 문해력 독해가 힘이다 문장제수학편	1~6학년, 총 12권
– 초등 문해력 독해가 힘이다 비문학편	3~6학년

영어 교재

●초등영어 교과서 시리즈

파닉스(1~4단계)	3~6학년, 학년용
영단어(1~4단계)	3~6학년, 학년용
●LOOK BOOK 영단어	3~6학년, 단행본
●원서 읽는 LOOK BOOK 영단어	3~6학년, 단행본

국가수준 시험 대비 교재

●해법 기초학력 진단평가 문제집	2~6학년·중1 신입생, 총 6권

10종 교과 평가 자료집

기본·실력 단원평가

과정 중심 단원평가

심화문제

초등

수학 6 2

천재교육

10종 교과 평가 자료집 포인트 3가지

▶ 지필 평가, 구술 평가 대비

▶ 서술형 문제로 과정 중심 평가 대비

▶ 기본·실력 단원평가로 학교 시험 대비

1 _하 그림을 보고 □ 안에 알맞은 수를 써넣으세요.

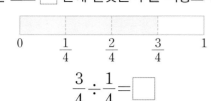

$$\frac{3}{4} \div \frac{1}{4} = \boxed{}$$

[2~3] □ 안에 알맞은 수를 써넣으세요.

2 _하 $\frac{10}{11} \div \frac{2}{11} = \boxed{} \div \boxed{} = \boxed{}$

3 _하 $\frac{7}{9} \div \frac{5}{9} = \boxed{} \div \boxed{} = \dfrac{\boxed{}}{\boxed{}} = \boxed{}\dfrac{\boxed{}}{\boxed{}}$

4 _하 □ 안에 알맞은 수를 써넣으세요.

$$1\frac{7}{8} \div \frac{2}{5} = \frac{\boxed{}}{8} \div \frac{2}{5} = \frac{\boxed{}}{8} \times \frac{\boxed{}}{\boxed{}}$$

$$= \frac{\boxed{}}{\boxed{}} = \boxed{}\frac{\boxed{}}{\boxed{}}$$

5 _중 보기 와 같이 계산하세요.

보기

$$\frac{7}{8} \div \frac{3}{4} = \frac{7}{8} \div \frac{6}{8} = 7 \div 6 = \frac{7}{6} = 1\frac{1}{6}$$

$$\frac{4}{5} \div \frac{3}{10}$$ _____

_____

6 _중 관계있는 것끼리 이으세요.

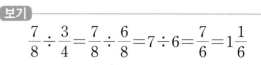

$\frac{5}{7} \div \frac{3}{7}$	•	•	$11 \div 10$	•	•	$\frac{5}{11}$
$\frac{5}{12} \div \frac{11}{12}$	•	•	$5 \div 3$	•	•	$\frac{11}{10}$
$\frac{11}{13} \div \frac{10}{13}$	•	•	$5 \div 11$	•	•	$\frac{5}{3}$

[7~8] 나눗셈식을 곱셈식으로 나타내어 계산하세요.

7 _중 $\frac{5}{6} \div \frac{4}{5}$

8 _중 $\frac{9}{13} \div \frac{3}{4}$

9 _중 빈 곳에 알맞은 수를 써넣으세요.

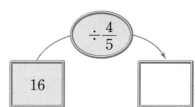

$$16 \xrightarrow{\div \frac{4}{5}} \boxed{}$$

1 단원

10 $4\frac{1}{2} \div \frac{3}{7}$ 을 두 가지 방법으로 계산하세요.
중

방법1

방법2

[11~12] 계산 결과를 비교하여 ◯ 안에 >, =, <를 알맞게 써넣으세요.

11 $4 \div \frac{2}{3}$ ◯ $\frac{7}{3} \div \frac{5}{9}$
중

12 $3\frac{2}{3} \div \frac{7}{10}$ ◯ $1\frac{3}{4} \div \frac{3}{8}$
중

13 계산 결과가 큰 것부터 순서대로 기호를 쓰세요.
중

ㄱ $5 \div \frac{5}{7}$　　ㄴ $6 \div \frac{3}{4}$　　ㄷ $4 \div \frac{2}{3}$

(　　　　　　　)

14 빈 곳에 알맞은 수를 써넣으세요.
중

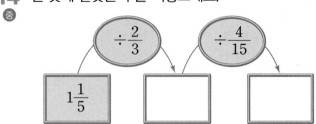

15 정우는 주스를 $\frac{7}{10}$ L, 선아는 $\frac{3}{10}$ L 마셨습니다.
중 정우가 마신 주스의 양은 선아가 마신 주스의 양의 몇 배일까요?

(　　　　　　　)

16 ☐ 안에 알맞은 수를 써넣으세요.
중

$$\frac{3}{5} \times \boxed{} = 1\frac{1}{15}$$

17 계산 결과가 자연수일 때 ☐ 안에 들어갈 수 있는
중 수에 모두 ◯표 하세요.

$$\frac{1}{3} \div \frac{1}{\boxed{}}$$

(2 , 3 , 4 , 5 , 6)

📖 서술형 문제

18 치즈 6 kg을 $\frac{2}{5}$ kg씩 잘라 포장했습니다. 포장한
중 치즈는 모두 몇 개인지 식을 쓰고 답을 구하세요.

식 _____

답 _____

19 가은이네 집에서는 쌀 $1\frac{3}{4}$ kg에 잡곡 $\frac{7}{12}$ kg을 섞어 밥을 지어 먹습니다. 쌀의 무게는 잡곡의 무게의 몇 배인가요?

(   )

20 세로가 $\frac{3}{4}$ m인 직사각형의 넓이가 $1\frac{7}{8}$ m²입니다. 이 직사각형의 가로는 몇 m인지 풀이 과정을 쓰고 답을 구하세요.

풀이

답

21 계산에서 잘못된 부분을 찾아 바르게 계산하세요.

$$\frac{2}{5} \div \frac{7}{10} = \frac{\overset{1}{\cancel{2}}}{5} \times \frac{7}{\underset{5}{\cancel{10}}} = \frac{7}{25}$$

22 창의·융합 목장 창고에 소에게 먹일 건초가 60 kg 있습니다. 소에게 건초를 며칠 동안 먹일 수 있을까요?

소에게 건초는 하루에 $\frac{6}{7}$ kg씩 먹여야겠어.

(   )

23 쇠막대 $\frac{7}{9}$ m의 무게가 $\frac{5}{6}$ kg입니다. 쇠막대 1 m의 무게를 구하세요.

(   )

24 땅콩 9 kg을 4봉지에 똑같이 나누어 담은 후 한 봉지를 친구들과 나누어 먹으려고 합니다. 한 사람이 $\frac{3}{16}$ kg씩 먹는다면 몇 명이 먹을 수 있을까요?

(   )

25 추론 어떤 수에 $\frac{5}{12}$ 를 곱하고 3을 더했더니 18이 되었습니다. 어떤 수를 구하세요.

(   )

1 계산 결과가 가장 작은 것은 어느 것인가요? [5점]
······················· ( )

① $\dfrac{7}{12} \div \dfrac{1}{2}$ ② $\dfrac{7}{12} \div \dfrac{1}{3}$ ③ $\dfrac{7}{12} \div \dfrac{1}{4}$

④ $\dfrac{7}{12} \div \dfrac{1}{6}$ ⑤ $\dfrac{7}{12} \div \dfrac{1}{12}$

2 빈칸에 알맞은 수를 써넣으세요. [5점]

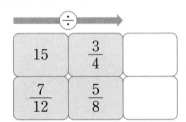

15	$\dfrac{3}{4}$	
$\dfrac{7}{12}$	$\dfrac{5}{8}$	

3 계산 결과를 비교하여 ○ 안에 >, =, <를 알맞게 써넣으세요. [5점]

$$4\dfrac{1}{3} \div \dfrac{3}{5} \;\bigcirc\; 4\dfrac{2}{5} \div \dfrac{5}{7}$$

4 계산 결과가 작은 것부터 순서대로 기호를 쓰세요. [5점]

㉠ $9 \div \dfrac{3}{4}$ ㉡ $8 \div \dfrac{2}{5}$

㉢ $10 \div \dfrac{5}{9}$ ㉣ $14 \div \dfrac{7}{8}$

( )

5 넓이가 $\dfrac{14}{15}$ m²인 꽃밭에 물을 주려면 $\dfrac{2}{15}$ L의 물이 필요합니다. 1 L의 물로 몇 m²의 꽃밭에 물을 줄 수 있을까요? [5점]

( )

6 높이가 $2\dfrac{3}{4}$ cm이고 넓이가 $12\dfrac{3}{8}$ cm²인 평행사변형의 밑변의 길이는 몇 cm인가요? [5점]

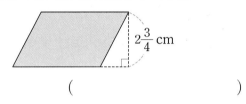

( )

7 주어진 식의 계산 결과가 자연수일 때, ☐ 안에 들어갈 수 있는 자연수는 모두 몇 개인가요? [5점]

$$\dfrac{8}{10} \div \dfrac{\boxed{}}{10}$$

( )

📖 **서술형 문제** 문제 해결

8 분수의 나눗셈을 잘못 계산한 것입니다. 계산이 잘못된 까닭을 쓰고 바르게 계산하세요. [5점]

$$6\dfrac{2}{3} \div \dfrac{5}{6} = 6\dfrac{2}{3} \times \dfrac{\overset{2}{\cancel{6}}}{5} = 6\dfrac{4}{5}$$

잘못된 까닭 _____

_____

바른 계산

9
중 휘발유 $\frac{2}{5}$ L로 $5\frac{3}{7}$ km를 가는 자동차가 있습니다. 이 자동차는 1 L로 몇 km를 갈 수 있을까요? [8점]

( )

10
중 ㉠보다 크고 ㉡보다 작은 자연수는 모두 몇 개인가요? [8점]

㉠ $1\frac{1}{2} \div \frac{3}{8}$ ㉡ $6\frac{2}{3} \div \frac{7}{9}$

( )

추론

11
중 5부터 10까지의 수 중에서 서로 다른 두 수를 골라 □ 안에 써넣었을 때 계산 결과가 가장 큰 경우를 구하세요. [8점]

$$\frac{\square}{12} \div \frac{\square}{16}$$

( )

12
중 동호는 집에서 학교까지 $\frac{7}{8}$ km를 걸어가는 데 20분이 걸렸습니다. 물음에 답하세요. [각 4점]

(1) 같은 빠르기로 걷는다면 한 시간 동안 몇 km를 갈 수 있을까요?

( )

(2) 같은 빠르기로 걷는다면 1 km를 가는 데 걸리는 시간은 몇 시간인가요?

( )

서술형 문제

13
상 선물 상자 1개를 포장하는 데 리본이 $\frac{3}{10}$ m 필요합니다. 리본 $7\frac{4}{11}$ m로 포장할 수 있는 선물 상자는 몇 개인지 풀이 과정을 쓰고 답을 구하세요. [10점]

풀이 _____

_____

_____

_____

답 _____

14
상 삼각형 가의 넓이는 삼각형 나의 넓이의 몇 배인가요? [8점]

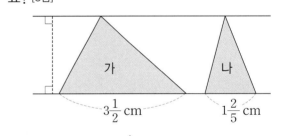

( )

문제 해결

15
상 집에서 학교까지의 거리는 문구점에서 학교까지의 거리의 몇 배인가요? [10점]

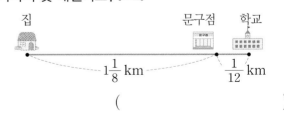

( )

과정 중심 단원평가

점수

지필 평가 종이에 답을 쓰는 형식의 평가

1 수정과 $\frac{10}{11}$ L를 한 병에 $\frac{2}{11}$ L씩 똑같이 나누어 담으려고 합니다. 병은 몇 개가 필요한지 식을 쓰고 답을 구하세요. [10점]

식 _____

답 _____

지필 평가

2 학교에서 재윤이네 집까지의 거리는 재윤이네 집에서 도서관까지의 거리의 몇 배인지 식을 쓰고 답을 구하세요. [10점]

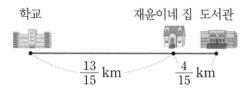

학교　　　　재윤이네 집　도서관

$\frac{13}{15}$ km　　$\frac{4}{15}$ km

식 _____

답 _____

구술 평가 발표를 통해 이해 정도를 평가

3 다음 계산이 잘못된 까닭을 쓰세요. [10점]

$$\frac{9}{10} \div \frac{3}{5} = 9 \div 3 = 3$$

_____

_____

지필 평가

4 영준이는 피자 한 판의 $\frac{3}{8}$을 먹었고, 연아는 $\frac{3}{10}$을 먹었습니다. 영준이가 먹은 피자의 양은 연아가 먹은 피자의 양의 몇 배인지 풀이 과정을 쓰고 답을 구하세요. [10점]

풀이 _____

_____

_____

_____

답 _____

지필 평가

5 ☐ 안에 들어갈 수 있는 자연수는 모두 몇 개인지 풀이 과정을 쓰고 답을 구하세요. [10점]

$$10 \div \frac{5}{7} > \boxed{}$$

풀이 _____

_____

_____

_____

답 _____

1 단원

6 넓이가 $3\frac{1}{3}$ m²인 그림과 같은 직사각형 모양의 밭이 있습니다. 이 밭의 가로는 몇 m인지 풀이 과정을 쓰고 답을 구하세요. [10점]

$\frac{5}{6}$ m

풀이 _____

답 _____

7 블루베리 $\frac{2}{5}$ kg의 가격이 5000원입니다. 블루베리 1 kg의 가격은 얼마인지 풀이 과정을 쓰고 답을 구하세요. [10점]

풀이 _____

답 _____

8 어떤 수에 $\frac{2}{3}$를 곱했더니 $3\frac{1}{9}$이 되었습니다. 어떤 수는 얼마인지 풀이 과정을 쓰고 답을 구하세요. [15점]

풀이 _____

답 _____

9 $1\frac{3}{4}$ L의 휘발유로 $9\frac{5}{8}$ km를 갈 수 있는 자동차가 있습니다. 이 자동차가 1 L의 휘발유로 갈 수 있는 거리는 몇 km인지 풀이 과정을 쓰고 답을 구하세요. [15점]

풀이 _____

답 _____

심화 문제

1 가◎나＝가÷(가＋나)일 때 $\frac{3}{4}◎\frac{3}{8}$ 을 계산하세요.

( )

2 다음 나눗셈의 계산 결과는 자연수입니다. ☐ 안에 들어갈 수 있는 자연수를 모두 구하세요.

$$2\frac{1}{4}÷\frac{\square}{8}$$

( )

3 길이가 $6\frac{3}{5}$ m인 통나무를 $\frac{3}{10}$ m씩 잘랐습니다. 한 번 자르는 데 2분이 걸렸다면 통나무를 모두 자르는 데 걸린 시간은 몇 분인지 구하세요. (단, 쉬지 않고 잘랐습니다.)

( )

4 길이가 2 m인 끈을 모두 사용하여 한 변의 길이가 $\frac{2}{5}$ m인 정다각형을 만들었습니다. 이 정다각형의 이름을 쓰세요.

( )

5 공이 떨어뜨린 높이의 $\frac{2}{3}$ 만큼 튀어 오른다고 할 때 두 번째로 튀어 오른 높이가 $5\frac{1}{3}$ m이면 처음 공을 떨어뜨린 높이는 몇 m인지 구하세요.

아~ 그래서 공을 떨어뜨리면 같은 높이만큼 튀어 오르지 않는구나.

(떨어뜨린 공이 가진 에너지) ＝(튀어 오른 공의 에너지)＋(땅에 진동을 일으킨 에너지)＋(소리 에너지)＋(기타 손실 에너지)

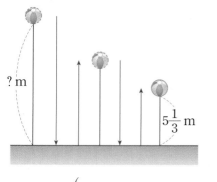

? m

$5\frac{1}{3}$ m

( )

1 소수의 나눗셈을 자연수의 나눗셈을 이용하여 계산
하세요.

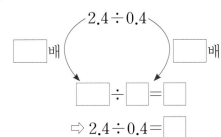

⇨ 2.4÷0.4=☐

2 ☐ 안에 알맞은 수를 써넣으세요.

$2.16÷0.24=\dfrac{216}{100}÷\dfrac{☐}{100}$

$=☐÷☐=☐$

3 ☐ 안에 알맞은 수를 써넣으세요.

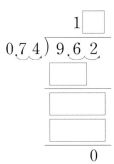

4 ☐ 안에 알맞은 수를 써넣으세요.

철사 2.34 m를 0.03 m씩 자르려고 합니다.

2.34 m=☐ cm, 0.03 m=3 cm이

므로 2.34÷0.03=☐÷3입니다.

따라서 ☐÷3=☐이므로

2.34÷0.03=☐입니다.

[5~6] **계산을 하세요.**

5 $3.3 \overline{)3.9\,6}$

6 $2.4 \overline{)3\,6}$

7 큰 수를 작은 수로 나눈 몫을 빈칸에 써넣으세요.

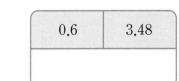

0.6	3.48

8 ☐ 안에 알맞은 수를 써넣으세요.

48÷8=☐

48÷0.8=☐

48÷0.08=☐

9 몫을 반올림하여 소수 첫째 자리까지 나타내세요.

$9 \overline{)1\,2.4}$

( )

10 빈 곳에 알맞은 수를 써넣으세요.
(중)

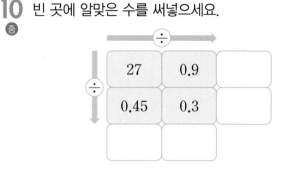

11 계산 결과를 비교하여 ◯ 안에 >, =, <를 알맞
(중) 게 써넣으세요.

$$8.28 \div 2.3 \bigcirc 9.86 \div 2.9$$

12 빈칸에 알맞은 수를 써넣으세요.
(중)

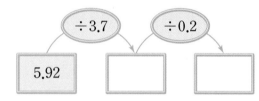

13 하트 모양을 한 개 만드는 데 8 cm의 철사가 필요
(중) 합니다. 철사 74.7 cm로 만들 수 있는 하트 수와
남는 철사의 길이를 알아보려고 합니다. ☐ 안에
알맞은 수를 써넣으세요.

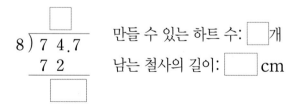

만들 수 있는 하트 수: ☐ 개

남는 철사의 길이: ☐ cm

14 13.6÷3.4를 두 가지 방법으로 구하세요.
(중)

15 ☐ 안에 알맞은 수를 구하세요.
(중)

$$1.8 \times \boxed{} = 6.84$$

( )

16 몫을 반올림하여 소수 둘째 자리까지 나타내세요.
(중)

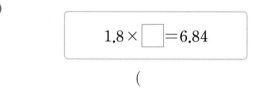

( )

17 몫을 어림하여 몫이 1 이상 10 이하인 나눗셈을 모
(중) 두 찾아 ◯표 하세요.

$2.86 \div 6.4$	$27.2 \div 3.2$	$15.96 \div 4.2$
( )	( )	( )

서술형 문제 의사소통

18 잘못 계산한 곳을 찾아 바르게 계산하고, 잘못된 까닭을 쓰세요.
중

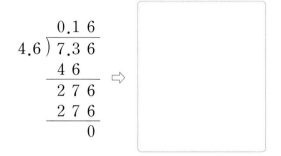

까닭 _____

_____

19 계산 결과를 비교하여 ◯ 안에 >, =, <를 알맞게 써넣으세요.
중

| 68÷7의 몫을 반올림하여 자연수로 나타낸 수 | ◯ | 68÷7 |

20 간장 17.5 L를 한 병에 2 L씩 나누어 담으려고 합니다. 나누어 담을 수 있는 병 수와 남는 간장의 양을 구하세요.
중

나누어 담을 수 있는 병 수 (   )

남는 간장의 양 (   )

21 주사위를 던져서 3과 6이 나왔습니다. 이 숫자를 한 번씩 사용하여 만들 수 있는 두 자리 수 중 홀수를 2.52로 나눈 몫을 구하세요.
중

(   )

추론

22 어떤 수를 3으로 나누어 몫을 구하면 14입니다. 어떤 수를 2.8로 나눈 몫은 얼마인가요?
상

(   )

23 넓이가 3.99 cm²이고 높이가 2.1 cm인 삼각형이 있습니다. 이 삼각형의 밑변의 길이는 몇 cm인가요?
상

(   )

24 어떤 선수가 21 km를 1시간 45분 만에 완주하였습니다. 이 선수가 1시간 동안 달린 평균 거리는 몇 km일까요?
상

(   )

문제 해결

25 그림과 같이 길이가 68 m인 다리 아래에 8.5 m 간격으로 기둥을 세운다면 기둥은 모두 몇 개가 필요할까요? (단, 기둥의 두께는 생각하지 않습니다.)
상

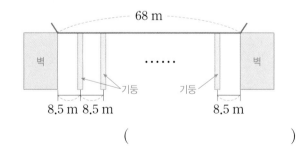

(   )

2. 소수의 나눗셈 **11**

1 □ 안에 알맞은 수를 써넣으세요. [4점]
하

$$9.45 \div 0.63 = 945 \div \boxed{} = \boxed{}$$

2 계산을 하세요. [각 2점]
하

(1) $2.6 \overline{)4\,6.8}$ (2) $4.5 \overline{)5.8\,5}$

3 계산 결과를 비교하여 ○ 안에 >, =, <를 알맞
중 게 써넣으세요. [5점]

$$6.89 \div 1.3 \ \bigcirc \ 4.86 \div 0.9$$

4 몫이 큰 것부터 순서대로 기호를 쓰세요. [5점]
중

| ㉠ $5.5 \div 0.5$ | ㉡ $63.7 \div 4.9$ |
| ㉢ $4.48 \div 0.32$ | ㉣ $9.48 \div 0.79$ |

(   )

5 몫을 반올림하여 소수 둘째 자리까지 나타내세요.
중 [5점]

$$\boxed{1.7 \div 3}$$

(   )

6 □ 안에 알맞은 수를 써넣으세요. [5점]
중

$$\boxed{} \times 8.4 = 210$$

7 나눗셈 중에서 몫이 다른 하나는 어느 것일까요?
중 [5점] .... (   )

① $1.44 \div 0.09$ ② $1.44 \div 0.9$

③ $14.4 \div 0.9$ ④ $1440 \div 90$

⑤ $144 \div 9$

8 수지는 색 테이프를 7 cm씩 잘라 리본을 만들려고
중 합니다. 색 테이프 51.5 cm로 리본을 몇 개 만들
수 있고, 남는 색 테이프는 몇 cm인지 구하세요. [5점]

만들 수 있는 리본 수 (   )
남는 색 테이프의 길이 (   )

9 1 L의 휘발유로 8.2 km를 갈 수 있는 자동차가 있
중 습니다. 이 자동차를 타고 9.84 km를 가려면 몇 L
의 휘발유가 필요할까요? [5점]

(   )

10 가◎나=(가＋나)÷나일 때, 다음을 계산하세요.
중 [5점]

$$\boxed{21.5 \ ◎ \ 4.3}$$

(   )

<문제 해결>

11 밀가루 28.5 kg을 한 사람에게 3 kg씩 나누어 줄 때 나누어 줄 수 있는 사람 수와 남는 밀가루는 몇 kg인지 알아보려고 합니다. 잘못 계산한 곳을 찾아 바르게 계산하세요. [5점]

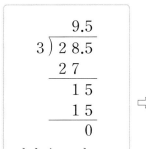

사람 수: 9명
남는 양: 0.5 kg

⇨

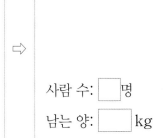

사람 수: ☐명
남는 양: ☐kg

12 수 카드 ⑨, ④, ⑥ 을 한 번씩 사용하여 몫이 가장 크게 되도록 나눗셈식을 완성하고 몫을 구하세요. [5점]

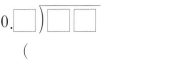

$0.\boxed{}\,)\,\overline{\boxed{}\boxed{}}$

( )

<서술형 문제>

13 사다리꼴의 높이를 구하려고 합니다. 풀이 과정을 쓰고 답을 구하세요. [8점]

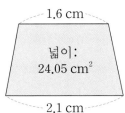

1.6 cm
넓이: 24.05 cm²
2.1 cm

풀이 _____

_____

_____

답 _____

<서술형 문제> <추론>

14 나눗셈 8.3÷6.6의 몫을 반올림하여 소수 열째 자리까지 나타내었을 때 소수 열째 자리 숫자는 얼마인지 풀이 과정을 쓰고 답을 구하세요. [10점]

풀이 _____

_____

_____

_____

답 _____

15 둘레가 288 m인 원 모양의 호수에 5 m의 간격으로 의자를 놓으려고 합니다. 의자의 길이가 1.4 m일 때, 의자는 모두 몇 개가 필요할까요? [8점]

( )

<창의·융합>

16 서울에서 출발하는 경주행 고속 열차가 3시간 18분 동안 358.7 km를 달렸습니다. 이 고속 열차가 1시간 동안 달린 평균 거리는 몇 km인지 반올림하여 소수 첫째 자리까지 구하세요. [8점]

( )

17 떨어뜨린 높이의 0.2만큼 튀어 오르는 공이 있습니다. 이 공을 떨어뜨려 두 번째 튀어 오른 높이가 3.28 cm라면 처음 공을 떨어뜨린 높이는 몇 cm일까요? [8점]

( )

2단원

지필·구술 평가 대비

2. 소수의 나눗셈

점수

[지필 평가] 종이에 답을 쓰는 형식의 평가

1 주스 8.5 L를 한 사람에게 0.5 L씩 나누어 주려고 합니다. 몇 명에게 나누어 줄 수 있는지 식을 쓰고 답을 구하세요. [10점]

식 _____

답 _____

[지필 평가]

2 돼지고기 5.32 kg과 소고기 0.38 kg이 있습니다. 돼지고기의 무게는 소고기의 무게의 몇 배인지 식을 쓰고 답을 구하세요. [10점]

식 _____

답 _____

[지필 평가]

3 밑변의 길이가 19.4 cm인 평행사변형의 넓이가 159.08 cm²입니다. 이 평행사변형의 높이는 몇 cm인지 식을 쓰고 답을 구하세요. [10점]

넓이: 159.08 cm²

19.4 cm

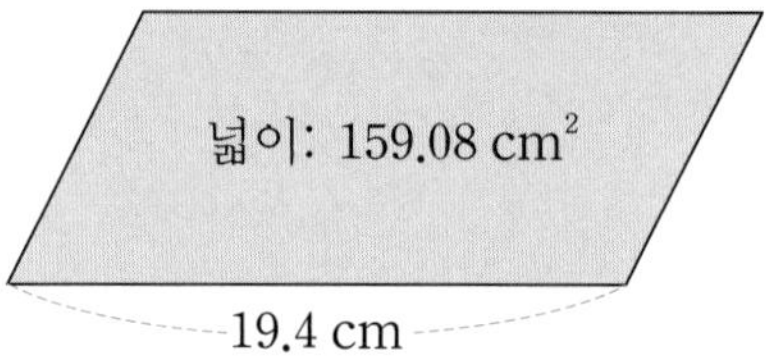

식 _____

답 _____

[구술 평가] 발표를 통해 이해 정도를 평가

4 아래의 식을 계산하여 몫을 반올림하여 나타내어야 할 까닭을 쓰고, 몫을 반올림하여 소수 둘째 자리까지 나타내세요. [10점]

$$5.3 \div 9$$

까닭 _____

_____

_____

(   )

[지필 평가]

5 꽃 한 송이를 만드는 데 색 테이프 3 m가 필요합니다. 길이가 164.7 m인 색 테이프로 꽃을 몇 송이까지 만들 수 있고, 남는 색 테이프는 몇 m인지 풀이 과정을 쓰고 답을 구하세요. [10점]

풀이

답 _____, _____

6
준희와 은주는 길이가 14.4 m인 철사를 각각 가지고 있습니다. 준희는 0.6 m씩, 은주는 0.8 m씩 잘라서 사용할 때 두 사람이 자른 조각 수의 차는 몇 조각인지 풀이 과정을 쓰고 답을 구하세요. [10점]

풀이

답

7
넓이가 45 cm²인 삼각형이 있습니다. 이 삼각형의 높이가 7.5 cm라면 밑변의 길이는 몇 cm인지 풀이 과정을 쓰고 답을 구하세요. [10점]

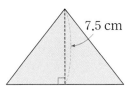

7.5 cm

풀이

답

8
길이가 84 m인 곧은 길에 1.75 m 간격으로 처음부터 끝까지 깃발을 세우려고 합니다. 필요한 깃발은 몇 개인지 풀이 과정을 쓰고 답을 구하세요. (단, 깃발의 두께는 생각하지 않습니다.) [15점]

풀이

답

9
트럭의 무게는 오토바이의 무게의 몇 배인지 반올림하여 소수 둘째 자리까지 나타내려고 합니다. 풀이 과정을 쓰고 답을 구하세요. [15점]

3700 kg   0.6 t

풀이

답

1 수 카드 2 , 4 , 1 , 8 , 9 를 □ 안에 한 번씩만 넣어 몫이 가장 큰 나눗셈식을 만들고 계산하세요.

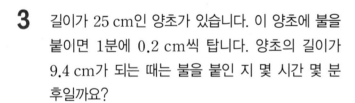

( )

2 성훈이가 문제집을 전체의 0.25만큼 풀었더니 72쪽이 남았습니다. 문제집의 전체 쪽수는 몇 쪽인지 구하세요.

( )

3 길이가 25 cm인 양초가 있습니다. 이 양초에 불을 붙이면 1분에 0.2 cm씩 탑니다. 양초의 길이가 9.4 cm가 되는 때는 불을 붙인 지 몇 시간 몇 분 후일까요?

( )

4 현주와 호진이는 각각 길이가 8.55 m인 철사를 가지고 있습니다. 이 철사를 현주는 0.45 m씩, 호진이는 0.57 m씩 잘랐습니다. 누구의 자른 조각 수가 더 많은지 알아보세요.

(1) 현주가 자른 철사는 몇 조각인지 식을 쓰고 답을 구하세요.

식 _____

답 _____

(2) 호진이가 자른 철사는 몇 조각인지 식을 쓰고 답을 구하세요.

식 _____

답 _____

(3) 현주와 호진이 중 누구의 조각 수가 몇 조각 더 많을까요?

( ), ( )

5 굵기가 일정한 철근 3.2 m를 담은 상자의 무게를 달아 보니 29.6 kg이었습니다. 철근 2.4 m를 잘라 낸 후 남는 철근과 상자의 무게를 달아 보니 8.15 kg이었을 때 철근 1 m의 무게는 몇 kg인지 반올림하여 소수 첫째 자리까지 구하세요.

( )

1
여러 방향에서 마을 사진을 찍었습니다. 어느 방향에서 찍은 것인지 기호를 쓰세요.

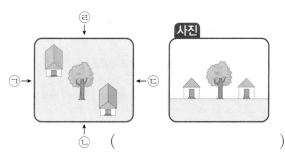

( )

2
주어진 모양과 똑같이 쌓는 데 필요한 쌓기나무의 개수를 구하세요.

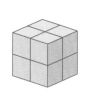 

위에서 본 모양

( )

[3~5] 오른쪽의 쌓기나무로 쌓은 모양을 보고 물음에 답하세요.

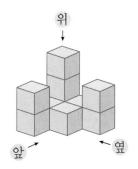

3
위에서 본 모양으로 알맞은 것에 ○표 하세요.

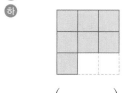

( ) ( ) ( )

4
옆에서 본 모양을 그리세요.

5
앞에서 본 모양을 그리세요.

6
보기와 같이 컵을 놓았을 때 가능한 사진을 찾아 기호를 쓰세요.

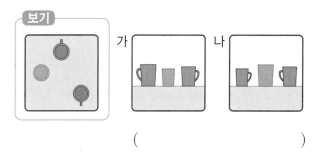

( )

[7~8] 오른쪽의 쌓기나무로 쌓은 모양을 보고 물음에 답하세요.

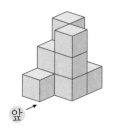

7
쌓기나무로 쌓은 모양을 보고 위에서 본 모양에 수를 쓰세요.

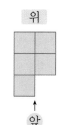

8
똑같은 모양으로 쌓는 데 필요한 쌓기나무는 모두 몇 개입니까?

( )

9
쌓기나무로 만든 두 가지 모양을 사용하여 만들 수 있는 모양을 찾아 ○표 하세요.

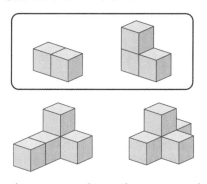

( ) ( )

10 쌓기나무로 쌓은 모양을 보고 위에서 본 모양에 수
를 썼습니다. 앞과 옆에서 본 모양을 각각 그리세요.

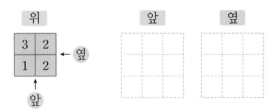

11 쌓기나무 5개로 쌓은 모양을 보고 1층과 2층 모양
을 각각 그리세요.

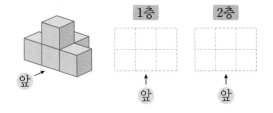

12 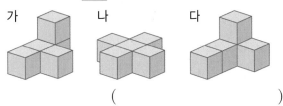 모양에 쌓기나무 1개를 붙여서 만들
수 있는 모양이 <u>아닌</u> 것을 찾아 기호를 쓰세요.

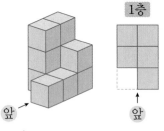

( )

[13~14] 오른쪽의 쌓기
나무로 쌓은 모양과 1층
모양을 보고 물음에 답하
세요.

13 2층과 3층 모양을 각각 그리세요.

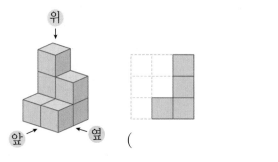

14 똑같은 모양으로 쌓는 데 필요한 쌓기나무의 개수
를 구하세요. ( )

15 쌓기나무 7개로 쌓은 모양입니다. 오른쪽 그림은
위, 앞, 옆 중에서 어느 방향에서 본 그림인지 쓰세요.

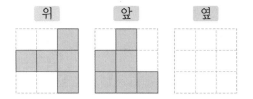

( )

16 쌓기나무 8개로 쌓은 모양을 위와 앞에서 본 모양
입니다. 옆에서 본 모양을 그리세요.

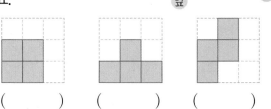

17 오른쪽 쌓기나무 6개로 만든
모양을 보고 어느 방향에서
본 그림인지 ( ) 안에
위, 앞, 옆을 알맞게 써넣으
세요.

( ) ( ) ( )

18 돌리거나 뒤집었을 때 [보기]
와 같은 모양을 만든 친구를
찾아 이름을 쓰세요.

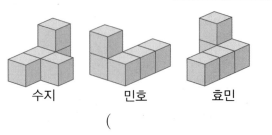

수지   민호   효민

( )

[추론]

19 쌓기나무로 쌓은 모양을 위, 앞, 옆에서 본 모양입니다. 어떤 모양을 본 것인지 기호를 쓰세요.
중

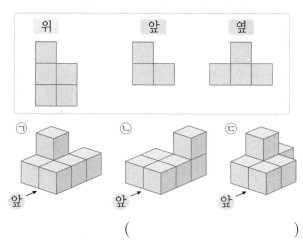

(   )

[20~21] **쌓기나무로 쌓은 모양을 위, 앞, 옆에서 본 모양입니다. 똑같은 모양으로 쌓는 데 필요한 쌓기나무의 수를 구하세요.**

20
중

(   )

21
중
→ 오른쪽 옆에서 본 모양

(   )

22 쌓기나무 7개를 사용하여 앞에서 본 모양과 옆에서 본 모양이 같아지도록 쌓기나무를 쌓으려고 합니다. 위에서 본 모양에 수를 쓰는 방법으로 나타내세요.
중

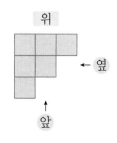

23 쌓기나무를 4개씩 붙여서 만든 모양 두 가지를 사용하여 만든 모양입니다. 어떻게 만들었는지 구분하여 색칠하세요.
상

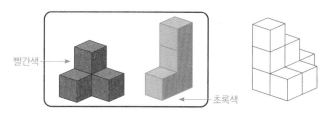

[📕 서술형 문제] [문제 해결]

24 1층에 사용된 쌓기나무가 9개일 때 오른쪽 그림과 같은 모양으로 쌓는 데 필요한 쌓기나무는 모두 몇 개인지 풀이 과정을 쓰고 답을 구하세요.
상

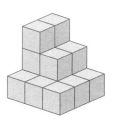

풀이 _____

_____

_____

답 _____

[📕 서술형 문제]

25 쌓기나무로 쌓은 모양을 층별로 나타낸 모양입니다. 위에서 본 모양을 그리고, 똑같은 모양으로 쌓는 데 필요한 쌓기나무는 몇 개인지 풀이 과정을 쓰고 답을 구하세요.
상

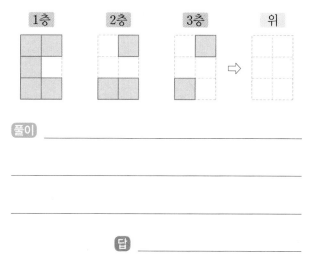

풀이 _____

_____

_____

답 _____

3
단원

[1~3] 태수는 쌓기나무를 사용하여 가와 나 모양을 만들 었습니다. 물음에 답하세요.

가
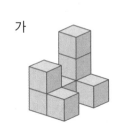

위에서 본 모양

나
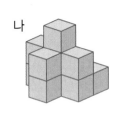

위에서 본 모양

3단원

1 가 모양을 만드는 데 사용한 쌓기나무는 모두 몇 개 인가요? [5점]

(   )

2 나 모양을 만드는 데 사용한 쌓기나무는 모두 몇 개 인가요? [5점]

(   )

3 가와 나 모양 중에서 쌓기나무를 더 많이 사용한 모 양을 찾아 기호를 쓰세요. [5점]

(   )

4 다음 모양의 1층에 쌓기나무를 1개씩 더 붙여서 서 로 다른 모양 3개를 만드세요. [5점]

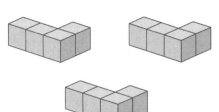

[5~6] 쌓기나무로 쌓은 모양을 보고 위에서 본 모양에 수를 쓰는 방법으로 나타냈습니다. 앞과 옆에서 본 모양 을 각각 그리세요. [각 5점]

5
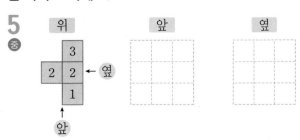

6
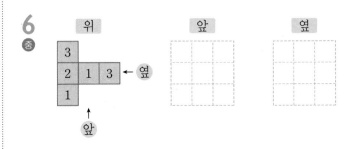

7 오른쪽은 쌓기나무로 쌓은 모양을 보 고 위에서 본 모양에 수를 쓴 것입니 다. 2층에 쌓은 쌓기나무는 몇 개인 가요? [5점]

위
	3	
3	2	2
2	1	

(   )

8 쌓기나무를 5개씩 붙여서 만든 모양입니다. 돌리거 나 뒤집었을 때 모양이 같아지면 같은 모양일 때 다 음 중 모양이 다른 하나는 어느 것일까요? [5점]

.... (   )

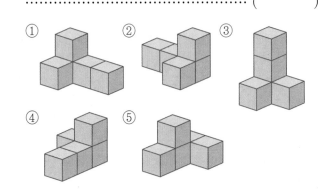

[9~10] 오른쪽은 쌓기나무 9개로 쌓은 모양입니다. 물음에 답하세요.

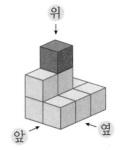

9
중

위, 앞, 옆에서 본 모양을 각각 그리세요. [10점]

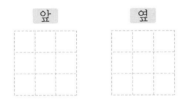

10
중

빨간색 쌓기나무를 빼낸 후 앞과 옆에서 본 모양을 각각 그리세요. [10점]

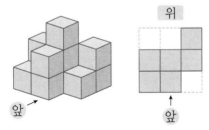

📋 서술형 문제

11
중

동호는 쌓기나무를 7개 가지고 있습니다. 동호가 다음과 같은 모양을 쌓으려면 쌓기나무가 몇 개 더 필요한지 풀이 과정을 쓰고 답을 구하세요. [10점]

풀이 _____

_____

_____

답 _____

추론

12
상

보기 는 쌓기나무를 4개씩 붙여서 만든 모양입니다. 모양 2개를 사용하여 만들 수 있는 모양을 찾아 기호를 쓰세요. [10점]

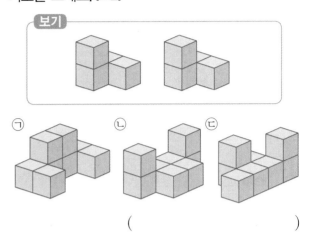

( )

13
상

쌓기나무로 쌓은 모양을 위, 앞, 옆에서 본 모양입니다. 쌓은 쌓기나무가 가장 많은 경우의 쌓기나무 수를 구하세요. [10점]

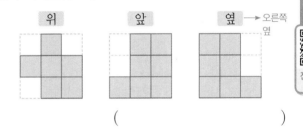

( )

정보 처리

14
상

쌓기나무를 8개씩 사용하여 조건을 만족하도록 쌓으려고 합니다. 위에서 본 모양에 수를 쓰는 방법으로 나타내세요. [10점]

조건
• 가와 나의 쌓은 모양은 서로 다릅니다.
• 위에서 본 모양이 서로 같습니다.
• 앞에서 본 모양이 서로 같습니다.
• 옆에서 본 모양이 서로 같습니다.

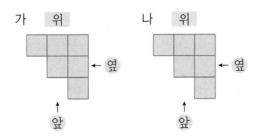

3 단원

진도 완료 체크

지필 평가 종이에 답을 쓰는 형식의 평가

1 주어진 모양과 똑같이 쌓으려고 합니다. 필요한 쌓기나무는 몇 개인지 풀이 과정을 쓰고 답을 구하세요.

[10점]

위에서 본 모양

풀이 _____

_____

_____

답 _____

구술 평가 발표를 통해 이해 정도를 평가

2 쌓기나무로 쌓은 모양을 보고 위에서 본 모양에 수를 쓰려고 합니다. 쌓기나무가 가장 많이 쌓인 자리는 어디인지 풀이 과정을 쓰고 답을 구하세요. [10점]

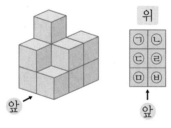

풀이 _____

_____

_____

답 _____

지필 평가

3 쌓기나무로 쌓은 모양을 층별로 나타낸 모양입니다. 똑같은 모양으로 쌓는 데 필요한 쌓기나무의 수는 몇 개인지 풀이 과정을 쓰고 답을 구하세요. [10점]

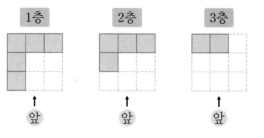

풀이 _____

_____

_____

답 _____

관찰 평가 관찰을 통해 이해 정도를 평가

4 쌓기나무로 쌓은 모양을 옆에서 보았을 때 가능한 모양은 몇 가지인지 풀이 과정을 쓰고 답을 구하세요.

[10점]

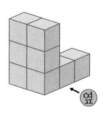 

위에서 본 모양

풀이 _____

_____

_____

답 _____

[지필 평가]

5 쌓기나무로 쌓은 모양을 보고 위에서 본 모양에 수를 썼습니다. 쌓기나무를 10개 사용했을 때 앞과 옆에서 본 모양은 어떤 모양인지 풀이 과정을 쓰고 앞과 옆에서 본 모양을 각각 그리세요. [15점]

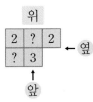

풀이 _____

_____

_____

답 앞   옆

[관찰 평가]

7 쌓기나무 8개를 사용하여 **조건** 을 만족하는 모양을 만들 때 위에서 본 모양에 수를 쓰는 방법으로 나타내려고 합니다. 풀이 과정을 쓰고 답을 구하세요. [15점]

조건
- 쌓기나무로 쌓은 모양은 4층입니다.
- 위에서 본 모양은 정사각형입니다.

풀이 _____

_____

_____

답 위   ← 옆   ↑ 앞

[관찰 평가]

6 다음은 각각 쌓기나무 8개로 만든 것입니다. 앞에서 본 모양이 다른 하나는 어느 것인지 풀이 과정을 쓰고 답을 구하세요. [15점]

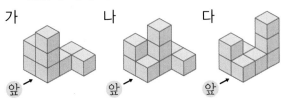

가   나   다

풀이 _____

_____

_____

답 _____

[관찰 평가]

8 쌓기나무로 쌓은 모양을 위, 앞, 옆에서 본 모양입니다. 똑같은 모양으로 쌓는 데 필요한 쌓기나무는 최소 몇 개인지 풀이 과정을 쓰고 답을 구하세요. [15점]

위   앞   옆

풀이 _____

_____

_____

_____

답 _____

[1~2] 쌓기나무로 쌓은 모양을 위, 앞, 옆에서 보고 그렸는데 표시를 하지 않았습니다. 물음에 답하세요.

가　　　　나　　　　다

1 위, 앞, 옆에서 본 모양을 각각 찾아 기호를 쓰세요.

위 (　　　　　　　　)

앞 (　　　　　　　　)

옆 (　　　　　　　　)

2 위와 같은 방법으로 쌓기나무를 쌓을 때 가능한 경우를 위에서 본 모양에 수를 쓰는 방법으로 모두 나타내세요.

3 왼쪽과 같은 정육면체 모양에서 쌓기나무 몇 개를 빼냈더니 오른쪽과 같은 모양이 되었습니다. 빼낸 쌓기나무는 몇 개인지 구하세요.

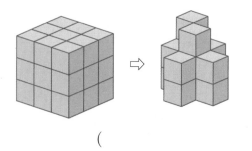

(　　　　　　　　)

4 쌓기나무 10개로 조건 을 만족하는 모양을 만들었을 때 위에서 본 모양에 수를 쓰는 방법으로 나타내세요.

조건

- 쌓기나무가 1층에는 4개 있고, 4층에는 2개 있습니다.
- 앞에서 본 모양과 옆에서 본 모양이 같습니다.
- 4층짜리 모양입니다.

위

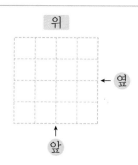

← 옆

↑ 앞

5 한 모서리가 1 cm인 정육면체 모양의 쌓기나무를 다음과 같이 쌓았습니다. 쌓기나무로 만든 모양의 겉넓이는 몇 cm²인지 풀이 과정을 쓰고 답을 구하세요.

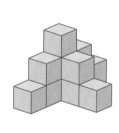

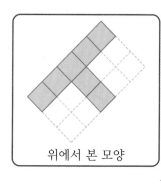

위에서 본 모양

(　　　　　　　　)

1
하

( ) 안에 알맞은 비는 어느 것인가요?

·· ( )

$$5 : 9 = (\quad\quad)$$

① 2 : 5   ② 5 : 2   ③ 10 : 14

④ 20 : 36   ⑤ 36 : 20

2
하

비례식에서 외항을 모두 찾아 쓰세요.

$$3 : 7 = 24 : 56$$

( )

3
하

비례식에서 외항의 곱과 내항의 곱을 각각 구하세요.

$$2 : 3 = 14 : 21$$

외항의 곱 ( )

내항의 곱 ( )

4
하

비례식을 모두 찾아 기호를 쓰세요.

㉠ 3 : 7 = 6 : 14   ㉡ 42 : 50

㉢ 25 : 10 = 2.5 : 1   ㉣ 13 × 10 = 130

( )

5
하

□ 안에 알맞은 수를 써넣어 간단한 자연수의 비로 나타내세요.

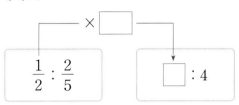

6
하

비율이 같은 비끼리 이으세요.

7
중

비율이 같은 비를 2개 쓰세요.

$$8 : 9$$

(,   )

8
중

비율이 같은 두 비를 찾아 비례식을 세우세요.

( )

9 5 : 4＝35 : 30은 비례식이 아닙니다. 그 까닭을 쓰세요.

서술형 문제

문제 해결

_____

_____

[10~11] 간단한 자연수의 비로 나타내세요.

10

$$\frac{7}{8} : \frac{2}{3}$$

( )

11

$$4.2 : 2\frac{4}{5}$$

( )

[12~13] □ 안에 알맞은 수를 써넣으세요.

12 □ : 4＝35 : 20

13 0.8 : 1.5＝16 : □

14 비례식에서 외항의 곱이 180일 때 ㉠과 ㉡에 알맞은 수를 각각 구하세요.

$$㉠ : 45＝㉡ : 12$$

㉠ ( )

㉡ ( )

15 직사각형의 가로와 세로의 비를 간단한 자연수의 비로 나타내세요.

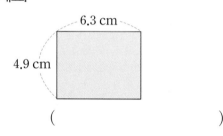

6.3 cm

4.9 cm

( )

16 혜진이의 책의 무게는 2.16 kg이고, 은수의 책의 무게는 1.17 kg입니다. 혜진이와 은수의 책의 무게의 비를 간단한 자연수의 비로 나타내세요.

( )

17 사탕 49개를 누나와 동생이 2 : 5로 나누어 가지려고 합니다. 누나와 동생은 각각 몇 개씩 가지게 되나요?

누나 ( )

동생 ( )

18 네발자전거는 큰 바퀴가 2개, 보조 바퀴가 2개 있습니다. 큰 바퀴가 6바퀴 도는 동안 보조 바퀴는 14바퀴 돕니다. 큰 바퀴가 15바퀴 도는 동안 보조 바퀴는 몇 바퀴를 돌까요?

(   )

19 주희와 태윤이는 길이가 1800 m인 길을 양끝에서 마주 보고 걷다가 서로 만났습니다. 주희와 태윤이의 걷는 빠르기의 비가 4 : 5일 때 주희는 몇 m를 걸었을까요? (단, 주희와 태윤이는 각각 일정한 빠르기로 걸었습니다.)

(   )

창의·융합
20 바닷물 4 L를 증발시켜 140 g의 소금을 얻었습니다. 바닷물 15 L를 증발시키면 몇 g의 소금을 얻을 수 있나요?

(   )

21 $30\frac{3}{5}$ m²의 벽을 페인트로 칠하는 데 2시간이 걸렸습니다. 같은 빠르기로 5시간 동안 몇 m²의 벽을 칠할 수 있나요?

(   )

정답 75쪽

서술형 문제
22 직사각형 모양의 꽃밭이 있습니다. 가로와 세로의 비는 9 : 5이고 둘레는 112 m입니다. 꽃밭의 세로는 몇 m인지 풀이 과정을 쓰고 답을 구하세요.

풀이 _____

_____

_____

답 _____

문제 해결
23 두 정사각형 ㉮와 ㉯의 한 변의 길이의 비는 2 : 3입니다. 정사각형 ㉮의 넓이가 57.6 cm²일 때 정사각형 ㉯의 넓이는 몇 cm²인가요?

(   )

24 어느 나무의 키는 진우 키의 $3\frac{7}{10}$배이고 진우의 아버지 키의 2.8배입니다. 진우와 아버지 키의 비를 간단한 자연수의 비로 나타내세요.

(   )

25 둘레가 234 m인 직사각형 모양의 약수터가 있습니다. 가로가 세로보다 9 m 더 짧을 때 가로와 세로의 비를 간단한 자연수의 비로 나타내세요.

(   )

4
단원

1 전항이 가장 큰 비를 찾아 그 비의 후항을 쓰세요. [5점]

| 15 : 80　　20 : 16　　9 : 14　　19 : 20 |

(　　　　　)

2 비율이 같은 비를 찾아 쓰세요. [5점]

| 4 : 5　　5 : 8　　16 : 20　　24 : 15 |

(　　　　　)

3 비례식을 모두 찾아 기호를 쓰세요. [5점]

ㄱ 4 : 2 = 8 : 6　　　ㄴ 9 : 3 = 6 : 2
ㄷ 1 : 3 = 2 : 6　　　ㄹ 2 : 5 = 4 : 5

(　　　　　)

4 비례식에서 □ 안에 알맞은 수는 어느 것인가요?
[5점] ⋯⋯⋯⋯⋯⋯⋯⋯⋯⋯⋯⋯ (　　　)

| 4 : 13 = 32 : □ |

① 102　　　② 104　　　③ 108
④ 113　　　⑤ 130

---

5 창의·융합

비타민 B와 비타민 D가 9 : 11 의 비로 들어 있는 알약이 있습니다. 비타민 B와 비타민 D가 합쳐서 100 g 들어 있을 때 비타민 B는 몇 g 들어 있나요? [5점]

(　　　　　)

6 서술형 문제

다음 식이 비례식인 까닭을 쓰세요. [5점]

$$0.4 : 0.7 = \frac{2}{7} : \frac{1}{2}$$

_____

_____

7 과자 36봉지를 진우와 은수가 5 : 4로 나누어 가지려고 합니다. 은수는 몇 봉지를 가지게 됩니까? [5점]

(　　　　　)

8 비례식에서 ㄱ × ㄴ = 18이라고 할 때 □ 안에 알맞은 수를 구하세요. [5점]

$$ㄱ : \frac{3}{5} = □ : ㄴ$$

(　　　　　)

9 초콜릿 42개를 형과 동생이 5 : 2로 나누어 가지려
중 고 합니다. 형은 동생보다 초콜릿을 몇 개 더 많이
가지게 되나요? [5점]

(   )

10 비례식에서 ㉠과 ㉡에 알맞은 수의 합을 소수로 나
중 타내세요. [5점]

$$7 : 12 = ㉠ : 7.2$$
$$5 : 3 = 2\frac{1}{3} : ㉡$$

(   )

11 ㉮ : ㉯를 간단한 자연수의 비로 나타내세요. [8점]
중

$$㉮ \times 27 = ㉯ \times 45$$

(   )

12 논 $1\frac{1}{2}$ m²에서 벼 0.48 kg을 수확한다고 할 때,
중 논 100 m²에서 수확할 수 있는 벼는 몇 kg인가
요? [8점]

(   )

추론
13 $\dfrac{\square}{9} : \dfrac{7}{12}$을 간단한 자연수의 비로 나타내었더니
중 16 : 21이 되었습니다. ☐ 안에 알맞은 수를 구하
세요. [8점]

(   )

14 가로와 세로의 비가 8 : 3
상 인 직사각형입니다. 가로가
6.4 cm일 때, 넓이는 몇
cm²인가요? [8점]

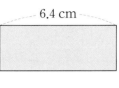
6.4 cm

(   )

📖 서술형 문제
15 두 정삼각형 가와 나의 한 변의 길이의 비가 1 : 5
상 라고 합니다. 나의 둘레는 몇 cm인지 풀이 과정을
쓰고 답을 구하세요. [10점]

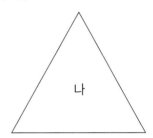

풀이 _____

_____

_____

답 _____

문제 해결
16 사다리꼴 모양의 화단에 봉숭아와
상 맨드라미를 넓이가 $\dfrac{4}{5}$: 1.6의 비
로 심으려고 합니다. 맨드라미를
심을 부분의 넓이는 몇 m²인가
요? [8점]

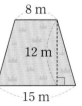
8 m
12 m
15 m

(   )

진도 완료
체크

1 호빵을 만들기 위해 밀가루 4.7 kg과 팥 2.5 kg을 준비했습니다. 밀가루와 팥의 무게의 비를 간단한 자연수의 비로 나타내면 얼마인지 풀이 과정을 쓰고 답을 구하세요. [10점]

풀이 _____

_____

_____

답 _____

2 비례식에서 외항의 곱은 얼마인지 풀이 과정을 쓰고 답을 구하세요. [10점]

$$2.4 : 5.8 = 12 : \boxed{}$$

풀이 _____

_____

_____

답 _____

3 기차가 일정한 빠르기로 140 km를 가는 데 1시간 20분이 걸렸습니다. 같은 빠르기로 280 km를 가려면 몇 시간 몇 분이 걸리는지 풀이 과정을 쓰고 답을 구하세요. [10점]

풀이 _____

_____

_____

답 _____

4 바둑돌 152개를 성주와 정훈이가 11 : 8로 나누어 가지려고 합니다. 성주는 몇 개를 가지게 되는지 풀이 과정을 쓰고 답을 구하세요. [10점]

풀이 _____

_____

_____

답 _____

5 민호와 진희는 등산을 했습니다. 각각 일정한 빠르기로 등산을 했고 같은 코스로 산 정상에 가는 데 민호는 2.8시간, 진희는 $2\frac{1}{2}$시간이 걸렸습니다. 민호와 진희가 등산을 한 시간을 간단한 자연수의 비로 나타내면 얼마인지 풀이 과정을 쓰고 답을 구하세요. [15점]

풀이 _____

_____

_____

_____

답 _____

6 가로와 세로의 비가 7 : 4인 액자가 있습니다. 세로가 20 cm일 때 액자의 둘레는 몇 cm인지 풀이 과정을 쓰고 답을 구하세요. [15점]

풀이 _____

_____

_____

_____

답 _____

7 바닷물 5 L를 증발시켜서 80 g의 소금을 얻었습니다. 480 g의 소금을 얻으려면 몇 L의 바닷물을 증발시켜야 하는지 풀이 과정을 쓰고 답을 구하세요. [15점]

풀이 _____

_____

_____

_____

답 _____

8 현진이네 학교 6학년 학생은 150명입니다. 남학생과 여학생 수의 비가 8 : 7이고, 안경을 쓴 남학생 수와 안경을 쓰지 않은 남학생 수의 비가 2 : 8 입니다. 안경을 쓰지 않은 6학년 남학생은 몇 명인지 풀이 과정을 쓰고 답을 구하세요. [15점]

풀이 _____

_____

_____

_____

답 _____

4
단원

1 두 마름모 ㉮와 ㉯의 한 변의 길이의 비는 4 : 5입니다. 마름모 ㉮의 한 변의 길이가 24 cm일 때 마름모 ㉯의 둘레는 몇 cm인가요?

( )

2 삼각형 ㄱㄴㄷ과 삼각형 ㄱㄷㄹ의 넓이의 비를 간단한 자연수의 비로 나타내세요.

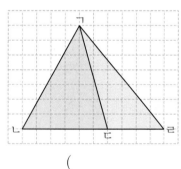

( )

3 조건을 모두 만족하는 비 ㉮ : ㉯ 중에서 후항이 가장 큰 비를 구하세요.

- 비율이 $1\frac{1}{4}$입니다.
- ㉮와 ㉯는 자연수입니다.
- 전항과 후항의 곱이 200 미만입니다.

( )

4 두 직사각형 ㉮와 ㉯의 가로의 비는 2 : 3이고 세로의 비는 5 : 4일 때 두 직사각형 ㉮와 ㉯의 넓이의 비를 간단한 자연수의 비로 나타내세요.

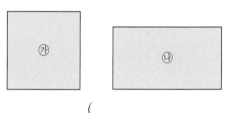

( )

5 정민이네 학교의 6학년 남학생과 여학생 수의 비는 3 : 2였습니다. 그런데 남학생 몇 명이 전학을 가서 남학생과 여학생 수의 비는 8 : 7이 되고 6학년 학생은 270명이 되었습니다. 전학을 간 남학생은 몇 명인가요?

( )

1 원의 지름은 파란색으로, 원주는 빨간색으로 나타내세요.
하

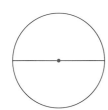

2 원의 지름에 대한 원주의 비율을 무엇이라고 합니까?
하

(   )

3 옳은 것에 ○표, 옳지 않은 것에 ×표 하세요.
하
(1) 원의 지름이 길어지면 원주는 짧아집니다.

(   )

(2) 원주가 길어지면 원의 지름도 길어집니다.

(   )

4 (원주)÷(지름)을 반올림하여 소수 첫째 자리까지 나타내세요.
중

원주	지름	(원주)÷(지름)
9.4 cm	3 cm	
18.7 cm	6 cm	

5 원주를 구하세요. (원주율: 3)
중

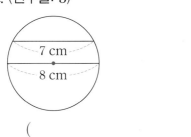

(   )

6 원 모양인 접시의 원주가 43.4 cm입니다. 접시의 지름은 몇 cm인가요? (원주율: 3.1)
중

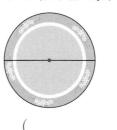

(   )

7 길이가 5 m인 밧줄을 이용하여 운동장에 가장 큰 원을 그렸습니다. 원주는 몇 m인가요?
중

(원주율: 3.14)

(   )

[8~9] 튜브를 보고 물음에 답하세요. (원주율: 3.1)

가   나   다
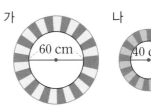

8 튜브 안쪽 원주를 각각 구하세요.
중

가 (   )
나 (   )
다 (   )

9 가장 작은 튜브의 안쪽 원의 넓이를 구하세요.
중

(   )

5
단원

[10~12] 지름이 8 cm인 원의 넓이를 어림하려고 합니다. 물음에 답하세요.

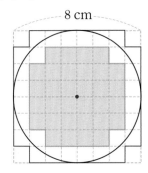

10 노란색 모눈의 수는 모두 몇 개인가요?
(중)
(   )

11 빨간색 선 안쪽 모눈의 수는 모두 몇 개인가요?
(중)
(   )

[추론]
12 노란색 모눈의 수와 빨간색 선 안쪽 모눈의 수를 이용하여 ☐ 안에 알맞은 수를 써넣으세요.
(중)

☐ cm² < (원의 넓이)

(원의 넓이) < ☐ cm²

13 반지름이 4 cm인 원을 잘게 잘라서 이어 붙여 직사각형을 만들었습니다. ☐ 안에 알맞은 수를 써넣고, 원의 넓이를 구하세요. (원주율: 3.14)
(중)

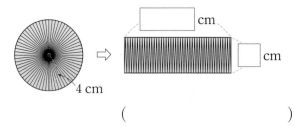

(   )

[14~15] 원의 넓이를 구하세요. (원주율: 3.14)

14
(중)
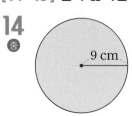

(   )

15
(중)
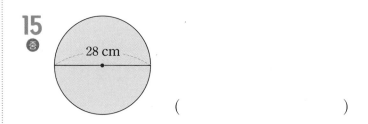

(   )

[서술형 문제] [창의·융합]
16 전통 부채를 만들기 위해 화선지를 그림과 같이 오렸습니다. 오린 화선지의 넓이를 구하는 식을 쓰고 답을 구하세요. (원주율: 3.14)
(중)

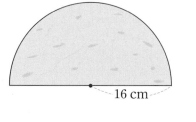

식 _____

답 _____

17 한 변이 13 cm인 정사각형 모양의 피자와 반지름이 8 cm인 원 모양의 피자 중 넓이가 더 넓은 피자는 어느 모양인가요? (원주율: 3.14)
(중)

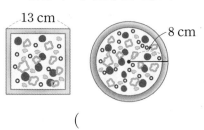

(   )

[18~19] 색칠한 부분의 넓이를 구하세요.

(원주율: 3.14)

18
중

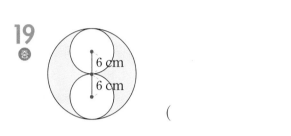

16 cm

16 cm

(   )

19
중

6 cm

6 cm

(   )

20
중
놀이공원의 기차가 지름이 12 m인 원 모양의 철로 위를 7바퀴 돌았습니다. 기차가 달린 거리는 몇 m 인가요? (원주율: 3.14)

(   )

📖 서술형 문제

21
중
큰 원의 반지름이 작은 원의 반지름보다 5 cm 더 깁니다. 두 원의 넓이의 차는 몇 cm²인지 풀이 과 정을 쓰고 답을 구하세요. (원주율: 3.14)

5 cm

풀이 _____

_____

_____

답 _____

22
상
지름이 32 cm인 원 모양의 종이가 있습니다. 이 종이를 똑같이 8등분한 것 중에서 5만큼 잘라서 고 깔모자를 만들었습니다. 사용한 종이의 넓이는 몇 cm²인가요? (원주율: 3.14)

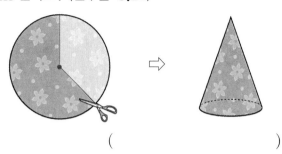

(   )

[23~24] 육상 경기장을 보고 물음에 답하세요.

(원주율: 3.14)

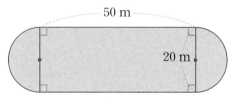

50 m

20 m

23
중
경기장의 둘레는 몇 m인가요?

(   )

24
상
경기장의 넓이를 구하세요.

(   )

문제 해결

25
상
바퀴의 지름이 60 cm인 자전거를 타고 63 m를 달렸습니다. 자전거의 바퀴는 몇 바퀴 굴러간 것인 가요? (원주율: 3)

(   )

1 ⓗ 원주와 지름의 관계를 나타낸 표입니다. 빈칸에 알맞은 수를 써넣으세요. [5점]

원주	지름	(원주)÷(지름)
21.98 cm	7 cm	

2 ⓗ 지름이 70 cm인 자전거 바퀴를 직선으로 10바퀴 굴렸다면 굴러간 거리는 몇 cm인가요?
(원주율: 3.14) [5점]

(   )

3 ⓒ 두 원주의 차를 구하세요. (원주율: 3.14) [5점]

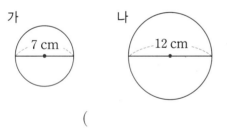

가   7 cm   나   12 cm

(   )

4 ⓒ 원 모양 고리의 바깥쪽 원주는 몇 cm인가요?
(원주율: 3.14) [5점]

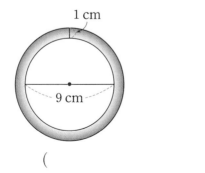

1 cm
9 cm

(   )

5 ⓒ 원 모양의 메달이 직선으로 1바퀴 굴러간 거리가 12.56 cm라고 합니다. 메달의 지름은 몇 cm인가요? (원주율: 3.14) [5점]

(   )

6 ⓒ 한 변의 길이가 6 cm인 정사각형 안에 들어갈 수 있는 가장 큰 원의 넓이를 구하세요.
(원주율: 3.14) [5점]

(   )

[7~8] 길이가 43.96 cm인 철사가 있습니다. 물음에 답하세요. (원주율: 3.14)

43.96 cm

7 ⓒ 철사를 구부려서 만들 수 있는 가장 큰 원의 지름을 구하세요. [5점]

(   )

8 ⓒ 철사를 구부려서 만들 수 있는 가장 큰 원의 넓이를 구하세요. [5점]

(   )

9 ⓒ 색칠한 부분의 넓이를 구하세요. (원주율: 3.1) [5점]

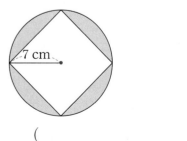

7 cm

(   )

10 지름이 30 cm인 원 모양의 피자를 6명이 똑같이
나누어 먹으려고 합니다. 한 사람이 먹을 수 있는
피자의 넓이는 몇 cm²인지 풀이 과정을 쓰고 답을
구하세요. (원주율: 3.14) [8점]

풀이 _____

_____

_____

답 _____

정보 처리

11 원 모양의 접시들이 있습니다. 넓이가 가장 넓은 접
시를 찾아 기호를 쓰세요. (원주율: 3.14) [5점]

> ㉠ 지름이 18 cm인 접시
> ㉡ 넓이가 153.86 cm²인 접시
> ㉢ 원주가 50.24 cm인 접시

( )

12 색칠한 부분의 둘레는 몇 cm인가요?

(원주율: 3.14) [8점]

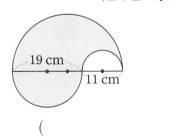

( )

13 지름이 60 m인 원 모양의 연못 둘레에 1 m 20 cm
간격으로 꽃을 심으려고 합니다. 연못의 둘레에는
꽃을 몇 송이 심을 수 있나요? (원주율: 3.14) [8점]

( )

추론

14 색칠한 부분의 넓이가 308.4 cm²일 때 ☐ 안에
알맞은 수를 구하세요. (원주율: 3.1) [8점]

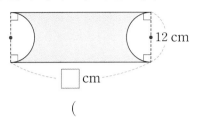

( )

서술형 문제

15 원주가 49.6 cm, 62 cm인 두 원이 있습니다. 두
원의 넓이의 합은 몇 cm²인지 풀이 과정을 쓰고
답을 구하세요. (원주율: 3.1) [10점]

풀이 _____

_____

_____

_____

_____

답 _____

문제 해결

16 희주는 밑면의 지름이 3 cm인 둥근 통나무 3개를
테이프로 묶었습니다. 희주가 사용한 테이프의 길이
를 구하세요. (단, 테이프는 겹치지 않았습니다.)

(원주율: 3.14) [8점]

테이프 ⌐

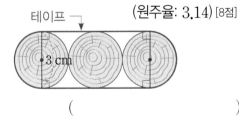

( )

지필 평가 종이에 답을 쓰는 형식의 평가

1 원의 지름은 몇 cm인지 풀이 과정을 쓰고 답을 구하세요. (원주율: 3.14) [10점]

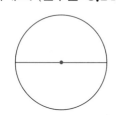

원주: 81.64 cm

풀이 _____

_____

_____

답 _____

지필 평가

2 원 모양의 튜브가 2개 있습니다. 두 튜브 안쪽의 원주의 차는 몇 cm인지 풀이 과정을 쓰고 답을 구하세요. (원주율: 3.14) [10점]

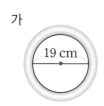 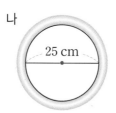

풀이 _____

_____

_____

답 _____

[3~5] 원 안의 정육각형과 원 밖의 정육각형의 넓이를 이용하여 원의 넓이를 어림하세요.

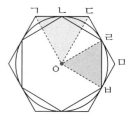

지필 평가

3 삼각형 ㄱㅇㄷ의 넓이가 40 cm²라면 원 밖의 정육각형의 넓이는 몇 cm²인지 풀이 과정을 쓰고 답을 구하세요. [10점]

풀이 _____

_____

_____

답 _____

지필 평가

4 삼각형 ㄹㅇㅂ의 넓이가 30 cm²라면 원 안의 정육각형의 넓이는 몇 cm²인지 풀이 과정을 쓰고 답을 구하세요. [10점]

풀이 _____

_____

_____

답 _____

지필 평가

5 원의 넓이를 어림하면 몇 cm²인지 풀이 과정을 쓰고 답을 구하세요. [10점]

풀이

_____

_____

_____

답 _____

6 케이크를 위에서 본 모양의 넓이가 111.6 cm²입니다. 이 케이크의 반지름은 몇 cm인지 풀이 과정을 쓰고 답을 구하세요. (원주율: 3.1) [10점]

풀이 _____

_____

_____

답 _____

7 반원의 넓이는 몇 cm²인지 풀이 과정을 쓰고 답을 구하세요. (원주율: 3.14) [10점]

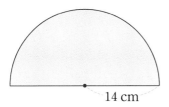

14 cm

풀이 _____

_____

_____

답 _____

8 정사각형 안에 꼭 맞게 원을 그렸습니다. 그린 원의 원주가 42 cm라면 정사각형의 네 변의 길이의 합은 몇 cm인지 풀이 과정을 쓰고 답을 구하세요.

(원주율: 3) [15점]

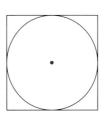

풀이 _____

_____

_____

답 _____

9 색칠한 부분의 넓이는 몇 cm²인지 풀이 과정을 쓰고 답을 구하세요. (원주율: 3.1) [15점]

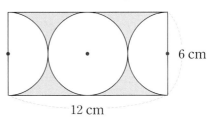

6 cm

12 cm

풀이 _____

_____

_____

답 _____

1 색칠한 부분의 넓이를 구하세요. (원주율: 3.14)

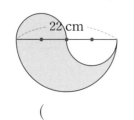

22 cm

( )

2 앞바퀴의 지름이 90 cm이고 뒷바퀴의 지름이 70 cm인 자전거가 있습니다. 앞바퀴가 10바퀴 굴러갈 때 뒷바퀴는 몇 바퀴 굴러가는지 반올림하여 자연수로 나타내세요. (원주율: 3.14)

( )

3 반원과 반원의 지름을 한 변으로 하고 한 각이 직각인 이등변삼각형을 그림과 같이 겹치지 않게 붙였습니다. 색칠한 부분의 넓이는 몇 cm²인가요?

(원주율: 3.14)

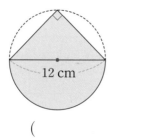

12 cm

( )

4 밑면의 반지름이 15 cm인 둥근 통나무 4개를 다음과 같이 끈으로 묶었습니다. 사용한 끈의 길이는 몇 cm인가요? (단, 끈이 겹치는 부분은 없습니다.)

(원주율: 3.14)

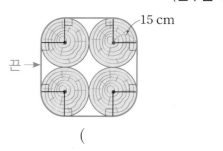

15 cm

끈 →

( )

[5~6] 경기장을 보고 물음에 답하세요. (원주율: 3)

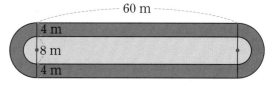

60 m

4 m
8 m
4 m

5 빨간색으로 색칠된 부분의 넓이를 구하세요.

( )

6 경기장 바깥 둘레에 3 m 간격으로 나무를 심으려고 합니다. 나무는 모두 몇 그루가 필요한가요?

(단, 나무의 두께는 생각하지 않습니다.)

( )

기본 단원평가

점수

[1~4] 입체도형을 보고 물음에 답하세요.

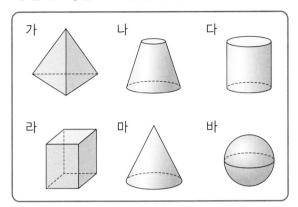

1 원기둥을 찾아 기호를 쓰세요.
하

(   )

2 원뿔을 찾아 기호를 쓰세요.
하

(   )

3 구를 찾아 기호를 쓰세요.
하

(   )

📋 서술형 문제

4 입체도형 나가 원기둥이 아닌 까닭을 쓰세요.
중

_____

_____

5 원기둥에서 각 부분의 이름을 ☐ 안에 써넣으세요.
하

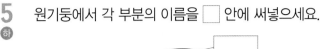
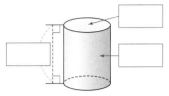

6 원뿔에서 각 부분의 이름이 <u>잘못된</u> 것을 찾아 기호를 쓰세요.
중

> ㉠ 원뿔의 꼭짓점
> ㉡ 모선
> ㉢ 옆면

(   )

[7~8] 원기둥의 전개도를 보고 물음에 답하세요.

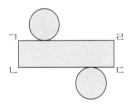

7 밑면의 둘레와 길이가 같은 선분을 모두 찾아 쓰세요.
중

(   )

8 원기둥의 높이와 길이가 같은 선분을 모두 찾아 쓰세요.
중

(   )

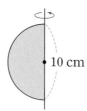

[9~11] 반원 모양의 종이를 지름을 기준으로 한 바퀴 돌렸습니다. 물음에 답하세요.

9 반원 모양의 종이를 지름을 기준으로 한 바퀴 돌려서 만들어진 입체도형의 이름을 쓰세요.

( )

10 만들어진 입체도형의 반지름은 몇 cm인가요?

( )

11 입체도형의 각 부분의 이름을 □ 안에 써넣으세요.

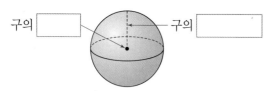

구의 □   구의 □

📖 **서술형 문제**

12 원기둥의 전개도가 아닌 까닭을 쓰세요.

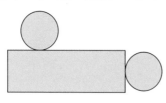

13 원기둥의 높이는 몇 cm인가요?

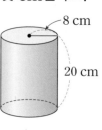

( )

14 원뿔의 모선의 길이는 몇 cm인가요?

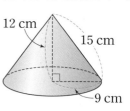

( )

[15~17] 직각삼각형 모양의 종이를 한 변을 기준으로 한 바퀴 돌렸습니다. 물음에 답하세요.

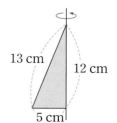

15 만들어진 입체도형의 이름을 쓰세요.

( )

16 만들어진 입체도형의 높이는 몇 cm인가요?

( )

17 만들어진 입체도형의 밑면의 지름은 몇 cm인가요?

( )

6단원

18 원기둥과 각기둥의 같은 점을 모두 고르세요.
(중) .... ( )

① 밑면이 2개입니다.
② 밑면이 다각형입니다.
③ 두 밑면이 서로 합동입니다.
④ 꼭짓점의 개수가 같습니다.
⑤ 옆면이 굽은 면입니다.

19 원뿔의 어느 부분을 재는 것인지 찾아 이으세요.
(중)

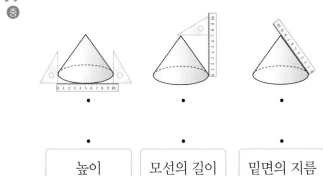

| 높이 | 모선의 길이 | 밑면의 지름 |

20 원기둥의 밑면의 모양은 반지름이 4 cm인 원입니
(상) 다. 이 원기둥의 밑면의 지름은 몇 cm인가요?

( )

21 입체도형을 보고 알맞은 말이나 수를 써넣으세요.
(중)

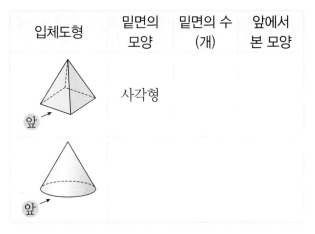

입체도형	밑면의 모양	밑면의 수 (개)	앞에서 본 모양
	사각형		

22 원기둥과 원기둥의 전개도를 보고 □ 안에 알맞은
(상) 수를 써넣으세요. (원주율: 3.14)

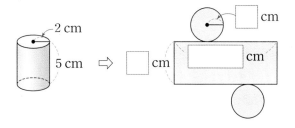

추론
23 구를 위, 앞, 옆에서 본 모양을 그리세요.
(상)

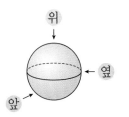

위에서 본 모양	앞에서 본 모양	옆에서 본 모양

24 원기둥을 위에서 본 모양은 반지름이 10 cm인 원
(상) 이고, 앞에서 본 모양은 정사각형입니다. 이 원기둥
의 높이는 몇 cm인가요?

( )

정보 처리
25 원기둥의 전개도에서 옆면의 가로가 37.68 cm,
(상) 세로가 13 cm일 때 원기둥의 밑면의 반지름은 몇
cm인가요? (원주율: 3.14)

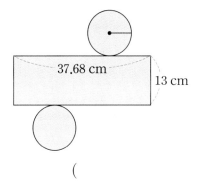

( )

[1~3] 입체도형을 보고 물음에 답하세요.

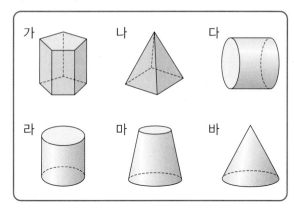

1 원기둥을 모두 찾아 기호를 쓰세요. [5점]
（　　　　　）

2 원뿔을 찾아 기호를 쓰세요. [5점]
（　　　　　）

📃 서술형 문제

3 입체도형 마가 원뿔이 아닌 까닭을 쓰세요. [5점]

_____

_____

의사 소통

4 원기둥의 특징을 1가지 쓰세요. [5점]

_____

_____

5 원뿔에서 모선의 수는 몇 개인가요? [5점]
（　　　　　）
① 1개　　② 2개　　③ 3개
④ 4개　　⑤ 무수히 많습니다.

[6~7] 직사각형 모양의 종이를 한 변을 기준으로 한 바퀴 돌렸습니다. 물음에 답하세요.

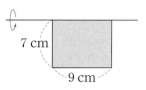

7 cm
9 cm

6 만들어진 입체도형의 이름을 쓰세요. [5점]
（　　　　　）

7 만들어진 입체도형의 높이는 몇 cm인가요? [5점]
（　　　　　）

8 구의 반지름을 구하세요. [5점]

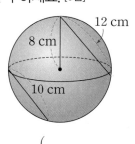

12 cm
8 cm
10 cm

（　　　　　）

9 직각삼각형 모양의 종이를 한 변을 기준으로 한 바퀴 돌려 만든 입체도형을 보고 밑면의 지름과 모선의 길이를 구하세요. [5점]

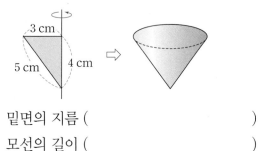

3 cm
5 cm　4 cm

밑면의 지름 （　　　　　）
모선의 길이 （　　　　　）

[10~11] 원기둥과 원기둥의 전개도를 보고 물음에 답하세요. (원주율: 3.1)

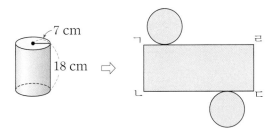

10 선분 ㄱㄴ의 길이는 몇 cm인가요? [5점]
중
( )

11 선분 ㄱㄹ의 길이는 몇 cm인가요? [5점]
중
( )

12 원기둥과 원뿔에 대한 설명입니다. 옳지 <u>않은</u> 것은 어느 것인가요? [5점] ·········( )
중
① 원뿔의 꼭짓점은 1개입니다.
② 원기둥의 옆면은 평평한 면입니다.
③ 원기둥의 두 밑면은 모양이 서로 같습니다.
④ 원뿔의 옆면은 굽은 면입니다.
⑤ 원기둥은 직사각형의 한 변을 기준으로 하여 한 바퀴 돌려서 만들 수 있습니다.

🖍 서술형 문제
13 원기둥과 각기둥의 같은 점과 다른 점을 1가지씩 쓰세요. [10점]
중

같은 점	
다른 점	

14 원뿔의 모선의 길이와 높이의 차는 몇 cm입니까? [10점]
상

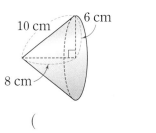

( )

추론
15 원기둥의 전개도를 그리고 밑면의 반지름과 옆면의 가로, 세로의 길이를 나타내세요.
상
(원주율: 3) [10점]

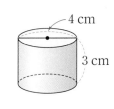

6
단원
진도 완료 체크

16 한 밑면의 반지름이 6 cm이고 높이가 13 cm인 원기둥이 있습니다. 이 원기둥을 잘라서 전개도를 만들었을 때 옆면의 가로와 세로의 차는 몇 cm인지 구하세요. (원주율: 3.1) [10점]
상

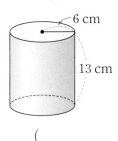

( )

1 원뿔이 아닌 까닭을 쓰세요. [10점]

_____

_____

2 원기둥의 전개도가 아닌 까닭을 쓰세요. [10점]

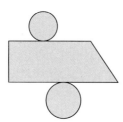

_____

_____

_____

3 원기둥과 원뿔 중에서 어느 도형의 높이가 몇 cm 더 높은지 풀이 과정을 쓰고 답을 구하세요. [10점]

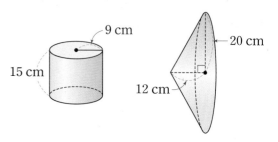

9 cm

15 cm

20 cm

12 cm

풀이 _____

_____

_____

_____

답 _____

4 원기둥을 위에서 본 모양은 반지름이 5 cm인 원이고, 앞에서 본 모양은 정사각형입니다. 이 원기둥의 밑면의 지름과 높이는 각각 몇 cm인지 풀이 과정을 쓰고 답을 구하세요. [10점]

풀이 _____

_____

_____

_____

답 _____

정답 84쪽

[관찰 평가]

5 반원 모양의 종이를 한 바퀴 돌려 만든 입체도형의 반지름은 몇 cm인지 풀이 과정을 쓰고 답을 구하세요. [15점]

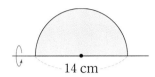

14 cm

풀이 _____

_____

_____

_____

답 _____

[지필 평가] 종이에 답을 쓰는 형식의 평가

7 원기둥의 전개도에서 옆면의 가로가 24 cm, 세로가 9 cm일 때 원기둥의 밑면의 반지름은 몇 cm인지 풀이 과정을 쓰고 답을 구하세요.

(원주율: 3) [15점]

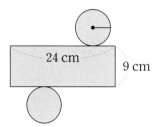

24 cm

9 cm

풀이 _____

_____

_____

_____

답 _____

[구술 평가]

6 원기둥, 원뿔, 구에 대해 말한 것입니다. 잘못 말한 친구의 이름을 쓰고 그 까닭을 쓰세요. [15점]

> 지은: 원뿔은 뾰족한 부분이 있지만 원기둥과 구는 뾰족한 부분이 없습니다.
>
> 성훈: 원기둥, 원뿔, 구는 어떤 방향에서 보아도 모양이 모두 원입니다.

답 _____

까닭 _____

_____

_____

[관찰 평가]

8 직각삼각형 모양의 종이를 한 바퀴 돌려 입체도형을 만들었습니다. 입체도형의 모선의 길이와 밑면의 지름의 차는 몇 cm인지 풀이 과정을 쓰고 답을 구하세요. [15점]

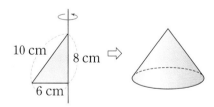

10 cm   8 cm ⇨

6 cm

풀이 _____

_____

_____

_____

답 _____

1 입체도형을 위와 옆에서 본 모양을 각각 그리세요.

입체도형	위에서 본 모양	옆에서 본 모양
위↓ 옆← (원기둥)		
위↓ 옆← (원뿔)		

2 원기둥과 원뿔의 같은 점과 다른 점을 1가지씩 쓰세요.

같은 점	
다른 점	

3 직사각형 모양의 종이와 직각삼각형 모양의 종이를 한 변을 기준으로 한 바퀴씩 돌렸습니다. 만들어진 두 입체도형의 밑면의 지름의 차는 몇 cm입니까?

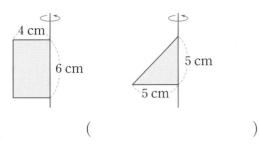

(   )

[4~5] 원기둥과 원기둥 안에 꼭 맞게 들어가는 구가 있습니다. 구의 반지름이 10 cm일 때, 물음에 답하세요.

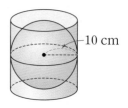

10 cm

4 원기둥의 높이는 몇 cm인가요?

(   )

5 원기둥의 전개도를 그릴 때 옆면의 둘레는 몇 cm인가요? (원주율: 3.14)

(   )

6 옆면의 넓이가 155 cm²이고 밑면의 반지름이 5 cm인 원기둥의 전개도입니다. 원기둥의 높이를 구하세요. (원주율: 3.1)

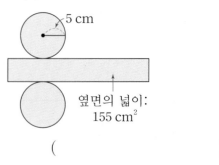

5 cm

옆면의 넓이: 155 cm²

(   )

어떤 교과서를 쓰더라도 ALWAYS

우등생 시리즈

국어/수학 | 초 1~6(학기별), 사회/과학 | 초 3~6학년(학기별)

세트 구성 | 초 1~2(국/수), 초 3~6(국/사/과, 국/수/사/과)

POINT 1

동영상 강의와 스케줄표로
쉽고 빠른 홈스쿨링 학습서

POINT 2

모든 교과서의 개념과
문제 유형을 빠짐없이 수록

POINT 3

온라인 성적 피드백 &
오답노트 앱(수학) 제공

평 가
자료집

수학 전문 교재

● 연산 학습

빅터연산	예비초~6학년, 총 20권
창의융합 빅터연산	예비초~4학년, 총 16권

● 개념 학습

개념클릭 해법수학	1~6학년, 학기용

● 수준별 수학 전문서

해결의법칙(개념/유형/응용)	1~6학년, 학기용

● 단원평가 대비

수학 단원평가	1~6학년, 학기용
밀등전략 초등 수학	1~6학년, 학기용

● 단기완성 학습

초등 수학전략	1~6학년, 학기용

● 상위권 학습

최고수준 S 수학	1~6학년, 학기용
최고수준 수학	1~6학년, 학기용
최강 TOT 수학	1~6학년, 학년용

● 경시대회 대비

해법 수학경시대회 기출문제	1~6학년, 학기용

예비 중등 교재

● **해법 반편성 배치고사 예상문제**	6학년
● **해법 신입생 시리즈(수학/영어)**	6학년

맞춤형 학교 시험대비 교재

● **열공 전과목 단원평가**	1~6학년, 학기용(1학기 2~6년)

한자 교재

● **한자능력검정시험 자격증 한번에 따기**	8~3급, 총 9권
● **씽씽 한자 자격시험**	8~5급, 총 4권
● **한자 전략**	8~5급Ⅱ, 총 12권

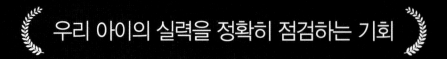

배움으로 행복한 내일을 꿈꾸는
천재교육 커뮤니티 안내 ...

 교재 안내부터 구매까지 한 번에!
천재교육 홈페이지

자사가 발행하는 참고서, 교과서에 대한 소개는 물론
도서 구매도 할 수 있습니다. 회원에게 지급되는 별을 모아
다양한 상품 응모에도 도전해 보세요!

 다양한 교육 꿀팁에 깜짝 이벤트는 덤!
천재교육 인스타그램

천재교육의 새롭고 중요한 소식을 가장 먼저 접하고 싶다면?
천재교육 인스타그램 팔로우가 필수!
깜짝 이벤트도 수시로 진행되니 놓치지 마세요!

 수업이 편리해지는
천재교육 ACA 사이트

오직 선생님만을 위한, 천재교육 모든 교재에 대한 정보가 담긴
아카 사이트에서는 다양한 수업자료 및 부가 자료는 물론
시험 출제에 필요한 문제도 다운로드하실 수 있습니다.

https://aca.chunjae.co.kr

 천재교육을 사랑하는 샘들의 모임
천사샘

학원 강사, 공부방 선생님이시라면 누구나 가입할 수 있는 천사샘!
교재 개발 및 평가를 통해 교재 검토진으로 참여할 수 있는 기회는 물론
다양한 교사용 교재 증정 이벤트가 선생님을 기다립니다.

 아이와 함께 성장하는 학부모들의 모임공간
튠맘 학습연구소

튠맘 학습연구소는 초·중등 학부모를 대상으로 다양한 이벤트와 함께
교재 리뷰 및 학습 정보를 제공하는 네이버 카페입니다.
초등학생, 중학생 자녀를 둔 학부모님이라면 튠맘 학습연구소로 오세요!

정답은 정확하게, 풀이는 자세하게

꼼꼼 풀이집

홈스쿨링
우등생

초등
수학 6·2

천재교육

꼼꼼 풀이집
포인트 3가지

▶ 참고, 주의, 다른 풀이 등과 함께 친절한 해설 제공

▶ 단계별 배점과 채점 기준을 제시하여 서술형 문항 완벽 대비

▶ 틀린 과정을 분석하여 과정 중심 평가 완벽 대비

꼼꼼 풀이집

정답과 풀이

6-2

1 단원 분수의 나눗셈

* '분수의 나눗셈'에서 계산 결과를 기약분수나 대분수로 나타
내지 않아도 정답으로 인정합니다.

step 1 교과 개념 8~9쪽

1 (1) 8, 2, 8, 2 (2) 2, 4

2 2, 2 ; 5, 2, $2\dfrac{1}{2}$

3 (1) 6, 2, 3 (2) 10, 7, $\dfrac{10}{7}$, $1\dfrac{3}{7}$

4 (1) 7 (2) 4 (3) $\dfrac{6}{7}$ (4) $1\dfrac{1}{3}$

5 $2\dfrac{1}{2}$ 6 >

7 ( )(○)( )

1 분모가 같은 진분수끼리의 나눗셈은 분자끼리의 나눗셈과
같습니다.

4 (1) $\dfrac{14}{15} \div \dfrac{2}{15} = 14 \div 2 = 7$

(2) $\dfrac{12}{13} \div \dfrac{3}{13} = 12 \div 3 = 4$

(3) $\dfrac{6}{19} \div \dfrac{7}{19} = 6 \div 7 = \dfrac{6}{7}$

(4) $\dfrac{4}{9} \div \dfrac{3}{9} = 4 \div 3 = \dfrac{4}{3} = 1\dfrac{1}{3}$

5 $\dfrac{5}{17} \div \dfrac{2}{17} = 5 \div 2 = \dfrac{5}{2} = 2\dfrac{1}{2}$

6 $\dfrac{9}{10} \div \dfrac{3}{10} = 9 \div 3 = 3$, $\dfrac{5}{12} \div \dfrac{8}{12} = 5 \div 8 = \dfrac{5}{8}$

$\Rightarrow 3 > \dfrac{5}{8}$

7 $\dfrac{6}{7} \div \dfrac{3}{7} = 6 \div 3 = 2$, $\dfrac{3}{8} \div \dfrac{1}{8} = 3 \div 1 = 3$,

$\dfrac{5}{7} \div \dfrac{4}{7} = 5 \div 4 = \dfrac{5}{4} = 1\dfrac{1}{4} \Rightarrow 3 > 2 > 1\dfrac{1}{4}$

step 1 교과 개념 10~11쪽

1 10, 10 2 6

3 6, 6, 3

4 (1) 5, 10, 3, 9

(2) 10, 9, 10, 9, $\dfrac{10}{9}$, $1\dfrac{1}{9}$

5 15, 3, 15, 3, 5

6 25, 24, 25, 24, $\dfrac{25}{24}$, $1\dfrac{1}{24}$

7 (1) 예 $\dfrac{3}{4} \div \dfrac{5}{9} = \dfrac{27}{36} \div \dfrac{20}{36} = 27 \div 20 = \dfrac{27}{20} = 1\dfrac{7}{20}$

(2) 예 $\dfrac{7}{10} \div \dfrac{7}{12} = \dfrac{42}{60} \div \dfrac{35}{60} = 42 \div 35 = \dfrac{\overset{6}{\cancel{42}}}{\underset{5}{\cancel{35}}} = \dfrac{6}{5} = 1\dfrac{1}{5}$

8 $1\dfrac{5}{9}$ 9 (1) $\dfrac{20}{21}$ (2) $1\dfrac{7}{25}$ (3) $2\dfrac{2}{9}$

2 $\dfrac{3}{4} = \dfrac{6}{8}$ 이므로 $\dfrac{3}{4}$ 에는 $\dfrac{1}{8}$ 이 6번 들어갑니다.

따라서 $\dfrac{3}{4} \div \dfrac{1}{8} = 6$ 입니다.

4 분모가 다른 분수의 나눗셈은 분모를 같게 통분하여 분자
끼리 나누어 구합니다.

6 $\dfrac{5}{6} = \dfrac{5 \times 5}{6 \times 5} = \dfrac{25}{30}$, $\dfrac{4}{5} = \dfrac{4 \times 6}{5 \times 6} = \dfrac{24}{30}$

7 (1) 4와 9의 최소공배수인 36을 공통분모로 하여 통분하
여 계산합니다.

(2) $\begin{array}{r}2\,)\underline{10\quad 12}\\ 5\quad 6\end{array}$ ⇨ 10과 12의 최소공배수는
$2 \times 5 \times 6 = 60$ 입니다.

60의 배수를 공통분모로 하여 통분하여 계산합니다.

8 $\dfrac{4}{9} \div \dfrac{2}{7} = \dfrac{28}{63} \div \dfrac{18}{63} = 28 \div 18 = \dfrac{\overset{14}{\cancel{28}}}{\underset{9}{\cancel{18}}} = \dfrac{14}{9} = 1\dfrac{5}{9}$

9 (1) $\dfrac{4}{7} \div \dfrac{3}{5} = \dfrac{20}{35} \div \dfrac{21}{35} = 20 \div 21 = \dfrac{20}{21}$

(2) $\dfrac{4}{5} \div \dfrac{5}{8} = \dfrac{32}{40} \div \dfrac{25}{40} = 32 \div 25 = \dfrac{32}{25} = 1\dfrac{7}{25}$

(3) $\dfrac{5}{6} \div \dfrac{3}{8} = \dfrac{20}{24} \div \dfrac{9}{24} = 20 \div 9 = \dfrac{20}{9} = 2\dfrac{2}{9}$

1 $5, 5, \dfrac{\boxed{8}}{5}, 1\dfrac{\boxed{3}}{5}$ **2** 2

3 **4** (1) $1\dfrac{2}{7}$ (2) $1\dfrac{1}{11}$

5 (1) $<$ (2) $<$ **6** 3

7 ㉣ **8** $1\dfrac{5}{6}$

9 4개 **10** $8\dfrac{3}{4}$ m

11 예) $\dfrac{3}{5}\div\dfrac{3}{10}=\dfrac{6}{10}\div\dfrac{3}{10}=6\div3=2$이므로 ▶3점

　　수아가 마신 우유 양은 민재가 마신 우유 양의 2배입니다. ▶3점

　　; 2배 ▶4점

12 $4, 10, 27$ **13** 지호

14 $\dfrac{\boxed{9}}{\boxed{11}}\div\dfrac{\boxed{7}}{\boxed{11}}=\boxed{1\dfrac{2}{7}}$

　　$\left(\text{또는 } \dfrac{\boxed{9}}{\boxed{10}}\div\dfrac{\boxed{7}}{\boxed{10}}=\boxed{1\dfrac{2}{7}}\right)$

---

2 $\dfrac{14}{17}\div\dfrac{7}{17}=14\div7=2$

3 $\dfrac{8}{13}\div\dfrac{2}{13}=8\div2=4,$

$\dfrac{12}{16}\div\dfrac{3}{8}=\dfrac{12}{16}\div\dfrac{6}{16}=12\div6=2,$

$\dfrac{14}{19}\div\dfrac{2}{19}=14\div2=7$

4 (1) $\dfrac{9}{14}\div\dfrac{7}{14}=9\div7=\dfrac{9}{7}=1\dfrac{2}{7}$

(2) $\dfrac{8}{11}\div\dfrac{2}{3}=\dfrac{24}{33}\div\dfrac{22}{33}=24\div22=\dfrac{\overset{12}{\cancel{24}}}{\underset{11}{\cancel{22}}}=\dfrac{12}{11}=1\dfrac{1}{11}$

5 (1) $\dfrac{8}{15}\div\dfrac{4}{15}=8\div4=2,$ $\dfrac{12}{17}\div\dfrac{3}{17}=12\div3=4$

　　$\Rightarrow 2<4$

(2) $\dfrac{7}{10}\div\dfrac{3}{5}=\dfrac{7}{10}\div\dfrac{6}{10}=7\div6=\dfrac{7}{6}=1\dfrac{1}{6},$

$\dfrac{8}{15}\div\dfrac{1}{5}=\dfrac{8}{15}\div\dfrac{3}{15}=8\div3=\dfrac{8}{3}=2\dfrac{2}{3}$

　　$\Rightarrow 1\dfrac{1}{6}<2\dfrac{2}{3}$

6 $\square=\dfrac{4}{5}\div\dfrac{4}{15}=\dfrac{12}{15}\div\dfrac{4}{15}=12\div4=3$

7 ㉠ $\dfrac{5}{9}\div\dfrac{2}{9}=5\div2=\dfrac{5}{2}=2\dfrac{1}{2}$

㉡ $\dfrac{10}{11}\div\dfrac{3}{11}=10\div3=\dfrac{10}{3}=3\dfrac{1}{3}$

㉢ $\dfrac{8}{9}\div\dfrac{5}{6}=\dfrac{16}{18}\div\dfrac{15}{18}=16\div15=\dfrac{16}{15}=1\dfrac{1}{15}$

㉣ $\dfrac{2}{3}\div\dfrac{4}{5}=\dfrac{10}{15}\div\dfrac{12}{15}=10\div12=\dfrac{\overset{5}{\cancel{10}}}{\underset{6}{\cancel{12}}}=\dfrac{5}{6}$

⇨ 몫을 진분수로 나타낼 수 있는 것은 ㉣입니다.

8 $\dfrac{3}{20}=\dfrac{3\times2}{20\times2}=\dfrac{6}{40}$

$\dfrac{3}{20}\left(=\dfrac{6}{40}\right)<\dfrac{7}{40}<\dfrac{11}{40}$

⇨ $\dfrac{11}{40}\div\dfrac{3}{20}=\dfrac{11}{40}\div\dfrac{6}{40}=11\div6=\dfrac{11}{6}=1\dfrac{5}{6}$

9 $\dfrac{8}{11}\div\dfrac{2}{11}=8\div2=4$이므로 봉투는 4개 필요합니다.

10 $\dfrac{7}{8}\div\dfrac{1}{10}=\dfrac{35}{40}\div\dfrac{4}{40}=35\div4=\dfrac{35}{4}=8\dfrac{3}{4}$ (m)

11

채점 기준		
나눗셈식을 바르게 쓴 경우	3점	
수아가 마신 우유 양은 민재가 마신 우유 양의 몇 배인지 구한 경우	3점	10점
답을 바르게 쓴 경우	4점	

12 $\dfrac{\square}{9}\div\dfrac{5}{9}=\dfrac{\square}{5}=\dfrac{4}{5}$ ⇨ $\square=4$입니다.

$\dfrac{8}{13}\div\dfrac{\square}{13}=\dfrac{8}{\square}$이고 $\dfrac{4}{5}=\dfrac{8}{10}$이므로 $\square=10$입니다.

$16\div20=\dfrac{16}{20}=\dfrac{4}{5}$이고, $\dfrac{16}{27}\div\dfrac{20}{27}=16\div20$이므로 $\square=27$입니다.

13 선미: $\dfrac{\square}{7}=\dfrac{2}{9}\div\dfrac{14}{27}$

⇨ $\dfrac{2}{9}\div\dfrac{14}{27}=\dfrac{6}{27}\div\dfrac{14}{27}=6\div14=\dfrac{6}{14}=\dfrac{3}{7},$ $\square=3$

지호: $\dfrac{\square}{7}=\dfrac{1}{6}\div\dfrac{7}{24}$

⇨ $\dfrac{1}{6}\div\dfrac{7}{24}=\dfrac{4}{24}\div\dfrac{7}{24}=4\div7=\dfrac{4}{7},$ $\square=4$

14 분모가 12보다 작은 진분수이므로 분자가 9일 때 가능한 진분수는 $\dfrac{9}{11},\dfrac{9}{10}$입니다.

step 1 교과 개념 | 14~15쪽

1 6, 24
2 (위에서부터) 4, 2 ; 2, 10
3 5, 7, 21
4 (1) 4 (2) 22
5 $4 \div \dfrac{3}{4} = \dfrac{16}{4} \div \dfrac{3}{4} = 16 \div 3 = \dfrac{16}{3} = 5\dfrac{1}{3}$
6 (1) 30 (2) 26
7 15 L

1 한 통은 $\dfrac{1}{4}$의 4배이므로 한 통을 가득 채울 수 있는 물의 양은 $6 \times 4 = 24$ (L)입니다.

2 $\dfrac{2}{5}$시간은 $\dfrac{1}{5}$시간의 2배이므로 $\dfrac{1}{5}$시간 동안 캘 수 있는 조개의 무게는 $4 \div 2 = 2$ (kg)입니다.

1시간은 $\dfrac{1}{5}$시간의 5배이므로 1시간 동안 캘 수 있는 조개의 무게는 $(4 \div 2) \times 5 = 10$ (kg)입니다.

3 $15 \div 5$를 먼저 계산하고 7을 곱합니다.

4 (1) $3 \div \dfrac{3}{4} = (3 \div 3) \times 4 = 4$

(2) $12 \div \dfrac{6}{11} = (12 \div 6) \times 11 = 22$

5 분모가 같은 분수의 나눗셈으로 나타내어 계산할 수 있습니다.

$4 = \dfrac{4}{1} = \dfrac{4 \times 4}{1 \times 4} = \dfrac{16}{4}$

6 (1) $21 \div \dfrac{7}{10} = (21 \div 7) \times 10 = 3 \times 10 = 30$

(2) $20 \div \dfrac{10}{13} = (20 \div 10) \times 13 = 2 \times 13 = 26$

7 통의 $\dfrac{1}{5}$이 3 L이므로 통 전체의 들이는

$3 \div \dfrac{1}{5} = 3 \times 5 = 15$ (L)입니다.

step 2 교과 유형 익힘 | 16~17쪽

1 (1) $10 \div \dfrac{5}{8} = (10 \div 5) \times 8 = 16$

(2) $21 \div \dfrac{7}{9} = (21 \div 7) \times 9 = 27$

2 (1) 12 (2) $38\dfrac{1}{2}$ **3** (위에서부터) 15, 14
4 >   **5** 90, 108
6 ㉢   **7** 윤우
8 ㉡, ㉠, ㉢   **9** 1000 kg
10 15개   **11** 77분
12 가
13 예 나누어 담은 병은 $10 \div \dfrac{2}{5} = 10 \div 2 \times 5 = 25$(병)▶3점
이므로 판 금액은 $2000 \times 25 = 50000$(원)입니다. ▶3점 ; 50000원▶4점
14 $10 \div \dfrac{6}{12} = 20$ ▶5점 ; 20 ▶5점

2 (1) $9 \div \dfrac{3}{4} = (9 \div 3) \times 4 = 12$

(2) $11 \div \dfrac{2}{7} = \dfrac{77}{7} \div \dfrac{2}{7} = 77 \div 2 = \dfrac{77}{2} = 38\dfrac{1}{2}$

3 $6 \div \dfrac{2}{5} = (6 \div 2) \times 5 = 15$,

$6 \div \dfrac{3}{7} = (6 \div 3) \times 7 = 14$

4 $16 \div \dfrac{8}{19} = (16 \div 8) \times 19 = 38$,

$14 \div \dfrac{7}{17} = (14 \div 7) \times 17 = 34$

$\Rightarrow 38 > 34$

5 $30 \div \dfrac{1}{3} = 30 \times 3 = 90$,

$90 \div \dfrac{5}{6} = 90 \div 5 \times 6 = 18 \times 6 = 108$

6 ㉠ 9를 2로 나눈 몫이 아니라 $\dfrac{1}{2}$로 나눈 몫과 같습니다.

㉡, ㉢ $9 \div \dfrac{1}{2} = 9 \times 2 = 18$이므로 몫은 9보다 크고 9×2로 바꾸어 계산할 수 있습니다.

7

$$6 \div \frac{3}{10} = (6 \div 3) \times 10 = 2 \times 10 = 20,$$

$$8 \div \frac{3}{5} = \frac{40}{5} \div \frac{3}{5} = 40 \div 3 = \frac{40}{3} = 13\frac{1}{3},$$

$$15 \div \frac{3}{4} = (15 \div 3) \times 4 = 5 \times 4 = 20$$

⇨ 몫이 같은 나눗셈을 만든 사람은 윤우입니다.

8

㉠ $12 \div \frac{3}{8} = (12 \div 3) \times 8 = 32,$

㉡ $8 \div \frac{2}{9} = (8 \div 2) \times 9 = 36$

㉢ $10 \div \frac{5}{6} = (10 \div 5) \times 6 = 12$

⇨ ㉡ > ㉠ > ㉢

9

$$400 \div \frac{2}{5} = (400 \div 2) \times 5 = 200 \times 5 = 1000 \,(\text{kg})$$

10

$$12 \div \frac{4}{5} = (12 \div 4) \times 5 = 15 (\text{개})$$

11

$$11 \div \frac{1}{7} = 11 \times 7 = 77 (\text{분})$$

12 가 수도로 한 통을 가득 채우는 데 걸리는 시간:

$$14 \div \frac{7}{9} = (14 \div 7) \times 9 = 2 \times 9 = 18 (\text{초})$$

나 수도로 한 통을 가득 채우는 데 걸리는 시간:

$$8 \div \frac{1}{2} = 8 \times 2 = 16 (\text{초})$$

⇨ 18 > 16이므로 가 수도가 더 오래 걸립니다.

13

채점 기준		
나누어 담은 병 수를 구한 경우	3점	
판 금액을 구한 경우	3점	10점
답을 바르게 쓴 경우	4점	

14 6 < 10이고 몫이 가장 큰 나눗셈식을 만들어야 하므로 나누어지는 수를 10으로, 나누는 수의 분자를 6으로 하여 식을 만듭니다.

$$10 \div \frac{6}{12} = 10 \div \frac{1}{2} = 10 \times 2 = 20$$

🔍참고

$$6 \div \frac{10}{12} = 6 \div \frac{5}{6} = \frac{36}{6} \div \frac{5}{6} = 36 \div 5 = \frac{36}{5} = 7\frac{1}{5}$$

1 (1) $\dfrac{5}{3}$, $\dfrac{20}{21}$ (2) $\dfrac{7}{5}$, $\dfrac{7}{50}$

2 방법1 7, 21, 4, 21, 4, $\dfrac{21}{4}$, $5\dfrac{1}{4}$

방법2 7, 7, $\dfrac{3}{2}$, $\dfrac{21}{4}$, $5\dfrac{1}{4}$

3 (1) 3, $\dfrac{8}{\overset{5}{\underset{1}{\cancel{5}}}}$, $\dfrac{24}{7}$, $3\dfrac{3}{7}$

(2) 23, $\dfrac{5}{3}$, $\dfrac{115}{12}$, $9\dfrac{7}{12}$

4

5 (1) $3\dfrac{3}{20}$ (2) $2\dfrac{8}{9}$

6 (1) < (2) >

7 $\dfrac{5}{11} \div \dfrac{5}{7} = \dfrac{5}{11} \times \overset{\text{예}}{\boxed{\dfrac{5}{7}}} = \dfrac{25}{77}$; $\dfrac{7}{11}$

4 $\dfrac{4}{7} \div \dfrac{9}{10} = \dfrac{4}{7} \times \dfrac{10}{9}$, $\dfrac{4}{9} \div \dfrac{10}{7} = \dfrac{4}{9} \times \dfrac{7}{10}$,

$\dfrac{7}{4} \div \dfrac{9}{10} = \dfrac{7}{4} \times \dfrac{10}{9}$

5 (1) $\dfrac{7}{5} \div \dfrac{4}{9} = \dfrac{7}{5} \times \dfrac{9}{4} = \dfrac{63}{20} = 3\dfrac{3}{20}$

(2) $2\dfrac{1}{6} \div \dfrac{3}{4} = \dfrac{13}{6} \div \dfrac{3}{4} = \dfrac{13}{\underset{3}{\cancel{6}}} \times \dfrac{\overset{2}{\cancel{4}}}{3} = \dfrac{26}{9} = 2\dfrac{8}{9}$

6 (1) $\dfrac{4}{5} \div \dfrac{4}{7} = \dfrac{\overset{1}{\cancel{4}}}{5} \times \dfrac{7}{\underset{1}{\cancel{4}}} = \dfrac{7}{5} = 1\dfrac{2}{5}$ ⇨ $\dfrac{4}{5} < 1\dfrac{2}{5}$

(2) $\dfrac{8}{9} \div \dfrac{2}{5} = \dfrac{\overset{4}{\cancel{8}}}{9} \times \dfrac{5}{\underset{1}{\cancel{2}}} = \dfrac{20}{9} = 2\dfrac{2}{9}$, $\dfrac{8}{9} \times \dfrac{2}{5} = \dfrac{16}{45}$

⇨ $2\dfrac{2}{9} > \dfrac{16}{45}$

7 $\dfrac{5}{11} \div \dfrac{5}{7} = \dfrac{\overset{1}{\cancel{5}}}{11} \times \dfrac{7}{\underset{1}{\cancel{5}}} = \dfrac{7}{11}$

step 2 교과 유형 익힘　20~21쪽

1 (1) $2\dfrac{11}{12}$　(2) $\dfrac{16}{17}$

2 $3\dfrac{1}{6}\div\dfrac{5}{9}=\dfrac{19}{6}\div\dfrac{5}{9}=\dfrac{19}{\cancel{6}_{2}}\times\dfrac{\cancel{9}^{3}}{5}=\dfrac{57}{10}=5\dfrac{7}{10}$

3 방법1 예 $3\dfrac{3}{5}\div\dfrac{7}{8}=\dfrac{18}{5}\div\dfrac{7}{8}=\dfrac{144}{40}\div\dfrac{35}{40}$

$\qquad\qquad=\dfrac{144}{35}=4\dfrac{4}{35}$

　방법2 예 $3\dfrac{3}{5}\div\dfrac{7}{8}=\dfrac{18}{5}\div\dfrac{7}{8}=\dfrac{18}{5}\times\dfrac{8}{7}$

$\qquad\qquad=\dfrac{144}{35}=4\dfrac{4}{35}$

4 ㉠　　　　　**5** $2\dfrac{2}{3}$, 4

6 (　)(○)　　**7** (1) <　(2) >

8 $4\dfrac{2}{3}$　　　　**9** $3\dfrac{3}{4}$

10 12판　　　　**11** $4\dfrac{1}{3}$ cm

12 (1) 2, 5에 ○표　(2) 4, 8에 ○표

13 잘못된 까닭 예 대분수를 가분수로 바꾸어 계산하지 않았습니다. ▶5점

　바른 계산 예 $2\dfrac{2}{9}\div\dfrac{4}{7}=\dfrac{20}{9}\div\dfrac{4}{7}=\dfrac{\cancel{20}^{5}}{9}\times\dfrac{7}{\cancel{4}_{1}}=\dfrac{35}{9}$

$\qquad\qquad\qquad=3\dfrac{8}{9}$ ▶5점

14 $2\dfrac{7}{9}$ km

---

1 (1) $\dfrac{5}{4}\div\dfrac{3}{7}=\dfrac{35}{28}\div\dfrac{12}{28}=35\div12=\dfrac{35}{12}=2\dfrac{11}{12}$

(2) $\dfrac{12}{17}\div\dfrac{3}{4}=\dfrac{\cancel{12}^{4}}{17}\times\dfrac{4}{\cancel{3}_{1}}=\dfrac{16}{17}$

4 ㉠ $\dfrac{2}{5}\div\dfrac{3}{7}=\dfrac{2}{5}\times\dfrac{7}{3}=\dfrac{14}{15}$

　㉡ $\dfrac{5}{6}\div\dfrac{2}{9}=\dfrac{5}{\cancel{6}_{2}}\times\dfrac{\cancel{9}^{3}}{2}=\dfrac{15}{4}=3\dfrac{3}{4}$

　㉢ $\dfrac{5}{9}\div\dfrac{4}{11}=\dfrac{5}{9}\times\dfrac{11}{4}=\dfrac{55}{36}=1\dfrac{19}{36}$

다른 풀이

계산 결과가 1보다 작은 경우는 나누는 수가 나누어지는 수보다 클 때입니다.

$\qquad$㉠ $\dfrac{2}{5}<\dfrac{3}{7}$ ⇨ $\dfrac{2}{5}\div\dfrac{3}{7}<1$

참고

계산 결과를 구하여 알 수도 있으나 나누어지는 수와 나누는 수의 크기를 비교하는 것이 더 간단한 방법입니다.

(나누어지는 수)>(나누는 수) ⇨ (몫)>1

(나누어지는 수)=(나누는 수) ⇨ (몫)=1

(나누어지는 수)<(나누는 수) ⇨ (몫)<1

5 $2\dfrac{2}{9}\div\dfrac{5}{6}=\dfrac{20}{9}\div\dfrac{5}{6}=\dfrac{\cancel{20}^{4}}{\cancel{9}_{3}}\times\dfrac{\cancel{6}^{2}}{\cancel{5}_{1}}=\dfrac{8}{3}=2\dfrac{2}{3}$

$2\dfrac{2}{3}\div\dfrac{2}{3}=\dfrac{8}{3}\div\dfrac{2}{3}=\dfrac{\cancel{8}^{4}}{\cancel{3}_{1}}\times\dfrac{\cancel{3}^{1}}{\cancel{2}_{1}}=4$

6 $4\dfrac{3}{8}\div\dfrac{7}{10}=\dfrac{35}{8}\div\dfrac{7}{10}=\dfrac{\cancel{35}^{5}}{\cancel{8}_{4}}\times\dfrac{\cancel{10}^{5}}{\cancel{7}_{1}}=\dfrac{25}{4}=6\dfrac{1}{4}$

$5\dfrac{1}{3}\div\dfrac{8}{9}=\dfrac{16}{3}\div\dfrac{8}{9}=\dfrac{\cancel{16}^{2}}{\cancel{3}_{1}}\times\dfrac{\cancel{9}^{3}}{\cancel{8}_{1}}=6$

7 (1) $3\dfrac{5}{8}\div1\dfrac{13}{16}=\dfrac{29}{8}\div\dfrac{29}{16}=\dfrac{\cancel{29}^{1}}{\cancel{8}_{1}}\times\dfrac{\cancel{16}^{2}}{\cancel{29}_{1}}=2,$

$2\dfrac{2}{9}\div\dfrac{4}{5}=\dfrac{20}{9}\div\dfrac{4}{5}=\dfrac{\cancel{20}^{5}}{9}\times\dfrac{5}{\cancel{4}_{1}}=\dfrac{25}{9}=2\dfrac{7}{9}$

(2) $4\dfrac{2}{5}\div\dfrac{2}{7}=\dfrac{22}{5}\div\dfrac{2}{7}=\dfrac{\cancel{22}^{11}}{5}\times\dfrac{7}{\cancel{2}_{1}}=\dfrac{77}{5}=15\dfrac{2}{5},$

$5\dfrac{1}{6}\div1\dfrac{7}{24}=\dfrac{31}{6}\div\dfrac{31}{24}=\dfrac{\cancel{31}^{1}}{\cancel{6}_{1}}\times\dfrac{\cancel{24}^{4}}{\cancel{31}_{1}}=4$

8 $\dfrac{6}{7}$과 $\dfrac{3}{4}$을 비교하면 $\dfrac{6}{7}=\dfrac{24}{28}$, $\dfrac{3}{4}=\dfrac{21}{28}$이므로 $\dfrac{6}{7}>\dfrac{3}{4}$입니다. $1\dfrac{7}{8}$과 $\dfrac{7}{2}$을 비교하면 $\dfrac{7}{2}=3\dfrac{1}{2}$이므로 $1\dfrac{7}{8}<\dfrac{7}{2}$입니다.

⇨ $\dfrac{3}{4}<\dfrac{6}{7}<1$ $1\dfrac{7}{8}<\dfrac{7}{2}$ ⇨ $\dfrac{7}{2}\div\dfrac{3}{4}=\dfrac{7}{\cancel{2}_{1}}\times\dfrac{\cancel{4}^{2}}{3}=\dfrac{14}{3}=4\dfrac{2}{3}$

9 ㉠ $2\frac{1}{3} \div \frac{2}{5} = \frac{7}{3} \div \frac{2}{5} = \frac{7}{3} \times \frac{5}{2} = \frac{35}{6}$

㉡ $1\frac{1}{9} \div \frac{5}{7} = \frac{10}{9} \div \frac{5}{7} = \frac{\overset{2}{10}}{9} \times \frac{7}{\underset{1}{5}} = \frac{14}{9}$

⇨ $㉠ \div ㉡ = \frac{35}{6} \div \frac{14}{9} = \frac{\overset{5}{35}}{\underset{2}{6}} \times \frac{\overset{3}{9}}{\underset{2}{14}} = \frac{15}{4} = 3\frac{3}{4}$

10 $7\frac{1}{2} \div \frac{5}{8} = \frac{15}{2} \div \frac{5}{8} = \frac{\overset{3}{15}}{\underset{1}{2}} \times \frac{\overset{4}{8}}{\underset{1}{5}} = 12$(판)

11 (평행사변형의 넓이)=(밑변의 길이)×(높이)이므로
(높이)=(넓이)÷(밑변의 길이)입니다.

⇨ (높이)=$10\frac{2}{3} \div 2\frac{6}{13} = \frac{32}{3} \div \frac{32}{13} = \frac{\overset{1}{32}}{3} \times \frac{13}{\underset{1}{32}}$

$= \frac{13}{3} = 4\frac{1}{3}$(cm)

12 (1) $\frac{2}{3} \div \frac{\square}{15} = \frac{2}{\underset{1}{3}} \times \frac{\overset{5}{15}}{\square} = \frac{10}{\square}$

⇨ $\frac{10}{\square}$이 자연수가 되려면 □ 안에는 10의 약수가 들어가야 하므로 주어진 수 중에서 □ 안에 들어갈 수 있는 수는 2, 5입니다.

(2) $\frac{1}{4} \div \frac{1}{\square} = \frac{1}{4} \times \square = \frac{\square}{4}$

⇨ $\frac{\square}{4}$가 자연수가 되려면 □ 안에는 4의 배수가 들어가야 하므로 주어진 수 중에서 □ 안에 들어갈 수 있는 수는 4, 8입니다.

14 $\frac{5}{12} \div \frac{3}{20} = \frac{5}{\underset{3}{12}} \times \frac{\overset{5}{20}}{3} = \frac{25}{9} = 2\frac{7}{9}$ (km)

step 3 문제 해결 [22~25쪽]

1 방법1 12, 12, 7, $\frac{12}{7}$, $1\frac{5}{7}$

방법2 $\frac{\overset{2}{10}}{7}$, $\frac{12}{7}$, $1\frac{5}{7}$

1-1 방법1 17, 8, 17, 8, $\frac{17}{8}$, $2\frac{1}{8}$

방법2 $\frac{\overset{1}{3}}{4}$, $\frac{17}{8}$, $2\frac{1}{8}$

1-2 $8\frac{1}{3} \div \frac{4}{9} = \frac{25}{3} \div \frac{4}{9} = \frac{75}{9} \div \frac{4}{9} = 75 \div 4$

$= \frac{75}{4} = 18\frac{3}{4}$

$8\frac{1}{3} \div \frac{4}{9} = \frac{25}{3} \div \frac{4}{9} = \frac{25}{\underset{1}{3}} \times \frac{\overset{3}{9}}{4} = \frac{75}{4} = 18\frac{3}{4}$

2 12   **2-1** $6\frac{1}{4}$

2-2 $3\frac{3}{20}$ **2-3** $\frac{16}{21}$

3 3개   **3-1** 4개

3-2 12번   **3-3** 5상자

4 $2\frac{2}{5}$ km   **4-1** 3 km

4-2 $1\frac{1}{5}$시간   **4-3** 32분

5 ❶ $7 \times$ ■ ▶3점 ❷ 1, 2, 3, 4 ▶3점 ; 1, 2, 3, 4 ▶4점

5-1 예 $\square \div \frac{1}{6}$을 분수의 곱셈으로 나타내면 $\square \times 6$입니다. ▶3점
$6 < \square \times 6 < 23$이므로 □ 안에 들어갈 수 있는 자연수는 2, 3으로 모두 2개입니다. ▶3점
; 2개 ▶4점

6 ❶ 8, 8, $\frac{51}{8}$, $6\frac{3}{8}$ ▶3점

❷ $6\frac{3}{8}$, $\frac{51}{8}$, $\frac{51}{8}$, 4, $\frac{255}{32}$, $7\frac{31}{32}$ ▶3점
; $7\frac{31}{32}$ ▶4점

6-1 예 어떤 수를 □라 하면 $\square \times 1\frac{2}{5} = 2\frac{9}{20}$입니다.

$\square = 2\frac{9}{20} \div 1\frac{2}{5} = \frac{49}{20} \div \frac{7}{5} = \frac{\overset{7}{49}}{\underset{4}{20}} \times \frac{\overset{1}{5}}{\underset{1}{7}} = \frac{7}{4}$

$= 1\frac{3}{4}$ ▶3점

바르게 계산하면

$1\frac{3}{4} \div 1\frac{2}{5} = \frac{7}{4} \div \frac{7}{5} = \frac{\overset{1}{7}}{4} \times \frac{5}{\underset{1}{7}} = \frac{5}{4} = 1\frac{1}{4}$입니다. ▶3점 ; $1\frac{1}{4}$ ▶4점

7 ❶ 가분수 ▶3점 ❷ 12, $\boxed{12}^{\boxed{3}}$, 9, 27, $5\boxed{\dfrac{2}{5}}$ ▶3점

; $5\boxed{\dfrac{2}{5}}$ ▶4점

7-1 예 나눗셈을 곱셈으로 고치는 과정에서 분모와 분자를 바꾸지 않았습니다. ▶3점
바르게 계산하면

$4\dfrac{4}{5} \div \dfrac{3}{4} = \dfrac{24}{5} \div \dfrac{3}{4} = \dfrac{\overset{8}{24}}{5} \times \dfrac{4}{\underset{1}{3}} = \dfrac{32}{5} = 6\dfrac{2}{5}$ 입

니다. ▶3점 ; $6\dfrac{2}{5}$ ▶4점

8 ❶ 밑변, 넓이 ▶3점

❷ $\boxed{\dfrac{5}{6}}$, $\boxed{\dfrac{5}{6}}^{\boxed{3}}$, $\boxed{\dfrac{5}{4}}$, $\boxed{\dfrac{25}{12}}$, $2\boxed{\dfrac{1}{12}}$ ▶3점

; $2\boxed{\dfrac{1}{12}}$ ▶4점

8-1 예 (직사각형의 넓이)=(가로)×(세로)이므로
(가로)=(직사각형의 넓이)÷(세로)로 구할 수 있습니다. ▶3점

$(가로) = \dfrac{9}{10} \div \dfrac{4}{5} = \dfrac{9}{10} \div \dfrac{8}{10} = 9 \div 8 = \dfrac{9}{8}$

$= 1\dfrac{1}{8}$ (m)입니다. ▶3점 ; $1\dfrac{1}{8}$ m ▶4점

1-1 방법 1 은 분모를 통분하여 분자끼리 나누는 방법이고,
방법 2 는 분수의 곱셈으로 나타내어 계산하는 방법입니다.

2 $\square \times \dfrac{5}{9} = 6\dfrac{2}{3}$.

$\square = 6\dfrac{2}{3} \div \dfrac{5}{9} = \dfrac{\overset{4}{20}}{\underset{1}{3}} \times \dfrac{\overset{3}{9}}{\underset{1}{5}} = 12$

2-1 $\square \times \dfrac{2}{11} = 1\dfrac{3}{22}$.

$\square = 1\dfrac{3}{22} \div \dfrac{2}{11} = \dfrac{25}{22} \div \dfrac{2}{11} = \dfrac{25}{\underset{2}{22}} \times \dfrac{\overset{1}{11}}{2} = \dfrac{25}{4} = 6\dfrac{1}{4}$

2-2 $1\dfrac{1}{6} \div \dfrac{2}{3} = \dfrac{7}{6} \div \dfrac{2}{3} = \dfrac{7}{\underset{2}{6}} \times \dfrac{\overset{1}{3}}{2} = \dfrac{7}{4} = 1\dfrac{3}{4}$이므로

$\square \times \dfrac{5}{9} = 1\dfrac{3}{4}$입니다.

$\square = 1\dfrac{3}{4} \div \dfrac{5}{9} = \dfrac{7}{4} \div \dfrac{5}{9} = \dfrac{7}{4} \times \dfrac{9}{5} = \dfrac{63}{20} = 3\dfrac{3}{20}$

2-3 $5\dfrac{5}{6} \times (어떤 수) = 4\dfrac{4}{9}$

⇨ (어떤 수)$= 4\dfrac{4}{9} \div 5\dfrac{5}{6} = \dfrac{40}{9} \div \dfrac{35}{6} = \dfrac{\overset{8}{40}}{\underset{3}{9}} \times \dfrac{\overset{2}{6}}{\underset{7}{35}} = \dfrac{16}{21}$

3 $\dfrac{5}{8} \div \dfrac{7}{24} = \dfrac{15}{24} \div \dfrac{7}{24} = 15 \div 7 = \dfrac{15}{7} = 2\dfrac{1}{7}$

⇨ 따라서 그릇은 적어도 2+1=3(개) 필요합니다.

참고
남김 없이 모두 담으려면 올림하여 자연수 부분까지 나타내어야 합니다.

3-1 $\dfrac{8}{9} \div \dfrac{5}{18} = \dfrac{16}{18} \div \dfrac{5}{18} = 16 \div 5 = \dfrac{16}{5} = 3\dfrac{1}{5}$

⇨ 따라서 컵은 적어도 3+1=4(개) 필요합니다.

다른 풀이
$\dfrac{8}{9} \div \dfrac{5}{18} = \dfrac{8}{\underset{1}{9}} \times \dfrac{\overset{2}{18}}{5} = \dfrac{16}{5} = 3\dfrac{1}{5}$

3-2 $6\dfrac{3}{4} \div \dfrac{3}{5} = \dfrac{27}{4} \div \dfrac{3}{5} = \dfrac{\overset{9}{27}}{4} \times \dfrac{5}{\underset{1}{3}} = \dfrac{45}{4} = 11\dfrac{1}{4}$

⇨ 물을 11번 부으면 물통을 가득 채울 수 없으므로 12번 부어야 합니다.

3-3 $9\dfrac{4}{5} \div 1\dfrac{3}{4} = \dfrac{49}{5} \div \dfrac{7}{4} = \dfrac{\overset{7}{49}}{5} \times \dfrac{4}{\underset{1}{7}} = \dfrac{28}{5} = 5\dfrac{3}{5}$

⇨ 따라서 절편은 5상자까지 팔 수 있습니다.

4 1시간=60분이므로
15분$= \dfrac{15}{60}$시간$= \dfrac{1}{4}$시간입니다.
(1시간 동안 수영할 수 있는 거리)
$= \dfrac{3}{5} \div \dfrac{1}{4} = \dfrac{3}{5} \times 4 = \dfrac{12}{5} = 2\dfrac{2}{5}$ (km)

4-1 16분$= \dfrac{16}{60}$시간$= \dfrac{4}{15}$시간입니다.
(1시간 동안 걸을 수 있는 거리)
$= \dfrac{4}{5} \div \dfrac{4}{15} = \dfrac{12}{15} \div \dfrac{4}{15} = 12 \div 4 = 3$ (km)

4-2 55분 $=\dfrac{55}{60}$시간 $=\dfrac{11}{12}$시간입니다.

(1 km를 걷는 데 걸리는 시간)

$=\dfrac{11}{12}\div2\dfrac{4}{9}=\dfrac{11}{12}\div\dfrac{22}{9}=\dfrac{\overset{1}{\cancel{11}}}{\underset{4}{\cancel{12}}}\times\dfrac{\overset{3}{\cancel{9}}}{\underset{2}{\cancel{22}}}=\dfrac{3}{8}$(시간)

$\Rightarrow$ ($3\dfrac{1}{5}$ km를 걷는 데 걸리는 시간)

$=\dfrac{3}{8}\times3\dfrac{1}{5}=\dfrac{3}{\underset{1}{\cancel{8}}}\times\dfrac{\overset{2}{\cancel{16}}}{5}=\dfrac{6}{5}=1\dfrac{1}{5}$(시간)

4-3 배터리의 $\dfrac{3}{8}$을 충전하는 데 12분이 걸렸으므로 배터리 전체

를 충전하는 데 걸리는 시간은 $12\div\dfrac{3}{8}=\overset{4}{\cancel{12}}\times\dfrac{8}{\underset{1}{\cancel{3}}}=32$(분)

입니다.

다른 풀이

배터리의 $\dfrac{3}{8}$만큼 충전하는 데 12분이 걸렸으므로 $\dfrac{1}{8}$을
충전하는 데 $12\div3=4$(분)이 걸립니다.

배터리의 $\dfrac{1}{8}$을 충전하는 데 4분이 걸리므로 완전히 충전
하려면 $4\times8=32$(분)이 걸립니다.

5-1

채점 기준		
나눗셈을 곱셈으로 나타낸 경우	3점	
□ 안에 들어갈 수 있는 자연수를 모두 구한 경우	3점	10점
답을 바르게 쓴 경우	4점	

6-1

채점 기준		
어떤 수를 바르게 구한 경우	3점	
나눗셈을 바르게 계산한 경우	3점	10점
답을 바르게 쓴 경우	4점	

7-1

채점 기준		
잘못 계산한 까닭을 아는 경우	3점	
바르게 계산한 경우	3점	10점
답을 바르게 쓴 경우	4점	

8-1

채점 기준		
직사각형의 가로를 구하는 방법을 아는 경우	3점	
나눗셈을 바르게 계산하여 가로를 구한 경우	3점	10점
답을 바르게 쓴 경우	4점	

step 4 실력 UP 문제 26~27쪽

1 $7\dfrac{4}{5}$　　　　　　　**2** 8배

3 예) 정사각형의 넓이를 □ m^2라고 하면

$\square\times1\dfrac{3}{20}=3\dfrac{7}{20}$입니다. 따라서 $\square=3\dfrac{7}{20}\div1\dfrac{3}{20}$

입니다. ▶3점

$3\dfrac{7}{20}\div1\dfrac{3}{20}=\dfrac{67}{20}\div\dfrac{23}{20}=67\div23=\dfrac{67}{23}=2\dfrac{21}{23}$

이므로 정사각형의 넓이는 $2\dfrac{21}{23}\ \text{m}^2$입니다. ▶3점

; $2\dfrac{21}{23}\ \text{m}^2$ ▶4점

4 $1\dfrac{5}{7}$ km

5 예) 보조 배터리를 완전히 충전하는 데 걸리는 시간을
구하세요. ; $2\dfrac{2}{3}$시간

6 $2\dfrac{2}{15}$　　　**7** 3 cm　　　**8** $2\dfrac{2}{5}$ kg

9 14개　　　**10** $4\dfrac{7}{24}$　　　**11** $2\dfrac{2}{17}$시간

1 $4\dfrac{1}{3}\div\dfrac{8}{9}=\dfrac{13}{3}\div\dfrac{8}{9}=\dfrac{39}{9}\div\dfrac{8}{9}=39\div8=\dfrac{39}{8}$이므로

$\square\times\dfrac{5}{8}=\dfrac{39}{8}$입니다.

$\Rightarrow\square=\dfrac{39}{8}\div\dfrac{5}{8}=39\div5=\dfrac{39}{5}=7\dfrac{4}{5}$

2 $3\div\dfrac{3}{8}=\overset{1}{\cancel{3}}\times\dfrac{8}{\underset{1}{\cancel{3}}}=8$(배)

3

채점 기준		
식을 바르게 세운 경우	3점	
정사각형의 넓이를 구한 경우	3점	10점
답을 바르게 쓴 경우	4점	

4 2시간 30분 $=2\dfrac{30}{60}$시간 $=2\dfrac{1}{2}$시간

(한 시간 동안 걸은 평균 거리)

$=4\dfrac{2}{7}\div2\dfrac{1}{2}=\dfrac{30}{7}\div\dfrac{5}{2}=\dfrac{\overset{6}{\cancel{30}}}{7}\times\dfrac{2}{\underset{1}{\cancel{5}}}=\dfrac{12}{7}=1\dfrac{5}{7}$ (km)

5 보조 배터리의 $\dfrac{3}{4}$을 충전하는 데 2시간이 걸렸으므로 완전히

충전하는 데 $2\div\dfrac{3}{4}=2\times\dfrac{4}{3}=\dfrac{8}{3}=2\dfrac{2}{3}$(시간) 걸립니다.

6 몫이 가장 큰 나눗셈식을 만들려면 가장 큰 진분수를 가장 작은 진분수로 나누어야 합니다.

$$\frac{4}{5} \div \frac{3}{8} = \frac{4}{5} \times \frac{8}{3} = \frac{32}{15} = 2\frac{2}{15}$$

참고
분모가 4, 5, 8인 분수 중 가장 큰 진분수를 찾아봅니다.
$\frac{3}{4}, \frac{4}{5}, \frac{5}{8}$ 중에서 가장 큰 진분수는 $\frac{4}{5}$입니다.

7 (사다리꼴의 넓이)=((윗변)+(아랫변))×(높이)÷2이므로 사다리꼴의 넓이를 2배 한 다음 (윗변)+(아랫변)으로 나누면 사다리꼴의 높이를 구할 수 있습니다.

(윗변)+(아랫변)
$$= 2\frac{1}{2} + 3\frac{2}{3} = 2\frac{3}{6} + 3\frac{4}{6} = 5\frac{7}{6} = 6\frac{1}{6} \text{ (cm)},$$

$$(\text{높이}) = 9\frac{1}{4} \times 2 \div 6\frac{1}{6} = \frac{37}{4} \times \overset{1}{2} \div 6\frac{1}{6}$$

$$= \frac{37}{2} \div \frac{37}{6} = \frac{\overset{1}{37}}{\overset{}{2}} \times \frac{\overset{3}{6}}{\overset{}{37}} = 3 \text{ (cm)}$$

8 (강아지의 무게)=(고양이의 무게)$\times 1\frac{1}{8}$이므로

(고양이의 무게)=(강아지의 무게)$\div 1\frac{1}{8}$입니다.

따라서 (고양이의 무게)$= 4\frac{1}{2} \div 1\frac{1}{8} = \frac{9}{2} \div \frac{9}{8} = \frac{\overset{1}{9}}{\overset{}{2}} \times \frac{\overset{4}{8}}{\overset{}{9}}$
$$= 4 \text{ (kg)}입니다.$$

(고양이의 무게)=(토끼의 무게)$\times 1\frac{2}{3}$이므로

(토끼의 무게)=(고양이의 무게)$\div 1\frac{2}{3}$입니다.

따라서 (토끼의 무게)$= 4 \div 1\frac{2}{3} = 4 \div \frac{5}{3} = 4 \times \frac{3}{5} = \frac{12}{5}$
$$= 2\frac{2}{5} \text{ (kg)}입니다.$$

9 $70 \text{ g} = \frac{70}{1000} \text{ kg} = \frac{7}{100} \text{ kg}$,

$$\frac{49}{50} \div \frac{7}{100} = \frac{49}{\underset{1}{50}} \times \frac{\overset{2}{100}}{\underset{1}{7}} = 14(\text{개})$$

10 $A = \frac{2}{3}, B = \frac{1}{3}$을 입력합니다.

$\Rightarrow A \heartsuit B = \frac{2}{3} + \frac{1}{3} \div \frac{2}{3} = \frac{2}{3} + \frac{1}{3} \times \frac{\overset{1}{3}}{2} = \frac{2}{3} + \frac{1}{2} = 1\frac{1}{6}$

$1\frac{1}{6} < 4$이므로 $A = \frac{2}{3}$, $B = 1\frac{1}{6}$을 다시 연산 규칙에 넣어 계산합니다.

$\Rightarrow A \heartsuit B = \frac{2}{3} + 1\frac{1}{6} \div \frac{2}{3} = \frac{2}{3} + \frac{7}{6} \times \frac{\overset{1}{3}}{\underset{2}{2}}$

$$= \frac{2}{3} + \frac{7}{4} = \frac{8}{12} + \frac{21}{12} = 2\frac{5}{12}$$

$2\frac{5}{12} < 4$이므로 $A = \frac{2}{3}$, $B = 2\frac{5}{12}$를 다시 연산 규칙에 넣어 계산합니다.

$\Rightarrow A \heartsuit B = \frac{2}{3} + 2\frac{5}{12} \div \frac{2}{3} = \frac{2}{3} + \frac{29}{\underset{4}{12}} \times \frac{\overset{1}{3}}{2} = \frac{2}{3} + \frac{29}{8}$

$$= \frac{16}{24} + \frac{87}{24} = \frac{103}{24} = 4\frac{7}{24} \Rightarrow 4\frac{7}{24} > 4$$

11 (1시간 동안 탄 향초의 길이)
$$= 14\frac{2}{5} - 7\frac{3}{5} = 13\frac{7}{5} - 7\frac{3}{5} = 6\frac{4}{5} \text{ (cm)}$$

($14\frac{2}{5}$ cm인 향초가 다 타는 데 걸리는 시간)
$$= 14\frac{2}{5} \div 6\frac{4}{5} = \frac{72}{5} \div \frac{34}{5} = \frac{\overset{36}{72}}{\underset{17}{34}} = \frac{36}{17} = 2\frac{2}{17}(\text{시간})$$

단원 평가
28~31쪽

1 (1) 4 (2) 4

2 예 [막대 그림] ; 2, 1

3 (1) 30 (2) 4

4 $\frac{7}{8} \div \frac{2}{3} = \frac{21}{24} \div \frac{16}{24} = 21 \div 16 = \frac{21}{16} = 1\frac{5}{16}$

5 ④

6 선미

7 $3\frac{2}{3}, 6\frac{2}{3}$

8 (1) $1\frac{2}{3}$ (2) 2

9 (1) < (2) =

10 ㉢, ㉡, ㉠

11 $3 \div \frac{4}{5} = 3\frac{3}{4}$; $3\frac{3}{4}$배

12 $\frac{3}{5} \div \frac{8}{15} = \frac{3}{\underset{1}{5}} \times \frac{\overset{3}{15}}{8} = \frac{9}{8} = 1\frac{1}{8}$

13 4배

14 $1\frac{27}{35}$ kg

15 $2\frac{1}{2}$

16 (1) $6\div\frac{2}{3}=9$; 9개 (2) $9\frac{1}{3}\div1\frac{1}{6}=8$; 8개

(3) 8개

17 10번

18 $4\frac{3}{8}$ cm

19 (1) $2\frac{1}{2}$ L (2) $\frac{2}{5}$분

20 5개

21 (1) $1666\frac{2}{3}$ kg ▶2점 (2) 133개 ▶3점

22 (1) $2\frac{1}{2}$ km ▶3점 (2) 5 km ▶2점

23 예 슬라임 1통을 만드는 데 $\frac{7}{9}$시간이 걸린다면 4시간

동안 만들 수 있는 슬라임은

$4\div\frac{7}{9}=4\times\frac{9}{7}=\frac{36}{7}=5\frac{1}{7}$(통)입니다. ▶2점

일주일은 7일이므로 하루에 $5\frac{1}{7}$통씩 일주일 동안 만

들면 슬라임은 모두

$5\frac{1}{7}\times7=\frac{36}{7}\times\overset{1}{7}=36$(통) 만들 수 있습니다. ▶1점

; 36통 ▶2점

24 예 ($1\frac{1}{2}$ kg씩 12명에게 준 소금의 양)

$=1\frac{1}{2}\times12=\frac{3}{2}\times\overset{6}{12}=18$ (kg)입니다. ▶1점

따라서 나머지 사람들에게 나누어 준 소금의 양은

$55\frac{4}{5}-18=37\frac{4}{5}$ (kg)이므로 ▶1점

(소금을 $\frac{9}{5}$ kg씩 받은 사람 수)

$=37\frac{4}{5}\div\frac{9}{5}=\frac{189}{5}\div\frac{9}{5}=189\div9=21$(명)입니

다. ▶1점

; 21명 ▶2점

2 $\frac{5}{7}$에는 $\frac{2}{7}$가 2번 들어가고 $\frac{2}{7}$의 반이 남습니다.

3 (1) $6\div\frac{1}{5}=6\times5=30$ (2) $\frac{8}{11}\div\frac{2}{11}=8\div2=4$

4 분모가 다른 분수의 나눗셈은 통분하여 분자끼리 나누어 구합니다.

5 ④ $15\div\frac{5}{8}=15\times\frac{8}{5}$

6 대분수의 나눗셈에서 가장 먼저 해야 할 것은 대분수를 가분수로 고치는 것입니다.

> **참고**
> • 대분수의 나눗셈 순서
> ① 대분수를 가분수로 고칩니다.
> ② 나누는 수의 분모와 분자를 바꾸어 곱합니다.
> ③ 계산 중간 과정에서 약분할 수 있으면 약분합니다.
> ④ 답이 가분수이면 대분수로 고쳐서 나타냅니다.

7 $3\div\frac{9}{11}=\overset{1}{3}\times\frac{11}{\underset{3}{9}}=\frac{11}{3}=3\frac{2}{3}$

$5\div\frac{3}{4}=5\times\frac{4}{3}=\frac{20}{3}=6\frac{2}{3}$

8 (1) $1\frac{1}{3}\div\frac{4}{5}=\frac{4}{3}\div\frac{4}{5}=\frac{\overset{1}{4}}{3}\times\frac{5}{\underset{1}{4}}=\frac{5}{3}=1\frac{2}{3}$

(2) $7\frac{2}{3}\div3\frac{5}{6}=\frac{23}{3}\div\frac{23}{6}=\frac{\overset{1}{23}}{\underset{1}{3}}\times\frac{\overset{2}{6}}{\underset{1}{23}}=2$

> **다른 풀이**
> (1) $1\frac{1}{3}\div\frac{4}{5}=\frac{4}{3}\div\frac{4}{5}=\frac{20}{15}\div\frac{12}{15}=20\div12=\frac{\overset{5}{20}}{\underset{3}{12}}=\frac{5}{3}=1\frac{2}{3}$
>
> (2) $7\frac{2}{3}\div3\frac{5}{6}=\frac{23}{3}\div\frac{23}{6}=\frac{46}{6}\div\frac{23}{6}=46\div23=2$

9 (1) $6\div\frac{3}{4}=(6\div3)\times4=8$, $8\div\frac{2}{3}=(8\div2)\times3=12$

(2) $\frac{9}{14}\div\frac{3}{14}=9\div3=3$,

$\frac{15}{16}\div\frac{5}{16}=15\div5=3$

10 ㉠ $2\frac{2}{3}\div\frac{3}{5}=\frac{8}{3}\div\frac{3}{5}=\frac{40}{15}\div\frac{9}{15}=40\div9=\frac{40}{9}=4\frac{4}{9}$

㉡ $1\frac{4}{5}\div\frac{3}{10}=\frac{9}{5}\div\frac{3}{10}=\frac{18}{10}\div\frac{3}{10}=18\div3=6$

㉢ $1\frac{1}{3}\div\frac{1}{6}=\frac{4}{3}\div\frac{1}{6}=\frac{8}{6}\div\frac{1}{6}=8\div1=8$

⇨ ㉢ $8>$ ㉡ $6>$ ㉠ $4\frac{4}{9}$

11 $3 \div \dfrac{4}{5} = 3 \times \dfrac{5}{4} = \dfrac{15}{4} = 3\dfrac{3}{4}$(배)

12 나누는 수의 분모와 분자를 바꾸어 곱해야 합니다.

13 $\dfrac{3}{4} \div \dfrac{3}{16} = \dfrac{\overset{1}{\cancel{3}}}{\cancel{4}} \times \dfrac{\overset{4}{\cancel{16}}}{\cancel{3}} = 4$(배)

> **다른 풀이**
>
> $\dfrac{3}{4} \div \dfrac{3}{16} = \dfrac{12}{16} \div \dfrac{3}{16} = 12 \div 3 = 4$(배)

14 $\dfrac{31}{30} \div \dfrac{7}{12} = \dfrac{31}{\underset{5}{\cancel{30}}} \times \dfrac{\overset{2}{\cancel{12}}}{7} = \dfrac{62}{35} = 1\dfrac{27}{35}$ (kg)

15 $\square \times \dfrac{3}{4} = 1\dfrac{7}{8}$이므로 $\square = 1\dfrac{7}{8} \div \dfrac{3}{4}$입니다.

$1\dfrac{7}{8} \div \dfrac{3}{4} = \dfrac{15}{8} \div \dfrac{6}{8} = 15 \div 6 = \dfrac{\overset{5}{\cancel{15}}}{\underset{2}{\cancel{6}}} = \dfrac{5}{2} = 2\dfrac{1}{2}$

16 (1) $6 \div \dfrac{2}{3} = (6 \div 2) \times 3 = 9$(개)

(2) $9\dfrac{1}{3} \div 1\dfrac{1}{6} = \dfrac{28}{3} \div \dfrac{7}{6} = \dfrac{\overset{4}{\cancel{28}}}{\cancel{3}} \times \dfrac{\overset{2}{\cancel{6}}}{\cancel{7}} = 8$(개)

17 $8 \div \dfrac{4}{5} = (8 \div 4) \times 5 = 10$(번)

18 $3\dfrac{3}{4} \div \dfrac{6}{7} = \dfrac{15}{4} \div \dfrac{6}{7} = \dfrac{\overset{5}{\cancel{15}}}{4} \times \dfrac{7}{\underset{2}{\cancel{6}}} = \dfrac{35}{8} = 4\dfrac{3}{8}$ (cm)

19 (1) 45초$= \dfrac{45}{60}$분$= \dfrac{3}{4}$분입니다.

$\Rightarrow 1\dfrac{7}{8} \div \dfrac{3}{4} = \dfrac{\overset{5}{\cancel{15}}}{\underset{2}{\cancel{8}}} \times \dfrac{\overset{1}{\cancel{4}}}{\underset{1}{\cancel{3}}} = \dfrac{5}{2} = 2\dfrac{1}{2}$ (L)

(2) $\dfrac{3}{4} \div 1\dfrac{7}{8} = \dfrac{3}{4} \div \dfrac{15}{8} = \dfrac{\overset{1}{\cancel{3}}}{\underset{1}{\cancel{4}}} \times \dfrac{\overset{2}{\cancel{8}}}{\underset{5}{\cancel{15}}} = \dfrac{2}{5}$(분)

20 $7\dfrac{2}{3} \div 1\dfrac{5}{6} = \dfrac{23}{3} \div \dfrac{11}{6} = \dfrac{23}{\cancel{3}} \times \dfrac{\overset{2}{\cancel{6}}}{11} = \dfrac{46}{11} = 4\dfrac{2}{11}$

$\Rightarrow$ 우유를 $1\dfrac{5}{6}$ L씩 병 4개에 담고 남은 양을 병 1개에 담 아야 하므로 병은 적어도 5개 필요합니다.

21 (1) 1 t$=1000$ kg이므로

$1\dfrac{2}{3}$ t$= \dfrac{5}{3}$ t$= \dfrac{5000}{3}$ kg$=1666\dfrac{2}{3}$ kg입니다.

(2) $1666\dfrac{2}{3} \div 12\dfrac{1}{2} = \dfrac{5000}{3} \div \dfrac{25}{2} = \dfrac{\overset{200}{\cancel{5000}}}{3} \times \dfrac{2}{\underset{1}{\cancel{25}}}$

$= \dfrac{400}{3} = 133\dfrac{1}{3}$(개)

따라서 상자를 최대 133개 실을 수 있습니다.

📜 **틀린 과정을 분석해 볼까요?**

틀린 이유	이렇게 지도해 주세요
t 단위를 kg 단위로 나타내지 못한 경우	1 t$=1000$ kg 임을 알아야 합니다. 식을 세울 때 단위가 다르면 단위를 통일하도록 지도합니다.
문제의 식을 세우지 못하는 경우	분수의 나눗셈식을 세우는 과정에서 무엇을 무엇으로 나눠야 하는지 어려워하는 경우가 많습니다. 이런 경우에는 수를 단순화하여 생각할 수 있도록 지도합니다.
분수의 나눗셈을 계산하지 못하는 경우	분수의 나눗셈은 나누는 분수의 분모와 분자를 바꾸어 분수의 곱셈으로 나타내어 계산합니다.

22 (1) (1시간에 갈 수 있는 거리)

$= 2 \div \dfrac{4}{5} = \overset{1}{\cancel{2}} \times \dfrac{5}{\underset{2}{\cancel{4}}} = \dfrac{5}{2} = 2\dfrac{1}{2}$ (km)

(2) (2시간에 갈 수 있는 거리)

$= 2\dfrac{1}{2} \times 2 = \dfrac{5}{\cancel{2}} \times \overset{1}{\cancel{2}} = 5$ (km)

📜 **틀린 과정을 분석해 볼까요?**

틀린 이유	이렇게 지도해 주세요
나눗셈식을 바르게 세우지 못하는 경우	(1시간에 갈 수 있는 거리) $=$(☐시간 동안 갈 수 있는 거리) $\div$(☐시간) 을 이용할 수 있도록 지도합니다.
(자연수)÷(분수)의 계산을 바르게 하지 못하는 경우	여러 가지 방법으로 (자연수)÷(분수)를 계산하도록 지도합니다. • $2 \div \dfrac{4}{5} = \dfrac{10}{5} \div \dfrac{4}{5} = 10 \div 4$ $\quad= \dfrac{\overset{5}{\cancel{10}}}{\underset{2}{\cancel{4}}} = \dfrac{5}{2} = 2\dfrac{1}{2}$ • $2 \div \dfrac{4}{5} = (2 \div 4) \times 5 = \dfrac{1}{2} \times 5$ $\quad= \dfrac{5}{2} = 2\dfrac{1}{2}$ • $2 \div \dfrac{4}{5} = \overset{1}{\cancel{2}} \times \dfrac{5}{\underset{2}{\cancel{4}}} = \dfrac{5}{2} = 2\dfrac{1}{2}$

23

채점 기준		
(자연수)÷(분수)를 계산하여 4시간 동안 만들 수 있는 슬라임의 양을 바르게 구한 경우	2점	5점
일주일 동안 만들 수 있는 슬라임의 양을 바르게 계산한 경우	1점	
답을 바르게 쓴 경우	2점	

📜 **틀린 과정을 분석해 볼까요?**

틀린 이유	이렇게 지도해 주세요
나눗셈식을 바르게 세우지 못하는 경우	시간을 분수로 나타내서 이해하기 힘들어하는 경우입니다. 자연수의 예를 들어 슬라임 1통을 만드는 데 1분이 걸리면 5분 동안 슬라임을 5÷1=5(통) 만들 수 있습니다. 따라서 4시간 동안 만들 수 있는 슬라임은 $4 \div \frac{7}{9}$의 나눗셈식을 세울 수 있도록 지도합니다.
일주일 동안 만들 수 있는 슬라임의 양을 구하지 못하는 경우	일주일은 7일이므로 하루에 만들 수 있는 슬라임의 양의 7배를 구할 수 있도록 지도합니다.

24

채점 기준		
$1\frac{1}{2}$ kg씩 12명에게 준 소금의 양을 구한 경우	1점	5점
나머지 사람들에게 준 소금의 양을 구한 경우	1점	
소금을 $\frac{9}{5}$ kg씩 받은 사람 수를 바르게 구한 경우	1점	
답을 바르게 쓴 경우	2점	

📜 **틀린 과정을 분석해 볼까요?**

틀린 이유	이렇게 지도해 주세요
나머지 사람들에게 준 소금의 양을 구하지 못하는 경우	전체 소금에서 $1\frac{1}{2}$ kg씩 12명에게 준 소금의 양을 빼야 하는 것을 지도합니다.
소금을 $\frac{9}{5}$ kg씩 받은 사람 수를 구하지 못하는 경우	분수의 나눗셈을 바르게 계산하지 못한 경우입니다. 먼저 대분수를 가분수로 나타낸 후 분모가 같으므로 분자끼리 나누어 계산하도록 지도합니다.

2단원 소수의 나눗셈

step 1 교과 개념

34~35쪽

1 7, 7 **2** 24, 24
3 72, 72, 6 **4** 62, 62
5 (1) 515, 5 (2) 103 (3) 103
6 7, 7
7 (1) 9 (2) 8 (3) 8 (4) 13

2 9.6과 0.4에 똑같이 10배 하여 자연수의 나눗셈으로 계산합니다.
$9.6 \div 0.4 = 96 \div 4 = 24$

3 소수 두 자리 수는 분모가 100인 분수로 나타낼 수 있습니다.

4 1 cm = 10 mm임을 이용하여 계산합니다.
$186 \div 3 = 62 \Rightarrow 18.6 \div 0.3 = 62$

5 1 m = 100 cm임을 이용하여 계산합니다.
철사 5.15 m를 0.05 m씩 자르는 것은 철사 515 cm를 5 cm씩 자르는 것과 같으므로
$5.15 \div 0.05 = 515 \div 5 = 103$입니다.

6 6.86과 0.98에 똑같이 100배 하여 자연수의 나눗셈으로 계산합니다.
$686 \div 98 = 7 \Rightarrow 6.86 \div 0.98 = 7$
몫이 같습니다.

7 (1), (2) 나누는 수와 나누어지는 수의 소수점을 오른쪽으로 한 자리씩 옮겨서 계산합니다.

$$0.8)\overline{7.2} \quad \begin{array}{r} 9 \\ 7\,2 \\ \hline 0 \end{array} \qquad 0.6)\overline{4.8} \quad \begin{array}{r} 8 \\ 4\,8 \\ \hline 0 \end{array}$$

(3), (4) 나누는 수와 나누어지는 수의 소수점을 오른쪽으로 두 자리씩 옮겨서 계산합니다.

$$0.16)\overline{1.28} \quad \begin{array}{r} 8 \\ 1\,2\,8 \\ \hline 0 \end{array} \qquad 0.37)\overline{4.81} \quad \begin{array}{r} 1\,3 \\ 3\,7 \\ \hline 1\,1\,1 \\ 1\,1\,1 \\ \hline 0 \end{array}$$

본책 29 ~ 35 쪽

step 2 교과 유형 익힘 | 36~37쪽

1 (1) 8, 16 (2) 24, 12
2 19 ; (○)(○)( )
3 2.6 **4** (위에서부터) 56, 8
5 (선 잇기)
6 (1) = (2) <
7 8
8
$$0.2\,8\,)\overline{6.7\,2}\quad 2\,4$$
$$\underline{5\,6}$$
$$1\,1\,2$$
$$\underline{1\,1\,2}$$
$$0$$
9 (위에서부터) (1) 4, 4 (2) 1, 4, 4, 144
10 28명
11 $41.5 \div 8.3 = 5$ ▶5점 ; 5 cm ▶5점
12 $3.6 \div 0.5 = 7.2$ ▶5점 ; 7.2배 ▶5점
13 $79.8 \div 0.3 = 266$
14 (위에서부터) 4, 100, 100, 4 ▶5점
　예 나누어지는 수와 나누는 수를 각각 100배 하면 몫은 같습니다. ▶5점

1 나누는 수와 나누어지는 수에 똑같이 10배 또는 100배 하여 (자연수)÷(자연수)로 계산합니다.

2 나누는 수와 나누어지는 수에 똑같이 10배 한 $83.6 \div 4.4$, 똑같이 100배 한 $836 \div 44$는 $8.36 \div 0.44$와 몫이 같습니다.

3 나누는 수와 나누어지는 수의 소수점을 각각 오른쪽으로 한 자리씩 옮겨서 계산합니다.
$$5.5\,)\overline{1\,4.3}\quad 2.6$$
$$\underline{1\,1\,0}$$
$$3\,3\,0$$
$$\underline{3\,3\,0}$$
$$0$$

4 $134.4 \div 2.4 = \dfrac{1344}{10} \div \dfrac{24}{10} = 1344 \div 24 = 56$

$134.4 \div 16.8 = \dfrac{1344}{10} \div \dfrac{168}{10} = 1344 \div 168 = 8$

5 나누는 수와 나누어지는 수를 똑같이 10배 또는 100배 하여도 몫은 같습니다.
$142.5 \div 1.5 = 1425 \div 15 = 95$,
$14.25 \div 0.15 = 1425 \div 15 = 95$

6 (1) $7.2 \div 0.8 = 9$, $1.8 \div 0.2 = 9$
(2) $16.9 \div 1.3 = 13$, $11.2 \div 0.8 = 14$
　⇨ $13 < 14$

7 자연수 부분을 비교하고 자연수 부분이 같으면 소수 첫째 자리 수를 비교합니다.
$9.6 > 7.2 > 1.6 > 1.2$ ⇨ $9.6 \div 1.2 = 96 \div 12 = 8$

8 나누는 수와 나누어지는 수의 소수점을 각각 오른쪽으로 두 자리씩 옮겨서 계산해야 하고, 몫의 소수점은 옮긴 소수점의 위치에 찍어야 합니다.

9 (1) 0.9로 나누어 몫이 6이 되는 수를 생각해 봅니다.
⇨ $0.9 \times 6 = 5.\boxed{4}$
(2)
$$3.6\,)\overline{5\,0.©}\quad ⊙\,4$$
$$\underline{3\,6}$$
$$1\,4\,©$$
$$\boxed{@}$$
$$0$$
$36 \times ⊙ = 36$이므로 $⊙ = 1$이고 @은 $36 \times 4 = 144$입니다.
$14© - 144 = 0$이므로 ©$=4$이고 ©$=4$이므로 ©$=4$입니다.

10 $10.64 \div 0.38 = 1064 \div 38 = 28$(명)

11 (직사각형의 넓이)=(가로)×(세로)이므로
(세로)=(직사각형의 넓이)÷(가로)입니다.

> **참고**
> 다각형의 넓이 구하는 방법
> • (정사각형의 넓이)=(한 변의 길이)×(한 변의 길이)
> • (직사각형의 넓이)=(가로)×(세로)
> • (평행사변형의 넓이)=(밑변의 길이)×(높이)
> • (삼각형의 넓이)=(밑변의 길이)×(높이)÷2
> • (마름모의 넓이)=(한 대각선의 길이)×(다른 대각선의 길이)÷2
> • (사다리꼴의 넓이)=((윗변의 길이)+(아랫변의 길이))×(높이)÷2

13 798과 3을 각각 $\dfrac{1}{10}$배 하면 79.8과 0.3이 됩니다.

> **참고**
> 나눗셈에서 나누는 수와 나누어지는 수에 같은 수를 곱하여도 몫은 변하지 않습니다.

1 (위에서부터) 8, 45, 8, 10

2 (1) 130, 3.5, 3.5　(2) 45.5, 3.5, 3.5

3 (1) 16, 132.8, 16, 8.3　(2) 160, 1328, 160, 8.3

4 (1) 320, 1.6　(2) 900, 25

5 7, 70, 700

6 36, 360, 3600

7 (1) 4.9　(2) 25　(3) 3.6　(4) 25

1 나눗셈에서 나누는 수와 나누어지는 수에 같은 수를 곱하여도 몫은 변하지 않습니다.

4 나누는 수와 나누어지는 수에 똑같이 100을 곱하여 자연수의 나눗셈으로 계산합니다.

5 나누는 수가 $\frac{1}{10}$배, $\frac{1}{100}$배가 되면 몫은 10배, 100배가 됩니다.

$$42 \div 6 = 7$$
$$42 \div 0.6 = 70 \quad \Big\} 10배$$
$$42 \div 0.06 = 700 \quad \Big\} 10배$$

6 나누어지는 수가 10배, 100배가 되면 몫도 10배, 100배가 됩니다.

$$2.88 \div 0.08 = 36$$
$$28.8 \div 0.08 = 360 \quad \Big\} 10배$$
$$288 \div 0.08 = 3600 \quad \Big\} 10배$$

7 나누는 수가 소수일 때에는 나누는 수가 자연수가 되도록 나누는 수와 나누어지는 수의 소수점을 오른쪽으로 똑같이 옮겨서 계산합니다.

(1)
```
        4.9
 0.8)3.9 2
     3 2
       7 2
       7 2
         0
```

(2)
```
         2 5
 3.4)8 5.0
     6 8
     1 7 0
     1 7 0
         0
```

(3)
```
        3.6
 1.2)4.3 2
     3 6
       7 2
       7 2
         0
```

(4)
```
         2 5
 0.8 4)2 1 0.0 0
       1 6 8
         4 2 0
         4 2 0
             0
```

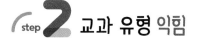

1 (　)(　)(○)

2 (1) 2, 20, 200　(2) 16, 160, 1600

3 (1) 0.6　(2) 75　　　**4** 4.15, 8.3

5 (1) <　(2) >

6 2.88÷1.2=2.4▶5점
; 2.4배▶5점

7 6.7배　　　　　　　**8** 1.2

9 정육각형　　　　　**10** 4.2 cm

11 8

12 3500÷2.5=1400▶5점
; 1400원▶5점

13
```
          3 5
 0.6)2 1
     1 8
       3 0
       3 0
         0
```
▶5점 ; 예 소수점을 옮겨서 계산한 경우, 몫의 소수점은 옮긴 소수점의 위치에 찍어야 합니다.▶5점

14 방법1 예 $9 \div 1.5 = \frac{90}{10} \div \frac{15}{10} = 90 \div 15 = 6$
; 6개▶5점

방법2 예
```
          6
 1.5)9
     9 0
       0
```
; 6개
▶5점

1 4÷0.16=40÷1.6=400÷16=25

2 (1) 나누어지는 수가 같을 때 나누는 수가 $\frac{1}{10}$배, $\frac{1}{100}$배가 되면 몫은 10배, 100배가 됩니다.

(2) 나누는 수가 같을 때 나누어지는 수가 10배, 100배가 되면 몫도 10배, 100배가 됩니다.

3 나누는 수와 나누어지는 수의 소수점을 오른쪽으로 옮겨서 계산합니다.

(1)
```
          0.6
 1 2.4)7.4 4
       7 4 4
           0
```

(2)
```
           7 5
 9.4)7 0 5.0
     6 5 8
       4 7 0
       4 7 0
           0
```

4 3.32÷0.8=4.15, 4.15÷0.5=8.3

5 (1) $2.73 \div 1.3 = 2.1$, $7.75 \div 3.1 = 2.5$
      ⇨ $2.1 < 2.5$
  (2) $4.05 \div 0.9 = 4.5$, $9.89 \div 2.3 = 4.3$
      ⇨ $4.5 > 4.3$

6 (집~학교까지의 거리)÷(집~도서관까지의 거리)
   $= 2.88 \div 1.2 = 2.4$(배)

7 (아버지가 딴 포도의 무게)÷(할머니가 딴 포도의 무게)
   $= 62.98 \div 9.4 = 6.7$(배)

8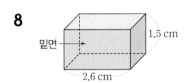
밑면

1.5 cm

2.6 cm

(직육면체의 부피)=(밑면의 넓이)×(높이)이므로
(높이)=(직육면체의 부피)÷(밑면의 넓이)입니다.
두 변이 2.6 cm, 1.5 cm인 면을 밑면이라고 하면 밑면
의 넓이는 $2.6 \times 1.5 = 3.9$ (cm^2)이므로 직육면체의 높이
는 $4.68 \div 3.9 = 1.2$ (cm)입니다.

9 (정다각형의 변의 수)=(둘레)÷(한 변의 길이)이므로 정다
각형의 변의 수는 $43.5 \div 7.25 = 6$(개)입니다. 따라서 정
육각형입니다.

10 직선 가와 나가 서로 평행하고 마주 보는 변의 길이가 서로
같으므로 색칠한 부분은 평행사변형입니다.
(평행사변형의 넓이)=(밑변의 길이)×(높이)이므로
(높이)=(평행사변형의 넓이)÷(밑변의 길이)입니다.
  ⇨ ㉠$= 34.86 \div 8.3 = 4.2$ (cm)

11 어떤 수를 먼저 구한 후 바르게 계산한 값을 구합니다.
어떤 수를 □라 하면 $□ \times 4.5 = 162$에서
$□ = 162 \div 4.5 = 1620 \div 45 = 36$입니다.
따라서 바르게 계산하면 $36 \div 4.5 = 360 \div 45 = 8$입니다.

13 나누는 수와 나누어지는 수에 같은 수를 곱하여도 몫은 변
하지 않습니다. 이를 이용하여 (자연수)÷(소수)를 (자연수)
÷(자연수)로 바꾸어 계산할 수 있습니다.

14 (자연수)÷(소수)를 계산하는 방법에는 분수의 나눗셈으로
바꾸어 계산하는 방법, 나누어지는 수와 나누는 수에 똑같
이 10, 100, 1000 등을 곱하여 계산하는 방법, 세로로 계
산하는 방법이 있습니다.

---

step 1 교과 개념 `42~43쪽`

1 첫째에 ○표
2 (1) 9, 3, 3 ; ( )(○)( )
  (2) 20, 5, 4 ; (○)( )( )
3 9, 9.2, 9.17
4 (1) 0.7   (2) 0.66
5 (1) 2.8   (2) 4.2
6 (1) 0.21   (2) 9.67

1 11.842…의 소수 둘째 자리의 숫자가 4이므로 반올림하
여 소수 첫째 자리까지 나타내면 11.8입니다.

2 (1) 8.99를 9로, 3.1을 3으로 어림하면 $9 \div 3$의 몫이 3이
므로 $8.99 \div 3.1$의 몫은 약 3입니다.
  (2) 20.37을 20으로, 4.85는 5로 어림하면 $20 \div 5$의 몫
이 4이므로 $20.37 \div 4.85$의 몫은 약 4입니다.

3 $5.5 \div 0.6 = 9.1\cdots$ ⇨ 9
   $5.5 \div 0.6 = 9.16\cdots$ ⇨ 9.2
   $5.5 \div 0.6 = 9.166\cdots$ ⇨ 9.17

> **주의**
> 몫을 반올림하여 나타내려면 구하려는 자리 바로 아래
> 자리에서 반올림해야 합니다.

4 $5.9 \div 9 = 0.655\cdots$
  (1) 몫을 반올림하여 소수 첫째 자리까지 나타내려면 소수
둘째 자리에서 반올림해야 하므로 0.7이 됩니다.
  (2) 몫을 반올림하여 소수 둘째 자리까지 나타내려면 소수
셋째 자리에서 반올림해야 하므로 0.66이 됩니다.

5 몫을 반올림하여 소수 첫째 자리까지 나타내려면 소수 둘
째 자리에서 반올림해야 합니다.

(1)   2.8̶3̶ ⇨ 2.8
  3$\overline{)8.5}$
    6
   2 5
   2 4
    1 0
      9
      1

(2)   4.2̶1̶ ⇨ 4.2
  6$\overline{)25.3}$
   2 4
    1 3
    1 2
     1 0
      6
      4

6 (1) $1.87 \div 9 = 0.207\cdots$ ⇨ 0.21
  (2) $5.8 \div 0.6 = 9.666\cdots$ ⇨ 9.67

1 2, 1.6 ; 2, 1.6

2 (1) 1.4　(2) 3봉지　(3) 1.4 kg

3 (1)
$$\begin{array}{r} 5 \\ 5\overline{)28.4} \\ 25 \\ \hline 3.4 \end{array}$$
(2) 5, 3.4　(3) 5, 3.4

4 4, 16, 1.4 ; 4, 1.4　　**5** 5, 40, 2.3 ; 5, 2.3

6 86, 0.3

2 (2) 13.4에서 4를 3번 뺄 수 있으므로 밀가루를 3봉지에 나누어 담을 수 있습니다.

(3) 13.4에서 4를 3번 빼면 1.4가 남으므로 나누어 담고 남는 밀가루의 양은 1.4 kg입니다.

3 (2) 몫을 자연수 부분까지 구하고 남는 양의 소수점은 나누어지는 수의 처음 소수점 위치에 맞추어 찍습니다.

(3) 5명에게 나누어 준 물의 양과 남는 양의 합이 28.4 L로 전체 물의 양과 같습니다.

1 (1) 6.4　(2) 3.1　　**2** 2, 2.4, 2.43

3 (　)(○)(　)(　)

4 2.1

5
한 사람에게 나누어 주는 양 → 3$\overline{)28.8}$ ← 나누어 줄 수 있는 사람 수
나누어 준 양 → 2 7
1.8 ← 나누어 주고 남는 양

6 >　　　　　**7** 7, 4.7

8 (　)(○)(　)　　**9** 45개, 0.05 L

10 81.83 kg　　**11** 85.7배

12
$$\begin{array}{r} 6 \\ 6\overline{)38.4} \\ 36 \\ \hline 2.4 \end{array}$$
; 6, 2.4 ▶5점

예 딸기 38.4 kg에서 36 kg을 나누어 주고 남는 양은 24 kg이 아니라 2.4 kg입니다. ▶5점

13 154.4 cm

14 9.7÷0.24＝40.41… ▶5점 ; 40.4 ▶5점

1 (1) $\begin{array}{r} 6.3\overset{\frown}{5} \\ 9\overline{)57.2} \end{array}$ ⇨ 6.4　(2) $\begin{array}{r} 3.0\overset{\frown}{8} \\ 7\overline{)21.57} \end{array}$ ⇨ 3.1

2 일의 자리까지: 17÷7＝2.4… ⇨ 2
소수 첫째 자리까지: 17÷7＝2.42… ⇨ 2.4
소수 둘째 자리까지: 17÷7＝2.428… ⇨ 2.43

4 4.92÷2.3＝2.13… ⇨ 2.1

5 한 사람에게 3 m씩 9명에게 3×9＝27 (m)를 나누어 주고 1.8 m가 남습니다.

6 77÷9＝8.5…, 몫의 소수 첫째 자리 숫자가 5이므로 올림합니다. 따라서 77÷9의 몫을 반올림하여 일의 자리까지 나타낸 수는 77÷9보다 큽니다.

7
$$\begin{array}{r} 7 \\ 6\overline{)46.7} \\ 42 \\ \hline 4.7 \end{array}$$
따라서 콩 46.7 kg을 7자루에 나누어 담고 남는 콩의 양은 4.7 kg입니다.

8 2.016, 20.16, 201.6을 각각 2, 20, 200으로, 4.2를 4로 어림하여 몫을 구합니다.
2.016÷4.2 ⇨ 2÷4＝0.5, 20.16÷4.2 ⇨ 20÷4＝5,
201.6÷4.2 ⇨ 200÷4＝50
⇨ 몫이 1 이상 10 이하인 나눗셈은 20.16÷4.2입니다.

9
$$\begin{array}{r} 4\ 5 \\ 0.15\overline{)6.8} \\ 6\ 0 \\ \hline 8\ 0 \\ 7\ 5 \\ \hline 0.05 \end{array}$$
용액을 병 45개에 담고 0.05 L가 남습니다.

10 245.5÷3＝81.833… ⇨ 81.83

11 154.2÷1.8＝85.66…이므로 몫을 소수 둘째 자리에서 반올림하면 85.7입니다.

12 (전체 딸기의 무게)−(나누어 주는 딸기의 무게)
＝38.4−36＝2.4이므로 나누어 주고 남는 딸기의 양은 2.4 kg입니다.

13 평균 ⇨ (154.3＋155.3＋153.5)÷3
＝463.1÷3＝154.36…
몫의 소수 둘째 자리 숫자가 6이므로 반올림하여 소수 첫째 자리까지 나타내면 154.4입니다.

14 몫이 가장 크게 되려면 가장 큰 소수 한 자리 수를 가장 작은 소수 두 자리 수로 나눕니다.
가장 큰 소수 한 자리 수는 9.7이고, 가장 작은 소수 두 자리 수는 0.24이므로 9.7÷0.24＝40.41…입니다.
몫의 소수 둘째 자리 숫자가 1이므로 반올림하여 소수 첫째 자리까지 나타내면 40.4입니다.

step 3 문제 해결

1 14조각 **1-1** 6조각
1-2 민지, 3조각 **1-3** 156개
2 2 **2-1** 3
2-2 9 **2-3** 7
3 31개 **3-1** 16개
3-2 109그루
4 5.25 **4-1** 4
4-2 700 **4-3** 13.6
5 ❶ 5, 7, 1, 13.6, 13.57▶3점 ❷ 13.57, 0.03▶3점
; 0.03▶4점
5-1 예 $20 \div 13 = 1.538\cdots$이므로 몫을 반올림하여 소수
첫째 자리까지 나타내면 1.5이고, 몫을 반올림하여
소수 둘째 자리까지 나타내면 1.54입니다.▶3점
따라서 두 값의 차는 $1.54 - 1.5 = 0.04$입니다.▶3점
; 0.04▶4점
6 ❶ 2▶3점 ❷ 2, 8.36, 58.52, 8.36, 7▶3점
; 7▶4점
6-1 예 (사다리꼴의 넓이)=((윗변의 길이)+(아랫변의 길
이))×(높이)÷2이므로 (높이)=(사다리꼴의 넓
이)×2÷((윗변의 길이)+(아랫변의 길이))입니
다.▶3점
(높이)=$23.55 \times 2 \div (6.2 + 9.5)$
=$23.55 \times 2 \div 15.7$
=$47.1 \div 15.7 = 3$ (cm)입니다.▶3점
; 3 cm▶4점
7 ❶ 6.2, 24.4▶3점 ❷ 8, 0.4, 8, 0.4▶3점
; 8, 0.4▶4점
7-1 예 물 16.5 L와 매실액 3.2 L를 섞으면 모두
$16.5 + 3.2 = 19.7$ (L)입니다.▶3점

$$
\begin{array}{r}
9 \\
2\,)\overline{1\,9.7} \\
\underline{1\,8} \\
1.7
\end{array}
$$

따라서 9병까지 담을 수 있고 1.7 L
가 남습니다.▶3점

; 9병, 1.7 L▶4점
8 ❶ 24, 4, 4, 2.4▶3점 ❷ 2.4, 75▶3점
; 75▶4점
8-1 예 15분=$\frac{15}{60}$시간=$\frac{1}{4}$시간=0.25시간이므로
1시간 15분=1.25시간입니다.▶3점
따라서 주희가 한 시간 동안 걸은 평균 거리는
$2.5 \div 1.25 = 2$ (km)입니다.▶3점
; 2 km▶4점

---

1 (정훈이가 자른 조각 수)=$31.2 \div 1.2 = 312 \div 12$
=26(조각),
(성하가 자른 조각 수)=$31.2 \div 2.6 = 312 \div 26$
=12(조각)
⇨ $26 - 12 = 14$(조각)

1-1 (수정이가 자른 조각 수)=$17.6 \div 1.1 = 176 \div 11$
=16(조각),
(재민이가 자른 조각 수)=$17.6 \div 0.8 = 176 \div 8$
=22(조각)
⇨ $22 - 16 = 6$(조각)

1-2 (진호가 썬 가래떡 조각 수)=$95.2 \div 6.8 = 952 \div 68$
=14(조각),
(민지가 썬 가래떡 조각 수)=$95.2 \div 5.6 = 952 \div 56$
=17(조각)
⇨ $17 - 14 = 3$(조각)

1-3 (주스를 담은 병의 수)=$4.55 \div 0.05 = 91$(개),
(우유를 담은 병의 수)=$4.55 \div 0.07 = 65$(개)
⇨ $91 + 65 = 156$(개)

2 $9.2 \div 9 = 1.0222\cdots$에서 몫의 소수 둘째 자리부터 숫자 2
가 반복되므로 몫의 소수 아홉째 자리 숫자는 2입니다.

2-1 $52.4 \div 6 = 8.7333\cdots$에서 몫의 소수 둘째 자리부터 숫자
3이 반복되므로 몫의 소수 15째 자리 숫자는 3입니다.

2-2 $3.5 \div 2.2 = 1.590909\cdots$에서 몫의 소수 둘째 자리부터
숫자 9, 0이 반복되므로 몫의 소수 20째 자리 숫자는 9입니
다.

2-3 $161.6 \div 3 = 53.8666\cdots$에서 몫의 소수 둘째 자리부터 숫
자 6이 반복되므로 소수 아홉째 자리 숫자는 6입니다. 따
라서 반올림하여 소수 여덟째 자리까지 나타내면
53.86666667이므로 몫의 소수 여덟째 자리 숫자는 7입니
다.

3 (가로등의 수)=$147.56 \div 4.76 = 31$(개)

3-1 (기둥의 수)=$20.8 \div 1.3 = 16$(개)

3-2 (가로수 사이의 간격 수)
=(도로의 길이)÷(가로수 사이의 간격)
=$270 \div 2.5 = 108$(군데)
⇨ (도로 한쪽에 세운 가로수의 수)=$108 + 1$
=109(그루)

4 (어떤 수)÷4.2＝30이므로

(어떤 수)＝3×4.2＝12.6입니다.

따라서 바르게 계산한 몫은 12.6÷2.4＝5.25입니다.

4-1 (어떤 수)÷1.2＝5이므로

(어떤 수)＝5×1.2＝6입니다.

따라서 바르게 계산한 몫은 6÷1.5＝4입니다.

4-2 (어떤 수)×0.04＝1.12이므로

(어떤 수)＝1.12÷0.04＝28입니다.

따라서 바르게 계산한 몫은 28÷0.04＝700입니다.

4-3 (어떤 수)×0.5＝3.4이므로

(어떤 수)＝3.4÷0.5＝6.8입니다.

따라서 바르게 계산한 몫은 6.8÷0.5＝13.6입니다.

5-1

채점 기준		
몫을 반올림하여 소수 첫째 자리까지 나타낸 값과 소수 둘째 자리까지 나타낸 값을 구한 경우	3점	
몫을 반올림하여 나타낸 값의 차를 구한 경우	3점	10점
답을 바르게 쓴 경우	4점	

6-1

채점 기준		
사다리꼴의 높이를 구하는 방법을 아는 경우	3점	
사다리꼴의 높이를 바르게 계산하여 구한 경우	3점	10점
답을 바르게 쓴 경우	4점	

7-1

채점 기준		
물과 매실액의 양의 합을 구한 경우	3점	
담을 수 있는 병의 수와 남는 양을 바르게 구한 경우	3점	10점
답을 바르게 쓴 경우	4점	

8-1

채점 기준		
1시간 15분을 소수로 나타낸 경우	3점	
주희가 한 시간 동안 걸은 평균 거리를 바르게 구한 경우	3점	10점
답을 바르게 쓴 경우	4점	

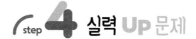

step 4 실력 UP 문제　52~53쪽

1	20	**2**	150명
3	9.69초		
4	3760배, 27000배, 50000배		
5	2.06 cm	**6**	13통
7	4.2 cm	**8**	7.35초 후
9	18 km	**10**	25
11	6분	**12**	0.25 kg

1　131.3÷6.5＝20.2

20.2＞□이므로 □ 안에 들어갈 수 있는 가장 큰 자연수는 20입니다.

2　민호네 학교 6학년 전체 학생 수를 □명이라고 하면

□×0.14＝21이므로

21÷0.14＝□, □＝150입니다.

3　세 사람의 기록의 합을 3으로 나눕니다.

(성수네 모둠의 50 m 달리기 평균 기록)

＝(10.57＋8.73＋9.76)÷3

＝29.06÷3＝9.686… ⇨ 9.69초

4　라면 국물: 564÷0.15＝3760(배)

식용유: 1350÷0.05＝27000(배)

우유: 10000÷0.2＝50000(배)

5　(처음 직사각형의 넓이)＝8.24×6＝49.44 (cm²),

(새로 만든 직사각형의 가로)＝49.44÷8＝6.18 (cm)

⇨ 8.24－6.18＝2.06 (cm)이므로 2.06 cm를 줄여야 합니다.

6　77.5÷2.5＝31이므로 담 77.5 m²를 칠하는 데 필요한 페인트는 31×0.6＝18.6 (L)입니다.

18.6÷1.5＝12.4이므로 12.4통이 필요합니다.

따라서 페인트를 12통 사면 부족하므로 페인트는 13통을 사야 합니다.

📖주의

필요한 페인트는 12.4통이지만 0.4통을 살 수 없으므로 소수점 아래 숫자를 올림하여 13통을 사야 합니다.

7 ((윗변의 길이)+(아랫변의 길이))×3.2÷2=12.32
  ⇨ (윗변의 길이)+(아랫변의 길이)=12.32×2÷3.2
    =24.64÷3.2
    =7.7 (cm)
  윗변의 길이와 아랫변의 길이의 합이 윗변의 길이의 2.2배
  이므로 (윗변의 길이)×2.2=7.7입니다.
  ⇨ (윗변의 길이)=7.7÷2.2=3.5 (cm)
  윗변의 길이와 아랫변의 길이의 합이 7.7 cm이므로
  3.5+(아랫변의 길이)=7.7입니다.
  ⇨ (아랫변의 길이)=7.7−3.5=4.2 (cm)

8 번개가 친 곳에서 0.34 km 떨어진 곳에서는 1초 후에 천
  둥소리를 들을 수 있으므로 2.5 km 떨어진 곳에서는
  (2.5÷0.34)초 후에 천둥소리를 들을 수 있습니다.
  2.5÷0.34=7.352… ⇨ 7.35초 후

9 15분=$\frac{15}{60}$시간=$\frac{1}{4}$시간=0.25시간이므로
  2시간 15분=2.25시간입니다.
  (자동차가 2시간 15분 동안 간 거리)
    =60×2.25=135 (km)
  (휘발유 1 L로 갈 수 있는 거리)=135÷7.5=18 (km)

10 24÷0.4=60,
  36÷0.4=90,
  60÷0.4=150
  따라서 버튼 (÷★)은 처음 수를 0.4로 나누는 규칙입니다.
  ⇨ 10÷0.4=25

11 (터널을 완전히 지나는 데 달리는 거리)
    =(터널의 길이)+(기차의 길이)
    =9.21+0.15=9.36 (km)
  ⇨ (터널을 완전히 지나는 데 걸리는 시간)
    =9.36÷1.56=6(분)

12 18개를 덜어 내고 16.97−12.39=4.58 (kg)이 줄었으므
  로 우유 18개의 무게는 4.58 kg입니다.

  $$\begin{array}{r} 0.2\,5\,4 \\ 18\overline{)4.5\,8} \\ 3\,6 \\ \hline 9\,8 \\ 9\,0 \\ \hline 8\,0 \\ 7\,2 \\ \hline 8 \end{array}$$

  4.58÷18의 몫을 반올림하여 소수 둘
  째 자리까지 나타내려면 소수 셋째 자리
  에서 반올림해야 하므로 몫은 0.25입니
  다. 따라서 우유 한 개의 무게는
  0.25 kg입니다.

(단원 평가) **54~57쪽**

1 (1) 4, 4, 8 (2) 1325, 53, 1325, 53, 25
2 6, 6
3 (위에서부터) 100, 729, 9, 81, 81
4 (1) 4.3 (2) 5.3   **5** 3, 21, 5.7 ; 3, 5.7
6 <   **7** ④
8 (1) 52 (2) 520 (3) 5200
9 49자루, 2.7 kg
10 (1) 3.1 (2) 2.9
11 (○)(   )
12 12.6÷0.3=42▶2점 ; 42봉지▶2점
13 93 km
14 20상자, 3.8 kg
15 39.8배   **16** 37개
17 12 cm   **18** 2.42배
19 4, 7, 6 ; 190   **20** 6분
21 (1) 4.7 kg▶1점 (2) 4.8 kg▶2점 (3) 0.1 kg▶2점
22 (1) 2.6 cm▶1점 (2) 2.95 cm²▶2점 (3) 2.3 cm▶2점
23 예 1시간 36분 동안 탄 양초의 길이는
    20−5.6=14.4 (cm)입니다.▶1점
    36분=$\frac{36}{60}$시간=$\frac{6}{10}$시간=0.6시간이므로
    1시간 36분은 1.6시간입니다.▶1점
    (1시간에 타 들어가는 길이)=14.4÷1.6
      =9 (cm)▶1점
    ; 9 cm▶2점
24 예 1층에서 5층까지의 높이는 2.34×5=11.7 (m)이
    므로 6층부터 건물 끝까지의 높이는
    60.9−11.7=49.2 (m)입니다.▶1점
    6층부터 각 층의 높이가 2.05 m이므로 6층부터 건물
    끝까지의 층수는 49.2÷2.05=24(층)입니다.▶1점
    따라서 이 건물은 모두 5+24=29(층)입니다.▶1점
    ; 29층▶2점

1 (1) 소수 한 자리 수는 분모가 10인 분수로 나타낼 수 있습
    니다.
  (2) 소수 두 자리 수는 분모가 100인 분수로 나타낼 수 있
    습니다.

2 4.2−0.7−0.7−0.7−0.7−0.7−0.7=0
                    6번
  ⇨ 4.2÷0.7=6

3 7.29와 0.09에 똑같이 100배를 하여 자연수의 나눗셈으로 계산합니다.

4 나누는 수와 나누어지는 수의 소수점을 오른쪽으로 한 자리씩 옮겨서 계산합니다.

(1)
```
          4.3
   0.5 ) 2.1 5
          2 0
          1 5
          1 5
            0
```

(2)
```
          5.3
   1.3 ) 6.8 9
          6 5
          3 9
          3 9
            0
```

5 나누어 담는 설탕의 양은 $7 \times 3 = 21$ (kg)입니다.
⇨ (남는 설탕의 양)
　　= (전체 설탕의 양) − (나누어 담는 설탕의 양)
　　= 26.7 − 21 = 5.7 (kg)

6 $96 \div 6.4 = 15$, $12 \div 0.16 = 75$ ⇨ $15 < 75$

7 자릿수가 다른 두 소수의 나눗셈을 할 때는 나누는 수와 나누어지는 수의 소수점을 각각 오른쪽으로 같은 자릿수만큼 옮겨서 계산해야 합니다.

8 나누는 수가 같을 때 나누어지는 수가 10배가 되면 몫도 10배가 됩니다.

$3.64 \div 0.07 = 52$
$36.4 \div 0.07 = 520$ ⎬10배
$364 \div 0.07 = 5200$ ⎬10배

9
```
          4 9
   5 ) 2 4 7.7
        2 0
          4 7
          4 5
          2.7
```
따라서 보리 247.7 kg을 49자루에 나누어 담을 수 있고 남는 보리의 양은 2.7 kg입니다.

10 (1)
```
          3.0 8
   7 ) 2 1.5 7
```
⇨ 소수 둘째 자리 숫자가 8이므로 반올림하여 소수 첫째 자리까지 나타내면 3.1입니다.

(2)
```
          2.8 5
   9 ) 2 5.7
```
⇨ 소수 둘째 자리 숫자가 5이므로 반올림하여 소수 첫째 자리까지 나타내면 2.9입니다.

11 $50 \div 7 = 7.14\cdots$
⇨ 몫의 소수 둘째 자리 숫자가 4이므로 버림합니다. 따라서 $50 \div 7$의 몫을 반올림하여 소수 첫째 자리까지 나타낸 수는 $50 \div 7$보다 작습니다.

12 $12.6 \div 0.3 = \dfrac{126}{10} \div \dfrac{3}{10} = 126 \div 3 = 42$(봉지)

13 전체 연료의 양을 1 km를 갈 수 있는 연료의 양으로 나눕니다.
$13.95 \div 0.15 = 93$ (km)

14
```
        2 0
   4 ) 8 3.8
        8 0
        3.8
```
따라서 꽃게를 20상자까지 팔 수 있고, 3.8 kg이 남습니다.

🍎 학부모 지도 가이드 🍎
팔 수 있는 상자의 수를 구해야 하므로 몫을 자연수 부분까지 구하도록 지도합니다.

15 $302.48 \div 7.6$ ⇨
```
               3 9.8
   7.6 ) 3 0 2.4 8
            2 2 8
              7 4 4
              6 8 4
                6 0 8
                6 0 8
                    0
```

16
```
        3 6
   4 ) 1 4 7.6
        1 2
          2 7
          2 4
          3.6
```
딸기를 한 상자에 4 kg씩 상자 36개에 담고 3.6 kg이 남습니다.
남는 3.6 kg도 상자에 담아야 하므로 상자는 적어도 $36 + 1 = 37$(개) 필요합니다.

17 (평행사변형의 넓이) = (밑변의 길이) × (높이)이므로
(높이) = (평행사변형의 넓이) ÷ (밑변의 길이)입니다.
⇨ (평행사변형의 높이) = $285.24 \div 23.77$
　　　　　　　　　　　　= 12 (cm)

18 (삼촌의 몸무게) ÷ (은정이의 몸무게)
= $66.5 \div 27.5 = 2.418\cdots$ ⇨ 2.42배

19 $7 > 6 > 4$이므로 나누어지는 수의 십의 자리에 7, 일의 자리에 6을 놓고, 가장 작은 수인 4를 나누는 수의 소수 첫째 자리에 놓습니다.
```
               1 9 0
   0.4 ) 7 6.0
          4
          3 6
          3 6
            0
```

20 (1분 동안 두 수도꼭지에서 나오는 물의 양의 합)
　＝23.25＋20.83＝44.08 (L)
　(264.48 L의 물을 받는 데 걸리는 시간)
　＝264.48÷44.08＝6(분)

21 (1) (소금 한 봉지의 무게)＝21.15÷4.5＝4.7 (kg)
　(2) (설탕 한 봉지의 무게)＝40.8÷8.5＝4.8 (kg)
　(3) (설탕 한 봉지의 무게)－(소금 한 봉지의 무게)
　　　＝4.8－4.7＝0.1 (kg)

📜 틀린 과정을 분석해 볼까요?

틀린 이유	이렇게 지도해 주세요
4봉지 반, 8봉지 반을 소수로 나타내지 못하는 경우	1봉지가 1이므로 반은 0.5가 됨을 이용하여 소수로 나타낼 수 있도록 합니다.
몫을 구할 때 소수점의 위치를 실수하는 경우	소수의 나눗셈에서 소수점의 위치를 실수하는 경우가 많습니다. 계산을 하기 전에 몫을 어림해 보고 계산하도록 하고, 계산한 후에 어림한 몫과 비교해 보면 소수점의 위치를 정확히 찾는 데 도움이 됩니다.

22 (1) 정육각형의 변의 길이는 모두 같으므로 색칠한 삼각형의 한 변의 길이는 15.6÷6＝2.6 (cm)입니다.
　(2) 색칠한 삼각형의 넓이는 정육각형을 6등분 했으므로 17.7÷6＝2.95 (cm²)입니다.
　(3) 색칠한 삼각형의 높이를 □ cm라 하면
　　2.6×□÷2＝2.95입니다.
　　□＝2.95×2÷2.6,
　　□＝5.9÷2.6＝2.26… ⇨ 2.3

📜 틀린 과정을 분석해 볼까요?

틀린 이유	이렇게 지도해 주세요
정육각형의 성질을 모르는 경우	정육각형은 변의 길이가 모두 같고, 주어진 그림과 같이 합동인 삼각형 6개로 나누어집니다. 따라서 정육각형의 한 변의 길이는 둘레를 6으로 나누어 구해야 하고, 색칠한 삼각형의 넓이는 정육각형의 넓이를 6으로 나누어 구해야 합니다.
삼각형의 높이를 구하지 못하는 경우	(삼각형의 넓이)＝(밑변의 길이)×(높이)÷2이므로 (높이)＝(삼각형의 넓이)×2÷(밑변의 길이)로 구해야 합니다.

23

채점 기준		
1시간 36분 동안 탄 양초의 길이를 구한 경우	1점	
1시간 36분을 소수로 나타낸 경우	1점	5점
1시간에 타 들어가는 길이를 구한 경우	1점	
답을 바르게 쓴 경우	2점	

📜 틀린 과정을 분석해 볼까요?

틀린 이유	이렇게 지도해 주세요
1시간 36분을 소수로 잘못 나타낸 경우	1시간＝60분을 이용하여 분수로 나타낸 다음 소수로 나타낼 수 있도록 합니다.
1시간에 타 들어가는 길이를 구하지 못하는 경우	1.6시간 동안 타 들어가는 양초의 길이가 14.4 cm이므로 1시간에 타 들어가는 양초의 길이는 14.4÷1.6으로 계산해야 합니다.

24

채점 기준		
6층부터 건물 끝까지의 높이를 구한 경우	1점	
6층부터 건물 끝까지의 층수를 구한 경우	1점	5점
전체 건물의 층수를 구한 경우	1점	
답을 바르게 쓴 경우	2점	

📜 틀린 과정을 분석해 볼까요?

틀린 이유	이렇게 지도해 주세요
1층~5층, 6층~건물 끝까지의 높이가 다름을 이해하지 못한 경우	각 층의 높이가 1층부터 5층까지 같고, 6층부터 건물 끝까지 같으므로 전체 건물의 높이는 1층부터 5층까지의 합과 6층부터의 높이의 합으로 구해야 합니다.
6층부터의 층수를 구하지 못하는 경우	전체 건물의 높이에서 5층까지의 높이를 빼면 6층부터의 높이가 됩니다. 6층부터의 높이를 층의 높이로 나누면 6층부터 건물 끝까지의 층수를 구할 수 있습니다.
건물의 높이를 24층으로 답한 경우	건물의 모든 층수는 6층부터가 아닌 1층부터로 생각하여 구해야 합니다.

3단원 **공간과 입체**

step 1 교과 개념 `60~61쪽`

> **1** (1) 예 알 수 없습니다. (2) 15개
> **2** (1) 5 (2) 6   **3** 나
> **4** (1) 9 (2) 10   **5** 지호

1 (1) 보이지 않는 부분에 쌓기나무가 있는지 없는지 알 수 없기 때문에 쌓기나무의 수를 정확히 알 수 없습니다.

(2) 1층에 6개, 2층에 5개, 3층에 4개 ⇨ 15개

 **학부모 지도 가이드**

쌓기나무로 모양을 만들 때는 쌓기나무의 면과 면이 정확히 맞닿게 쌓도록 지도합니다.

(◯)　　(×)

2 (1)

위에서 본 모양

위에서 본 모양을 보면 색칠된 칸이 4칸이므로 1층에는 쌓기나무 4개가 있습니다.

2층에 1개 ⇨ 5개

(2)

위에서 본 모양

1층에 5개, 2층에 1개 ⇨ 6개

참고

1층에 쌓여 있는 쌓기나무의 수는 위에서 본 모양의 색칠된 칸 수와 같습니다.

3 2층과 3층에 1개씩 있으므로 1층에 있는 쌓기나무는 4개입니다. 1층에 보이는 쌓기나무의 위치와 쌓기나무 4개가 같게 놓여 있는 모양을 찾습니다.

4 (1) 1층에 5개, 2층에 3개, 3층에 1개 ⇨ 9개
(2) 1층에 6개, 2층에 3개, 3층에 1개 ⇨ 10개

5 지호의 방향에서 보면 빨간색 쌓기나무가 앞의 쌓기나무에 가려져 보이지 않습니다.

---

step 2 교과 유형 익힘 `62~63쪽`

> **1** (1) 10개 (2) 8개　　**2** 라
> **3** (1) 가 (2) 다 (3) 라 (4) 나
> **4** 　　　　**5** 16개
> **6** 나　　　　**7** 12개, 13개
> **8** (1) 나 (2) 가 (3) 라 (4) 다
> **9** 4개

1 (1) 1층에 5개, 2층에 4개, 3층에 1개 ⇨ 10개
(2) 1층에 6개, 2층에 2개 ⇨ 8개

2

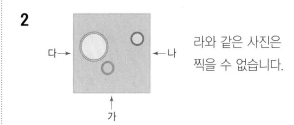

라와 같은 사진은 찍을 수 없습니다.

3 (1) 나무가 왼쪽에 있으므로 가에서 찍은 사진입니다.
(2) 나무가 왼쪽 집 뒤에 있으므로 다에서 찍은 사진입니다.
(3) 나무가 오른쪽 집 앞에 있으므로 라에서 찍은 사진입니다.
(4) 나무가 오른쪽에 있으므로 나에서 찍은 사진입니다.

4 1층의 뒷줄과 앞줄에 쌓기나무가 몇 개 있는지 알아봅니다.

 : 1층 뒷줄에 3개, 앞줄에 2개가 있는 모양

 : 1층 뒷줄에 3개, 앞줄에 3개가 있는 모양

 : 1층 뒷줄에 2개, 앞줄에 3개가 있는 모양

5 1층에 9개, 2층에 5개, 3층에 1개, 4층에 1개
⇨ $9+5+1+1=16$(개)

6 1층에는 쌓기나무가 5개씩 있습니다.
가: 2층에 2개 ⇨ $5+2=7$(개)
나: 2층에 2개, 3층에 2개 ⇨ $5+2+2=9$(개)
다: 2층에 1개, 3층에 1개 ⇨ $5+1+1=7$(개)
따라서 필요한 쌓기나무가 가장 많은 것은 나입니다.

7 ○표 한 자리에 쌓기나무가 1개인 경우에 필요한 쌓기나무는 12개, ○표 한 자리에 쌓기나무가 2개인 경우에 필요한 쌓기나무는 13개입니다.

8 (1) 별 모양이 보이지 않기 때문에 나에서 찍은 사진입니다.
(2) 앞쪽에서 본 것과 왼쪽과 오른쪽이 바뀌어 있으므로 가에서 찍은 사진입니다.
(4) 별 모양이 납작하게 보이기 때문에 다에서 찍은 사진입니다.

9 1층 9개, 2층 8개, 3층 6개이므로 쌓여 있는 쌓기나무는 $9+8+6=23$(개)입니다.
가장 작은 정육면체 모양의 한 모서리에 놓이는 쌓기나무는 3개이므로 필요한 쌓기나무의 개수는 $3\times3\times3=27$(개)입니다.
따라서 $27-23=4$(개)가 더 필요합니다.

step 1 교과 개념 (64~65쪽)

1 위, 앞, 옆   **2** (1) 가 (2) 나

3 옆

4 나   **5** 다

1 앞에서 보면 왼쪽에서부터 1층, 1층, 3층으로 보이고 옆에서 보면 왼쪽에서부터 1층, 3층, 1층으로 보입니다.

2 (1) 나는 앞에서 본 모양이 □ 입니다.
(2) 가는 옆에서 본 모양이 □ 입니다.

3 위에서 본 모양을 보면 뒤쪽에 숨어 있는 쌓기나무가 없습니다. 따라서 옆에서 보면 쌓기나무 3개가 보입니다.

4 가는 위에서 본 모양이 □ 입니다.
다는 위에서 본 모양이 □ 입니다.

5 나는 위에서 본 모양이 주어진 그림이 될 수 없습니다.
가는 3층에 쌓여 있는 쌓기나무가 없으므로 앞, 옆에서 본 모양이 주어진 그림이 될 수 없습니다.

step 2 교과 유형 익힘 (66~67쪽)

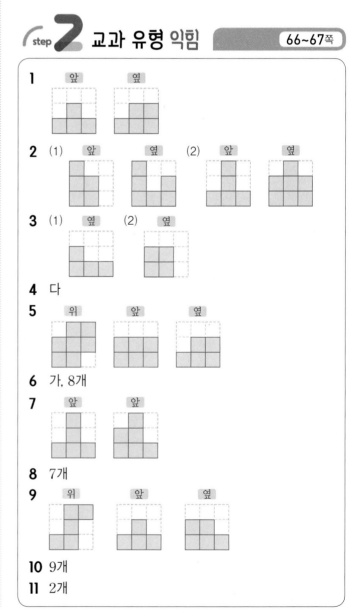

1 앞 옆

2 (1) 앞 옆 (2) 앞 옆

3 (1) 옆 (2) 옆

4 다

5 위 앞 옆

6 가, 8개

7 앞 앞

8 7개

9 위 앞 옆

10 9개

11 2개

1 2층에 2개가 쌓여 있으므로 1층에 있는 쌓기나무는 8−2=6(개)입니다. 따라서 보이지 않는 부분에 숨겨진 쌓기나무는 없습니다.

2 (1) 위에서 본 모양을 보면 보이지 않는 쌓기나무가 없습니다. 앞에서 보면 왼쪽에서부터 3층, 2층으로 보입니다.

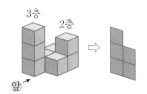

옆에서 보면 왼쪽에서부터 3층, 1층, 2층으로 보입니다.

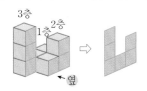

(2) 위에서 본 모양을 보면 보이지 않는 부분에 숨겨진 쌓기나무가 없습니다. 앞에서 보면 왼쪽에서부터 1층, 3층, 1층으로 보입니다. 옆에서 보면 왼쪽에서부터 2층, 3층, 2층으로 보입니다.

🍎 **학부모 지도 가이드**

쌓기나무로 쌓은 모양의 경우 위와 아래, 앞과 뒤, 오른쪽과 왼쪽의 모양은 서로 대칭이기 때문에 모두 확인할 필요없이 위, 앞, 오른쪽 옆에서 본 모양만 알아봅니다.

3 (1)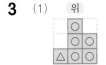

앞에서 본 모양을 보면 ○ 부분은 쌓기나무가 1개, △ 부분은 쌓기나무가 2개입니다.

(2)

앞에서 본 모양을 보면 ○ 부분은 쌓기나무가 1개이고, △ 부분에는 2개까지 쌓여 있을 수 있습니다.
1층에 쌓여 있는 쌓기나무가 5개이므로 2층에 쌓여 있는 쌓기나무는 2개입니다. 따라서 △ 부분에는 2개씩 쌓여 있습니다.

4 가는 앞과 옆에서 본 모양이 입니다.

나는 3층에 쌓여 있는 쌓기나무가 없으므로 앞과 옆에서 본 모양이 주어진 모양이 될 수 없습니다.

5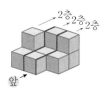

앞에서 보면 세 줄이 모두 2층으로 보입니다.

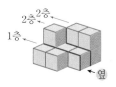

옆에서 보면 1층, 2층, 2층으로 보입니다.

6

앞에서 본 모양을 보면 ○ 부분은 3개, △ 부분은 1개, ☆ 부분은 2개가 쌓여 있습니다.
⇨ 3+1+1+1+2=8(개)

7

○ 부분에 쌓기나무가 3개 쌓여 있으면 보이게 되므로 ○ 부분에는 쌓기나무가 1개 또는 2개가 쌓여 있습니다.

8

앞에서 본 모양을 보면 △ 부분은 3개이고, ○ 부분은 2개 이하입니다. 옆에서 본 모양을 보면 ○ 부분 중 위의 두 부분은 1개이고, 맨 아래 부분은 2개입니다.
⇨ 3+1+1+2=7(개)

9 쌓기나무 9개로 쌓은 것이므로 1층에 5개, 2층에 3개, 3층에 1개가 쌓여 있습니다.
빨간색 쌓기나무를 빼고 위, 앞, 옆에서 본 모양을 그립니다.

10

9개   10개

따라서 쌓기나무는 적어도 9개 필요합니다.

11

9개   8개   8개   7개

사용한 쌓기나무가 가장 많은 경우는 9개, 가장 적은 경우는 7개이므로 차는 9−7=2(개)입니다.

📖 **주의**

위, 앞, 옆에서 본 모양이 똑같아도 쌓기나무로 쌓은 모양이 여러 가지로 나올 수 있습니다.

step 1 교과 개념 68~69쪽

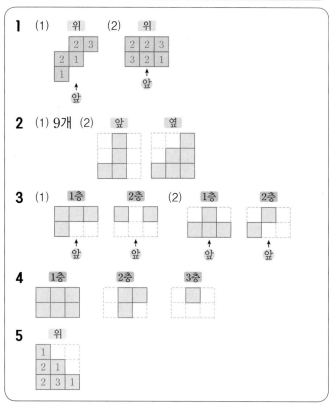

1 (1) 위 (2) 위

2 (1) 9개 (2) 앞 옆

3 (1) 1층 2층 (2) 1층 2층

4 1층 2층 3층

5 위

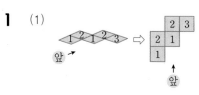

1 (1)

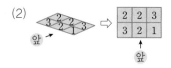

(2)

2 (1) $1+3+1+2+1+1=9$(개)

(2) 앞에서 보면 1층, 3층으로 보입니다.

옆에서 보면 왼쪽에서부터 1층, 2층, 3층으로 보입니다.

참고
위에서 본 모양에 수를 쓰는 방법으로 나타내면 쌓기나무의 개수가 한 가지로 나오고 쌓기나무를 쌓은 모양도 한 가지만 나오게 됩니다.

3 (1) 2층에 2개가 쌓여 있으므로 1층에 $6-2=4$(개)가 쌓여 있습니다.

(2) 보이지 않는 쌓기나무가 없습니다. 1층에 4개, 2층에 2개가 쌓여 있습니다.

주의
(1) 2층을 그릴 때 은 과 다른 모양임에 주의하여 그립니다. 위에서 본 모양에서 같은 위치에 있는 층은 같은 위치에 그림을 그려야 합니다.

(2) 2층을 그릴 때 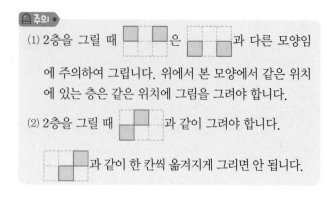과 같이 그려야 합니다.

과 같이 한 칸씩 옮겨지게 그리면 안 됩니다.

4 1층 모양은 위에서 본 모양과 같게 그립니다.
2층을 나타낼 때에는 2이거나 2보다 큰 수가 쓰여 있는 자리를 색칠합니다. 3층을 나타낼 때에는 3이 쓰여 있는 자리를 색칠합니다.

5 ① 위에서 본 모양은 1층 모양과 같게 그립니다.
3층인 자리에 먼저 3을 씁니다.

위

② 2층인 자리에 2를 써넣고 나머지 자리에 1을 써넣습니다.

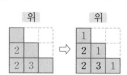

참고
쌓기나무를 층별로 나타낸 모양을 보고 만들어지는 쌓은 모양은 한 가지만 나오게 됩니다.

step 2 교과 유형 익힘 70~71쪽

1 앞 옆

2 (1)(3)(2)

3

자리	㉠	㉡	㉢	㉣	㉤
쌓기나무의 수(개)	2	1	3	3	1

; 10개

4

5 다

6 위 앞 옆

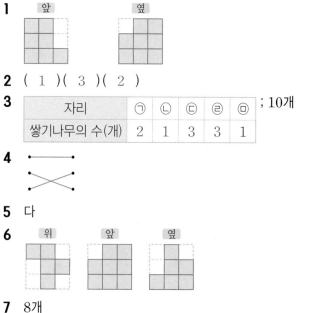

7 8개

8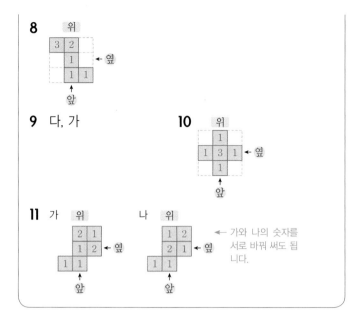

9 다, 가

10

11 가 나

← 가와 나의 숫자를 서로 바꿔 써도 됩 니다.

---

1 앞에서 보면 왼쪽에서부터 3층, 3층, 1층으로 보입니다.
옆에서 보면 왼쪽에서부터 2층, 3층, 3층으로 보입니다.

2 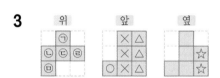 쌓기나무가 10개이므로 보이지 않는 쌓기나 무는 없습니다.
⇨ 1층: 5개, 2층: 3개, 3층: 2개

3

앞에서 본 모양의 ○ 부분에 의해 ㉡, ㉢은 1개씩, △ 부분 에 의해 ㉣은 3개입니다.
옆에서 본 모양의 ☆ 부분에 의해 ㉠은 2개입니다.
앞에서 본 모양의 × 부분에 의해 ㉢은 3개입니다.
쌓기나무의 수 ⇨ 2+1+3+3+1=10(개)

4 쌓기나무가 각 자리별로 몇 층인지 알아봅니다.

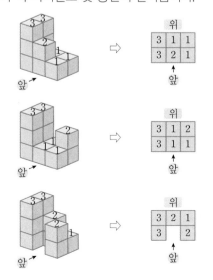

---

5 1층의 모양은 모두 주어진 모양과 같습니다.

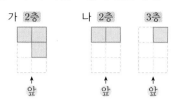

6 위에서 본 모양은 1층 모양과 같습니다.
위에서 본 모양에 수를 쓰는 방법으로 나타내고, 앞과 옆에 서 본 모양을 그리면 편리합니다.

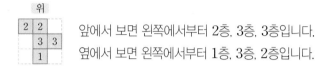 앞에서 보면 왼쪽에서부터 2층, 3층, 3층입니다.
옆에서 보면 왼쪽에서부터 1층, 3층, 2층입니다.

7 옆에서 본 모양은 왼쪽에서부터 차례로 1층, 3층, 2층입니다.

각 자리에 쌓인 쌓기나무의 수를 더합니다.
⇨ 2+3+1+1+1=8(개)

8 앞에서 본 모양은 왼쪽에서부터 차례로 3층, 2층, 1층이므로 ㉠은 3개, ㉢은 1개입니다.
옆에서 본 모양은 왼쪽에서부터 차례로 1층, 1층, 3층이므로 ㉢과 ㉣은 각각 1개입니다.
앞에서 본 모양을 살펴보면 ㉡, ㉢, ㉣ 중에 2층이 있어야 하므로 ㉡은 2개입니다.

9 나
이 자리의 1층에 쌓기나무가 없으므로 나는 2층의 모양이 될 수 없습니다.
따라서 2층 모양으로 가능한 모양은 가와 다입니다.
2층 모양이 가이면 다는 3층 모양이 될 수 없으므로 2층 모양이 다이고 3층 모양이 가입니다.

10 1층에 5개를 쌓고 남는 2개를 한 자리에 모두 쌓아 3층을 만듭니다.
앞과 옆에서 본 모양이 같도록 한가운데 자리가 3층이 되 도록 만듭니다.

11 1층에 사용한 쌓기나무가 6개이므로 2층 이상에 쌓인 쌓 기나무는 8−6=2(개)입니다.
한 자리에 쌓기나무를 3층으로 쌓으면 서로 다른 두 모양 을 만들 수 없으므로 두 자리에 쌓기나무를 2층으로 쌓습 니다.

본책
68
~
71
쪽

step 1 교과 개념 72~73쪽

1 3
2 나, 다
3 나
4 ( ) ( ) (○)
5 (1) (2)

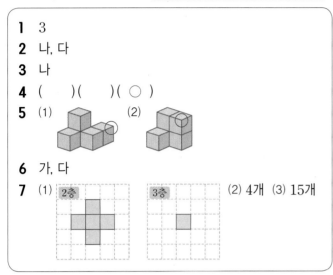

6 가, 다
7 (1)

(2) 4개 (3) 15개

1 만들 수 있는 모양 3가지

⇨

> **주의**
> 돌리거나 뒤집었을 때 같은 모양이면 한 가지로 생각합니다.

2 나 모양을 돌려서 다 모양을 만들 수 있습니다.

3

⇨ ⇦ ⇨ ←나

돌리기   쌓기나무 붙이기

4 보기의 모양 중 하나의 모양이 들어갈 수 있는 부분을 먼저 찾고 남은 부분이 보기의 다른 모양이 되는지 알아봅니다.

5 보기의 모양을 먼저 찾고 어느 부분에 쌓기나무를 붙인 것인지 생각해 봅니다.

6 가 모양을 뒤집고 돌리면 다 모양이 됩니다.

7 (2) 3층 1개, 2층 5개, 1층 9개이므로 아래층으로 내려갈 수록 쌓기나무가 4개씩 늘어납니다.
(3) 1＋5＋9＝15(개)

step 2 교과 유형 익힘 74~75쪽

1 (선 잇기)   **2** 가, 라
3 3가지   **4** 1, 3, 5, 7 ; 2
5 (1) 다 (2) 예

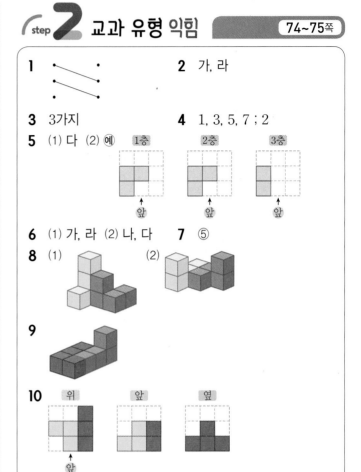

6 (1) 가, 라 (2) 나, 다   **7** ⑤
8 (1) (2)

9

10

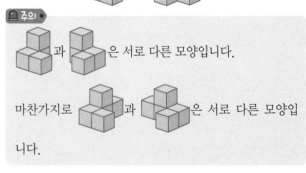

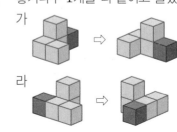

1 ○로 표시한 쌓기나무가 서로 같은 쌓기나무입니다.

△로 표시한 쌓기나무가 서로 같은 쌓기나무입니다.

> **주의**
> 과   은 서로 다른 모양입니다.
> 마찬가지로   과   은 서로 다른 모양입니다.

2 쌓기나무 1개를 더 붙이고 돌렸습니다.
가   ⇨
라   ⇨

3 쌓기나무 1개를 더 붙여서 만들 수 있는 모양

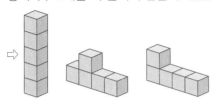

4 4가 쓰여 있는 자리는 1칸이므로 4층에 쌓기나무가 1개 있습니다.

3이거나 3보다 큰 수가 쓰여 있는 자리는 3칸이므로 3층에 쌓기나무가 3개 있습니다.

2이거나 2보다 큰 수가 쓰여 있는 자리가 5칸이므로 2층에 쌓기나무가 5개 있습니다.

위에서 본 모양이 모두 7칸이므로 1층에 쌓기나무가 7개 있습니다.

5 (1) 가와 나에서 보기 의 모양 중 한 모양이 들어갈 수 있는 부분을 찾으면 남은 부분이 쌓기나무 4개를 붙여서 만든 모양이 되지 않거나 보기 에서 주어지지 않은 모양이 됩니다.

가   나

다는 보기 의 두 모양을 사용하여 만들 수 있습니다.

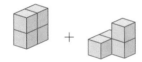

(2) 1층 3개, 2층 3개, 3층 2개를 위치에 맞게 그립니다.

6 (1) 왼쪽에서부터 쌓기나무 4개가 연결되어 있도록 자르면 남은 부분은 가 모양입니다.

라   가

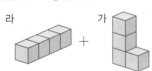

(2) 라 모양은 찾을 수 없고 가 모양을 사용한 것이라고 추측하면 남은 부분으로 4개가 붙어 있는 쌓기나무 모양을 만들 수 없습니다.

나   다

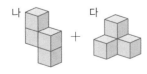

7

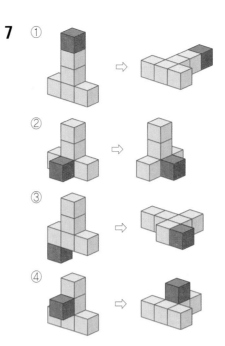

8 (1) 쌓기나무 3개가 연결된 부분은 노란색 쌓기나무라고 생각하고 남은 부분이 파란색 쌓기나무가 되도록 구분합니다.

쌓기나무로 쌓은 모양에 노란색 쌓기나무가 다음과 같이 들어간다고 하면 노란색 쌓기나무로 인해서 남은 모양이 나누어지므로 답이 아닙니다.

(2) 쌓기나무로 쌓은 모양에 노란색 쌓기나무가 다음과 같이 들어간다고 하면 남은 부분이 문제에서 주어진 모양이 아니므로 답이 아닙니다.

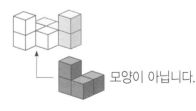

모양이 아닙니다.

9 오른쪽에서부터 쌓기나무 4개가 붙어 있도록 자릅니다.

처음에 ㉠, ㉡, ㉢, ㉣이 붙어 있었다고 하면 두 모양이 서로 같아지지 않으므로 처음에 ㉠, ㉡, ㉢, ㉤이 붙어 있었던 모양입니다.

10

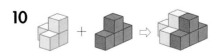

step 3 문제 해결

1 가   **1-1** 나   **1-2**

2 가, 나   **2-1** 가, 다

2-2

빨간색 →   ← 초록색

3 가 위   나 위

3-1 가 위   나 위

3-2 위

4 3가지   **4-1** 3가지   **4-2** 4가지

5 ❶ 2, 1, 1, 3, 1, 2▸3점 ❷ 10▸3점
; 10▸4점

5-1 예 각 자리에 쌓여 있는 쌓기나무는
㉠: 2개, ㉡: 1개, ㉢: 1개, ㉣: 3개,
㉤: 3개, ㉥: 2개입니다.▸3점
각 자리에 쌓여 있는 쌓기나무의 수를 더하여 필요
한 쌓기나무의 개수를 알아보면 12개입니다.▸3점
; 12개▸4점

6 ❶ 위 ▸4점 ❷ 9▸2점

2	3	
1	1	1
		1

; 9▸4점

6-1 예 위에서 본 모양에 수를 쓰는 방법으로 나타냅니다.

위

▸4점

따라서 똑같은 모양으로 쌓는 데 필요한 쌓기나무
는 8개입니다.▸2점
; 8개▸4점

7 ❶ 6, 5, 11▸2점 ❷ 10▸2점 ❸ 1▸2점
; 1▸4점

7-1 예 가는 1층에 6개, 2층에 4개, 3층에 1개가 쌓여 있
으므로 필요한 쌓기나무는 11개입니다.▸2점
나는 수를 모두 더하여 알아보면 필요한 쌓기나무
는 12개입니다.▸2점
필요한 쌓기나무의 개수의 차는 1개입니다.▸2점
; 1개▸4점

8 ❶ 11, 7▸4점 ❷ 11, 7, 4▸2점
; 4▸4점

8-1 예 왼쪽 모양은 쌓기나무 9개로 쌓은 모양입니다.▸2점
오른쪽 모양은 쌓기나무 5개로 쌓은 모양입니
다.▸2점
따라서 빼낸 쌓기나무는 9-5=4(개)입니다.▸2점
; 4개▸4점

1 나는 2층이 잘못 쌓여 있고, 다는 3층이 잘못 쌓여 있습니다.

1-1 가: 2층이 잘못 쌓여 있습니다.
다: 3층이 잘못 쌓여 있습니다.

1-2 쌓기나무로 쌓은 모양은 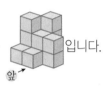 입니다.

앞에서 본 모양은 왼쪽에서부터 3층, 3층, 2층입니다.

2

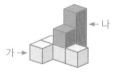

다가 들어갈 수 있는 위치를 찾으면 다로
인해서 모양이 오른쪽과 같이 나누어지므
로 답이 아닙니다.

2-1

나가 들어갈 수 있는 위치를 찾으면 나로 인해서 모양이 다
음과 같이 둘로 나누어지므로 답이 아닙니다.

2-2 빨간색 쌓기나무 모양이 들어갈 자리를 찾고 남은 부분이
초록색 쌓기나무 모양이 되는지 알아봅니다.

3 1층에 쌓기나무가 6개 쌓여 있으므로 2층 이상에는
8-6=2(개)가 쌓여 있습니다. 가와 나가 서로 다른 모양
이 되도록 위에서 본 모양에 수를 써넣습니다.

3-1 2층 이상에는 2개가 쌓여 있습니다.
가와 나가 서로 다른 모양이 되도록 수를 써넣습니다.

3-2 1층에 쌓기나무가 5개 쌓여 있으므로 2층에는 $6-5=1$(개)가 쌓여 있습니다. 앞과 옆에서 본 모양이 같아지도록 가운데 자리에 2를 써넣습니다.

4 1층에 쌓기나무가 5개 쌓여 있으므로 2층 이상에 쌓여 있는 쌓기나무는 $8-5=3$(개)입니다.

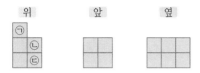

옆에서 본 모양에 의해 ㉠ 자리는 2개입니다. ㉡, ㉢에는 쌓기나무가 2개인 자리가 있어야 합니다.
따라서 위에서 본 모양에 수를 쓰는 방법으로 나타내면

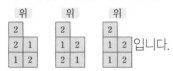 입니다.

4-1 1층에 쌓기나무가 4개 쌓여 있으므로 2층 이상에 쌓여 있는 쌓기나무는 $8-4=4$(개)입니다.

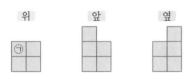

앞과 옆에서 본 모양에 의해 ㉠ 자리는 3개입니다. 남은 자리 중 2개가 쌓인 자리가 2개가 되도록 수를 써넣습니다.
따라서 위에서 본 모양에 수를 쓰는 방법으로 나타내면

 입니다.

4-2 1층에 쌓기나무가 7개 쌓여 있으므로 2층 이상에 쌓여 있는 쌓기나무는 3개입니다.

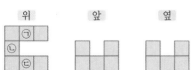

앞과 옆에서 본 모양에 의해 ㉠, ㉡, ㉢ 자리는 1개입니다. 남은 자리 중 2개가 쌓인 자리가 3개가 되도록 수를 써넣습니다.
따라서 위에서 본 모양에 수를 쓰는 방법으로 나타내면

 입니다.

5-1

채점 기준		
자리별로 쌓기나무의 수를 구한 경우	3점	
필요한 쌓기나무의 수를 구한 경우	3점	10점
답을 바르게 쓴 경우	4점	

6-1

채점 기준		
위에서 본 모양에 수를 바르게 쓴 경우	4점	
필요한 쌓기나무의 수를 구한 경우	2점	10점
답을 바르게 쓴 경우	4점	

7-1

채점 기준		
가 모양과 나 모양을 쌓는 데 필요한 쌓기나무의 수를 각각 구한 경우	각 2점	
필요한 쌓기나무의 개수의 차를 구한 경우	2점	10점
답을 바르게 쓴 경우	4점	

8 쌓기나무로 쌓은 모양을 위에서 본 모양에 수를 쓰는 방법으로 나타내면 다음과 같습니다.

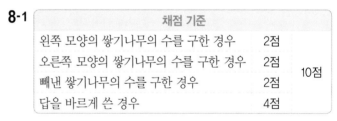

8-1

채점 기준		
왼쪽 모양의 쌓기나무의 수를 구한 경우	2점	
오른쪽 모양의 쌓기나무의 수를 구한 경우	2점	10점
빼낸 쌓기나무의 수를 구한 경우	2점	
답을 바르게 쓴 경우	4점	

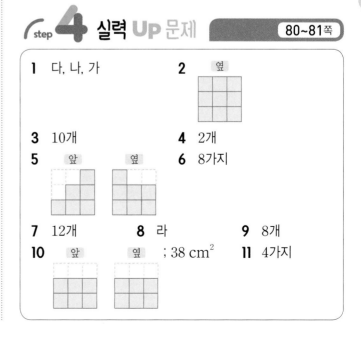

step 4 실력 UP 문제 80~81쪽

1 다, 나, 가   2

3 10개   4 2개

5 앞 / 옆   6 8가지

7 12개   8 라   9 8개

10 앞 / 옆 ; 38 cm²   11 4가지

1 윤우: 다리보다 더 위쪽에 있으면서 낮은 건물의 좁은 벽을
볼 수 있는 위치는 다입니다.
지호: 다리와 높은 건물 사이에 있는 위치는 나입니다.
선미: 높은 빌딩에 가려 다리가 보이지 않는 위치는 가입니다.

참고
두 장의 사진이 제시된 경우 두 사진의 방향을 선으로 표
시하면 두 선이 만나는 점으로 위치를 알 수 있습니다.

2 ㉠, ㉡에 1개씩 더 쌓은 다음 옆에서 보면 3층, 3층, 3층으
로 보입니다.

3

㉠ 자리에 1개 또는 2개가 쌓여 있으므로 쌓기
나무는 적어도
$1+2+3+3+1=10$(개) 필요합니다.

4

왼쪽 모양은
$3+1+2+2+1=9$(개)입니다.
오른쪽 그림은
$4+1+2+2+2=11$(개)입니다.
따라서 $11-9=2$(개) 더 필요합니다.

5 (수가 보이지 않는 자리의 쌓기나무 수)$=13-10=3$(개)

앞에서 보면 왼쪽에서부터 1층, 2층, 3층으로
보입니다.

옆에서 보면 왼쪽에서부터 3층, 2층, 2층
으로 보입니다.

6 쌓기나무 4개로 만들 수 있는 모양은 8가지입니다.

7

앞에서 보면 왼쪽에서부터 3층, 2층, 2층이
고, 옆에서 보면 왼쪽에서부터 3층, 2층, 2
층입니다.
옆에서 본 모양에 의해서 ㉠은 2입니다.
앞에서 본 모양에 의해서 ㉡, ㉢에 3이 있어야 하는데 ㉡은
옆에서 본 모양에 의해 2 이하이므로 ㉢이 3입니다.
가장 적은 경우를 찾아야 하므로 ㉡에 1을 써넣고 ㉣, ㉤
중 한 자리와 ㉥, ㉦ 중 한 자리에 2가 있도록 수를 써넣습
니다.

가장 적은 경우 ⇨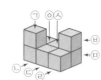

8

가: ㉠, ㉡, ㉢, ㉣ / ㉤, ㉥, ㉦, ㉧
나: ㉠, ㉡, ㉢, ㉧ / ㉣, ㉤, ㉥, ㉦
다: ㉠, ㉡, ㉦, ㉧ / ㉢, ㉣, ㉤, ㉥

참고
라 모양이 들어갈 수 있는
부분을 찾으면 남는 부분
이 둘로 나누어집니다.

9

1층에 4개, 2층에 4개로 모두 8개입니다.

10 위와 아래에서 보이는 면의 넓이: $7 \times 2=14 \ (\text{cm}^2)$,
양 옆에서 보이는 면의 넓이: $6 \times 2=12 \ (\text{cm}^2)$,
앞과 뒤에서 보이는 면의 넓이: $6 \times 2=12 \ (\text{cm}^2)$
⇨ $14+12+12=38 \ (\text{cm}^2)$

11 1층에 4개가 쌓여 있으므로 2층 이상에는 $6-4=2$(개)가
쌓여 있습니다. 2층에 2개를 쌓으면 3층으로 쌓을 수 없으
므로 2층에 1개, 3층에 1개를 쌓습니다.

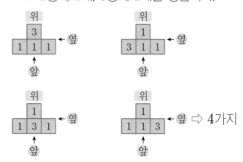
⇨ 4가지

1 3, 2, 3, 1, 11

2 앞

3 9개

4 8개

5 2층 3층

6 6, 3, 1, 10

7 3, 4, 12

8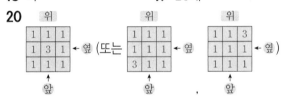

9 옆

10 앞

11 2가지

12 라

13 10개

14 ②

15 ②

16 다

17 나

18 나

19 10개

20
위   위   위

1	1	1		1	1	1		1	1	3
1	3	1		1	1	1		1	1	1
1	1	1		3	1	1		1	1	1

← 옆 (또는   ← 옆   ← 옆)
앞   앞   앞

21 (1) 다, 나, 가 ▶2점 (2) 7개 ▶3점

22 (1) 가 위   나 위   (2) 가 ▶2점

3	2	
1	2	1
1	1	

1	1	
1	1	1
3	2	
▶3점

23 예 빼내기 전 쌓기나무의 수는 1층에 6개, 2층에 4개, 3층에 1개이므로 11개입니다. ▶2점
빼낸 쌓기나무는 3개이므로 남은 쌓기나무는 11-3=8(개)입니다. ▶1점
; 8개 ▶2점

24 예 정육면체 모양으로 쌓은 쌓기나무는 3×3×3=27(개)입니다. ▶1점
빼내고 남은 쌓기나무는 12개이므로 빼낸 쌓기나무는 27-12=15(개)입니다. ▶2점
; 15개 ▶2점

3 1층에 5개, 2층에 3개, 3층에 1개 ⇨ 9개

4 1층에 5개, 2층에 2개, 3층에 1개 ⇨ 8개

5 2층에 3개, 3층에 1개가 있습니다. 위치에 맞게 그립니다.

6 위에서 본 모양을 보면 1층에 6개입니다. 2층에 3개, 3층에 1개가 쌓여 있습니다.

7 위에서 본 모양을 보면 1층에는 7개가 쌓여 있습니다. 3층은 1개이므로 모두 7+4+1=12(개)입니다.

8 ㉠  ㉡   ㉢   ㉣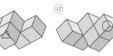

㉠의 ○표 한 쌓기나무가 ㉣의 ○표 한 쌓기나무가 되도록 뒤집거나 돌립니다.
㉡의 △표 한 쌓기나무가 ㉢의 △표 한 쌓기나무가 되도록 뒤집거나 돌립니다.

9 위에서 본 모양을 보면 보이지 않는 곳에 숨어 있는 쌓기나무는 없습니다. 옆에서 보면 왼쪽에서부터 1층, 3층, 2층입니다.

10
1층   2층   3층
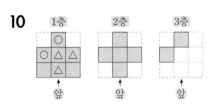
앞   앞   앞

1층 모양의 ○ 부분에는 쌓기나무가 3층까지 있고, △ 부분에는 2층까지 있습니다.

11 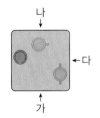 ⇨ 2가지

12
나
↓
 ←다
↑
가

13
위   앞   옆

앞에서 본 모양의 ○ 부분에 의해서 ㉡은 1, 옆에서 본 모양의 △ 부분에 의해서 ㉢은 1, ☆ 부분에 의해서 ㉠은 2입니다. 나머지는 앞에서 본 모양의 × 부분에 의해서 3입니다.

위
 ⇨ 2+1+3+3+1=10(개)

14 앞에서 보았을 때 왼쪽에서부터 3층, 2층인 것은 ②, ③, ④, ⑤이고 옆에서 보았을 때 왼쪽에서부터 1층, 2층, 3층인 것은 ②, ④입니다.

②, ④ 중에서 위에서 본 모양이 맞는 것을 찾으면 ②입니다.

15 1층: 6개, 2층: 3개, 3층: 1개
⇨ 전체: 10개

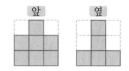

16 옆에서 본 모양을 그려 보면 가와 나는 같습니다.

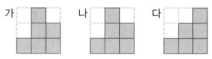

17

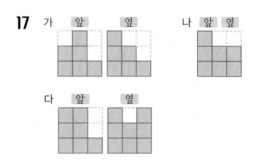

18 나

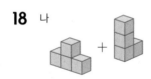

19

옆에서 본 모양에 의해 ㉠은 2입니다. 가장 적은 수의 쌓기나무를 쌓는 것이므로 앞과 옆에서 보았을 때 모두 2층인 곳에 2를 써넣습니다.

남은 자리에 1을 써넣습니다.

따라서 필요한 쌓기나무는 10개입니다.

20 위에서 본 모양은 1층의 모양과 같습니다. 1층에 9개가 쌓여 있고 3층짜리 모양이므로 2층에 1개, 3층에 1개가 쌓여 있습니다.

21 (1) 쌓기나무는 2층에 떠 있을 수 없으므로 위에서 본 모양은 다입니다.
다를 앞에서 보면 3줄, 옆에서 보면 2줄이므로 앞에서 본 모양은 나, 옆에서 본 모양은 가입니다.

(2) 위에서 본 모양에 수를 쓰는 방법으로 나타내면 오른쪽과 같습니다. 따라서 사용한 쌓기나무는 3+2+1+1=7(개)입니다.

📜 틀린 과정을 분석해 볼까요?

틀린 이유	이렇게 지도해 주세요
위에서 본 모양을 찾지 못하는 경우	앞에서 본 모양과 옆에서 본 모양에서는 1층에 쌓기나무 없이 2층에 쌓기나무를 놓을 수 없다는 점을 지도합니다.
위, 앞, 옆에서 본 모양을 보고 쌓은 모양을 알 수 없는 경우	위에서 본 모양에 수를 쓰는 방법을 이용합니다. 예를 들어 앞에서 본 모양이 왼쪽에서부터 1층, 3층, 2층이면 위에서 본 모양의 맨 왼쪽은 모두 1을 써넣습니다.
사용한 쌓기나무의 수를 구할 수 없는 경우	위에서 본 모양에 각 자리에 놓인 쌓기나무의 수를 써넣고 더하는 방법을 이용하도록 지도합니다.

22 (1) 위에서 본 모양이 같다는 점을 이용하여 보이지 않는 곳에 숨어 있는 쌓기나무가 있는지 확인합니다.

(2) 각 자리에 쓴 수를 모두 더합니다.
가: 11개, 나: 10개

📜 틀린 과정을 분석해 볼까요?

틀린 이유	이렇게 지도해 주세요
위에서 본 모양을 바르게 그리지 못한 경우	위에서 본 모양이 서로 같으므로 보이지 않는 곳에 숨어 있는 쌓기나무가 있는지 두 모양을 비교하여 알아봅니다.
위에서 본 모양과 쌓기나무의 수를 연결하지 못하는 경우	쌓은 모양을 직접 쌓아본 후 위에서 본 모양과 일치시켜서 알아봅니다.
쌓기나무가 더 많은 모양을 찾지 못한 경우	위에서 본 모양에 수를 쓰는 방법으로 나타내었을 때 수를 모두 더하면 쌓여 있는 쌓기나무의 수가 되는 것을 지도합니다.

채점 기준		
빼내기 전 쌓기나무의 수를 구한 경우	2점	
남은 쌓기나무의 수를 구한 경우	1점	5점
답을 바르게 쓴 경우	2점	

📖 **다른 풀이**

초록색 쌓기나무를 빼낸 후 쌓기나무의 수는 1층에 6개, 2층에 2개이므로 모두 8개입니다.

📋 **틀린 과정을 분석해 볼까요?**

틀린 이유	이렇게 지도해 주세요
위에서 본 모양을 이해하지 못하는 경우	위에서 본 모양을 보면 보이지 않는 곳에 숨어 있는 쌓기나무가 있는지 없는지 알 수 있다는 점을 지도합니다.
남은 쌓기나무의 수를 구하지 못하는 경우	층별로 쌓기나무의 수를 알아보거나 위에서 본 모양에 수를 쓰는 방법으로 구할 수 있다는 점을 지도합니다.

24

채점 기준		
정육면체 모양으로 쌓은 쌓기나무의 수를 구한 경우	1점	
남은 쌓기나무의 수를 구하여 빼낸 쌓기나무의 수를 구한 경우	2점	5점
답을 바르게 쓴 경우	2점	

📋 **틀린 과정을 분석해 볼까요?**

틀린 이유	이렇게 지도해 주세요
정육면체의 모양을 이해하지 못하는 경우	정육면체는 가로, 세로, 높이의 길이가 모두 같다는 점을 지도합니다.
남은 쌓기나무의 수를 구하지 못하는 경우	위에서 본 모양을 먼저 그리고 위에서 본 모양에 수를 쓰는 방법을 이용합니다. 이때 정육면체에서 쌓기나무를 빼내고 남은 모양이므로 모눈의 가로와 세로는 최대 3칸으로 생각합니다.
빼낸 쌓기나무의 수를 구하지 못하는 경우	마지막 계산 과정인 뺄셈에서 실수하지 않도록 지도합니다.

4단원 비례식과 비례배분

step 1 교과 개념 88~89쪽

1 (1) 같습니다에 ○표 ; 3

　(2) 같습니다에 ○표 ; 2

2 (1)

바구니 수(개)	1	2	3
사과 수(개)	4	8	12
귤 수(개)	5	10	15
비	4 : 5	8 : 10	12 : 15
비율	$\frac{4}{5}$	$\frac{8}{10}\left(=\frac{4}{5}\right)$	$\frac{12}{15}\left(=\frac{4}{5}\right)$

　(2) 같습니다에 ○표

3 (1) 3, 2　(2) 5, 8　(3) 0.7, 0.5

4 $1 : \frac{1}{4}$

5 (위에서부터) (1) 6, 2　(2) 4, 4　(3) 12, 3

6 　　　　　　　**7** 6 : 5

2 (1) 바구니 2개, 3개에 담긴 사과 수와 귤 수를 구하고, 귤 수를 기준량, 사과 수를 비교하는 양으로 하여 비와 비율을 구합니다.

3 비에서 기호 ' : ' 앞에 있는 수를 전항, 뒤에 있는 수를 후항이라 합니다.

(1) 3 : 2　　(2) 5 : 8　　(3) 0.7 : 0.5
　전항 후항　　전항 후항　　전항 후항

5 (1) 비의 전항과 후항에 2를 곱합니다.

　(2) 비의 전항과 후항을 4로 나눕니다.

　(3) 비의 전항과 후항을 3으로 나눕니다.

6 3 : 7의 전항과 후항에 각각 3을 곱한 9 : 21과 비율이 같습니다.

📖 **다른 풀이**

• 3 : 7의 비율 ⇨ $\frac{3}{7}$

• 6 : 15의 비율 ⇨ $\frac{6}{15}\left(=\frac{2}{5}\right)$　비율이 같습니다.

• 9 : 21의 비율 ⇨ $\frac{9}{21}\left(=\frac{3}{7}\right)$

• 12 : 35의 비율 ⇨ $\frac{12}{35}$

7 24 : 20의 전항과 후항을 각각 4로 나눈 6 : 5와 비율이 같습니다.

step 1 교과 개념　　90~91쪽

1 (위에서부터) (1) 9, 10 (2) 5, 20 (3) 6, 3 (4) 7, 4
2 (1) 12 (2) 2 : 3
3 (1) 6 (2) 7 : 12
4 7, 7, 10, 7 ; 0.6, 0.6, 10, 7
5 (1) 예 5 : 8 (2) 예 4 : 9 (3) 예 5 : 6
6 (1)

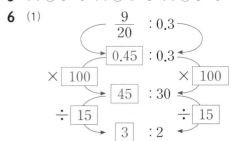

(2)

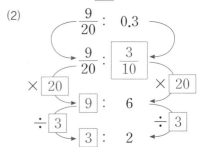

2 (1)
```
2 ) 6   4
    3   2
```
⇨ 최소공배수: 2×3×2=12

(2) $\frac{1}{6}×12=2$, $\frac{1}{4}×12=3$

3 (1)
```
2 ) 42  72
3 ) 21  36
    7   12
```
⇨ 최대공약수: 2×3=6

(2) 42 : 72의 전항과 후항을 각각 전항과 후항의 최대공약수인 6으로 나누면 7 : 12입니다.

4 방법1 전항인 0.7을 분수로 바꿔서 나타내는 방법입니다.

방법2 후항인 $\frac{3}{5}$을 소수로 바꿔서 나타내는 방법입니다.

5 (1) 0.5 : 0.8의 전항과 후항에 각각 10을 곱하면 5 : 8이 됩니다.

(2) $\frac{1}{3}$: $\frac{3}{4}$의 전항과 후항에 각각 12를 곱하면 4 : 9가 됩니다.

(3) 10 : 12의 전항과 후항을 각각 2로 나누면 5 : 6이 됩니다.

6 (1)
```
3 ) 45  30
5 ) 15  10
    3   2   ⇨ 최대공약수: 3×5=15
```
45 : 30의 전항과 후항을 각각 전항과 후항의 최대공약수인 15로 나누면 3 : 2입니다.

(2) $\frac{9}{20}$: $\frac{3}{10}$에서 20과 10의 최소공배수 20을 두 항에 곱합니다.

step 2 교과 유형 익힘　　92~93쪽

1 (1) ④ : ⑤ (2) ⑥ : ⑦
2 5　　　　　　**3**
4 예 12
5 예 100
6 (1) 예 12 : 5 (2) 예 4 : 9
7 예 3 : 7, 18 : 42　　**8** 35
9 예 11 : 8　　　　　　**10** 예 5 : 3
11 (1) 예 4 : 7 (2) 예 4 : 7

(3) 예 두 비의 비율이 같으므로 두 레몬에이드의 진하기는 같습니다.

12 지호▶5점 ; 예 전항과 후항에 0을 곱하면 모든 수가 0이 되기 때문에 비율을 구할 수 없습니다.▶5점

13 (1)

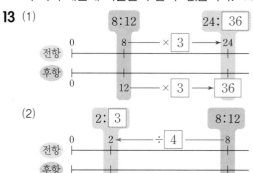

(2)

1 비에서 기호 ' : ' 앞에 있는 수를 전항, 뒤에 있는 수를 후항이라고 합니다.

2 비 7 : 8의 전항과 후항에 각각 5를 곱하면 35 : 40이 됩니다.

3 3 : 7은 전항과 후항에 각각 5를 곱한 15 : 35와 비율이 같습니다.

4 : 9는 전항과 후항에 각각 9를 곱한 36 : 81과 비율이 같습니다.

45 : 25는 전항과 후항을 각각 5로 나눈 9 : 5와 비율이 같습니다.

4 각 항에 두 분모 4와 12의 공배수를 곱해야 합니다.

5 전항과 후항이 모두 소수 두 자리 수이므로 각각 100을 곱하면 자연수의 비로 나타낼 수 있습니다.

6 (1) $\dfrac{1}{5}:\dfrac{1}{12}$의 전항과 후항에 각각 60을 곱하면 12 : 5가 됩니다.

$$\dfrac{1}{5}:\dfrac{1}{12} \Rightarrow 12:5$$

(위 그림: $\times 60$)

(2) $1\dfrac{4}{5}$를 소수로 바꾸면 1.8이고 0.8 : 1.8의 전항과 후항에 각각 10을 곱하면 8 : 18이고, 8 : 18의 전항과 후항을 각각 2로 나누면 4 : 9입니다.

$$0.8:1\dfrac{4}{5} \Rightarrow 0.8:1.8 \Rightarrow 8:18 \Rightarrow 4:9$$

7 비의 전항과 후항에 0이 아닌 같은 수를 곱하거나 비의 전항과 후항을 0이 아닌 같은 수로 나누어서 나타낸 비는 모두 정답으로 합니다.

8 전항 $1\dfrac{3}{4}$을 소수로 바꾸면 1.75이므로 1.75 : 3.2입니다.
1.75 : 3.2의 전항과 후항에 각각 100을 곱하면
175 : 320이고, 175 : 320의 전항과 후항을 각각 5로 나누면 35 : 64입니다.

9 99 : 72의 전항과 후항을 각각 9로 나누면 11 : 8이 됩니다.

10 가로와 세로의 비는 9 : 5.4입니다.
9 : 5.4의 전항과 후항에 각각 10을 곱하면 90 : 54이고,
90 : 54의 전항과 후항을 각각 18로 나누면 5 : 3입니다.

11 (1) 0.4 : 0.7의 전항과 후항에 각각 10을 곱하면 4 : 7로 나타낼 수 있습니다.

(2) $\dfrac{2}{5}:\dfrac{7}{10}$의 전항과 후항에 각각 5와 10의 공배수인 10을 곱하면 4 : 7로 나타낼 수 있습니다.

12 전항과 후항에 0이 아닌 같은 수를 곱해야 비율이 같습니다.

13 (1) 비의 전항과 후항에 0이 아닌 같은 수를 곱하여도 비율은 같습니다.

(2) 비의 전항과 후항을 0이 아닌 같은 수로 나누어도 비율은 같습니다.

---

step 1 교과 개념

94~95쪽

1 (왼쪽에서부터) 4, 28, 4 ; 4, 7, 28

2 비례식

3 (1) 2, 14 ; 7, 4 (2) 15, 6 ; 45, 2

4 (위에서부터) (1) 3, 15, 27, 3 ; 15, 27
(2) 4, 9, 7, 4 ; 9, 7

5 (1) $\dfrac{3}{5}$, $\dfrac{6}{12}\left(=\dfrac{1}{2}\right)$, $\dfrac{9}{15}\left(=\dfrac{3}{5}\right)$
(2) 3 : 5 = 9 : 15 (또는 9 : 15 = 3 : 5)

6 (1) 3, 9 (2) 2, 1 (3) 4, 10 (4) 6, 9

7 예 10 : 3 ; 예 $\dfrac{5}{6}:\dfrac{1}{4}=10:3$

1 1 : 4와 7 : 28의 비율이 $\dfrac{1}{4}$로 같으므로 비례식으로 나타내면 1 : 4 = 7 : 28입니다.

3 비례식에서 바깥쪽에 있는 두 수를 외항, 안쪽에 있는 두 수를 내항이라고 합니다.

(1) 2 : 7 = 4 : 14 (외항 / 내항)
(2) 15 : 45 = 2 : 6 (외항 / 내항)

4 (1) 비의 전항과 후항에 각각 3을 곱합니다.
(2) 비의 전항과 후항을 각각 4로 나눕니다.

5 3 : 5의 비율은 $\dfrac{3}{5}$, 6 : 12의 비율은 $\dfrac{6}{12}\left(=\dfrac{1}{2}\right)$, 9 : 15의 비율은 $\dfrac{9}{15}\left(=\dfrac{3}{5}\right)$이므로 비율이 같은 두 비는 3 : 5와 9 : 15입니다.
따라서 비례식으로 나타내면 3 : 5 = 9 : 15 또는 9 : 15 = 3 : 5입니다.

참고
$$(\text{비율})=\dfrac{(\text{비교하는 양})}{(\text{기준량})}$$

6 4 : 10 $\Rightarrow \dfrac{4}{10}\left(=\dfrac{2}{5}\right)$, 2 : 1 $\Rightarrow$ 2,
3 : 9 $\Rightarrow \dfrac{3}{9}\left(=\dfrac{1}{3}\right)$, 6 : 9 $\Rightarrow \dfrac{6}{9}\left(=\dfrac{2}{3}\right)$

(1) 1 : 3 $\Rightarrow \dfrac{1}{3}$ (2) 10 : 5 $\Rightarrow \dfrac{10}{5}=2$
(3) 2 : 5 $\Rightarrow \dfrac{2}{5}$ (4) 12 : 18 $\Rightarrow \dfrac{12}{18}\left(=\dfrac{2}{3}\right)$

7 전항과 후항에 12를 곱하면 10 : 3입니다.

step 1 교과 개념 〔96~97쪽〕

1 14, 56 ; 8, 56 ; ＝
2 (1) 5×28＝7×20 (2) 8×9＝3×24
3 144, 126 ; 비례식이 아닙니다.
4 (1) × (2) ○
5 (1) 10, 40, 8 (2) 14, 98, 49
6 (1) 45 (2) 24 (3) 28 (4) 9

1 비례식에서 외항의 곱과 내항의 곱은 같습니다.

2 (외항의 곱)＝(내항의 곱)임을 이용하여 곱셈식으로 나타냅니다.

3 외항의 곱과 내항의 곱이 같지 않으므로 비례식이 아닙니다.

4 (1) 4 : 10＝180 : 380
    ⇨ 4×380＝1520, 10×180＝1800
    외항의 곱과 내항의 곱이 같지 않으므로 비례식이 아닙니다.
  (2) 7.2 : 5＝57.6 : 40
    ⇨ 7.2×40＝288, 5×57.6＝288
    외항의 곱과 내항의 곱이 같으므로 비례식이 맞습니다.

5 비례식에서 외항의 곱과 내항의 곱이 같다는 성질을 이용하여 ●의 값을 구합니다.

6 (1) 4 : 5＝36 : □
    ⇨ 4×□＝5×36, 4×□＝180, □＝45
  (2) 68 : □＝17 : 6
    ⇨ 68×6＝□×17, 408＝□×17, □＝24
  (3) 4 : 7＝□ : 49
    ⇨ 4×49＝7×□, 196＝7×□, □＝28
  (4) □ : 8＝72 : 64
    ⇨ □×64＝8×72, □×64＝576, □＝9

참고

비의 전항과 후항에 0이 아닌 같은 수를 곱하거나 비의 전항과 후항을 0이 아닌 같은 수로 나누어 □ 안에 알맞은 수를 구할 수 있습니다.

(1) 4 : 5 ＝ 36 : □ ［×9, ×9］ ⇨ □＝5×9＝45

(2) 68 : □ ＝ 17 : 6 ［÷4, ÷4］ ⇨ □÷4＝6, □＝24

step 2 교과 유형 익힘 〔98~99쪽〕

1 ⑤
2 3 : 7＝9 : 21 (또는 9 : 21＝3 : 7)
3 84   4 (1) 30 (2) 5
5 (1) 3 : 14＝6 : 28 (2) 9 : 4＝18 : 8
6 예 외항의 곱은 5.6×5＝28, 내항의 곱은 3.5×3＝10.5입니다. 외항의 곱과 내항의 곱이 다르므로 비례식이 아닙니다. ▶10점
7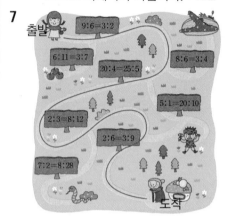
8 ③
9 8, 6   10 5, 20
11 (1) 4, 12 (2) 6, 36
12 (1) 맞습니다.
   (2) 틀립니다. ; 내항은 5와 12이고, 외항은 3과 20입니다.
13 비례식 예 2 : 4＝8 : 16
     (또는 32 : 2＝16 : 1, 2 : 8＝4 : 16) ▶5점
   방법 예 두 수의 곱이 같은 카드를 찾아서 외항과 내항에 각각 놓아 비례식을 만들었습니다. / 비를 만들고 비율이 같은 두 비를 서로 같다고 놓아 비례식을 만들었습니다. ▶5점

1   3 : 8 ＝ 12 : 32
   전항 후항 전항 후항
   ⇨ ⑤ 3과 12는 전항이고, 8과 32는 후항입니다.

2 3 : 7 ⇨ $\frac{3}{7}$, 6 : 8 ⇨ $\frac{6}{8}＝\frac{3}{4}$, 9 : 21 ⇨ $\frac{9}{21}＝\frac{3}{7}$,
   12 : 20 ⇨ $\frac{12}{20}＝\frac{3}{5}$

3 외항은 17과 84이고, 후항은 42와 84이므로 외항이면서 후항인 수는 84입니다.

4 (1) 5×□＝6×25, 5×□＝150, □＝30
   (2) 2×4.5＝□×1.8, 9＝□×1.8, □＝5

5 비율을 비로 나타낼 때에는 분자를 전항에, 분모를 후항에 씁니다.

6 외항의 곱과 내항의 곱이 같음을 이용합니다.

7

$6 \times 3 = 18$
$9 : 6 = 3 : 2$
$9 \times 2 = 18$

$4 \times 25 = 100$
$20 : 4 = 25 : 5$
$20 \times 5 = 100$

$3 \times 8 = 24$
$2 : 3 = 8 : 12$
$2 \times 12 = 24$

$6 \times 3 = 18$
$2 : 6 = 3 : 9$
$2 \times 9 = 18$

8 $5 : 8$의 비율 $\Rightarrow \dfrac{5}{8}$

① $10 : 18$의 비율 $\Rightarrow \dfrac{10}{18}\left(=\dfrac{5}{9}\right)$

② $15 : 4$의 비율 $\Rightarrow \dfrac{15}{4}$

③ $15 : 24$의 비율 $\Rightarrow \dfrac{15}{24}\left(=\dfrac{5}{8}\right)$

④ $20 : 40$의 비율 $\Rightarrow \dfrac{20}{40}\left(=\dfrac{1}{2}\right)$

⑤ $30 : 32$의 비율 $\Rightarrow \dfrac{30}{32}\left(=\dfrac{15}{16}\right)$

9 $12 : ㉠ = 9 : ㉡$에서 내항의 곱이 72이므로 $㉠ \times 9 = 72$, $㉠ = 8$입니다.
외항의 곱은 내항의 곱과 같으므로 $12 \times ㉡ = 72$, $㉡ = 6$입니다.

10 $㉠ : 9 = ㉡ : 36$에서 외항의 곱이 180이므로
$㉠ \times 36 = 180$, $㉠ = 5$입니다.
내항의 곱은 외항의 곱과 같으므로
$9 \times ㉡ = 180$, $㉡ = 20$입니다.

11 (1) $\dfrac{3}{4} = \dfrac{3}{\boxed{4}} \Rightarrow 3 : \boxed{4}$,

$\dfrac{3}{4} = \dfrac{3 \times 3}{4 \times 3} = \dfrac{9}{\boxed{12}} \Rightarrow 9 : \boxed{12}$

(2) $\dfrac{3}{4} = \dfrac{3 \times 2}{4 \times 2} = \dfrac{\boxed{6}}{8} \Rightarrow \boxed{6} : 8$,

$\dfrac{3}{4} = \dfrac{3 \times 9}{4 \times 9} = \dfrac{27}{\boxed{36}} \Rightarrow 27 : \boxed{36}$

12 (1) $3 : 5$의 비율은 $\dfrac{3}{5}$이고, $12 : 20$의 비율은 $\dfrac{12}{20} = \dfrac{3}{5}$으로 비율이 같으므로 비례식 $3 : 5 = 12 : 20$으로 나타낼 수 있습니다.

(2) 비례식 $3 : 5 = 12 : 20$에서 안쪽에 있는 수가 내항이므로 5와 12이고, 바깥쪽에 있는 수가 외항이므로 3과 20입니다.

step **1** 교과 개념 ▢ 100~101쪽

1 (1) 35 (2) 20 (3) 20
2 (1) 12000 (2) (위에서부터) 4, 12000, 4 (3) 16개
3 (1) ( ) (2) 6 L
   (○)
4 (1) 12 (2) 300 (3) 300 L
5 (1) 예 $3 : 5 = 45 : \boxed{}$ (2) 75번

2

(2) $4 : 3000 = ■ : 12000 \Rightarrow ■ = 4 \times 4 = 16$

3 (2) $2 : 24 = \square : 72$
$\Rightarrow 2 \times 72 = 24 \times \square$, $144 = 24 \times \square$, $\square = 6$

4 소금 $12\,\mathrm{kg}$을 얻기 위해서 필요한 바닷물의 양을 $■\,\mathrm{L}$라 하고 비례식을 세워 보면 $30 : 750 = 12 : ■$입니다.
외항의 곱과 내항의 곱은 같으므로 $30 \times ■ = 750 \times 12$, $30 \times ■ = 9000$, $■ = 300$입니다.
따라서 바닷물 $300\,\mathrm{L}$가 필요합니다.

5 (1) 두 톱니바퀴의 회전수의 비는 일정하므로
$3 : 5 = 45 : \square$입니다.
(2) 외항의 곱과 내항의 곱은 같으므로
$3 \times \square = 5 \times 45$, $3 \times \square = 225$, $\square = 75$입니다.

🔖 **다른 풀이**
(1) 비례식을 $3 : 45 = 5 : \square$로 세워서 문제를 해결할 수 있습니다.
(2) 비의 성질을 이용하여 문제를 해결할 수 있습니다.

$3 : 5 = 45 : \square \Rightarrow \square = 5 \times 15 = 75$
(×15)

step 1 교과 개념 102~103쪽

1 ○○○○○○, 6 ; ○○○○, 4

2 3, $\dfrac{1}{4}$, 50 ; 1, $\dfrac{3}{4}$, 150

3 (1) 28, 14 (2) 15, 27

4 5, 5, 5, 15

5 ① 4500 ② 9, 4500, 4500, 9, 2000 ③ 2000

6 144, 216

1 바나나 10개를 3 : 2로 나누면 바나나를 3＋2＝5로 나눈 것 중에 선미는 3을 가지고, 지호는 2를 가지므로 전체의 $\dfrac{3}{3+2}=\dfrac{3}{5}$, $\dfrac{2}{3+2}=\dfrac{2}{5}$씩 가집니다.

선미: $10 \times \dfrac{3}{5}=6$(개),

지호: $10 \times \dfrac{2}{5}=4$(개)

🌱 학부모 지도 가이드

비례배분을 한 두 값을 더하면 전체와 같습니다. 따라서 비례배분을 하여 나눈 두 값을 더하여 전체가 나오는지 확인하는 습관을 가지도록 지도합니다.

2 $200 \times \dfrac{1}{1+3}=200 \times \dfrac{1}{4}=50$

$200 \times \dfrac{3}{1+3}=200 \times \dfrac{3}{4}=150$

3 (1) $42 \times \dfrac{2}{2+1}=28$, $42 \times \dfrac{1}{2+1}=14$

(2) $42 \times \dfrac{5}{5+9}=15$, $42 \times \dfrac{9}{5+9}=27$

4 21개를 두 사람이 5 : 2로 나누면 태희는 전체를 5＋2＝7로 나눈 것 중에 5를 가지게 됩니다.

6 360을 2 : 3으로 나누면 $360 \times \dfrac{2}{5}=144$,

$360 \times \dfrac{3}{5}=216$이므로 각 도막은 144 cm, 216 cm입니다.

📖 다른 풀이

비례식은 2 : 5＝□ : 360입니다.

(화살표: 2 : 3에서 2에 해당하는 길이)

$2 \times 360=5 \times$□, $720=5 \times$□, □＝144입니다.

⇨ 144 cm, 360－144＝216 (cm)

step 2 교과 유형 익힘 104~105쪽

1 (1) 9개, 45개 (2) 40개, 32개

2 (1) 예 6 : 7＝48 : □ (2) 56 cm

3 (1) 예 2 : 3 (2) 3000원

4 ©, 40분   **5** 480 g

6 선미는 사탕을 $28 \times \dfrac{4}{7}=16$(개) 먹으면 돼.

7 960 cm²   **8** 360 cm²

9 10시간   **10** 36개, 48개

11 (1) 예 5 : 3000＝8 : □ ▶2점 ; 4800원 ▶3점

(2) 문제 예 귤이 6개에 3000원일 때 귤 10개는 얼마일까요? ▶2점

풀이 예 귤 10개의 가격을 □원이라 놓고 비례식을 세우면 6 : 3000＝10 : □입니다.

⇨ $6 \times$□＝3000×10, $6 \times$□＝30000, □＝5000 ▶1점

답 5000원 ▶2점

12 방법1 예 6학년 여학생은 $546 \times \dfrac{6}{13}=252$(명)입니다. ▶5점

방법2 예 6학년 여학생 수를 □명이라 하고 비례식을 세우면 6 : 13＝□ : 546입니다.

$6 \times 546=13 \times$□, $3276=13 \times$□, □＝252입니다. ▶5점

1 (1) $54 \times \dfrac{1}{1+5}=\overset{9}{\cancel{54}} \times \dfrac{1}{\underset{1}{\cancel{6}}}=9$,

$54 \times \dfrac{5}{1+5}=\overset{9}{\cancel{54}} \times \dfrac{5}{\underset{1}{\cancel{6}}}=45$

(2) $72 \times \dfrac{5}{5+4}=\overset{8}{\cancel{72}} \times \dfrac{5}{\underset{1}{\cancel{9}}}=40$,

$72 \times \dfrac{4}{5+4}=\overset{8}{\cancel{72}} \times \dfrac{4}{\underset{1}{\cancel{9}}}=32$

2 6 : 7＝48 : □

⇨ $6 \times$□＝7×48, $6 \times$□＝336, □＝56

📖 다른 풀이

6 : 48＝7 : □로 비례식을 세울 수 있습니다.

$6 \times$□＝48×7, $6 \times$□＝336, □＝56

3 (1) (세희) : (윤아)＝5000 : 7500

비의 전항과 후항을 2500으로 나누면 2 : 3이 됩니다.

(2) $5000 \times \dfrac{3}{2+3}=5000 \times \dfrac{3}{5}=3000$(원)

4 ⓒ $8:32=\square:160$

⇨ $8\times160=32\times\square$, $1280=32\times\square$, $\square=40$

5 $5:4=600:\square$

⇨ $5\times\square=4\times600$, $5\times\square=2400$, $\square=480$

6 사탕을 $3:4$의 비로 나누므로 지호가 먹는 사탕은 전체의
$\dfrac{3}{3+4}=\dfrac{3}{7}$, 선미가 먹는 사탕은 전체의 $\dfrac{4}{3+4}=\dfrac{4}{7}$입니다.

7 밑면의 길이를 $\square$ cm라 하면 $5:3=\square:24$입니다.
$5\times24=3\times\square$, $120=3\times\square$, $\square=40$
(평행사변형의 넓이)$=40\times24=960$ (cm^2)

> 🔍참고
> (평행사변형의 넓이)$=$(밑변)$\times$(높이)

8 밑면의 길이를 $\square$ cm라 하면 $9:5=\square:20$입니다.
$9\times20=5\times\square$, $180=5\times\square$, $\square=36$
(삼각형의 넓이)$=36\times20\div2=360$ (cm^2)

> 🔍참고
> (삼각형의 넓이)$=$(밑변)$\times$(높이)$\div2$

9 하루는 24시간이므로 밤의 길이는
$24\times\dfrac{5}{7+5}=24\times\dfrac{5}{12}=10$(시간)입니다.

10 시온이네 가족은 3명, 리한이네 가족은 4명이므로 시온이
네 가족과 리한이네 가족 수의 비는 $3:4$입니다.

시온이네 가족: $84\times\dfrac{3}{3+4}=84\times\dfrac{3}{7}=36$(개)

리한이네 가족: $84\times\dfrac{4}{3+4}=84\times\dfrac{4}{7}=48$(개)

11 (1) 귤 8개의 가격을 $\square$원이라 하고 비례식을 세우면
$5:3000=8:\square$입니다.
$5\times\square=3000\times8$, $5\times\square=24000$, $\square=4800$이
므로 귤 8개는 4800원입니다.

(2) 귤의 개수 또는 귤의 가격을 바꾸어 자연스러운 문제를
만들고, 답을 바르게 구합니다.

12 방법1 여학생은 전체 학생 $7+6=13$ 중의 6입니다.
⇨ (여학생 수)$=$(전체 학생 수)$\times\dfrac{6}{13}$

방법2 (여학생 수)$:$(전체 학생 수)$=\square:546$

1 예 $8:7$　　**1-1** 예 $5:4$

1-2 예 $4:3$

2 5, 6, 18　　**2-1** 10, 16, 40

2-2 9, 6, 8

3 30명　　**3-1** 600 kg

3-2 35 m^2

4 28 cm, 35 cm　　**4-1** 24 cm

4-2 2400 cm^2　　**4-3** 200 cm^2

5 ❶ 2, 3▶3점　❷ 3, 3, 2▶3점 ; 3, 2▶4점

5-1 예 한 시간 동안 일한 양을 알아보면 동휘는 전체의
$\dfrac{1}{4}$, 은재는 전체의 $\dfrac{1}{5}$입니다.▶3점
동휘와 은재가 한 시간 동안 일한 양의 비는
$\dfrac{1}{4}:\dfrac{1}{5}$이고, 이 비의 전항과 후항에 각각 20을 곱
하면 $5:4$가 됩니다.
(동휘)$:$(은재)$=\dfrac{1}{4}:\dfrac{1}{5}=\left(\dfrac{1}{4}\times20\right):\left(\dfrac{1}{5}\times20\right)$
$=5:4$▶3점
; $5:4$▶4점

6 ❶ 720000▶3점　❷ 720000, 2160000, 20, 20▶3점
; 20▶4점

6-1 예 $\square$일 동안 일을 하고 700000원을 받을 때 비례식
을 세우면 $7:196000=\square:700000$입니다.▶3점
$7\times700000=196000\times\square$,
$4900000=196000\times\square$, $\square=25$
따라서 25일 동안 일해야 합니다.▶3점
; 25일▶4점

7 ❶ 4, 4▶3점　❷ 5, 20, 25▶3점 ; 25▶4점

7-1 예 ㉮와 ㉯의 톱니 수의 비가 $20:15$ ⇨ $4:3$이므로
회전수의 비는 $3:4$입니다.▶3점
따라서 ㉮가 24번 도는 동안 ㉯가 $\square$번 돈다고 하
여 비례식을 세우면 $3:4=24:\square$입니다.
$3\times\square=4\times24$, $3\times\square=96$, $\square=32$ ▶3점
; 32번▶4점

8 ❶ 3▶3점　❷ 3, 45, 3, 105▶3점 ; 105▶4점

8-1 예 준서와 민규가 투자한 금액의 비를 간단한 자연수의
비로 나타내면 120만 : 180만 ⇨ $2:3$입니다.▶3점
전체 이익금을 $\square$만 원이라고 하면 $\square\times\dfrac{2}{5}=36$입
니다. $\square=36\div\dfrac{2}{5}=90$ ▶3점
; 90만 원▶4점

1 평행선 사이의 거리를 $\square$ cm라 하면

(직사각형의 넓이)$=(16 \times \square)$ cm^2,

(평행사변형의 넓이)$=(14 \times \square)$ cm^2

$(16 \times \square):(14 \times \square) \Rightarrow 16:14 \Rightarrow 8:7$

1-1 평행선 사이의 거리를 $\square$ cm라 하면

(정사각형의 넓이)$=(20 \times \square)$ cm^2,

(평행사변형의 넓이)$=(16 \times \square)$ cm^2

$(20 \times \square):(16 \times \square) \Rightarrow 20:16 \Rightarrow 5:4$

1-2 평행선 사이의 거리를 $\square$ cm라 하면

(평행사변형의 넓이)$=(12 \times \square)$ cm^2,

(삼각형의 넓이)$=(18 \times \square \div 2)$ cm^2

$(12 \times \square):(18 \times \square \div 2) \Rightarrow (12 \times \square):(9 \times \square)$

$\Rightarrow 12:9 \Rightarrow 4:3$

2 $\boxed{\unicode{x1D4D0}}:15=\boxed{\unicode{x24B6}}:\boxed{\unicode{x24B8}}$

$\unicode{x1D4D0}:15$의 비율 $\Rightarrow \dfrac{\unicode{x1D4D0}}{15}=\dfrac{1}{3}$이므로 $\unicode{x1D4D0}=5$입니다.

$5:15=\boxed{\unicode{x24B6}}:\boxed{\unicode{x24B8}}$에서 내항의 곱이 90이므로

$15 \times \boxed{\unicode{x24B6}}=90$, $\boxed{\unicode{x24B6}}=6$입니다.

외항의 곱도 90이므로 $5 \times \boxed{\unicode{x24B8}}=90$, $\boxed{\unicode{x24B8}}=18$입니다.

2-1 $4:\boxed{\unicode{x24AA}}=\boxed{\unicode{x24B6}}:\boxed{\unicode{x24B8}}$

$4:\unicode{x24AA}$의 비율 $\Rightarrow \dfrac{4}{\unicode{x24AA}}=\dfrac{2}{5}$이므로 $\unicode{x24AA}=10$입니다.

$4:10=\boxed{\unicode{x24B6}}:\boxed{\unicode{x24B8}}$에서 내항의 곱은 160이므로

$10 \times \boxed{\unicode{x24B6}}=160$, $\boxed{\unicode{x24B6}}=16$입니다.

외항의 곱도 160이므로 $4 \times \boxed{\unicode{x24B8}}=160$, $\boxed{\unicode{x24B8}}=40$입니다.

2-2 $\boxed{\unicode{x24AA}}:12=\boxed{\unicode{x24B6}}:\boxed{\unicode{x24B8}}$

$\unicode{x24AA}:12$의 비율 $\Rightarrow \dfrac{\unicode{x24AA}}{12}=\dfrac{3}{4}$이므로 $\unicode{x24AA}=9$입니다.

$9:12=\boxed{\unicode{x24B6}}:\boxed{\unicode{x24B8}}$에서 외항의 곱은 72이므로

$9 \times \boxed{\unicode{x24B8}}=72$, $\Rightarrow \boxed{\unicode{x24B8}}=8$입니다.

내항의 곱도 72이므로 $12 \times \boxed{\unicode{x24B6}}=72 \Rightarrow \boxed{\unicode{x24B6}}=6$입니다.

3 목련마을에 살지 않는 학생은 전체의 $100-60=40$ (%)입니다.

전체 학생 수를 $\square$명이라고 하면 $40:12=100:\square$

$\Rightarrow 40 \times \square=12 \times 100$, $40 \times \square=1200$, $\square=30$이므로 지원이네 반 학생은 모두 30명입니다.

3-1 팔고 남은 고구마는 $100-75=25$ (%)입니다.

전체 고구마 수확량을 $\square$ kg이라고 하면

$25:150=100:\square \Rightarrow 25 \times \square=150 \times 100$,

$25 \times \square=15000$, $\square=600$이므로 전체 고구마 수확량은 600 kg입니다.

3-2 코스모스를 심지 않은 부분은 전체의 $100-20=80$ (%)입니다.

전체 화단의 넓이를 $\square$ m^{2}라고 하면 $80:28=100:\square$

$\Rightarrow 80 \times \square=28 \times 100$, $80 \times \square=2800$, $\square=35$이므로 화단의 넓이는 35 m^{2}입니다.

4 (가로)$+$(세로)$=$(직사각형의 둘레)$\div 2$

$\qquad\qquad\qquad =126 \div 2=63$ (cm)

가로: $63 \times \dfrac{4}{4+5}=\overset{7}{\cancel{63}} \times \dfrac{4}{\underset{1}{\cancel{9}}}=28$ (cm),

세로: $63 \times \dfrac{5}{4+5}=\overset{7}{\cancel{63}} \times \dfrac{5}{\underset{1}{\cancel{9}}}=35$ (cm)

4-1 (가로)$+$(세로)$=$(직사각형의 둘레)$\div 2$

$\qquad\qquad\qquad =112 \div 2=56$ (cm)

세로: $56 \times \dfrac{3}{4+3}=\overset{8}{\cancel{56}} \times \dfrac{3}{\underset{1}{\cancel{7}}}=24$ (cm)

4-2 (가로)$+$(세로)$=$(직사각형의 둘레)$\div 2$

$\qquad\qquad\qquad =200 \div 2=100$ (cm)

가로: $100 \times \dfrac{3}{3+2}=\overset{20}{\cancel{100}} \times \dfrac{3}{\underset{1}{\cancel{5}}}=60$ (cm)

세로: $100 \times \dfrac{2}{3+2}=\overset{20}{\cancel{100}} \times \dfrac{2}{\underset{1}{\cancel{5}}}=40$ (cm)

(태극기의 넓이)$=60 \times 40=2400$ (cm^2)

4-3 직사각형 전체의 넓이를 $\square$ cm^{2}라고 하면

(㉯의 넓이)$=\square \times \dfrac{3}{2+3}=\square \times \dfrac{3}{5}=120$,

$\square=120 \div \dfrac{3}{5}=\overset{40}{\cancel{120}} \times \dfrac{5}{\underset{1}{\cancel{3}}}=200$이므로

직사각형 전체의 넓이는 200 cm^{2}입니다.

5-1

채점 기준		
동휘와 은재가 한 시간 동안 일한 양을 구한 경우	3점	
동휘와 은재가 한 시간 동안 일한 양의 비를 간단한 자연수의 비로 나타낸 경우	3점	10점
답을 바르게 쓴 경우	4점	

6-1

채점 기준		
알맞은 비례식을 세운 경우	3점	
외항의 곱과 내항의 곱이 같다는 성질을 이용하여 $\square$의 값을 구한 경우	3점	10점
답을 바르게 쓴 경우	4점	

7

🔍**참고**

두 톱니바퀴가 회전하면서 맞물리는 톱니 수가 같다는 것을 이용하여 톱니 수와 회전수의 비를 생각해 봅니다.
① 톱니바퀴 ㉮의 맞물린 톱니 수 ⇨ 45×(㉮의 회전수)
② 톱니바퀴 ㉯의 맞물린 톱니 수 ⇨ 36×(㉯의 회전수)
③ 두 톱니바퀴 ㉮와 ㉯의 맞물린 톱니 수는 같으므로
　45×(㉮의 회전수)=36×(㉯의 회전수)
⇨ (㉮의 회전수) : (㉯의 회전수)
　=36 : 45=(36÷9) : (45÷9)=4 : 5

7-1

채점 기준		
㉮와 ㉯의 회전수의 비를 바르게 구한 경우	3점	
비례식을 세워 ㉯의 회전수를 구한 경우	3점	10점
답을 바르게 쓴 경우	4점	

8-1

채점 기준		
준서와 민규가 투자한 금액의 비를 간단한 자연수의 비로 나타낸 경우	3점	
두 사람이 받은 전체 이익금을 구한 경우	3점	10점
답을 바르게 쓴 경우	4점	

---

step **4** 실력 **UP** 문제　110~111쪽

1 (1) 5, 4　(2) 4, 5　(3) 예 5 : 4
2 38
3 16 : 12
4 384 cm
5 예 16 : 25
6 21
7 1600 m
8 30
9 예 15 : 16
10 70 L
11 오전 12시 55분

---

1 (1) 가의 $\frac{3}{5}$ ⇨ 가 × $\frac{3}{5}$

나의 $\frac{3}{4}$ ⇨ 나 × $\frac{3}{4}$

(2) 가 × $\frac{3}{5}$ = 나 × $\frac{3}{4}$ 에서 가 × $\frac{3}{5}$ 을 외항의 곱,

나 × $\frac{3}{4}$ 을 내항의 곱으로 생각합니다.

⇨ 가 : 나 = $\frac{3}{4}$: $\frac{3}{5}$

(3) $\frac{3}{4}$: $\frac{3}{5}$ 의 전항과 후항에 각각 20을 곱하면 15 : 12가

되고 15 : 12의 전항과 후항을 각각 3으로 나누면
5 : 4가 됩니다.

---

2 비의 전항과 후항에 0이 아닌 같은 수를 곱하여도 비율이 같습니다.

1.2 : 4의 전항과 후항에 각각 5를 곱하면 6 : 20이 되므로 ㉠=6입니다.

1.2 : 4의 전항과 후항에 각각 8을 곱하면 9.6 : 32가 되므로 ㉡=32입니다.

⇨ ㉠+㉡=6+32=38

3 36 : 27의 전항과 후항에 각각 2를 곱하면 72 : 54가 됩니다.

72 : 54의 전항과 후항을 각각 3으로 나누면 24 : 18이 됩니다.

24 : 18의 전항과 후항에 각각 2를 곱하면 48 : 36이 됩니다.

48 : 36의 전항과 후항을 각각 3으로 나누면 16 : 12가 됩니다.

4 텔레비전의 가로를 □ cm라고 하여 비례식을 세우면
3 : 5=72 : □입니다.
⇨ 3×□=5×72, 3×□=360, □=120
따라서 텔레비전의 둘레는
(72+120)×2=384 (cm)입니다.

5 가의 한 변을 (□×4) cm라고 하면
나의 한 변은 (□×5) cm입니다.
(가의 넓이)=□×4×□×4=(□×□×16) cm²
(나의 넓이)=□×5×□×5=(□×□×25) cm²
⇨ (가의 넓이) : (나의 넓이)
　=(□×□×16) : (□×□×25) ⇨ 16 : 25

🔍**참고**

한 변의 길이의 비가 ■ : ▲인 두 정사각형의 넓이의 비는 (■×■) : (▲×▲)입니다.

6 비의 전항과 후항에 0이 아닌 같은 수를 곱해도 비율은 같으므로 2 : 5=(2×□) : (5×□)입니다.
5×□−2×□=9, 3×□=9, □=3
따라서 구하는 비는 (2×3) : (5×3)=6 : 15이므로 비의 전항과 후항의 합은 6+15=21입니다.

7 지도에서의 거리와 실제 거리의 비는 1 : 20000입니다.
지도상 입구에서 시계탑을 거쳐 놀이터에 가는 거리는
5+3=8 (cm)입니다.
지도상 길이가 8 cm일 때 실제 거리를 □ cm라고 하여 비례식을 세우면
1 : 20000=8 : □입니다.
□=20000×8=160000 ⇨ 160000 cm=1600 m

8 ㉮×㉯=□×11이므로 ㉮×㉯는 11의 배수입니다.

㉮×㉯는 11과 6의 공배수 중에서 80보다 크고 500보다 작은 수이므로 132, 198, 264, 330, 396, 462입니다.

□ 안에 들어갈 수 있는 가장 작은 자연수는

□×11=132, □=12이고,

□ 안에 들어갈 수 있는 가장 큰 자연수는

□×11=462, □=42입니다.

따라서 가장 작은 자연수와 가장 큰 자연수의 차는

42−12=30입니다.

9 겹쳐진 부분의 넓이가 서로 같으므로

가×0.4=나×$\frac{3}{8}$입니다.

가×0.4를 외항의 곱, 나×$\frac{3}{8}$을 내항의 곱으로 생각하여

비례식으로 나타내면 가 : 나=$\frac{3}{8}$: 0.4입니다.

$\frac{3}{8}$: 0.4의 전항과 후항에 각각 80을 곱하면 30 : 32가 되고 30 : 32의 전항과 후항을 각각 2로 나누면 15 : 16이 됩니다.

10 물이 들어 있지 않은 부분의 높이는 50−35=15 (cm)입니다.

30 L를 더 넣으면 15 cm 높이만큼 물이 차므로 물통에 담긴 물의 높이가 35 cm일 때 물통에 담긴 물의 양을 □ L라 하여 비례식을 세우면 30 : 15=□ : 35입니다.

⇨ 비례식에서 외항의 곱은 내항의 곱과 같으므로

30×35=15×□, 1050=15×□, □=70

11 월요일 오후 1시부터 목요일 오전 1시까지의 시간은

24+24+12=60(시간)입니다.

60시간 동안 느려진 시간을 □분이라 하여 비례식을 세우면 24 : 2=60 : □입니다.

⇨ 24×□=2×60, 24×□=120, □=5

원희네 교실 시계는 오전 1시보다 5분 느려진

오전 1시−5분=오전 12시 55분을 가리킵니다.

참고

월요일 오후 1시 ──+24시간──▶ 화요일 오후 1시

──+24시간──▶ 수요일 오후 1시 ──+12시간──▶ 목요일 오전 1시

⇨ 24+24+12=60(시간)

단원 평가 `112~115쪽`

1 7, 10

2 (위에서부터) 7, 6

3 140, 140

4 12

5 5

6 6 : 10=21 : 35 (또는 21 : 35=6 : 10)

7 120, 300

8 (1) 예 4 : 9 (2) 예 7 : 6

9

10 ③

11 4, 14

12 ㉡, ㉣

13 28 L

14 160 cm²

15 39개, 65개

16 6, 12, 9 ; 27

17 216

18 예 25 : 36

19 35번

20 30만 원

21 (1) 예 5 : 3 ▶1점 (2) 예 5 : 3=450 : □ ▶2점

(3) 270 g ▶2점

22 (1) 240개 ▶2점 (2) 200개, 40개 ▶3점

23 예 1시간 30분=60분+30분=90분,

2시간 10분=120분+10분=130분 ▶1점

2시간 10분 동안 가는 거리를 □ km라 하여 비례식을 세우면 90 : 121.5=130 : □입니다. ▶1점

121.5×130=90×□, 15795=90×□,

□=175.5이므로 2시간 10분 동안 175.5 km를 갑니다. ▶1점

; 175.5 km ▶2점

24 예 현재 남학생 수는

$225 × \frac{8}{8+7} = 225 × \frac{8}{15} = 120$(명)입니다. ▶2점

처음 여학생 수를 □명이라 하여 비례식을 세우면

5 : 4=120 : □입니다.

⇨ 5×□=4×120, 5×□=480, □=96

따라서 처음 6학년 여학생은 96명입니다. ▶1점

; 96명 ▶2점

1 7 : 10에서 앞에 있는 수가 전항이므로 전항은 7, 뒤에 있는 수가 후항이므로 후항은 10입니다.

2 비의 전항과 후항을 각각 6으로 나눕니다.

3

5×28=140

5 : 7 = 20 : 28

7×20=140

⇨ 비례식에서 외항의 곱과 내항의 곱은 같습니다.

4 $2 : 25 = \square : 150$

$\Rightarrow 2 \times 150 = 25 \times \square$, $300 = 25 \times \square$, $\square = 12$

5

외항

$45 : 75 = 3 : 5$

후항　　후항

6 $6 : 10 \Rightarrow \dfrac{6}{10} = \dfrac{3}{5}$, 　　$4 : 5 \Rightarrow \dfrac{4}{5}$,

$8 : 15 \Rightarrow \dfrac{8}{15}$, 　　$21 : 35 \Rightarrow \dfrac{21}{35} = \dfrac{3}{5}$

이므로 비율이 같은 두 비는 $6 : 10$과 $21 : 35$입니다.

따라서 비례식으로 나타내면 $6 : 10 = 21 : 35$입니다.

7 $420 \times \dfrac{2}{2+5} = \overset{60}{\cancel{420}} \times \dfrac{2}{\cancel{7}_{1}} = 120$ (cm),

$420 \times \dfrac{5}{2+5} = \overset{60}{\cancel{420}} \times \dfrac{5}{\cancel{7}_{1}} = 300$ (cm)

8 (1) $36 : 81$의 전항과 후항을 각각 9로 나누면 $4 : 9$가 됩니다.

(2) $\dfrac{2}{3} : \dfrac{4}{7}$의 전항과 후항에 각각 21을 곱하면 $14 : 12$가 되고, $14 : 12$의 전항과 후항을 각각 2로 나누면 $7 : 6$이 됩니다.

9 $7.2 : 4.8 \Rightarrow 72 : 48 \Rightarrow 3 : 2$

$1\dfrac{1}{2} : 1\dfrac{1}{5} \Rightarrow \dfrac{3}{2} : \dfrac{6}{5} \Rightarrow 15 : 12 \Rightarrow 5 : 4$

$105 : 45 \Rightarrow 7 : 3$

10 ① $\square : 8 = 9 : 24$

$\Rightarrow \square \times 24 = 8 \times 9$, $\square \times 24 = 72$, $\square = 3$

② $14 : 10.5 = 4 : \square$

$\Rightarrow 14 \times \square = 10.5 \times 4$, $14 \times \square = 42$, $\square = 3$

③ $6 : 14 = 3 : \square$

$\Rightarrow 6 \times \square = 14 \times 3$, $6 \times \square = 42$, $\square = 7$

④ $\square : \dfrac{4}{5} = 20 : 8$

$\Rightarrow \square \times 8 = \dfrac{4}{5} \times 20$, $\square \times 8 = 16$, $\square = 2$

⑤ $\dfrac{1}{6} : \dfrac{1}{9} = \square : 2$

$\Rightarrow \dfrac{1}{6} \times 2 = \dfrac{1}{9} \times \square$, $\dfrac{1}{3} = \dfrac{1}{9} \times \square$, $\square = 3$

11 내항은 10과 ⓒ이므로 $10 \times$ ⓒ $= 140$, ⓒ $= 14$입니다.

비례식에서 외항의 곱과 내항의 곱이 같으므로

ⓐ $\times 35 = 140$, ⓐ $= 4$입니다.

12 ㉠ $8 \times 8 = 64$, $3 \times 3 = 9$ (×)

㉡ $2.5 \times 3 = 7.5$, $7.5 \times 1 = 7.5$ (○)

㉢ $20 \times 5 = 100$, $8 \times 2 = 16$ (×)

㉣ $10 \times 20 = 200$, $1 \times 200 = 200$ (○)

㉤ $6 \times 25 = 150$, $10 \times 7.5 = 75$ (×)

㉥ $6 \times 58 = 348$, $7 \times 36 = 252$ (×)

13 소금 210 g을 얻기 위해 필요한 바닷물의 양을 $\square$ L라 하고 비례식을 세우면 $12 : 90 = \square : 210$이므로

$12 \times 210 = 90 \times \square$, $2520 = 90 \times \square$, $\square = 28$입니다.

따라서 필요한 바닷물의 양은 28 L입니다.

14 삼각형의 높이를 $\square$ cm라 하고 비례식을 세우면

$5 : 4 = 20 : \square$이므로 $5 \times \square = 4 \times 20$, $5 \times \square = 80$,

$\square = 16$입니다.

따라서 삼각형의 넓이는 $20 \times 16 \div 2 = 160$ (cm²)입니다.

> 🔍 **참고**
> (삼각형의 넓이) = (밑변) × (높이) ÷ 2

15 휘서네 가족 수와 예지네 가족 수의 비는 $3 : 5$이므로 귤 104개를 $3 : 5$로 나눕니다.

휘서네 가족: $104 \times \dfrac{3}{3+5} = 104 \times \dfrac{3}{8} = 39$(개),

예지네 가족: $104 \times \dfrac{5}{3+5} = 104 \times \dfrac{5}{8} = 65$(개)

16 $8 : \boxed{㉠} = \boxed{㉡} : \boxed{㉢}$

외항의 곱은 72이므로 $8 \times$ ㉢ $= 72$, ㉢ $= 9$입니다.

$8 : $ ㉠의 비율은 $\dfrac{4}{3}$이므로 $\dfrac{8}{㉠} = \dfrac{4}{3}$, ㉠ $= 6$입니다.

㉡ $: 9$의 비율은 $\dfrac{4}{3}$이므로 $\dfrac{㉡}{9} = \dfrac{4}{3}$, ㉡ $= 12$입니다.

$\Rightarrow$ ㉠ $+$ ㉡ $+$ ㉢ $= 6 + 12 + 9 = 27$

17 비례식의 성질을 이용하여 ●와 ▲에 알맞은 수를 구합니다.

$54 \times \dfrac{1}{9} = ● \times \dfrac{1}{6}$, $6 = ● \times \dfrac{1}{6}$, $● = 36$

$10 \times 30 = ▲ \times 50$, $300 = ▲ \times 50$, $▲ = 6$

$\Rightarrow ● \times ▲ = 36 \times 6 = 216$

18 (정사각형의 넓이)$=0.5 \times 0.5 = 0.25\,(\text{m}^2)$
(직사각형의 넓이)$=0.9 \times 0.4 = 0.36\,(\text{m}^2)$
따라서 정사각형과 직사각형의 넓이의 비는 $0.25 : 0.36$이고
이 비의 전항과 후항에 각각 100을 곱하면 $25 : 36$입니다.

19 ㉮가 42번 도는 동안 ㉯의 회전수를 □번이라고 하여 비례
식을 세우면 $12 : 10 = 42 : \square$입니다.
$\Rightarrow 12 \times \square = 10 \times 42,\ 12 \times \square = 420,\ \square = 35$

20 두 사람이 투자한 금액의 비를 간단한 자연수의 비로 나타
내면 $100 : 150 \Rightarrow 2 : 3$입니다.
전체 이익금을 □원이라고 하면
$$\square \times \frac{2}{2+3} = 12\text{만},\ \square \times \frac{2}{5} = 12\text{만},$$
$$\square = 12\text{만} \div \frac{2}{5} = 12\text{만} \times \frac{5}{2} = 30\text{만}$$
이므로 전체 이익금은 30만 원입니다.

21 (1) $\frac{1}{3} : \frac{1}{5}$의 전항과 후항에 15를 곱하면 $5 : 3$이 됩니다.
(2) (찹쌀가루의 무게) : (밀가루의 무게)
$\Rightarrow 5 : 3 = 450 : \square$
(3) $5 : 3 = 450 : \square$
$\Rightarrow 5 \times \square = 3 \times 450,\ 5 \times \square = 1350,\ \square = 270$
이므로 밀가루의 무게는 270 g입니다.

22 (1) 전체 스톤 중 $\frac{1}{9}$을 남겼으므로
남긴 스톤은 $270 \times \frac{1}{9} = 30$(개)이고
나누어 가진 스톤은 $270 - 30 = 240$(개)입니다.
(2) (남자 팀)$=240 \times \frac{5}{5+1} = 240 \times \frac{5}{6} = 200$(개),
(여자 팀)$=240 \times \frac{1}{5+1} = 240 \times \frac{1}{6} = 40$(개)

23

채점 기준		
1시간 30분과 2시간 10분은 몇 분인지 바르게 나타낸 경우	1점	
비례식을 바르게 세운 경우	1점	5점
2시간 10분 동안 가는 거리를 바르게 구한 경우	1점	
답을 바르게 쓴 경우	2점	

24

채점 기준		
현재 남학생 수를 바르게 구한 경우	2점	
처음 6학년 여학생 수를 바르게 구한 경우	1점	5점
답을 바르게 쓴 경우	2점	

5단원 원의 넓이

step 1 교과 개념
118~119쪽

1 원주

2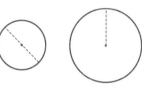
원의 중심
원의 [지름]
원주

3

4 (1) 길어집니다에 ○표 (2) 길어집니다에 ○표

5 ×

6 나, 다, 가

7 (1) 6, 3, 3, 6 (2) 4, 4, 8 (3) 3, 4

8 ㉠

2 원 위의 두 점을 이은 선분 중에서 원의 중심을 지나는 선분을 지름이라 하고, 원의 둘레를 원주라고 합니다.

5 원 위의 두 점을 이은 선분 중에서 가장 긴 선분은 원의 지름입니다.

6 원의 지름이 짧을수록 원주도 짧아집니다.

7 (1) (정육각형의 둘레)$=$(원의 지름)$\times 3 = 2 \times 3 = 6\,(\text{cm})$
(2) (정사각형의 둘레)$=$(원의 지름)$\times 4 = 2 \times 4 = 8\,(\text{cm})$
(3) 원주는 정육각형의 둘레보다 길고, 정사각형의 둘레보다 짧으므로 (원의 지름)$\times 3 <$(원주),
(원주)$<$(원의 지름)$\times 4$입니다.

8 지름이 길수록 원주도 깁니다.

step 1 교과 개념
120~121쪽

1 (1) 원주율 (2) 지름 (3) 3.14

2 12.56, 4, 3.14

3 지호

4 3, 3.1, 3.14

5 원주율에 ○표

6 (1) 3.14, 3.14, 3.14 (2) 3.14

7 3.1

3 수지: 원의 지름에 대한 원주의 비율을 원주율이라고 합니다.

4 소수 첫째 자리에서 반올림: 3.1… ⇨ 3
소수 둘째 자리에서 반올림: 3.14… ⇨ 3.1
소수 셋째 자리에서 반올림: 3.141… ⇨ 3.14

6 (1) 풀: 6.28÷2＝3.14,
음료수 캔: 18.84÷6＝3.14,
물통: 28.26÷9＝3.14
(2) (원주)÷(지름)＝(원주율)이고 원주율은 항상 일정합니다.

> **참고**
> 원주는 둥근 물건을 한 바퀴 굴렸을 때 굴러간 거리를 재거나 줄자를 사용하여 잴 수 있습니다.

7 (원주)÷(지름)을 계산하면 18.85÷6＝3.141…이므로 반올림하여 소수 첫째 자리까지 나타내면 3.1입니다.

---

step 2 교과 유형 익힘 `122~123쪽`

1 다   **2** 선미

3 ①

4 (1) 원의 지름
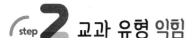
0 10 20 30 40 50 60 70 80 90 100
(cm)

(2) **예** 원의 지름
0 10 20 30 40 50 60 70 80 90 100
(cm)

(3) 3, 4

5 지호   **6** ＝

7 3.14▶5점 **예** 원주율은 나누어떨어지지 않고 끝없이 이어지기 때문입니다.▶5점

8 6 cm에 ○표

9 3.14, 3.14, 3.14 ; 원주율

10 100 cm짜리 리본▶5점
; **예** 원의 둘레는 지름의 3배보다 길기 때문에 50 cm, 80 cm짜리 리본으로는 원반의 둘레를 완전히 감을 수 없습니다.▶5점

1 원의 지름이 길어지면 원주도 길어집니다.

2 윤우: 원주는 지름의 약 3배입니다.

3 ② 원주는 지름의 약 3.14배입니다.
③ 원의 둘레를 원주라고 합니다.
④ (원주율)＝(원주)÷(지름)입니다.
⑤ 원의 지름에 대한 원주의 비율을 원주율이라고 합니다.

---

4 (1) (정육각형의 둘레)＝10×6＝60 (cm)
(정사각형의 둘레)＝20×4＝80 (cm)
(2) 원주는 한 변의 길이가 10 cm인 정육각형의 둘레보다 길고, 한 변의 길이가 20 cm인 정사각형의 둘레보다 짧으므로 60 cm보다 길고, 80 cm보다 짧게 그립니다.
(3) 원주는 지름의 3배보다 길고 4배보다 짧습니다.

5 수지: 과녁의 둘레를 과녁의 중심을 지나는 빨간색 선분의 길이로 나눈 값은 원주율이므로 약 3.14입니다.
선미: 원주율은 항상 일정합니다.

6 왼쪽 고리: 69.08÷22＝3.14
오른쪽 고리: 50.24÷16＝3.14
원주율은 원의 지름에 대한 원주의 비율로 항상 일정합니다.

7 (원주)÷(지름)＝81.67÷26＝3.141… ⇨ 3.14
(원주)÷(지름)을 계산하면 81.67÷26＝3.141153…이므로 (원주)÷(지름)을 계산하면 끝없이 이어진다는 것을 알 수 있습니다.

8 지름이 2 cm인 원의 원주는 지름의 3배인 6 cm보다 길고, 지름의 4배인 8 cm보다 짧으므로 원주와 가장 비슷한 것은 6 cm입니다.

9 (탬버린의 원주율)＝56.52÷18＝3.14
(소고의 원주율)＝53.38÷17＝3.14
(북의 원주율)＝188.4÷60＝3.14

10 원의 둘레는 지름의 3배보다 길기 때문에
30×3＝90 (cm)보다 긴 리본을 사야 합니다.

---

step 1 교과 개념 `124~125쪽`

1 (1) 지름 (2) 원주율   **2** 2

3 12, 37.2   **4** 43.96 cm

5 21.7, 7   **6** 15 cm

7 37.68 cm   **8** 36 cm

9 9 cm

4 (원주)＝(지름)×(원주율)＝14×3.14＝43.96 (cm)

6 (지름)＝(원주)÷(원주율)＝47.1÷3.14＝15 (cm)

7 (지름)＝6×2＝12 (cm)
(원주)＝(지름)×(원주율)＝12×3.14＝37.68 (cm)

8 (작은 원의 지름)=(9−3)×2=12 (cm)
　　➡ (원주)=(지름)×(원주율)=12×3=36 (cm)

9 (지름)=(원주)÷(원주율)=27.9÷3.1=9 (cm)

step 1 교과 개념　126~127쪽

1 (1) 20, 200　(2) 20, 400　(3) 200, 400
2 (1) 30, 450　(2) 30, 900　(3) 450, 900
3 18, 36
4 (1) 60개　(2) 88개　(3) 60, 88
5 32, 60

2 (1) 원 안에 있는 정사각형의 넓이는
　　30×30÷2=450 (cm²)이므로 원의 넓이는 원 안에
　　있는 정사각형의 넓이인 450 cm²보다 넓습니다.
　(2) 원 밖에 있는 정사각형의 넓이는 30×30=900 (cm²)
　　이므로 원의 넓이는 원 밖에 있는 정사각형의 넓이인
　　900 cm²보다 좁습니다.
　(3) 원의 넓이는 원 안에 있는 정사각형의 넓이보다는 넓고
　　원 밖에 있는 정사각형의 넓이보다는 좁으므로
　　450 cm²보다 넓고, 900 cm²보다 좁습니다.

3 정사각형은 마름모이므로 원 안에 있는 정사각형의 넓이는
　6×6÷2=18 (cm²)입니다.
　(원 밖에 있는 정사각형의 넓이)=6×6=36 (cm²)
　원의 넓이는 원 안에 있는 정사각형의 넓이보다는 넓고 원
　밖에 있는 정사각형의 넓이보다는 좁습니다.

4 연두색 모눈의 수는 모두 60개이고 모눈 한 개의 넓이는
　1 cm²이므로 연두색 모눈의 넓이는 60 cm²입니다.
　빨간색 선 안쪽 모눈의 수는 모두 88개이고 모눈 한 개의
　넓이는 1 cm²이므로 빨간색 선 안쪽 모눈의 넓이는
　88 cm²입니다.
　원의 넓이는 연두색 모눈의 넓이보다는 넓고, 빨간색 선 안
　쪽의 모눈의 넓이보다는 좁습니다.

5 (원 안의 색칠한 모눈의 넓이)=32 cm²
　(원 밖의 빨간색 선 안쪽 모눈의 넓이)=60 cm²
　➡ 32 cm²<(원의 넓이)
　　(원의 넓이)<60 cm²

step 2 교과 유형 익힘　128~129쪽

1 9 cm　　　　　　**2** 20 cm
3 88, 132　　　　 **4** 30 cm
5 선미　　　　　　**6** 18.84 m
7 25.12 m　　　　 **8** ©, ©, ㉠
9 21 cm　　　　　 **10** 21700 cm
11 나, 다　　　　　 **12** 예 168 cm²

1 원의 지름은 (원주)÷(원주율)입니다.
　원의 원주가 28.26 cm이므로 원의 지름은
　28.26÷3.14=9 (cm)입니다.

2 원의 지름은 (원주)÷(원주율)입니다.
　원주가 60 cm이므로 원의 지름은 60÷3=20 (cm)입
　니다.

3 원 안에 색칠된 연두색 모눈의 수는 22×4=88(개),
　원 밖의 빨간색 선 안쪽 모눈의 수는 33×4=132(개)입
　니다.
　모눈 한 개의 넓이는 1 cm²이므로
　88 cm²<(원의 넓이), (원의 넓이)<132 cm²입니다.

4 원주는 (지름)×(원주율)입니다.
　프로펠러의 길이가 10 cm이므로 프로펠러가 돌 때 생기
　는 원의 원주는 10×3=30 (cm)입니다.

5 반지름이 45 cm인 선미의 훌라후프의 원주는
　45×2×3.1=279 (cm)입니다.
　지호의 훌라후프의 원주는 248 cm이므로 선미의 훌라후
　프가 더 큽니다.

6 지름이 6 m인 원 모양의 철로 위를 한 바퀴 돈 거리는
　6×3.14=18.84 (m)입니다.

7 밧줄의 길이가 원의 반지름이고
　(원주)=(반지름)×2×(원주율)이므로 운동장에 그린 원의
　원주는 4×2×3.14=25.12 (m)입니다.

8 각 원의 원주를 구하여 비교합니다.
　㉠ 13×2×3=78 (cm)　　㉡ 20×3=60 (cm)
　㉢ 54 cm

9 지름이 65.94÷3.14=21 (cm)인 뚜껑을 사야 합니다.

10 지름이 70 cm인 바퀴 자가 한 바퀴 돈 거리는
　70×3.1=217 (cm)입니다.
　바퀴 자가 100바퀴 돈 거리는 217×100=21700 (cm)
　입니다.

11 튜브 안쪽의 원주는 가: 24×3＝72 (cm),
나: 26×3＝78 (cm), 다: 28×3＝84 (cm)입니다.
따라서 튜브 안쪽 둘레가 77 cm보다 긴 튜브는 나와 다입니다.

12 원 안에 있는 정육각형은 삼각형 ㄱㅇㄷ 6개의 넓이와 같습니다. 그러므로 원 안에 있는 정육각형의 넓이는
24×6＝144 (cm²)입니다.
그리고 원 밖에 있는 정육각형은 삼각형 ㄹㅇㅂ 6개의 넓이와 같습니다.
그러므로 원 밖에 있는 정육각형의 넓이는
32×6＝192 (cm²)입니다.
⇨ 144 cm²＜(원의 넓이)＜192 cm²

 step 1 교과 개념   130~131쪽

1 (1) 직사각형 (2) 원주, 반지름
2 원주, 반지름 ; 지름, 반지름 ; 반지름, 반지름
3 15.7, 5 ; 15.7, 78.5
4 14, 14, 588
5 (1) 108 cm² (2) 675 cm²
6 (1) 153.86 cm² (2) 379.94 cm²
7

반지름	원의 넓이를 구하는 식	원의 넓이
5 cm	5×5×3.1	77.5 cm²
8 cm	8×8×3.1	198.4 cm²

2 직사각형의 가로는 (원주)×$\frac{1}{2}$, 세로는 원의 반지름과 같으므로 원의 넓이는 (원주율)×(반지름)×(반지름)입니다.

3 (직사각형의 가로)＝5×2×3.14÷2＝15.7 (cm)
(원의 넓이)＝15.7×5＝78.5 (cm²)

5 (1) 6×6×3＝108 (cm²)
(2) 15×15×3＝675 (cm²)

6 (1) 반지름이 7 cm인 원입니다.
7×7×3.14＝153.86 (cm²)
(2) 반지름이 11 cm인 원입니다.
11×11×3.14＝379.94 (cm²)

 step 1 교과 개념   132~133쪽

1 3 ; 3, 3, 13.5
2 10, 5, 100, 75, 25
3 2, 3, 12
4 6, 6, 3, 3, 108, 27, 81
5 14, 7, 98
6 8, 8, 4, 4, 64, 49.6, 14.4
7 6, 6, 12, 55.8, 144, 199.8

2 원의 반지름은 10÷2＝5 (cm)입니다.

3 색칠한 부분의 넓이는 반지름이 4÷2＝2 (cm)인 원의 넓이와 같습니다.

4 작은 원의 반지름은 6÷2＝3 (cm)입니다.

5 반원 부분을 옮기면 직사각형이 됩니다.

6 4등분 된 원 조각 4개를 합치면 반지름이 4 cm인 원이 됩니다.

7 반원의 반지름은 12÷2＝6 (cm)입니다.

 step 2 교과 유형 익힘   134~135쪽

1 3, 28.26 ; 6, 113.04
2 2826 cm²   **3** 78.5 cm²
4 ㉡, ㉢, ㉠, ㉣   **5** 111.6 cm²
6 2907 m²   **7** ＝ ; 32.4, 32.4
8 157 cm²
9 (1) 2배에 ○표 (2) 9배에 ○표
10 624 cm²
11 310 cm², 930 cm², 1550 cm²
12 228.5 cm²

1 지름이 6 cm이면 반지름은 3 cm이므로 원의 넓이는
3×3×3.14＝28.26 (cm²)입니다.
지름이 12 cm이면 반지름은 6 cm이므로 원의 넓이는
6×6×3.14＝113.04 (cm²)입니다.

2 지름이 60 cm이면 반지름은 30 cm입니다.
⇨ (원의 넓이)＝30×30×3.14＝2826 (cm²)

3 가의 반지름은 3 cm이고, 나의 반지름은 4 cm입니다.

(가의 넓이)$=3 \times 3 \times 3.14 = 28.26$ (cm^2)

(나의 넓이)$=4 \times 4 \times 3.14 = 50.24$ (cm^2)

⇨ $28.26 + 50.24 = 78.5$ (cm^2)

4 반지름이 길수록 원의 넓이가 넓으므로 반지름을 비교합니다.

㉠ $14 \div 2 = 7$ (cm)

㉢ $48 \div 3 \div 2 = 8$ (cm)

㉣ 반지름을 □ cm라고 하면 $\square \times \square \times 3 = 108$,

$\square \times \square = 36$, □$=6$입니다.

⇨ ㉢>㉢>㉠>㉣

> **다른 풀이**
>
> 원의 넓이를 구하여 비교해 봅니다.
>
> ㉠ $7 \times 7 \times 3 = 147$ (cm^2)
>
> ㉢ $9 \times 9 \times 3 = 243$ (cm^2)
>
> ㉢ 원의 반지름은 $48 \div 3 \div 2 = 8$ (cm)이므로
>
> $8 \times 8 \times 3 = 192$ (cm^2)입니다.
>
> ㉣ 108 cm^2
>
> ⇨ ㉢>㉢>㉠>㉣

5 (원의 넓이)$=6 \times 6 \times 3.1 = 111.6$ (cm^2)

6 직사각형 부분의 넓이는

$60 \times 34 = 2040$ (m^2)이고

반원 부분의 넓이의 합은 원의 넓이가 되므로

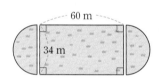

$17 \times 17 \times 3 = 867$ (m^2)입니다.

따라서 공원의 넓이는 $2040 + 867 = 2907$ (m^2)입니다.

7 (왼쪽 색칠한 부분의 넓이)

$=$(한 변의 길이가 12 cm인 정사각형의 넓이)

$\quad$ $-$(반지름이 12 cm인 원의 넓이의 $\dfrac{1}{4}$)

$=12 \times 12 - 12 \times 12 \times 3.1 \div 4$

$=144 - 111.6 = 32.4$ (cm^2)

(오른쪽 색칠한 부분의 넓이)

$=$(한 변의 길이가 12 cm인 정사각형의 넓이)

$\quad$ $-$(반지름이 6 cm인 원의 넓이)

$=12 \times 12 - 6 \times 6 \times 3.1$

$=144 - 111.6 = 32.4$ (cm^2)

⇨ 두 넓이가 모두 32.4 cm^{2}로 같습니다.

8 색칠한 부분의 넓이는 반원의 넓이와 같습니다.

$10 \times 10 \times 3.14 \div 2 = 157$ (cm^2)

9 (1) 반지름이 □ cm일 때 (원주)$=\square \times 2 \times$ (원주율),

반지름이 ($\square \times 2$) cm일 때

(원주)$=\square \times 2 \times 2 \times$ (원주율)

$\quad = (\square \times 2 \times$ (원주율)$) \times 2$

(2) 반지름이 □ cm일 때

(원의 넓이)$=\square \times \square \times$ (원주율)

반지름이 ($\square \times 3$) cm일 때

(원의 넓이)$=\square \times 3 \times \square \times 3 \times$ (원주율)

$\quad = (\square \times \square \times$ (원주율)$) \times 9$

10 (가의 넓이)$=20 \times 20 \times 3 = 1200$ (cm^2)

(나의 넓이)$=(16 \times 16 \times 3) \times \dfrac{3}{4}$

$\qquad = 768 \times \dfrac{3}{4}$

$\qquad = 576$ (cm^2)

⇨ (색칠한 부분의 넓이)$=1200 - 576 = 624$ (cm^2)

11 ① 연두색 부분이 차지하는 넓이는 반지름이 10 cm인 원의 넓이와 같습니다.

$\quad$ ⇨ $10 \times 10 \times 3.1 = 310$ (cm^2)

② (하늘색 부분이 차지하는 넓이)

$\quad =$(반지름이 20 cm인 원의 넓이)

$\qquad -$(반지름이 10 cm인 원의 넓이)

$=20 \times 20 \times 3.1 - 10 \times 10 \times 3.1$

$=1240 - 310$

$=930$ (cm^2)

③ (보라색 부분이 차지하는 넓이)

$\quad =$(반지름이 30 cm인 원의 넓이)

$\qquad -$(반지름이 20 cm인 원의 넓이)

$=30 \times 30 \times 3.1 - 20 \times 20 \times 3.1$

$=2790 - 1240$

$=1550$ (cm^2)

12

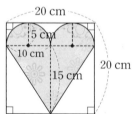

정사각형의 한 변의 반이 반원의 지름이므로 반원의 반지름은 $20 \div 2 \div 2 = 5$ (cm)입니다.

⇨ (반원 2개의 넓이의 합)

$=5 \times 5 \times 3.14$

$=78.5$ (cm^2)

(편지지의 넓이)

＝(반원 2개의 넓이의 합)＋(삼각형 부분의 넓이)

＝78.5＋20×15÷2

＝228.5 (cm²)

step 3 문제 해결

136~139쪽

1	4바퀴	**1-1**	6바퀴
1-2	4바퀴	**1-3**	8바퀴
2	102.8 cm	**2-1**	114.24 cm
2-2	109.2 cm		
3	㉠	**3-1**	㉡
3-2	㉠, ㉢, ㉡		
4	30.1 cm²	**4-1**	21.5 cm²
4-2	37 cm²		

5 ❶ 108.5, 35▶3점 ❷ 35▶3점 ; 35▶4점

5-1 ㉘ (피자의 지름)＝(피자의 둘레)÷(원주율)

＝131.88÷3.14＝42(cm)이므로 ▶3점

피자 상자 밑면의 한 변의 길이는 적어도 피자의 지름인 42 cm보다 길어야 합니다. ▶3점

; 42 cm▶4점

6 ❶ 4, 4, 48▶2점 ❷ 8, 8, 192▶2점

❸ 192, 48, 4▶3점 ; 4▶3점

6-1 ㉘ ㉠의 넓이는 3×3×3.1＝27.9 (cm²)이고, ▶2점

㉡의 넓이는 9×9×3.1＝251.1 (cm²)입니다. ▶2점

따라서 ㉡의 넓이는 ㉠의 넓이의

251.1÷27.9＝9(배)입니다. ▶3점

; 9배▶3점

7 ❶ 62.8, 20, 10▶3점 ❷ 10, 10, 314▶3점

; 314▶4점

7-1 ㉘ (시계의 지름)＝(시계의 둘레)÷(원주율)

＝74.4÷3.1＝24 (cm)이므로

시계의 반지름은 12 cm입니다. ▶3점

따라서 시계의 넓이는

12×12×3.1＝446.4 (cm²)입니다. ▶3점

; 446.4 cm²▶4점

8 ❶ 16, 8▶3점 ❷ 8, 8, 192▶3점 ; 192▶4점

8-1 ㉘ 직사각형 안에 그릴 수 있는 가장 큰 원의 반지름은

14÷2＝7 (cm)입니다. ▶3점

따라서 원의 넓이는 7×7×3.1＝151.9 (cm²)입니다. ▶3점

; 151.9 cm²▶4점

1 (한 바퀴 굴러간 거리)＝(굴렁쇠의 원주)

＝50×3.14＝157 (cm)

(굴러간 바퀴 수)＝(굴러간 거리)÷(굴렁쇠의 원주)

＝628÷157＝4(바퀴)

1-1 (한 바퀴 굴러간 거리)＝(굴렁쇠의 원주)

＝20×2×3＝120 (cm)

(굴러간 바퀴 수)＝(굴러간 거리)÷(굴렁쇠의 원주)

＝720÷120＝6(바퀴)

1-2 (한 바퀴 굴러간 거리)＝(바퀴의 원주)

＝70×3.1＝217 (cm)

(굴러간 바퀴 수)＝(굴러간 거리)÷(바퀴의 원주)

＝868÷217＝4(바퀴)

1-3 (철로의 길이)＝(철로의 원주)

＝10×2×3.14

＝62.8 (m)

(철로를 돈 바퀴 수)＝(달린 거리)÷(철로의 원주)

＝502.4÷62.8

＝8(바퀴)

2

(필요한 끈의 길이)

＝(곡선 부분의 길이)＋(직선 부분의 길이)

(곡선 부분의 길이)＝(통나무 1개의 둘레)

＝10×2×3.14

＝62.8 (cm)

(직선 부분의 길이)＝10×2×2＝40 (cm)

⇨ (필요한 끈의 길이)＝62.8＋40

＝102.8 (cm)

2-1

(필요한 끈의 길이)

＝(곡선 부분의 길이)＋(직선 부분의 길이)

(곡선 부분의 길이)＝(통나무 1개의 둘레)

＝8×2×3.14

＝50.24 (cm)

(직선 부분의 길이)＝8×4×2＝64 (cm)

⇨ (필요한 끈의 길이)＝50.24＋64

＝114.24 (cm)

2-2 (사용한 끈의 길이)

= (곡선 부분의 길이)+(직선 부분의 길이)

(곡선 부분의 길이)=(통조림 1개의 둘레)

$= 12 \times 3.1 = 37.2$ (cm)

(직선 부분의 길이)$= 12 \times 3 \times 2 = 72$ (cm)

⇨ (사용한 끈의 길이)$= 37.2 + 72 = 109.2$ (cm)

3

(㉠의 넓이)$= 30 \times 30 = 900$ (cm²)

(㉡의 넓이)$= 17 \times 17 \times 3.1 = 895.9$ (cm²)

⇨ ㉠의 넓이가 더 넓습니다.

3-1

둘레: 100 cm   원주: 93 cm

(㉠의 한 변의 길이)$= 100 \div 4 = 25$ (cm)이므로

(㉠의 넓이)$= 25 \times 25 = 625$ (cm²)입니다.

(㉡의 반지름)$= 93 \div 3.1 \div 2 = 15$ (cm)이므로

(㉡의 넓이)$= 15 \times 15 \times 3.1 = 697.5$ (cm²)입니다.

⇨ ㉡의 넓이가 더 넓습니다.

3-2

(㉠의 넓이)$= 20 \times 20 = 400$ (cm²)

(㉡의 넓이)$= 10 \times 10 \times 3.14 = 314$ (cm²)

(㉢의 넓이)$= 22 \times 18 = 396$ (cm²)

⇨ 가장 넓이가 넓은 피자부터 차례로 기호를 쓰면 ㉠, ㉢, ㉡입니다.

4

원의 반지름을 ☐ cm라고 하면

(원의 넓이)

$= ☐ \times ☐ \times 3.1 = 151.9$ (cm²),

$☐ \times ☐ = 49$, $☐ = 7$입니다.

사다리꼴의 높이는 원의 지름과 같으므로

(사다리꼴의 넓이)$= (9+17) \times 14 \div 2 = 182$ (cm²)

⇨ (색칠한 부분의 넓이)$= 182 - 151.9 = 30.1$ (cm²)

4-1

원의 반지름을 ☐ cm라고 하면

(원의 넓이)$= ☐ \times ☐ \times 3.14 = 78.5$ (cm²),

$☐ \times ☐ = 25$, $☐ = 5$입니다.

사다리꼴의 높이는 원의 지름과 같으므로

(사다리꼴의 넓이)$= (12+8) \times 10 \div 2 = 100$ (cm²)

⇨ (색칠한 부분의 넓이)$= 100 - 78.5 = 21.5$ (cm²)

4-2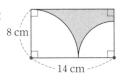

(직사각형의 넓이)$= 14 \times 8 = 112$ (cm²)

(색칠한 부분의 넓이)

$= 112 - 8 \times 8 \times 3 \div 4 - 6 \times 6 \times 3 \div 4$

$= 112 - 48 - 27 = 37$ (cm²)

5-1

채점 기준		
피자의 지름을 구한 경우	3점	
피자 상자의 한 변의 길이는 적어도 몇 cm보다 길어야 하는지 구한 경우	3점	10점
답을 바르게 쓴 경우	4점	

6-1

채점 기준		
㉠의 넓이를 구한 경우	2점	
㉡의 넓이를 구한 경우	2점	
㉡의 넓이는 ㉠의 넓이의 몇 배인지 구한 경우	3점	10점
답을 바르게 쓴 경우	3점	

7-1

채점 기준		
시계의 반지름을 구한 경우	3점	
시계의 넓이를 구한 경우	3점	10점
답을 바르게 쓴 경우	4점	

8-1

채점 기준		
직사각형 안에 그릴 수 있는 가장 큰 원의 반지름을 구한 경우	3점	
원의 넓이를 구한 경우	3점	10점
답을 바르게 쓴 경우	4점	

1 8 cm	**2** 40.26 cm

3 372.4 cm²

4 (1) 49.6 cm² (2) 37.2 cm²

5 28.26 m   **6** 128.52 cm

7 (1) 56 m (2) 78.5 m, 87.92 m (3) 9.42 m

8 184.2 cm   **9** 128.52 cm²

10 31.4 cm

1 컴퍼스를 벌려서 그린 원의 반지름을 □ cm라고 하면
□×□×3.1＝198.4, □×□＝64, □＝8입니다.
따라서 컴퍼스를 벌린 길이는 원의 반지름과 같으므로 컴퍼스를 8 cm만큼 벌려서 원을 그렸습니다.

2

(색칠한 부분의 둘레)
＝(직선 부분의 길이)＋(곡선 부분의 길이)
(직선 부분의 길이)＝6＋6＝12 (cm)
(곡선 부분의 길이)
＝12×2×3.14÷4＋6×2×3.14÷4
⇨ 12＋18.84＋9.42＝40.26 (cm)

3

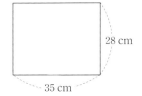

(종이의 넓이)＝35×28＝980 (cm²)
종이 위에 그릴 수 있는 가장 큰 원의 지름은 종이의 세로의 길이인 28 cm와 같습니다.
(종이 위에 그린 원의 넓이)＝14×14×3.1
＝607.6 (cm²)
(색칠하려는 부분의 넓이)＝980－607.6＝372.4 (cm²)

4 (1)

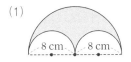

큰 반원의 넓이에서 작은 반원의 넓이를 2번 빼는 것은 큰 반원의 넓이에서 작은 원의 넓이를 빼는 것과 같습니다.
(큰 반원의 넓이)＝8×8×3.1÷2＝99.2 (cm²)
(작은 원의 넓이)＝4×4×3.1＝49.6 (cm²)
⇨ (색칠한 부분의 넓이)＝99.2－49.6＝49.6 (cm²)

(2) 도형을 가로로 반을 잘라 뒤집어 붙입니다.

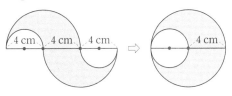

⇨ 4×4×3.1－2×2×3.1
＝49.6－12.4＝37.2 (cm²)

다른 풀이

⇨ 4×4×3.1÷2－2×2×3.1÷2
＝24.8－6.2＝18.6 (cm²)

⇨ 4×4×3.1÷2－2×2×3.1÷2
＝18.6 (cm²)

⇨ (색칠한 부분의 넓이)＝18.6＋18.6＝37.2 (cm²)

5 쳇바퀴를 한 바퀴 돌 때 다람쥐가 달린 거리는 쳇바퀴의 원주와 같습니다.
따라서 쳇바퀴를 30바퀴 돌았을 때 다람쥐가 달린 거리는
15×2×3.14×30＝2826 (cm)입니다.
1 m는 100 cm이므로 다람쥐가 달린 거리는 28.26 m 입니다.

6

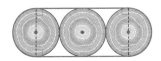

한 밑면의 넓이가 254.34 cm²인 통나무의 반지름을
□ cm라고 하면 □×□×3.14＝254.34,
□×□＝81, □＝9입니다.
사용한 끈의 길이는 곡선 부분과 직선 부분으로 나누어 구합니다.
(곡선 부분의 길이)＝9×2×3.14＝56.52 (cm)
(직선 부분의 길이)＝9×4×2＝72 (cm)
⇨ (사용한 끈의 길이)＝56.52＋72＝128.52 (cm)

7 (1) 레인의 폭이 1 m이므로 반원의 지름은 2 m씩 차이 납니다.
2번 레인: 50＋2＝52 (m)
3번 레인: 52＋2＝54 (m)
4번 레인: 54＋2＝56 (m)
(2) 1번 레인: 50×3.14÷2＝78.5 (m)
4번 레인: 56×3.14÷2＝87.92 (m)
(3) 4번 레인은 1번 레인보다 87.92－78.5＝9.42 (m) 앞에서 출발해야 합니다.

참고

각 레인의 직선 구간은 같지만 곡선 구간에서 거리가 달라지므로 레인별로 곡선 구간의 거리의 차만큼 차이가 나게 출발해야 합니다.

8

끈의 길이는 반지름이 15 cm인 원의 원주와 한 변이 30 cm인 정삼각형의 둘레의 길이의 합과 같습니다.

(필요한 끈의 길이)

＝(반지름이 15 cm인 원의 원주)

　＋(한 변이 30 cm인 정삼각형의 둘레)

＝$15 \times 2 \times 3.14 + 30 \times 3$

＝$94.2 + 90$

＝184.2 (cm)

9

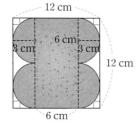

정사각형 한 변의 반이 반원의 지름이므로 반원의 지름은 6 cm입니다.

(과자의 넓이)

＝(반원 부분의 넓이)×4+(사각형 부분의 넓이)

＝$3 \times 3 \times 3.14 \div 2 \times 4 + 6 \times 12$

＝$56.52 + 72$

＝128.52 (cm^2)

10

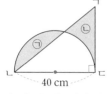

㉠과 ㉡의 넓이가 같으므로 반원의 넓이와 직각삼각형 ㄱㄴㄷ의 넓이가 같습니다.

선분 ㄱㄷ의 길이를 □ cm라고 하면

(반원의 넓이)＝$20 \times 20 \times 3.14 \div 2 = 628$ (cm^2)이므로

(직각삼각형의 넓이)＝$40 \times □ \div 2 = 628$ (cm^2)입니다.

⇨ □＝$628 \times 2 \div 40 = 31.4$

단원 평가 142~145쪽

1	민식	**2**	＝
3	10	**4**	32, 64
5	(위부터) 300 ; 62 ; 314	**6**	27.9 m^2
7	18.84 cm	**8**	392.5 cm^2
9	288 cm^2	**10**	25.12 cm^2 ; 20.56 cm
11	15 cm	**12**	11 cm
13	461.58 cm^2	**14**	21대
15	29 cm	**16**	10 cm
17	45 cm ; 168.75 cm^2	**18**	24.8 cm
19	469.43 cm^2	**20**	324 m^2

21 (1) 288 cm^2 ▶2점 　(2) 216 cm^2 ▶2점

　　(3) 예 252 cm^2 ▶1점

22 (1) 40 cm ▶1점 　(2) 31.4 cm ▶2점 　(3) 71.4 cm ▶2점

23 예 반원의 둘레는 곡선 부분의 길이와 직선 부분의 길이를 더해 구합니다.

　　(작은 반원의 둘레)＝$6 \times 3.14 \div 2 + 6$

　　　　　　　　　＝15.42 (cm) ▶1점

　　(큰 반원의 둘레)＝$36 \times 3.14 \div 2 + 36$

　　　　　　　　　＝92.52 (cm) ▶1점

　　따라서 작은 반원의 둘레와 큰 반원의 둘레의 합은

　　$15.42 + 92.52 = 107.94$ (cm)입니다. ▶1점

　　; 107.94 cm ▶2점

24 예 색칠한 부분의 넓이는 원의 넓이에서 정사각형의 넓이를 빼서 구합니다.

　　(원의 넓이)＝$8 \times 8 \times 3 = 192$ (cm^2) ▶1점

　　정사각형의 대각선은 서로 수직으로 만나므로 마름모의 넓이 구하는 방법으로 구할 수 있습니다.

　　(정사각형의 넓이)＝$16 \times 16 \div 2 = 128$ (cm^2) ▶1점

　　따라서 색칠한 부분의 넓이는

　　$192 - 128 = 64$ (cm^2)입니다. ▶1점

　　; 64 cm^2 ▶2점

3 (직사각형의 세로)＝(원의 반지름)＝10 cm

4

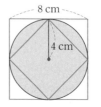

(원 안에 있는 정사각형의 넓이)＜(원의 넓이)

(원의 넓이)＜(원 밖에 있는 정사각형의 넓이)

(원 안에 있는 정사각형의 넓이)＝$8 \times 8 \div 2 = 32$ (cm^2)

(원 밖에 있는 정사각형의 넓이)＝$8 \times 8 = 64$ (cm^2)

5 지름이 20 cm이면 반지름은 10 cm입니다.
원주율이 3이면 원의 넓이는 $10 \times 10 \times 3 = 300$ (cm²),
원주율이 3.1이면 원주는 $20 \times 3.1 = 62$ (cm),
원주율이 3.14이면 원의 넓이는
$10 \times 10 \times 3.14 = 314$ (cm²)입니다.

6 원의 중심을 가로지르는 학생들이 연결한 길이는 원의 지름이므로 학생들이 만든 원의 반지름은 $6 \div 2 = 3$ (m)입니다. 따라서 만든 원의 넓이는 $3 \times 3 \times 3.1 = 27.9$ (m²)입니다.

7
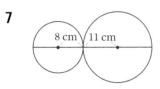

(작은 원의 원주)$= 8 \times 2 \times 3.14 = 50.24$ (cm)
(큰 원의 원주)$= 11 \times 2 \times 3.14 = 69.08$ (cm)
⇨ $69.08 - 50.24 = 18.84$ (cm)

8
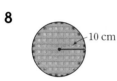 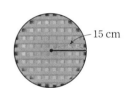

$15 \times 15 \times 3.14 - 10 \times 10 \times 3.14$
$= 706.5 - 314 = 392.5$ (cm²)

9

(큰 원의 넓이)$= 11 \times 11 \times 3 = 363$ (cm²)
(작은 원의 넓이)$= 5 \times 5 \times 3 = 75$ (cm²)
⇨ (색칠한 부분의 넓이)$= 363 - 75 = 288$ (cm²)

10
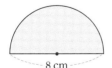

(반원의 넓이)$=$ (원의 넓이)$\div 2$
$\qquad = 4 \times 4 \times 3.14 \div 2 = 25.12$ (cm²)
(반원의 둘레)$=$ (원주의 $\frac{1}{2}$)$+$ (지름)
$\qquad = 8 \times 3.14 \div 2 + 8$
$\qquad = 12.56 + 8 = 20.56$ (cm)

> **주의**
> 원의 일부분의 둘레를 구할 때에는 곡선 부분의 길이 뿐만 아니라 직선 부분의 길이도 더해야 합니다.

11
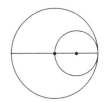

(큰 원의 반지름)$= 62.8 \div 3.14 \div 2 = 10$ (cm)
(작은 원의 반지름)$= 10 \div 2 = 5$ (cm)
⇨ (두 원의 반지름의 합)$= 10 + 5 = 15$ (cm)

12 만들 수 있는 가장 큰 원의 원주는 끈의 길이인 68.2 cm이므로 원의 지름은 $68.2 \div 3.1 = 22$ (cm)입니다.
따라서 원의 반지름은 $22 \div 2 = 11$ (cm)입니다.

13
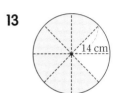

(원의 넓이)$= 14 \times 14 \times 3.14 = 615.44$ (cm²)
(색칠한 부분의 넓이)$= 615.44 \div 8 \times 6$
$\qquad\qquad\qquad\qquad = 461.58$ (cm²)

14 지름이 21 m인 원의 원주는 $21 \times 3 = 63$ (m)이고,
3 m 간격으로 관람차가 매달려 있으므로 관람차는 모두 $63 \div 3 = 21$(대) 매달려 있습니다.

15 (굴렁쇠가 1바퀴 굴러간 거리)$= 899 \div 5 = 179.8$ (cm)
이므로 굴렁쇠의 원주는 179.8 cm입니다.
⇨ (굴렁쇠의 반지름)$= 179.8 \div 3.1 \div 2 = 29$ (cm)

16 상자의 밑면의 한 변의 길이는 접시의 지름보다 커야 합니다.
⇨ (접시의 지름)$= 31 \div 3.1 = 10$ (cm)

17 (원주)$= 15 \times 3 = 45$ (cm)
(넓이)$= 7.5 \times 7.5 \times 3 = 168.75$ (cm²)

18 (원주)$=$ (지름)$\times 3.1$이므로 지름이 $\frac{1}{3}$이 되면 원주도 $\frac{1}{3}$이 됩니다.
⇨ (작은 바퀴의 원주)$= 74.4 \div 3 = 24.8$ (cm)

> **다른 풀이**
> (큰 바퀴의 지름)$= 74.4 \div 3.1 = 24$ (cm)
> (작은 바퀴의 지름)$= 24 \div 3 = 8$ (cm)
> ⇨ (작은 바퀴의 원주)$= 8 \times 3.1 = 24.8$ (cm)

19

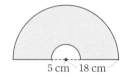

큰 반원의 넓이에서 작은 반원의 넓이를 뺍니다.

$18 \times 18 \times 3.14 \div 2 - 5 \times 5 \times 3.14 \div 2$

$= 508.68 - 39.25 = 469.43 \, (\text{cm}^2)$

20

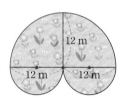

(꽃밭의 넓이) = (반지름이 12 m인 반원의 넓이)

$\qquad$ + (반지름이 6 m인 원의 넓이)

(반지름이 12 m인 반원의 넓이) = $12 \times 12 \times 3 \div 2$

$\qquad\qquad\qquad\qquad = 216 \, (\text{m}^2)$

(반지름이 6 m인 원의 넓이) = $6 \times 6 \times 3 = 108 (\text{m}^2)$

⇨ (꽃밭의 넓이) = $216 + 108 = 324 \, (\text{m}^2)$

21

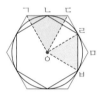

(1) 원 밖에 있는 정육각형의 넓이는 삼각형 ㄱㅇㄷ의 넓이가 6개 있으므로 $48 \times 6 = 288 \, (\text{cm}^2)$입니다.

(2) 원 안에 있는 정육각형의 넓이는 삼각형 ㄹㅇㅂ의 넓이가 6개 있으므로 $36 \times 6 = 216 \, (\text{cm}^2)$입니다.

(3) 원의 넓이는 원 밖에 있는 정육각형의 넓이보다 작고, 원 안에 있는 정육각형의 넓이보다 큽니다.

⇨ $216 \, \text{cm}^2 <$ (원의 넓이) $< 288 \, \text{cm}^2$

📜 틀린 과정을 분석해 볼까요?

틀린 이유	이렇게 지도해 주세요
원과 정육각형의 넓이 비교를 하지 못한 경우	원 안에 정육각형은 원보다 작고, 원 밖에 정육각형은 원보다 크다는 것을 그림을 통해 알도록 지도합니다.
정육각형의 넓이를 바르게 구하지 못하는 경우	원 밖에 있는 정육각형은 삼각형 ㄱㅇㄷ 6개의 넓이와 같고, 원 안에 있는 정육각형은 삼각형 ㄹㅇㅂ 6개의 넓이와 같음을 이해하도록 지도합니다.

22 (1) $10 \times 4 = 40 \, (\text{cm})$

(2) 4등분 된 원 조각 4개의 둥근 부분 둘레는 지름이 10 cm인 원의 둘레와 같으므로

$10 \times 3.14 = 31.4 \, (\text{cm})$입니다.

(3) 색칠한 부분의 둘레는 $40 + 31.4 = 71.4 \, (\text{cm})$입니다.

📜 틀린 과정을 분석해 볼까요?

틀린 이유	이렇게 지도해 주세요
4등분 된 원 조각 4개의 둥근 부분의 길이가 원주임을 알지 못하는 경우	원을 2등분 하면 반원이 되고, 원을 4등분하면 그림과 같은 원 조각 4개가 됨을 알 수 있도록 실제 나누어 보는 활동을 하며 지도합니다.
4등분 된 원 조각의 반지름을 알지 못하는 경우	문제의 그림에서 4등분 된 원 조각은 반지름이 5 cm임을 찾게 하고 원 조각 4개를 합해 원을 만들면 지름이 10 cm임을 알 수 있도록 조각을 모아 원을 만드는 활동을 하며 지도합니다.

23

채점 기준		
작은 반원의 둘레를 구한 경우	1점	
큰 반원의 둘레를 구한 경우	1점	
작은 반원의 둘레와 큰 반원의 둘레의 합을 구한 경우	1점	5점
답을 바르게 쓴 경우	2점	

📜 틀린 과정을 분석해 볼까요?

틀린 이유	이렇게 지도해 주세요
반원의 둘레를 구하는 방법을 모르는 경우	반원의 둘레를 구할 때에는 둥근 부분과 직선 부분으로 나누어 구한 후 두 값을 더해야 함을 알도록 지도합니다.
반원에서 직선 부분의 길이를 모르는 경우	반원은 원의 중심을 지나는 직선으로 원을 자른 것이므로 직선 부분의 길이는 원의 지름의 길이와 같습니다.

24

채점 기준		
원의 넓이를 바르게 구한 경우	1점	
정사각형의 넓이를 구한 경우	1점	5점
색칠한 부분의 넓이를 구한 경우	1점	
답을 바르게 쓴 경우	2점	

📜 틀린 과정을 분석해 볼까요?

틀린 이유	이렇게 지도해 주세요
원 안에 있는 사각형을 마름모의 넓이 구하는 방법으로 구하지 못한 경우	정사각형의 넓이는 변의 길이를 알면 구할 수 있지만, 이 문제에서는 변의 길이 대신 대각선의 길이를 알 수 있으므로 마름모의 넓이 구하는 방법으로 구할 수 있음을 지도합니다.
마름모의 넓이 구하는 공식을 모르는 경우	마름모의 넓이는 (한 대각선의 길이) × (다른 대각선의 길이) ÷ 2임을 지도합니다.

6단원 원기둥, 원뿔, 구

step 1 교과 개념
148~149쪽

1

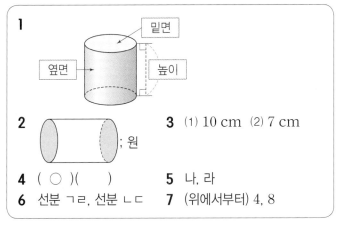

밑면
옆면
높이

2
; 원

3 (1) 10 cm (2) 7 cm

4 (○)( )

5 나, 라

6 선분 ㄱㄹ, 선분 ㄴㄷ

7 (위에서부터) 4, 8

2 원기둥의 두 밑면은 서로 평행하고 합동입니다.

3 두 밑면에 수직인 선분의 길이가 높이입니다.

4 원기둥의 높이를 잴 때에는 두 밑면과 수직인 선분의 길이를 자를 사용하여 잽니다.

5 가는 두 원이 합동이 아니고 옆면의 모양이 잘못 되었습니다.
다는 두 밑면이 겹쳐지므로 원기둥을 만들 수 없습니다.

6 전개도에서 밑면의 둘레는 옆면의 가로와 길이가 같습니다.

7 전개도에서 옆면의 세로는 원기둥의 높이와 같습니다.

step 2 교과 유형 익힘
150~151쪽

1 가, 바

2 밑면, 옆면, 높이

3 원기둥

4 (왼쪽에서부터) 9, 14

5

3 cm
5 cm 18.6 cm

6 (1) × (2) ○ (3) ○ (4) ×

7 예 두 밑면이 합동이 아니므로 원기둥의 전개도라고 할 수 없습니다. ▶10점

8 예
1 cm
1 cm
; 12 cm

9 8 cm

10 수지 ▶5점,
; 예 원기둥에는 모서리가 없기 때문입니다. ▶5점

11 2 cm

1 • 나와 라는 위에는 면이 없고 아래에만 면이 있습니다.
• 다는 위와 아래에 있는 면이 서로 평행하고 합동이지만 원이 아닙니다.
• 마는 위와 아래에 있는 면이 합동이 아닙니다.
• 두 면이 서로 평행하고 합동인 원으로 이루어진 입체도형은 가와 바입니다.

3 직사각형의 한 변을 기준으로 한 바퀴 돌리면 원기둥이 만들어집니다.

4 직사각형의 가로는 원기둥의 밑면의 반지름이 되고 직사각형의 세로는 원기둥의 높이가 되므로 밑면의 지름은 $7 \times 2 = 14$ (cm), 높이는 9 cm입니다.

5 밑면의 반지름은 3 cm이고, 옆면의 가로는 밑면의 둘레와 같으므로
(밑면의 반지름)$\times 2 \times$(원주율)$= 3 \times 2 \times 3.1 = 18.6$ (cm),
(옆면의 세로)$=$(높이)$= 5$ cm

6 (1) 두 밑면은 서로 평행하고 합동입니다.
(4) 원기둥을 앞에서 본 모양과 옆에서 본 모양은 같습니다.

8 (옆면의 가로)$=$(밑면의 둘레)$= 2 \times 2 \times 3 = 12$ (cm)

9 통조림 캔을 앞에서 본 모양이 정사각형이므로 원기둥 모양의 통조림 캔의 높이와 밑면의 지름은 같습니다.
밑면의 지름은 반지름의 2배이므로 $4 \times 2 = 8$ (cm)입니다.
따라서 높이는 8 cm입니다.

10 원기둥에는 모서리와 꼭짓점이 없습니다.

11 (옆면의 가로)$=$(밑면의 지름)$\times$(원주율)이므로
(밑면의 지름)$=$(옆면의 가로)$\div$(원주율)
$= 12.56 \div 3.14 = 4$ (cm),
따라서 밑면의 반지름은 $4 \div 2 = 2$ (cm)입니다.

step 1 교과 개념 152~153쪽

1 (1) 꼭짓점 (2) 모선 **2** ⑤
3 원 **4** 선분 ㄱㄹ
5 25 cm
6 (1) 높이, 4 (2) 모선의 길이, 5
7 ④

1 (1) 원뿔의 꼭짓점은 뾰족한 부분의 점으로 1개입니다.
(2) 원뿔의 꼭짓점과 밑면인 원의 둘레의 한 점을 이은 선분인 모선은 무수히 많습니다.

2 평평한 면이 원이고 옆을 둘러싼 면이 굽은 면인 뿔 모양의 입체도형을 찾아보면 ⑤입니다.
①은 밑면이 삼각형이므로 삼각뿔입니다.

> 🔍참고
> • 원뿔과 각뿔의 공통점
> ⇨ 밑면이 1개인 뿔 모양, 꼭짓점이 있음

3 원뿔의 밑면은 원 모양이고 옆면은 굽은 면입니다.

4 원뿔의 꼭짓점에서 밑면에 수직인 선분의 길이가 높이이므로 선분 ㄱㄹ이 높이를 나타냅니다.

5 원뿔의 꼭짓점과 밑면인 원의 둘레의 한 점을 이은 선분이 모선이고 그 길이는 25 cm입니다.

6 (1) 원뿔의 꼭짓점에서 밑면에 수직인 선분의 길이를 재는 그림입니다. ⇨ 4 cm
(2) 원뿔의 꼭짓점과 밑면인 원의 둘레의 한 점을 이은 선분의 길이를 재는 그림입니다. ⇨ 5 cm

7 ① 밑면은 1개입니다.
② 꼭짓점은 1개입니다.
③ 모선의 길이를 잴 수 있는 선분은 무수히 많습니다.
⑤ 앞에서 본 모양은 이등변삼각형입니다.

step 1 교과 개념 154~155쪽

1 나, 바 **2** (위에서부터) 반지름, 중심
3 5 cm **4** 없습니다
5 구 **6**

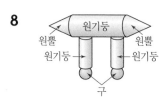

7 원기둥, 원뿔에 ○표 **8** 3, 2, 2

---

1 공 모양의 입체도형을 찾아봅니다.

> 🔍참고
> 가와 마는 원기둥, 라는 원뿔입니다.
> 다는 직육면체 또는 사각기둥이라고 할 수 있습니다.

2 구에서 가장 안쪽에 있는 점을 구의 중심이라 하고, 구의 중심에서 구의 겉면의 한 점을 이은 선분을 구의 반지름이라고 합니다.

3 구의 중심에서 구의 겉면의 한 점을 이은 선분이 반지름이고 그 길이는 5 cm입니다.

4 원기둥은 밑면이 2개, 원뿔은 밑면이 1개, 구는 밑면이 0개입니다.

5 반원 모양의 종이를 지름을 기준으로 한 바퀴 돌리면 구가 됩니다.

6 반원인 평면도형을 한 바퀴 돌리면 구가 만들어지므로 구의 겨냥도를 그립니다.

7 원기둥 위에 원뿔을 붙인 모양입니다.

8

step 2 교과 유형 익힘 156~157쪽

1 가 ; 라, 바 ; 다 **2** (1) 중심 (2) 반지름
3 15 cm, 24 cm **4** 굽은 면
5 3 cm **6**

7 6 cm **8** 윤우

9

위	앞	옆
㉢	㉠	㉠
㉢	㉡	㉡
㉢	㉢	㉢

10 (1) 원기둥, 원뿔
(2) 예 밑면의 수가 다릅니다. / 원뿔에는 꼭짓점이 있지만 원기둥에는 없습니다. / 원기둥은 밑면이 2개이고 원뿔은 밑면이 1개입니다.

11 예지▶5점
; 예 높이와 모선의 길이는 항상 다릅니다.▶5점

2 (2) 구의 중심에서 구의 겉면의 한 점을 이은 선분을 구의 반지름이라고 합니다. 구의 반지름은 길이가 모두 같습니다.

3 모선은 원뿔의 꼭짓점과 밑면인 원의 둘레의 한 점을 이은 선분이므로 15 cm입니다.
밑면의 지름은 반지름의 2배이므로 그림에서 $12 \times 2 = 24$ (cm)입니다.

5 반원 모양의 종이를 한 바퀴 돌리면 구가 만들어집니다. 반원의 반지름이 구의 반지름이 되므로 $6 \div 2 = 3$ (cm)입니다.

6 직각삼각형을 한 변을 기준으로 한 바퀴 돌리면 원뿔이 만들어집니다.

7 구를 위에서 본 모양은 반지름이 1 cm인 원 모양입니다.
(둘레)$= 1 \times 2 \times 3 = 6$ (cm)

8 각뿔의 옆면은 삼각형이지만 원뿔의 옆면은 굽은 면이므로 평면도형이 아닙니다.

---

step 3 문제 해결

158~161쪽

1 6 cm	**1-1** 4 cm
1-2 151.9 cm²	
2 12 cm²	**2-1** 120 cm²
2-1 36 cm	**2-3** 192 cm²
3 11 cm	**3-1** 20 cm
3-2 15 cm	
4 396 cm²	**4-1** 240 cm²
4-2 36 cm²	

5 ❶ 18, 15▶3점 ❷ 18, 15, 3▶3점 ; 3▶4점
5-1 예 원뿔의 높이는 8 cm이고, 원기둥의 높이는 10 cm입니다.▶3점
(두 입체도형의 높이의 합)
$= 8 + 10 = 18$ (cm)▶3점
; 18 cm▶4점

6 ❶ 10, 60▶3점 ❷ 13, 60, 13, 780▶3점 ; 780▶4점
6-1 예 밑면의 둘레는 $5 \times 2 \times 3 = 30$ (cm)입니다.▶3점
옆면의 가로는 밑면의 둘레와 같고,
세로는 6 cm이므로 넓이는 $30 \times 6 = 180$ (cm²)입니다.▶3점
; 180 cm²▶4점

---

7 ❶ 3, 54, 54, 216▶3점 ❷ 3, 36, 216, 36, 6▶3점
; 6▶4점

7-1 예 (가의 옆면의 가로)$= 4 \times 2 \times 3 = 24$ (cm)
(가의 옆면의 넓이)$= 24 \times 14 = 336$ (cm²)
원기둥 가, 나의 옆면의 넓이가 같으므로 원기둥 나의 옆면의 넓이도 336 cm²입니다.▶3점
(나의 옆면의 가로)$= 8 \times 2 \times 3 = 48$ (cm)
따라서 나의 높이는 $336 \div 48 = 7$ (cm)입니다.▶3점
; 7 cm▶4점

8 ❶ 3, 3, 8▶3점 ❷ 8, 5▶3점 ; 5▶4점
8-1 예 (옆면의 가로)$=$(밑면의 지름)$\times 3$,
(옆면의 세로)$=$(높이)$=$(밑면의 지름)이므로 옆면의 둘레는 밑면의 지름 8개와 길이가 같습니다.▶3점
따라서 (높이)$=$(밑면의 지름)$= 56 \div 8 = 7$ (cm)입니다.▶3점
; 7 cm▶4점

1 (밑면의 지름)$= 37.2 \div 3.1 = 12$ (cm)
(밑면의 반지름)$= 12 \div 2 = 6$ (cm)

> 🔍참고
> 원기둥에서 밑면은 원입니다.
> (밑면의 둘레)$=$(원주)$=$(반지름)$\times 2 \times$(원주율)

1-1 (밑면의 지름)$= 25.12 \div 3.14 = 8$ (cm)
(밑면의 반지름)$= 8 \div 2 = 4$ (cm)

1-2 (밑면의 지름)$= 43.4 \div 3.1 = 14$ (cm)
(밑면의 반지름)$= 14 \div 2 = 7$ (cm)
(한 밑면의 넓이)$= 7 \times 7 \times 3.1 = 151.9$ (cm²)

2 앞에서 본 모양 ⇨
(앞에서 본 모양의 넓이)$= 8 \times 3 \div 2 = 12$ (cm²)

2-1 앞에서 본 모양은 밑변의 길이가 30 cm, 높이가 8 cm인 삼각형입니다.
따라서 앞에서 본 모양의 넓이는
$30 \times 8 \div 2 = 120$ (cm²)입니다.

2-2 앞에서 본 모양은 오른쪽과 같습니다.
⇨ (둘레)$= 13 + 13 + 10 = 36$ (cm)

본책

152
~
161
쪽

2-3 반원을 지름을 기준으로 한 바퀴 돌려서 만들어지는 입체
도형은 구입니다. 구를 앞에서 본 모양은 원 모양이고 원의
지름은 16 cm입니다.

(원의 반지름)$=16\div2=8$ (cm)

따라서 앞에서 본 모양의 넓이는 $8\times8\times3=192$ (cm²)
입니다.

3 (옆면의 가로)$=$(밑면의 둘레)$=5\times2\times3=30$ (cm)

(옆면의 넓이)$=30\times$(높이)$=330$, $330\div30=11$이므
로 (높이)$=11$ cm입니다.

3-1 (밑면의 둘레)$=6\times2\times3.1=37.2$ (cm)

(옆면의 넓이)$=37.2\times$(높이)$=744$이므로

(높이)$=744\div37.2=20$ (cm)입니다.

3-2 (밑면의 둘레)$=8\times3.1=24.8$ (cm)

(옆면의 넓이)$=24.8\times$(높이)$=372$이므로

(높이)$=372\div24.8=15$ (cm)입니다.

4 (옆면의 가로)$=$(밑면의 둘레)$=6\times2\times3=36$ (cm),

원기둥의 전개도에서 옆면은 직사각형이므로

(직사각형의 넓이)$=$(가로)$\times$(세로)

$\Rightarrow$ (옆면의 넓이)$=36\times11=396$ (cm²)입니다.

4-1 (옆면의 가로)$=5\times2\times3=30$ (cm)

(옆면의 넓이)$=30\times8=240$ (cm²)

4-2 (가의 한 밑면의 넓이)$=2\times2\times3=12$ (cm²)

(나의 한 밑면의 넓이)$=4\times4\times3=48$ (cm²)

한 밑면의 넓이의 차는 $48-12=36$ (cm²)입니다.

5-1

채점 기준		
원뿔과 원기둥의 높이를 각각 알아본 경우	3점	
두 입체도형의 높이의 합을 구한 경우	3점	10점
답을 바르게 쓴 경우	4점	

6-1

채점 기준		
밑면의 둘레를 구한 경우	3점	
옆면의 넓이를 구한 경우	3점	10점
답을 바르게 쓴 경우	4점	

7-1

채점 기준		
나의 옆면의 넓이를 구한 경우	3점	
나의 높이를 구한 경우	3점	10점
답을 바르게 쓴 경우	4점	

8-1

채점 기준		
옆면의 둘레는 밑면의 지름 몇 개와 길이가 같은지 구한 경우	3점	
원기둥의 높이를 바르게 구한 경우	3점	10점
답을 바르게 쓴 경우	4점	

step 4 실력 UP 문제 162~163쪽

1 ㉠, ㉤   **2** 원뿔

3 30 cm²

4 수경 ▶5점

; 예 직각삼각형을 한 변을 기준으로 돌리면 만들 수 있
는 모양이야. ▶5점

5 예

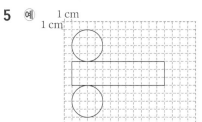

6 (왼쪽에서부터) 20, 50.24, 16

7 36 cm   **8** 9 cm

9 165.6 cm   **10** 4 cm

11 150.72 cm²

1 ㉡ 원기둥을 앞에서 본 모양은 직사각형, 원뿔을 앞에서 본
모양은 삼각형, 구를 앞에서 본 모양은 원입니다.

㉢ 구는 밑면이 없습니다.

㉣ 구에만 해당하는 설명입니다.

㉤ 원기둥은 직사각형, 원뿔은 직각삼각형, 구는 반원을 돌
려서 만들 수 있습니다.

㉥ 원기둥과 구에는 뾰족한 부분이 없습니다.

2 위에서 본 모양이 원이고 앞, 옆에서 본 모양이 삼각형인
입체도형은 원뿔입니다.

3

돌리기 전 도형은 직각삼각형입니다.

(넓이)$=12\times5\div2=30$ (cm²)

4 직사각형을 한 변을 기준으로 돌리면 원기둥이 만들어집니다.

5 직사각형을 한 바퀴 돌려서 만들어지는 입체도형은 원기둥입니다.

원기둥의 반지름이 2 cm이므로 밑면의 둘레는
$2 \times 2 \times 3 = 12$ (cm)입니다.

옆면인 직사각형의 가로는 밑면의 둘레와 같으므로 12 cm이고 세로는 원기둥의 높이와 같으므로 주어진 직사각형의 세로인 3 cm입니다.

6 원기둥의 밑면의 반지름이 8 cm이므로 밑면의 지름은
$8 \times 2 = 16$ (cm)입니다.

옆면의 가로는 밑면의 둘레와 같으므로
(밑면의 지름)$\times$(원주율)$= 16 \times 3.14 = 50.24$ (cm)입니다.
전개도에서 옆면의 세로는 원기둥의 높이와 같으므로 원기둥의 높이는 20 cm입니다.

7 삼각형의 둘레는 구의 반지름 6개와 길이가 같으므로
$6 \times 6 = 36$ (cm)입니다.

8 (가의 전개도에서 옆면의 가로)$= 4 \times 2 \times 3$
$= 24$ (cm)

(가의 옆면의 넓이)$= 24 \times 18 = 432$ (cm²)
원기둥 가, 나의 옆면의 넓이가 같으므로 원기둥 나의 옆면의 넓이도 432 cm²입니다.

(나의 전개도에서 옆면의 가로)
$= 432 \div 8 = 54$ (cm)
따라서 나의 밑면의 반지름은 $54 \div 3 \div 2 = 9$ (cm)입니다.

9 옆면의 가로는 밑면의 둘레와 같습니다. 밑면의 반지름은 구의 반지름과 같은 10 cm이므로
(옆면의 가로)$= 10 \times 2 \times 3.14 = 62.8$ (cm)입니다.
옆면의 세로는 원기둥의 높이와 같고 원기둥의 높이는 구의 지름과 같으므로 $10 \times 2 = 20$ (cm)입니다.
$\Rightarrow (62.8 + 20) \times 2 = 165.6$ (cm)

10

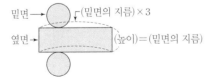

(옆면의 가로)$=$(밑면의 지름)$\times 3$,
(옆면의 세로)$=$(높이)$=$(밑면의 지름)이므로 옆면의 둘레는 밑면의 지름 8개와 길이가 같습니다.
(밑면의 지름)$= 64 \div 8 = 8$ (cm)
(밑면의 반지름)$= 8 \div 2 = 4$ (cm)

11 (필요한 색종이의 넓이)
$=$(밑면의 지름이 16 cm, 높이가 3 cm인 원기둥의 옆면의 넓이)
색종이의 가로는 $16 \times 3.14 = 50.24$ (cm)이고 세로는 3 cm입니다.
(색종이의 넓이)$= 50.24 \times 3 = 150.72$ (cm²)

단원 평가   164~167쪽

1 원기둥

2 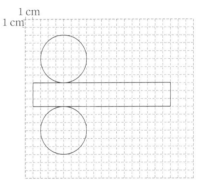   **3** 구

4 8 cm   **5** 12 cm, 10 cm, 8 cm

6 10 cm   **7** 2 cm

8 가, 라   **9** ①

10 다   **11** 1 cm

12 (위에서부터) 0 ; 원, 1, 1

13 ④   **14** ⑤

15 46.5 cm

16 예

17 84 cm

18 (위에서부터) 4, 24.8, 14

19 102 cm   **20** 240 cm²

21 (1) 5 cm▶2점 (2) 2개▶1점 (3) 150 cm²▶2점

22 (1) 620 cm²▶2점 (2) 4340 cm²▶3점

23 예 (옆면의 가로)$=$(밑면의 둘레)$= 5 \times 2 \times 3.14$
$= 31.4$ (cm)▶2점

옆면의 세로는 8 cm이므로
(옆면의 넓이)$= 31.4 \times 8 = 251.2$ (cm²)입니다.
; 251.2 cm²▶2점   ▶1점

24 예 밑면의 넓이가 27 cm²이므로
(반지름)$\times$(반지름)$\times 3 = 27$입니다.
(반지름)$\times$(반지름)$= 9$이므로 반지름은 3 cm입니다.▶2점
직각삼각형의 밑변의 길이가 3 cm일 때 넓이가 12 cm²이므로 높이는 $12 \times 2 \div 3 = 8$ (cm)입니다.
; 8 cm▶2점   ▶1점

1 위와 아래에 있는 면이 서로 평행하고 합동인 원으로 이루어진 입체도형은 원기둥입니다.

3 구는 어느 방향에서 보아도 항상 원 모양입니다.

4 구의 중심에서 구의 겉면의 한 점을 이은 선분을 구의 반지름이라고 합니다.

5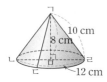
• 밑면의 지름: 선분 ㄴㄹ
• 모선: 선분 ㄱㄴ, 선분 ㄱㄷ, 선분 ㄱㄹ
• 높이: 선분 ㄱㅁ

6 한 원뿔에서 모선의 길이는 모두 같으므로 선분 ㄱㄷ의 길이는 10 cm입니다.

7 원기둥의 높이는 13 cm이고, 원뿔의 높이는 15 cm이므로 원기둥과 원뿔의 높이의 차는 $15-13=2$ (cm)입니다.

8 평평한 면이 원이고 옆을 둘러싼 면이 굽은 면인 뿔 모양의 입체도형을 찾으면 가, 라입니다.

9 ① 밑면의 지름을 나타냅니다.

10 가는 원뿔의 높이를, 나는 원뿔의 모선의 길이를 재고 있습니다.

11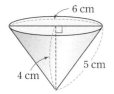

모선은 원뿔의 꼭짓점과 밑면인 원의 둘레의 한 점을 이은 선분이므로 도형에서 모선의 길이는 5 cm입니다.
높이는 원뿔의 꼭짓점에서 밑면에 수직인 선분의 길이이므로 4 cm입니다. ⇨ $5-4=1$ (cm)

12 원기둥과 원뿔은 밑면의 모양이 모두 원이고, 개수는 서로 다릅니다.
원기둥에는 꼭짓점이 없고, 원뿔에는 꼭짓점이 있습니다.

13 ① 두 밑면이 합동이 아닙니다.
② 옆면의 모양이 잘못 되었습니다.
③ 밑면이 2개이어야 하는데 1개입니다.
⑤ 밑면이 한쪽에만 2개가 있습니다.

14 ⑤ 원기둥을 앞에서 본 모양은 직사각형이고, 구를 앞에서 본 모양은 원입니다.

15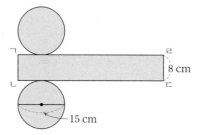

밑면의 지름은 15 cm이고, 옆면의 가로는 밑면의 둘레와 같으므로
(밑면의 지름)×(원주율)$=15×3.1=46.5$ (cm)입니다.

16

원기둥의 밑면의 지름이 6 cm이므로 밑면의 둘레는
$6×3=18$ (cm)입니다.
(옆면의 가로)=(밑면의 둘레)$=18$ cm
(옆면의 세로)=(원기둥의 높이)$=3$ cm

17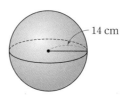

구는 어느 방향에서 보아도 원 모양이며 원의 반지름의 길이는 구의 반지름의 길이인 14 cm와 같습니다.
따라서 원의 둘레는 $14×2×3=84$ (cm)입니다.

18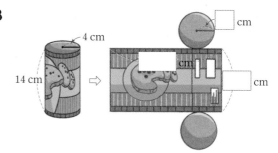

옆면의 가로는 밑면의 둘레와 같으므로
$4×2×3.1=24.8$ (cm)이고 옆면의 세로는 원기둥의 높이와 같으므로 14 cm입니다.

19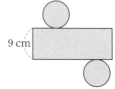

밑면의 둘레는 옆면의 가로와 같습니다.
(직사각형의 둘레)=((가로)+(세로))×2
$$=(42+9)×2$$
$$=51×2=102 \text{ (cm)}$$

20 밑면의 반지름을 □ cm라 하면 □×□×3=75입니다.
□×□=25이므로 □=5입니다.
원기둥의 전개도에서 옆면의 세로가 8 cm일 때 가로는
5×2×3=30 (cm)이므로 넓이는 30×8=240 (cm²)
입니다.

21 (1) (밑면의 반지름)×2×3=30,
(밑면의 반지름)×6=30,
(밑면의 반지름)=30÷6=5 (cm)
(2) 원기둥의 밑면은 2개입니다.
(3) (한 밑면의 넓이)=5×5×3=75 (cm²)
⇨ (두 밑면의 넓이)=75×2=150 (cm²)

📄 **틀린 과정을 분석해 볼까요?**

틀린 이유	이렇게 지도해 주세요
밑면의 둘레를 이용하여 밑면의 반지름을 구하지 못하는 경우	원기둥의 밑면은 원 모양이므로 원주와 원의 반지름의 관계를 이용합니다. (원주)=(반지름)×2×(원주율)
원의 넓이를 구하는 공식을 잊어버린 경우	(원의 넓이)=(반지름)×(반지름)×(원주율)을 외워 두고 이용하면 편리합니다.
밑면을 1개로 생각하여 계산한 경우	원기둥의 모양을 떠올려보거나 직접 그려 보면서 밑면이 2개인 것을 알게 합니다.

22 (1) (롤러의 옆면의 넓이)=5×2×3.1×20
=620 (cm²)
(2) (페인트가 칠해진 부분의 넓이)
=(옆면의 넓이)×7
=620×7=4340 (cm²)

📄 **틀린 과정을 분석해 볼까요?**

틀린 이유	이렇게 지도해 주세요
페인트가 칠해지는 부분은 롤러의 어느 부분과 관련이 있는지 알지 못하는 경우	원기둥을 굴릴 때 굴러가면서 바닥에 닿는 부분은 원기둥의 옆면이라는 점을 지도합니다. 마찬가지로 롤러를 굴리면 롤러의 옆면에 묻은 페인트를 칠하게 됩니다.
밑면의 반지름을 이용하여 밑면의 둘레를 구하지 못하는 경우	원기둥의 밑면은 원이므로 밑면의 둘레는 원주를 구하는 식을 이용하여 구할 수 있습니다.
옆면의 넓이를 구하지 못하는 경우	원기둥의 전개도를 떠올려보거나 직접 그려 보면서 옆면이 직사각형 모양이라는 것을 알게 합니다. (직사각형의 넓이)=(가로)×(세로)

23

채점 기준		
옆면의 가로를 구한 경우	2점	
옆면의 넓이를 구한 경우	1점	5점
답을 바르게 쓴 경우	2점	

📄 **틀린 과정을 분석해 볼까요?**

틀린 이유	이렇게 지도해 주세요
원기둥의 전개도에서 옆면이 어느 부분인지 알지 못하는 경우	원기둥의 전개도에서 원 모양은 밑면이고 직사각형 모양은 옆면인 점을 지도합니다.
옆면의 가로를 구하지 못하는 경우	원기둥의 전개도에서 옆면의 가로는 밑면의 둘레와 길이가 같다는 점을 지도하고 밑면의 둘레를 구하도록 지도합니다.
계산에서 실수한 경우	원주율이 3.14이므로 계산에서 실수하지 않도록 주의하여 계산하도록 지도합니다.

24

채점 기준		
밑면의 반지름을 구한 경우	2점	
높이를 구한 경우	1점	5점
답을 바르게 쓴 경우	2점	

📄 **틀린 과정을 분석해 볼까요?**

틀린 이유	이렇게 지도해 주세요
원뿔의 높이를 구하려고 할 때 무엇을 구해야 하는지 알지 못하는 경우	직각삼각형의 한 변을 기준으로 돌려서 만든 원뿔 모양을 떠올려보며 원뿔의 높이가 직각삼각형에서 어느 부분인지 알아봅니다.
밑면의 넓이를 이용하여 밑면의 반지름을 구하지 못하는 경우	원뿔의 밑면은 원 모양이므로 원의 넓이 구하는 식을 이용하여 반지름을 구할 수 있음을 지도합니다.
직각삼각형의 넓이를 이용하여 변의 길이를 구하지 못하는 경우	밑면의 반지름을 직각삼각형의 밑변의 길이와 같다고 하면 원뿔의 높이는 직각삼각형의 높이와 길이가 같습니다. (삼각형의 넓이) =(밑변의 길이)×(높이)÷2

본책
164
~
167
쪽

1 단원 분수의 나눗셈

* '분수의 나눗셈'에서 계산 결과를 기약분수나 대분수로 나타내지 않아도 정답으로 인정합니다.

기본 단원평가

1~3쪽

1 3   　　　**2** 10, 2, 5

3 7, 5, $\dfrac{7}{5}$, $1\dfrac{2}{5}$

4 15, 15, $\dfrac{5}{2}$, $\dfrac{75}{16}$, $4\dfrac{11}{16}$

5 $\dfrac{4}{5} \div \dfrac{3}{10} = \dfrac{8}{10} \div \dfrac{3}{10} = 8 \div 3 = \dfrac{8}{3} = 2\dfrac{2}{3}$

6

7 $\dfrac{5}{6} \div \dfrac{4}{5} = \dfrac{5}{6} \times \dfrac{5}{4} = \dfrac{25}{24} = 1\dfrac{1}{24}$

8 $\dfrac{9}{13} \div \dfrac{3}{4} = \dfrac{\overset{3}{\cancel{9}}}{13} \times \dfrac{4}{\underset{1}{\cancel{3}}} = \dfrac{12}{13}$

9 20

10 방법1 예 $4\dfrac{1}{2} \div \dfrac{3}{7} = \dfrac{9}{2} \div \dfrac{3}{7} = \dfrac{63}{14} \div \dfrac{6}{14}$
$= 63 \div 6 = \dfrac{63}{6} = \dfrac{21}{2} = 10\dfrac{1}{2}$

　　방법2 예 $4\dfrac{1}{2} \div \dfrac{3}{7} = \dfrac{9}{2} \div \dfrac{3}{7} = \dfrac{\overset{3}{\cancel{9}}}{2} \times \dfrac{7}{\underset{1}{\cancel{3}}}$
$= \dfrac{21}{2} = 10\dfrac{1}{2}$

11 >   　　　**12** >

13 ㉡, ㉠, ㉢   　　**14** $1\dfrac{4}{5}$, $6\dfrac{3}{4}$

15 $2\dfrac{1}{3}$배   　　**16** $1\dfrac{7}{9}$

17 3, 6에 ○표

18 $6 \div \dfrac{2}{5} = 15$ ▶2점 ; 15개 ▶2점

19 3배

20 예 (직사각형의 가로)=(직사각형의 넓이)÷(세로)이므로 ▶1점
　　직사각형의 가로는

$1\dfrac{7}{8} \div \dfrac{3}{4} = \dfrac{15}{8} \div \dfrac{3}{4} = \dfrac{\overset{5}{\cancel{15}}}{\underset{2}{\cancel{8}}} \times \dfrac{\overset{1}{\cancel{4}}}{\underset{1}{\cancel{3}}}$
$= \dfrac{5}{2} = 2\dfrac{1}{2}$ (m)입니다. ▶1점

　　; $2\dfrac{1}{2}$ m ▶2점

21 $\dfrac{2}{5} \div \dfrac{7}{10} = \dfrac{2}{\underset{1}{\cancel{5}}} \times \dfrac{\overset{2}{\cancel{10}}}{7} = \dfrac{4}{7}$

22 70일   　　**23** $1\dfrac{1}{14}$ kg

24 12명   　　**25** 36

---

2 분모가 같은 분수의 나눗셈은 분자끼리 나누어 계산합니다.

4 분수의 나눗셈은 나누는 분수의 분모와 분자를 바꾸어 분수의 곱셈으로 나타내어 계산합니다.

5 분모가 다른 분수의 나눗셈은 분모를 같게 하여 분자끼리 나누어 계산할 수 있습니다.

6 $\dfrac{5}{7} \div \dfrac{3}{7} = 5 \div 3 = \dfrac{5}{3}$,
$\dfrac{5}{12} \div \dfrac{11}{12} = 5 \div 11 = \dfrac{5}{11}$,
$\dfrac{11}{13} \div \dfrac{10}{13} = 11 \div 10 = \dfrac{11}{10}$

9 $16 \div \dfrac{4}{5} = (16 \div 4) \times 5 = 20$ 또는 $16 \div \dfrac{4}{5} = \overset{4}{\cancel{16}} \times \dfrac{5}{\underset{1}{\cancel{4}}} = 20$

11 $4 \div \dfrac{2}{3} = (4 \div 2) \times 3 = 6$
$\dfrac{7}{3} \div \dfrac{5}{9} = \dfrac{7}{\underset{1}{\cancel{3}}} \times \dfrac{\overset{3}{\cancel{9}}}{5} = \dfrac{21}{5} = 4\dfrac{1}{5}$
$\Rightarrow 6 > 4\dfrac{1}{5}$

12 $3\dfrac{2}{3} \div \dfrac{7}{10} = \dfrac{11}{3} \div \dfrac{7}{10} = \dfrac{11}{3} \times \dfrac{10}{7} = \dfrac{110}{21} = 5\dfrac{5}{21}$
$1\dfrac{3}{4} \div \dfrac{3}{8} = \dfrac{7}{4} \div \dfrac{3}{8} = \dfrac{7}{\underset{1}{\cancel{4}}} \times \dfrac{\overset{2}{\cancel{8}}}{3} = \dfrac{14}{3} = 4\dfrac{2}{3}$
$\Rightarrow 5\dfrac{5}{21} > 4\dfrac{2}{3}$

13 ㉠ $5 \div \dfrac{5}{7} = (5 \div 5) \times 7 = 7$
㉡ $6 \div \dfrac{3}{4} = (6 \div 3) \times 4 = 8$
㉢ $4 \div \dfrac{2}{3} = (4 \div 2) \times 3 = 6$

14 $1\dfrac{1}{5} \div \dfrac{2}{3} = \dfrac{6}{5} \div \dfrac{2}{3} = \overset{3}{\dfrac{6}{5}} \times \dfrac{3}{\underset{1}{2}} = \dfrac{9}{5} = 1\dfrac{4}{5}$

$1\dfrac{4}{5} \div \dfrac{4}{15} = \dfrac{9}{5} \div \dfrac{4}{15} = \dfrac{9}{\underset{1}{5}} \times \overset{3}{\dfrac{15}{4}} = \dfrac{27}{4} = 6\dfrac{3}{4}$

15 $\dfrac{7}{10} \div \dfrac{3}{10} = 7 \div 3 = \dfrac{7}{3} = 2\dfrac{1}{3}$(배)

16 $\square = 1\dfrac{1}{15} \div \dfrac{3}{5} = \dfrac{16}{15} \div \dfrac{3}{5} = \dfrac{16}{15} \div \dfrac{9}{15}$

$= 16 \div 9 = \dfrac{16}{9} = 1\dfrac{7}{9}$

17 $\dfrac{1}{3} \div \dfrac{1}{\square} = \dfrac{1}{3} \times \square$이므로 결과가 자연수가 되려면 $\square$는 3으로 나누어떨어져야 합니다. 즉 $\square$는 3의 배수이므로 3, 6, 9, …가 될 수 있습니다.

18 $6 \div \dfrac{2}{5} = (6 \div 2) \times 5 = 15$(개)

19 $1\dfrac{3}{4} \div \dfrac{7}{12} = \dfrac{7}{4} \div \dfrac{7}{12} = \dfrac{\overset{1}{7}}{\underset{1}{4}} \times \dfrac{\overset{3}{12}}{\underset{1}{7}} = 3$(배)

20

채점 기준		
직사각형의 가로를 구하는 방법을 아는 경우	1점	
직사각형의 가로를 구한 경우	1점	4점
답을 바르게 쓴 경우	2점	

21 나눗셈을 곱셈으로 바꾸고 나누는 분수의 분모와 분자를 바꾸어 계산해야 합니다.

22 $60 \div \dfrac{6}{7} = \overset{10}{60} \times \dfrac{7}{\underset{1}{6}} = 70$(일)

23 $\dfrac{5}{6} \div \dfrac{7}{9} = \dfrac{5}{\underset{2}{6}} \times \overset{3}{\dfrac{9}{7}} = \dfrac{15}{14} = 1\dfrac{1}{14}$ (kg)

24 (땅콩 한 봉지의 양) $= 9 \div 4 = \dfrac{9}{4} = 2\dfrac{1}{4}$ (kg)

$\Rightarrow 2\dfrac{1}{4} \div \dfrac{3}{16} = \dfrac{9}{4} \div \dfrac{3}{16} = \dfrac{\overset{3}{9}}{\underset{1}{4}} \times \dfrac{\overset{4}{16}}{\underset{1}{3}} = 12$(명)

25 3을 더하기 전의 값은 $18 - 3 = 15$입니다.

$\square \times \dfrac{5}{12} = 15$, $\square = 15 \div \dfrac{5}{12} = (15 \div 5) \times 12 = 36$

---

1 ①   **2** $20, \dfrac{14}{15}$

3 $>$ **4** ㉠, ㉣, ㉢, ㉡

5 7 m^2 **6** $4\dfrac{1}{2} \text{ cm}$

7 4개

8 예 대분수를 가분수로 나타내지 않고 계산했습니다.▶2점

; 예 $6\dfrac{2}{3} \div \dfrac{5}{6} = \dfrac{20}{3} \div \dfrac{5}{6} = \dfrac{\overset{4}{20}}{\underset{1}{3}} \times \dfrac{\overset{2}{6}}{\underset{1}{5}} = 8$▶3점

9 $13\dfrac{4}{7} \text{ km}$ **10** 4개

11 $2\dfrac{2}{3}$

12 (1) $2\dfrac{5}{8} \text{ km}$ (2) $\dfrac{8}{21}$시간

13 예 $7\dfrac{4}{11} \div \dfrac{3}{10} = \dfrac{81}{11} \times \dfrac{10}{\underset{1}{3}} = \dfrac{270}{11} = 24\dfrac{6}{11}$이므로▶3점 포장할 수 있는 선물 상자는 24개입니다.▶3점

; 24개▶4점

14 $2\dfrac{1}{2}$배

15 $14\dfrac{1}{2}$배

1 나누어지는 수가 같으므로 나누는 수가 클수록 몫이 작습니다.

① $\dfrac{7}{12} \div \dfrac{1}{2} = \dfrac{7}{12} \div \dfrac{6}{12} = 7 \div 6 = \dfrac{7}{6}$

② $\dfrac{7}{12} \div \dfrac{1}{3} = \dfrac{7}{12} \div \dfrac{4}{12} = 7 \div 4 = \dfrac{7}{4}$

③ $\dfrac{7}{12} \div \dfrac{1}{4} = \dfrac{7}{12} \div \dfrac{3}{12} = 7 \div 3 = \dfrac{7}{3}$

④ $\dfrac{7}{12} \div \dfrac{1}{6} = \dfrac{7}{12} \div \dfrac{2}{12} = 7 \div 2 = \dfrac{7}{2}$

⑤ $\dfrac{7}{12} \div \dfrac{1}{12} = 7 \div 1 = 7$

2 $15 \div \dfrac{3}{4} = (15 \div 3) \times 4 = 20$,

$\dfrac{7}{12} \div \dfrac{5}{8} = \dfrac{7}{\underset{3}{12}} \times \overset{2}{\dfrac{8}{5}} = \dfrac{14}{15}$

3 $4\frac{1}{3} \div \frac{3}{5} = \frac{13}{3} \div \frac{3}{5} = \frac{13}{3} \times \frac{5}{3} = \frac{65}{9} = 7\frac{2}{9}$

$4\frac{2}{5} \div \frac{5}{7} = \frac{22}{5} \div \frac{5}{7} = \frac{22}{5} \times \frac{7}{5} = \frac{154}{25} = 6\frac{4}{25}$

$\Rightarrow 7\frac{2}{9} > 6\frac{4}{25}$

4 ㉠ $9 \div \frac{3}{4} = (9 \div 3) \times 4 = 12$

㉡ $8 \div \frac{2}{5} = (8 \div 2) \times 5 = 20$

㉢ $10 \div \frac{5}{9} = (10 \div 5) \times 9 = 18$

㉣ $14 \div \frac{7}{8} = (14 \div 7) \times 8 = 16$

$\Rightarrow 12 < 16 < 18 < 20$이므로 계산 결과가 작은 것부터 순서대로 기호를 쓰면 ㉠, ㉣, ㉢, ㉡입니다.

5 $\frac{14}{15} \div \frac{2}{15} = 14 \div 2 = 7 \, (\text{m}^2)$

6 (평행사변형의 밑변의 길이)=(평행사변형의 넓이)÷(높이)

$= 12\frac{3}{8} \div 2\frac{3}{4} = \frac{99}{8} \div \frac{11}{4}$

$= \overset{9}{\cancel{\frac{99}{8}}} \times \overset{1}{\cancel{\frac{4}{11}}} = \frac{9}{2} = 4\frac{1}{2} \, (\text{cm})$

7 $\frac{8}{10} \div \frac{\square}{10} = 8 \div \square$이고 자연수이어야 하므로 □는 8의 약수이어야 합니다.

따라서 □ 안에 들어갈 수 있는 자연수는 1, 2, 4, 8로 모두 4개입니다.

9 $5\frac{3}{7} \div \frac{2}{5} = \frac{38}{7} \div \frac{2}{5} = \overset{19}{\cancel{\frac{38}{7}}} \times \frac{5}{\underset{1}{\cancel{2}}}$

$= \frac{95}{7} = 13\frac{4}{7} \, (\text{km})$

10 ㉠ $1\frac{1}{2} \div \frac{3}{8} = \frac{3}{2} \div \frac{3}{8} = \overset{1}{\cancel{\frac{3}{2}}} \times \overset{4}{\cancel{\frac{8}{3}}} = 4$

㉡ $6\frac{2}{3} \div \frac{7}{9} = \frac{20}{3} \div \frac{7}{9} = \frac{20}{\cancel{3}} \times \overset{3}{\cancel{\frac{9}{7}}} = \frac{60}{7} = 8\frac{4}{7}$

$\Rightarrow 4$보다 크고 $8\frac{4}{7}$보다 작은 자연수는 5, 6, 7, 8로 모두 4개입니다.

11 계산 결과를 크게 하려면 나누는 수는 작고 나누어지는 수는 커야 하므로 가장 큰 경우는

$\frac{10}{12} \div \frac{5}{16} = \overset{2}{\cancel{\frac{10}{12}}} \times \overset{4}{\cancel{\frac{16}{5}}} = \frac{8}{3} = 2\frac{2}{3}$입니다.

12 (1) 20분 $= \frac{20}{60}$시간 $= \frac{1}{3}$시간

(걸은 거리)÷(걸은 시간)

$= \frac{7}{8} \div \frac{1}{3} = \frac{7}{8} \times 3 = \frac{21}{8} = 2\frac{5}{8} \, (\text{km})$

(2) (걸은 시간)÷(걸은 거리)

$= \frac{1}{3} \div \frac{7}{8} = \frac{1}{3} \times \frac{8}{7} = \frac{8}{21}(\text{시간})$

13

채점 기준		
분수의 나눗셈을 바르게 계산한 경우	3점	
포장할 수 있는 선물 상자의 수를 구한 경우	3점	10점
답을 바르게 쓴 경우	4점	

14 두 삼각형의 높이가 같으므로 넓이는 밑변의 길이에 따라 달라집니다.

(삼각형 가의 넓이)÷(삼각형 나의 넓이)

$= 3\frac{1}{2} \div 1\frac{2}{5} = \frac{7}{2} \div \frac{7}{5}$

$= \overset{1}{\cancel{\frac{7}{2}}} \times \frac{5}{\underset{1}{\cancel{7}}} = \frac{5}{2} = 2\frac{1}{2}(\text{배})$

15 (집에서 학교까지의 거리)

$= 1\frac{1}{8} + \frac{1}{12} = 1\frac{3}{24} + \frac{2}{24} = 1\frac{5}{24} \, (\text{km})$

$\Rightarrow 1\frac{5}{24} \div \frac{1}{12} = \frac{29}{24} \div \frac{1}{12} = \frac{29}{24} \div \frac{2}{24}$

$= 29 \div 2 = \frac{29}{2} = 14\frac{1}{2}(\text{배})$

과정 중심 단원평가 6~7쪽

1 $\frac{10}{11} \div \frac{2}{11} = 5$▶5점 ; 5개▶5점

2 $\frac{13}{15} \div \frac{4}{15} = \frac{13}{4} = 3\frac{1}{4}$▶5점 ; $3\frac{1}{4}$배▶5점

3 예 분모를 같게 통분하여 계산하지 않았습니다.▶10점

4 예 분모를 40으로 통분하여 계산할 수 있습니다.

$\frac{3}{8} \div \frac{3}{10}$▶3점$= \frac{15}{40} \div \frac{12}{40} = 15 \div 12$

$= \overset{5}{\cancel{\frac{15}{12}}} = \frac{5}{4} = 1\frac{1}{4}(\text{배})$▶3점 ; $1\frac{1}{4}$배

▶4점

5 예 $10 \div \frac{5}{7} = (10 \div 5) \times 7 = 14$이므로▶3점

$14 > \square$에서 □ 안에 들어갈 수 있는 자연수는 모두 13개입니다.▶3점 ; 13개▶4점

6 예 (밭의 가로)=(넓이)÷(세로)

$$=3\frac{1}{3}÷\frac{5}{6}=\frac{10}{3}÷\frac{5}{6}\;\blacktriangleright 3점$$

$$=\frac{\overset{2}{\cancel{10}}}{3}×\frac{\overset{2}{\cancel{6}}}{\underset{1}{\cancel{5}}}=4\;(m)\;\blacktriangleright 3점\;;\;4\;m\;\blacktriangleright 4점$$

7 예 블루베리 $\frac{2}{5}$ kg의 가격을 무게로 나눕니다.

$$5000÷\frac{2}{5}\;\blacktriangleright 3점=\overset{2500}{\cancel{5000}}×\frac{5}{\underset{1}{\cancel{2}}}=12500(원)\;\blacktriangleright 3점$$

; 12500원 ▶4점

8 예 어떤 수를 □라 하면 $□×\frac{2}{3}=3\frac{1}{9}$, ▶4점

$$□=3\frac{1}{9}÷\frac{2}{3}=\frac{28}{9}÷\frac{2}{3}=\frac{\overset{14}{\cancel{28}}}{\underset{3}{\cancel{9}}}×\frac{\overset{1}{\cancel{3}}}{\underset{1}{\cancel{2}}}=\frac{14}{3}$$

$$=4\frac{2}{3}입니다.\;\blacktriangleright 5점\;;\;4\frac{2}{3}\;\blacktriangleright 6점$$

9 예 거리를 휘발유의 양으로 나눕니다.

$$9\frac{5}{8}÷1\frac{3}{4}\;\blacktriangleright 4점=\frac{77}{8}÷\frac{7}{4}=\frac{\overset{11}{\cancel{77}}}{\underset{2}{\cancel{8}}}×\frac{\overset{1}{\cancel{4}}}{\underset{1}{\cancel{7}}}$$

$$=\frac{11}{2}=5\frac{1}{2}\;(km)\;\blacktriangleright 5점$$

; $5\frac{1}{2}$ km ▶6점

4

채점 기준		
식을 바르게 쓴 경우	3점	
몇 배인지 바르게 구한 경우	3점	10점
답을 바르게 쓴 경우	4점	

5

채점 기준		
나눗셈을 바르게 한 경우	3점	
□ 안에 알맞은 자연수를 알아본 경우	3점	10점
답을 바르게 쓴 경우	4점	

6

채점 기준		
밭의 가로를 구하는 식을 쓴 경우	3점	
밭의 가로의 길이를 구한 경우	3점	10점
답을 바르게 쓴 경우	4점	

7

채점 기준		
블루베리 1 kg의 가격을 구하는 식을 쓴 경우	3점	
블루베리 1 kg의 가격을 구한 경우	3점	10점
답을 바르게 쓴 경우	4점	

8

채점 기준		
어떤 수를 구하는 식을 쓴 경우	4점	
어떤 수를 구한 경우	5점	15점
답을 바르게 쓴 경우	6점	

9

채점 기준		
1 L의 휘발유로 갈 수 있는 거리를 구하는 식을 쓴 경우	4점	
1 L의 휘발유로 갈 수 있는 거리를 구한 경우	5점	15점
답을 바르게 쓴 경우	6점	

심화 문제
8쪽

1 $\frac{2}{3}$		**2** 1, 2, 3, 6, 9, 18	
3 42분		**4** 정오각형	
5 12 m			

1

$$\frac{3}{4}◎\frac{3}{8}=\frac{3}{4}÷\left(\frac{3}{4}+\frac{3}{8}\right)=\frac{3}{4}÷\left(\frac{6}{8}+\frac{3}{8}\right)=\frac{3}{4}÷\frac{9}{8}$$

$$=\frac{\overset{1}{\cancel{3}}}{\underset{1}{\cancel{4}}}×\frac{\overset{2}{\cancel{8}}}{\underset{3}{\cancel{9}}}=\frac{2}{3}$$

2 $2\frac{1}{4}÷\frac{□}{8}=\frac{9}{\underset{1}{\cancel{4}}}×\frac{\overset{2}{\cancel{8}}}{□}=\frac{18}{□}$이므로 계산 결과가 자연수가

되려면 □는 18의 약수여야 합니다. 따라서 □ 안에 들어갈 수 있는 자연수는 1, 2, 3, 6, 9, 18입니다.

3 나무 도막은 모두

$$6\frac{3}{5}÷\frac{3}{10}=\frac{33}{5}÷\frac{3}{10}=\frac{\overset{11}{\cancel{33}}}{\underset{1}{\cancel{5}}}×\frac{\overset{2}{\cancel{10}}}{\underset{1}{\cancel{3}}}=22(개)입니다.$$

나무 도막 22개를 만들려면 21번을 잘라야 하므로 통나무를 모두 자르는 데 걸린 시간은 $2×21=42$(분)입니다.

4 $2÷\frac{2}{5}=(2÷2)×5=5$이므로 길이가 $\frac{2}{5}$ m인 변은 5개

만들 수 있습니다. 따라서 정다각형의 이름은 정오각형입니다.

5 (첫 번째로 튀어 오른 높이)

$$=5\frac{1}{3}÷\frac{2}{3}=\frac{16}{3}÷\frac{2}{3}=\frac{\overset{8}{\cancel{16}}}{\underset{1}{\cancel{3}}}×\frac{\overset{1}{\cancel{3}}}{\underset{1}{\cancel{2}}}=8\;(m)$$

(처음 공을 떨어뜨린 높이)

$$=8÷\frac{2}{3}=(8÷2)×3=12\;(m)$$

2단원 소수의 나눗셈

기본 단원평가 9~11쪽

1 (위에서부터) 10, 10 ; 24, 4, 6 ; 6

2 24, 216, 24, 9

3
```
          1 3
0.74 ) 9.62
         7 4
         2 2 2
         2 2 2
             0
```

4 234, 234, 234, 78, 78

5 1.2   **6** 15

7 5.8   **8** 6, 60, 600

9 1.4

10

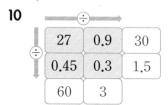

27	0.9	30
0.45	0.3	1.5
60	3	

11 >   **12** 1.6, 8

13 9, 2.7 ; 9, 2.7

14 방법1 예 $13.6 \div 3.4 = \dfrac{136}{10} \div \dfrac{34}{10}$

$= 136 \div 34 = 4$ ▶2점

방법2 예
```
          4
3.4 ) 13.6
      1 3 6
          0
```
▶2점

15 3.8   **16** 2.07

17 ( )(○)(○)

18
```
          1.6
4.6 ) 7.36
      4 6
      2 7 6
      2 7 6
          0
```
▶2점

; 예 소수점을 옮겨서 계산할 때에는 몫의 소수점은 옮긴 위치에 찍어야 합니다. ▶2점

19 >   **20** 8병, 1.5 L

21 25   **22** 15

23 3.8 cm   **24** 12 km

25 7개

---

2 분모가 같은 분수의 나눗셈은 분자끼리의 나눗셈과 같습니다.

3 나누는 수와 나누어지는 수의 소수점을 오른쪽으로 두 자리씩 옮겨서 계산합니다.

4 철사 2.34 m를 0.03 m씩 자르는 것은 철사 234 cm를 3 cm씩 자르는 것과 같습니다.

5
```
          1.2
3.3 ) 3.96
      3 3
        6 6
        6 6
          0
```

6
```
          1 5
2.4 ) 36.0
      2 4
      1 2 0
      1 2 0
          0
```

> **참고**
> 나누는 수가 자연수가 되도록 나누는 수와 나누어지는 수의 소수점을 오른쪽으로 한 자리씩 옮겨서 계산합니다. 이때 몫의 소수점은 나누어지는 수의 옮긴 소수점의 자리에 맞추어 찍습니다.

7 $3.48 \div 0.6 = 5.8$

8 나누는 수가 $\dfrac{1}{10}$배, $\dfrac{1}{100}$배가 되면 몫은 10배, 100배가 됩니다.

9
```
          1.3 7 ⇨ 1.4
9 ) 12.4
    9
    3 4
    2 7
      7 0
      6 3
        7
```

10 $27 \div 0.9 = 30$, $0.45 \div 0.3 = 1.5$,
$27 \div 0.45 = 60$, $0.9 \div 0.3 = 3$

11 $8.28 \div 2.3 = 3.6$, $9.86 \div 2.9 = 3.4$
⇨ 3.6 > 3.4

12 $5.92 \div 3.7 = 1.6$, $1.6 \div 0.2 = 8$

14 방법1은 분수의 나눗셈으로 바꾸어 계산하는 방법이고, 방법2는 세로로 계산하는 방법입니다.

15
$$
\begin{array}{r}
3.8 \\
1.8\,)\overline{6.8\,4} \\
\underline{5\,4} \\
1\,4\,4 \\
\underline{1\,4\,4} \\
0
\end{array}
$$

16 $22.8 \div 11 = 2.072\cdots$이므로 반올림하여 소수 둘째 자리까지 나타내면 2.07입니다.

17 2.86을 3으로, 6.4를 6으로 어림하면 $3 \div 6 = 0.5$이므로 몫은 약 0.5입니다.
27.2를 27로, 3.2를 3으로 어림하면 $27 \div 3 = 9$이므로 몫은 약 9입니다.
15.96을 16으로, 4.2를 4로 어림하면 $16 \div 4 = 4$이므로 몫은 약 4입니다.

19 $68 \div 7 = 9.71\cdots$이므로 몫을 반올림하여 자연수로 나타내면 10입니다.
⇨ $10 > 9.71\cdots$

20
$$
\begin{array}{r}
8 \\
2\,)\overline{1\,7.5} \\
\underline{1\,6} \\
1.5
\end{array}
$$
⇨ 나누어 담을 수 있는 병 수: 8병
남는 간장의 양: 1.5 L

21 3과 6을 한 번씩 사용하여 만들 수 있는 두 자리 수 중 홀수는 63이므로 $63 \div 2.52 = 25$입니다.

22 어떤 수를 □라 하면 $□ \div 3 = 14$이므로
$3 \times 14 = 42$에서 $□ = 42$입니다.
따라서 어떤 수를 2.8로 나눈 몫은 $42 \div 2.8 = 15$입니다.

23 삼각형의 밑변의 길이를 □ cm라 하면
$□ \times 2.1 \div 2 = 3.99$,
$□ \times 2.1 = 3.99 \times 2$, $□ \times 2.1 = 7.98$,
$7.98 \div 2.1 = □$, $□ = 3.8$입니다.

24 1시간 45분 $= 1\dfrac{45}{60}$ 시간 $= 1.75$시간이므로
이 선수가 1시간 동안 달린 평균 거리는
(달린 거리)÷(걸린 시간)$= 21 \div 1.75 = 12$ (km)입니다.

25 $68 \div 8.5 = 8$이고, 다리의 시작과 끝에는 기둥을 세우지 않으므로 기둥은 모두 $8 - 1 = 7$(개)가 필요합니다.

실력 단원평가 12~13쪽

1 63, 15
2 (1) 18 (2) 1.3
3 <
4 ㉢, ㉡, ㉣, ㉠
5 0.57
6 25
7 ②
8 7개, 2.5 cm
9 1.2 L
10 6
11
$$
\begin{array}{r}
9 \\
3\,)\overline{2\,8.5} \\
\underline{2\,7} \\
1.5
\end{array}
$$
; 9, 1.5
12 $0.\boxed{4}\,)\overline{\boxed{9}\,\boxed{6}}$; 240
13 예 사다리꼴의 높이를 □ cm라 하면
(사다리꼴의 넓이)$=(1.6+2.1) \times □ \div 2 = 24.05$
이므로 ▶2점 $3.7 \times □ = 48.1$,
$□ = 48.1 \div 3.7 = 13$입니다. ▶3점
; 13 cm ▶3점
14 예 $8.3 \div 6.6 = 1.25757\cdots$이므로 몫의 소수 둘째 자리 숫자부터 5, 7이 반복됩니다. ▶3점
소수 열한째 자리 숫자가 7이므로 반올림하여 소수 열째 자리까지 나타내면 소수 열째 자리 숫자는 6이 됩니다. ▶3점 ; 6 ▶4점
15 45개
16 108.7 km
17 82 cm

---

2 (1)
$$
\begin{array}{r}
1\,8 \\
2.6\,)\overline{4\,6.8} \\
\underline{2\,6} \\
2\,0\,8 \\
\underline{2\,0\,8} \\
0
\end{array}
$$
(2)
$$
\begin{array}{r}
1.3 \\
4.5\,)\overline{5.8\,5} \\
\underline{4\,5} \\
1\,3\,5 \\
\underline{1\,3\,5} \\
0
\end{array}
$$

3 $6.89 \div 1.3 = 5.3$, $4.86 \div 0.9 = 5.4$
⇨ $5.3 < 5.4$

4 ㉠ $5.5 \div 0.5 = 11$　㉡ $63.7 \div 4.9 = 13$
㉢ $4.48 \div 0.32 = 14$　㉣ $9.48 \div 0.79 = 12$
⇨ $14 > 13 > 12 > 11$이므로 몫이 큰 것부터 순서대로 기호를 쓰면 ㉢, ㉡, ㉣, ㉠입니다.

5 $1.7 \div 3 = 0.566\cdots$ ⇨ 0.57

6 $□ = 210 \div 8.4$, $□ = 25$

7 ①, ③, ④, ⑤ ⇨ 16
② ⇨ 1.6

평가 자료집 9 ~ 13 쪽

8

$$7\overline{)5\ 1.5} \atop {\underline{4\ 9} \atop 2.5}$$ (몫 7)

⇨ 리본을 7개까지 만들 수 있고 남는 색 테이프는 2.5 cm입니다.

9 $9.84 \div 8.2 = 1.2$ (L)

10 $21.5 ◎ 4.3 = (21.5 + 4.3) \div 4.3 = 25.8 \div 4.3 = 6$

11 사람 수는 소수가 아닌 자연수이므로 몫을 자연수까지만 구해야 합니다.

12 몫이 가장 크게 되려면 수 카드 3장 중 2장을 사용하여 가장 큰 두 자리 수를 만들어 나누어지는 수 자리에 쓰고, 남은 수 카드 1장을 나누는 수 자리에 씁니다.

⇨ $96 \div 0.4 = 240$

13

채점 기준		
사다리꼴의 넓이를 구하는 방법을 아는 경우	2점	
사다리꼴의 높이를 구한 경우	3점	8점
답을 바르게 쓴 경우	3점	

🔑 참고

(사다리꼴의 넓이)
= ((윗변의 길이) + (아랫변의 길이)) × (높이) ÷ 2

14

채점 기준		
몫의 소수점 아래의 반복되는 숫자의 규칙을 쓴 경우	3점	
반올림하여 소수 열째 자리 숫자를 구한 경우	3점	10점
답을 바르게 쓴 경우	4점	

15 의자의 길이는 1.4 m이고 의자 사이의 간격은 5 m이므로 의자는 (1.4 + 5) m에 한 개씩 놓이게 됩니다.

따라서 의자는 $288 \div (1.4 + 5) = 288 \div 6.4 = 45$(개)가 필요합니다.

16 3시간 18분 $= 3\frac{18}{60}$시간 $= 3.3$시간이므로 1시간 동안 달린 평균 거리는 $358.7 \div 3.3 = 108.69\cdots$입니다.

따라서 반올림하여 소수 첫째 자리까지 나타내면 108.7 km입니다.

17 처음 공을 떨어뜨린 높이를 □ cm라 하면
□ × 0.2 × 0.2 = 3.28, □ × 0.04 = 3.28,
□ = 3.28 ÷ 0.04 = 82입니다.

과정 중심 단원평가 14~15쪽

1 $8.5 \div 0.5 = 17$ ▶5점 ; 17명 ▶5점

2 $5.32 \div 0.38 = 14$ ▶5점 ; 14배 ▶5점

3 $159.08 \div 19.4 = 8.2$ ▶5점 ; 8.2 cm ▶5점

4 예 $5.3 \div 9 = 0.588\cdots$로 나누어떨어지지 않으므로 반올림하여 나타냅니다. ▶5점
; 0.59 ▶5점

5 예

$$3\overline{)1\ 6\ 4.7} \atop {\underline{1\ 5} \atop {1\ 4 \atop {\underline{1\ 2} \atop 2.7}}}$$ (몫 5 4) ▶3점

따라서 꽃을 54송이 만들 수 있고 남는 색 테이프는 2.7 m입니다. ▶3점
; 54송이, 2.7 m ▶4점

6 예 (준희가 자른 조각 수) $= 14.4 \div 0.6 = 24$(조각) ▶2점
(은주가 자른 조각 수) $= 14.4 \div 0.8 = 18$(조각) ▶2점
⇨ 자른 조각 수의 차는 $24 - 18 = 6$(조각)입니다. ▶2점
; 6조각 ▶4점

7 예 삼각형의 밑변의 길이를 □ cm라 하면
□ × 7.5 ÷ 2 = 45, ▶3점 □ × 7.5 = 90,
□ = 90 ÷ 7.5 = 12입니다. ▶3점
; 12 cm ▶4점

8 예 (깃발 사이의 간격 수) $= 84 \div 1.75 = 48$(군데) ▶4점
길의 처음과 끝에도 깃발을 세워야 하므로 깃발은
$48 + 1 = 49$(개) 필요합니다. ▶5점
; 49개 ▶6점

9 예 트럭의 무게는 3700 kg = 3.7 t입니다. ▶4점
(트럭의 무게) ÷ (오토바이의 무게)
$= 3.7 \div 0.6 = 6.166\cdots$이므로 반올림하여 소수 둘째 자리까지 나타내면 6.17배입니다. ▶5점
; 6.17배 ▶6점

5

채점 기준		
나눗셈식을 바르게 쓴 경우	3점	
나눗셈을 바르게 계산한 경우	3점	10점
답을 바르게 쓴 경우	4점	

6

채점 기준		
두 사람이 자른 조각 수를 구한 경우	각 2점	
조각 수의 차를 바르게 구한 경우	2점	10점
답을 바르게 쓴 경우	4점	

7

채점 기준		
밑변의 길이를 구하는 식을 쓴 경우	3점	
밑변의 길이를 구한 경우	3점	10점
답을 바르게 쓴 경우	4점	

8

채점 기준		
깃발 사이의 간격의 수를 구하는 경우	4점	
깃발의 수를 구한 경우	5점	15점
답을 바르게 쓴 경우	6점	

9

채점 기준		
트럭과 오토바이의 단위를 같게 바꾼 경우	4점	
트럭이 오토바이의 몇 배인지 구한 경우	5점	15점
답을 바르게 쓴 경우	6점	

심화 문제
16쪽

1   $\boxed{9}.\boxed{8}\boxed{4}\div\boxed{1}.\boxed{2}$; 8.2

2   96쪽

3   1시간 18분 후

4   ⑴ $8.55\div0.45=19$; 19조각

⑵ $8.55\div0.57=15$; 15조각

⑶ 현주, 4조각

5   8.9 kg

---

1   몫이 가장 크려면 나누어지는 수는 가장 크게, 나누는 수는 가장 작게 만들어야 합니다.

따라서 나누어지는 수의 높은 자리에 가장 큰 수인 9부터 차례로 놓고, 나누는 수의 높은 자리에 가장 작은 수인 1부터 차례로 놓습니다.

⇨ $9.84\div1.2=8.2$

2   문제집의 전체 쪽수를 □쪽이라 하면 성훈이가 풀고 남은 부분은 전체의 $1-0.25=0.75$입니다.

따라서 $□\times0.75=72$, $72\div0.75=□$, □=96이므로 문제집의 전체 쪽수는 96쪽입니다.

3   양초의 길이가 9.4 cm가 될 때까지 양초가 타는 길이는 $25-9.4=15.6$ (cm)입니다. 양초는 1분에 0.2 cm씩 타므로 양초의 길이가 9.4 cm가 되는 데 걸리는 시간은 $15.6\div0.2=78$(분)입니다.

따라서 1시간 18분 후입니다.

4   ⑶ 현주가 $19-15=4$(조각) 더 많습니다.

5   (잘라 낸 철근 2.4 m의 무게)
$=29.6-8.15=21.45$ (kg)

(철근 1 m의 무게)
$=21.45\div2.4=8.9375$ ⇨ 8.9 (kg)

따라서 철근 1 m의 무게를 반올림하여 소수 첫째 자리까지 나타내면 8.9 kg입니다.

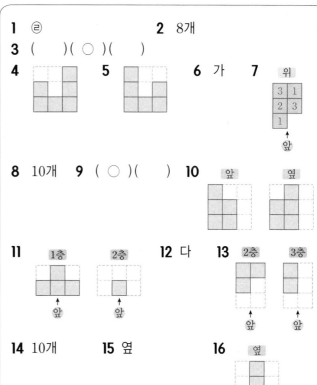

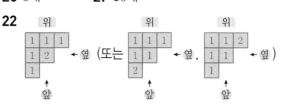

3 단원   **공간과 입체**

기본 단원평가
17~19쪽

1   ㉣

2   8개

3   ( )(○)( )

4

5

6   가

7   위

8   10개

9   (○)( )

10

11   1층   2층

12   다

13   2층   3층

14   10개

15   옆

16

17   앞, 옆, 위

18   수지

19   ㉢

20   6개

21   10개

22

23

24   예) 필요한 쌓기나무의 수를 층별로 세어 보면 1층에는 9개, 2층에는 4개, 3층에는 2개이므로 모두 $9+4+2=15$(개)입니다. ▶2점

; 15개 ▶2점

25   위   ; 예) 위에서 본 모양에 수를 쓰면 이므로 똑같은 모양으로 쌓는 데 필요한 쌓기나무는 $1+3+1+3+2=10$(개)입니다. ▶1점

; 10개 ▶2점

1 파란 지붕이 왼쪽, 초록 지붕이 오른쪽에 있으므로 뒤에서 찍은 것입니다.

2 1층 4개, 2층 4개 ⇨ 8개

4 3 1 2 ←3층   ⇨ 옆에서 보면 왼쪽에서부터 2층, 1층, 3층
　1 1 ←1층   입니다.
　2 ←2층

5 3 1 2 ⇨ 앞에서 보면 왼쪽에서부터 3층, 1층, 2층입니다.
　1 1
　2
　↑ ↑ ↑
　3 1 2
　층 층 층

6 가는 오른쪽 옆에서 찍은 사진입니다. 나와 같이 컵의 손잡이가 모두 가운데를 향하게 사진을 찍을 수 없습니다.

7 각 자리에 쌓기나무가 몇 층으로 쌓여 있는지 알아봅니다.

8 $3+1+2+3+1=10$(개)

9 는 과 을 연결하여 만들 수 있습니다.

10 앞에서 보면 3층, 2층으로 보이고, 옆에서 보면 2층, 3층으로 보입니다.

11 층별로 쌓기나무의 위치에 맞게 그립니다.

12 더 붙인 쌓기나무 ⇨

14 1층에 5개, 2층에 3개, 3층에 2개이므로 똑같은 모양으로 쌓는 데 필요한 쌓기나무는 $5+3+2=10$(개)입니다.

15 옆에서 보면 1층, 3층으로 보입니다.

17 앞에서 보면 2층, 2층으로 보이고, 옆에서 보면 1층, 2층, 1층으로 보입니다.

18 보기 를 돌리거나 뒤집었을 때 나올 수 있는 모양은 수지가 만든 것입니다.

19 ㉠, ㉡을 위에서 본 모양 ⇨

20 앞과 옆에서 본 모양을 보고 각 자리에 몇 개가 쌓여 있는지 알아봅니다.
위
2 1
2 1 ⇨ $2+1+2+1=6$(개)

21 위
　1
1 1 1
2 1 3
1인 자리를 먼저 채워 넣고, 앞과 옆에서 본 모양을 이용하여 2와 3을 써넣습니다.
⇨ $1+1+1+1+2+1+3=10$(개)

22 쌓기나무 7개 중에서 6개가 1층에 쌓여 있으므로 2층에는 1개가 쌓여 있습니다.

24

채점 기준		
필요한 쌓기나무의 수를 층별 또는 자리별로 세거나 그 외의 방법으로 구한 경우	2점	4점
답을 바르게 쓴 경우	2점	

25

채점 기준		
위에서 본 모양을 바르게 그린 경우	1점	4점
필요한 쌓기나무의 수를 구한 경우	1점	
답을 바르게 쓴 경우	2점	

실력 단원평가 20~21쪽

1 8개　　**2** 10개

3 나

4 예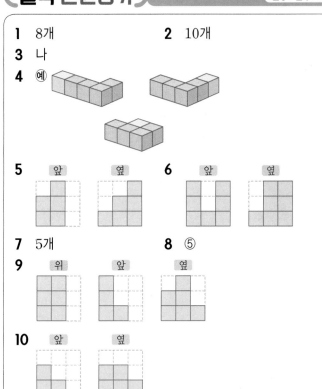

5 앞 옆　　**6** 앞 옆

7 5개　　**8** ⑤

9 위 앞 옆

10 앞 옆

11 예 1층: 6개, 2층: 4개, 3층: 1개이므로 모두 11개의 쌓기나무가 필요합니다. ▶3점 따라서 쌓기나무가 $11-7=4$(개) 더 필요합니다. ▶3점
; 4개 ▶4점

12 ㉢　　**13** 14개

14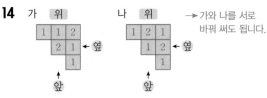
가 위
1 1 2
　2 1 ←옆
　　1
↑
앞

나 위
1 2 1
1 2 ←옆
1
↑
앞

→ 가와 나를 서로 바꿔 써도 됩니다.

1 1층 5개, 2층 2개, 3층 1개이므로 $5+2+1=8$(개)입니다.

2 1층 5개, 2층 4개, 3층 1개이므로 $5+4+1=10$(개)입니다.

3 가 모양은 8개, 나 모양은 10개를 사용했으므로 나 모양을 만드는 데 쌓기나무를 더 많이 사용했습니다.

4 돌리거나 뒤집어도 서로 다른 모양이 되도록 1개씩 그려 넣습니다. 만드는 방법은 여러 가지가 있습니다.

5 각 줄에서 가장 큰 수만큼 층을 나타냅니다.

6 앞에서 보면 3층, 1층, 3층으로 보이고, 옆에서 보면 1층, 3층, 3층으로 보입니다.

7 2층에 쌓은 쌓기나무의 수는 2 이상의 수가 쓰여 있는 자리의 수와 같으므로 5개입니다.

8 ①, ②, ③, ④번 모양을 돌리거나 뒤집어도 ⑤번 모양은 만들어지지 않습니다.

10 빨간색 쌓기나무를 빼고 앞에서 보면 2층, 1층으로 보이고, 옆에서 보면 2층, 2층, 1층으로 보입니다.

11

채점 기준		
주어진 모양을 만드는 데 필요한 쌓기나무의 수를 구한 경우	3점	
더 필요한 쌓기나무의 수를 구한 경우	3점	10점
답을 바르게 쓴 경우	4점	

12 ㉠과 ㉡은 같은 모양입니다. ㉢ ⇨

13 쌓기나무를 가장 많이 사용한 경우는 입니다.

따라서 쌓기나무는 $1+1+3+3+3+3=14$(개)입니다.

14 쌓기나무 8개를 사용해야 하는 조건과 위에서 본 모양을 보면 2층 이상에 쌓인 쌓기나무는 2개입니다. 1층에 6개의 쌓기나무를 위에서 본 모양과 같이 놓고 나머지 2개의 위치를 이동하면서 위, 앞, 옆에서 본 모양이 서로 같은 두 모양을 찾습니다.

1 예 1층이 4개, 2층이 3개, 3층이 1개입니다. ▶3점
따라서 필요한 쌓기나무는 $4+3+1=8$(개)입니다. ▶3점
; 8개 ▶4점

2 예 ㉠, ㉺ 자리에는 쌓기나무가 1개, ㉡, ㉣, ㉤ 자리에는 쌓기나무가 2개, ㉢ 자리에는 쌓기나무가 3개 쌓여 있습니다. ▶3점 따라서 쌓기나무가 가장 많이 쌓인 자리는 ㉢입니다. ▶3점
; ㉢ ▶4점

3 예 1층이 5개, 2층이 4개, 3층이 2개이므로 ▶3점 똑같은 모양으로 쌓는 데 필요한 쌓기나무는
$5+4+2=11$(개)입니다. ▶3점
; 11개 ▶4점

4 예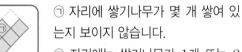
위에서 본 모양
㉠ 자리에 쌓기나무가 몇 개 쌓여 있는지 보이지 않습니다.
㉠ 자리에는 쌓기나무가 1개 또는 2개가 쌓여 있을 수 있습니다. ▶3점
따라서 옆에서 보았을 때 가능한 모양은 2가지입니다. ▶3점
; 2가지 ▶4점

5 예 $10-(2+2+3)=3$(개)이므로 ?가 있는 자리 중 한 곳은 2개, 다른 한 곳은 1개가 쌓여 있습니다. ▶5점
따라서 앞에서 본 모양은 왼쪽에서부터 2층, 3층, 2층이 되고, 옆에서 본 모양은 왼쪽에서부터 3층, 2층이 됩니다. ; 앞 옆

 ▶5점   ▶5점

6 예 가, 나를 앞에서 본 모양은 왼쪽에서부터 2층, 3층, 1층이고 다를 앞에서 본 모양은 왼쪽에서부터 2층, 3층입니다. ▶5점
따라서 모양이 다른 하나는 다입니다. ▶4점
; 다 ▶6점

7 예 위에서 본 모양이 정사각형이고 쌓은 모양은 4층이므로 가로와 세로가 각각 2칸씩입니다. ▶5점 4층이므로 위에서 본 모양의 한 자리에는 4를 씁니다. 쌓기나무가 8개이므로 다른 자리에 알맞은 수는 1, 1, 2입니다. ▶4점

; 예 위 → 위에서 본 모양의 각 자리에 1, 1, 2, 4가 쓰여 있으면 정답입니다.

앞   ▶6점

8 예
위

앞에서 본 모양은 왼쪽에서부터 2층, 3층, 2층이므로 ⑤번 자리는 2개이고, ②, ④, ⑦번 자리는 3개가 놓일 수 없습니다.
옆에서 본 모양은 왼쪽에서부터 3층, 3층, 1층이므로 ①, ②번 자리는 1개, ③, ⑥번 자리는 3개입니다.
쌓기나무를 최소로 쌓으려면 ④, ⑦번 자리 중 한 자리에 2개를 쌓으면 됩니다. ▶5점
따라서 필요한 쌓기나무는
$1+1+3+2+2+3+1=13$(개)입니다. ▶4점
; 13개 ▶6점

1

채점 기준		
층별이나 자리별로 필요한 쌓기나무의 수를 구한 경우	3점	
필요한 쌓기나무의 수를 구한 경우	3점	10점
답을 바르게 쓴 경우	4점	

2

채점 기준		
각 자리에 쌓인 쌓기나무의 수를 구한 경우	3점	
쌓기나무가 가장 많이 쌓인 자리를 구한 경우	3점	10점
답을 바르게 쓴 경우	4점	

3

채점 기준		
층별로 필요한 쌓기나무의 수를 구한 경우	3점	
필요한 쌓기나무의 수를 구한 경우	3점	10점
답을 바르게 쓴 경우	4점	

4

채점 기준		
보이지 않는 자리에 쌓기나무가 몇 개 있는지 알아본 경우	3점	
가능한 모양이 몇 가지인지 알아본 경우	3점	10점
답을 바르게 쓴 경우	4점	

5

채점 기준		
?가 있는 자리의 쌓기나무의 수를 알아본 경우	5점	
앞에서 본 모양을 그린 경우	5점	15점
옆에서 본 모양을 그린 경우	5점	

6

채점 기준		
앞에서 본 모양이 왼쪽에서부터 몇 층인지 알아본 경우	5점	
앞에서 본 모양이 다른 것을 찾은 경우	4점	15점
답을 바르게 쓴 경우	6점	

7

채점 기준		
위에서 본 모양을 알아본 경우	5점	
위에서 본 모양의 각 자리의 수를 알아본 경우	4점	15점
답을 바르게 쓴 경우	6점	

8

채점 기준		
위에서 본 모양의 각 자리에 필요한 쌓기나무의 수를 알아본 경우	5점	
필요한 쌓기나무의 수가 최소인 경우를 알아본 경우	4점	15점
답을 바르게 쓴 경우	6점	

심화 문제　24쪽

1 다, 가, 나　**2**　　　　**3** 13개

4 위　　위　　　**5** 44 cm²
(또는　　　)

1 쌓기나무는 위에 떠 있을 수 없으므로 위에서 본 모양은 다이고, 앞에서 본 모양은 가, 옆에서 본 모양은 나입니다.

2 위
앞에서 본 모양은 왼쪽에서부터 2층, 2층, 1층이므로 ㉠은 2, ㉢, ㉣은 1입니다.
옆에서 본 모양은 2층, 2층이므로 ㉣은 2이고 ㉡은 1층 또는 2층입니다.

3 왼쪽 모양의 쌓기나무의 수에서 오른쪽 모양의 쌓기나무의 수를 빼면 빼낸 쌓기나무의 수를 구할 수 있습니다. 왼쪽은 $3×3×3=27$(개), 오른쪽은 $6+6+2=14$(개)이므로 빼낸 쌓기나무는 $27-14=13$(개)입니다

4 쌓기나무가 1층에 4개 있고, 앞에서 본 모양과 옆에서 본 모양이 같아지려면 위에서 본 모양은 입니다. 4층의 쌓기나무 수가 2개가 되도록 수를 알맞게 써넣습니다.

5 바닥에 닿는 면의 모양은 7칸이므로 위, 아래에서 본 모양의 넓이는 각각 7 cm²입니다. 양옆에서 본 모양은
이므로 넓이는 각각 9 cm²입니다.
앞, 뒤에서 본 모양은 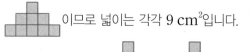, 이므로 넓이는 각각 6 cm²입니다.
따라서 겉넓이는 $(7+9+6)×2=44$ (cm²)입니다.

4 단원 비례식과 비례배분

기본 단원평가 (25~27쪽)

1 ④   **2** 3, 56
3 42, 42   **4** ㉠, ㉢
5 (위에서부터) 10, 5   **6** (선 잇기)

7 예 16 : 18, 24 : 27
8 12 : 15＝4 : 5 (또는 4 : 5＝12 : 15)
9 예 외항의 곱 $5 \times 30 = 150$과 내항의 곱
    $4 \times 35 = 140$이 같지 않습니다. / 5 : 4의 비율은
    $\dfrac{5}{4}$이고, 35 : 30의 비율은 $\dfrac{35}{30} = \dfrac{7}{6}$이므로 비율이
    같지 않습니다. ▶4점

10 예 21 : 16   **11** 예 3 : 2
12 7   **13** 30
14 15, 4   **15** 예 9 : 7
16 예 24 : 13   **17** 14개, 35개
18 35바퀴   **19** 800 m
20 525 g
21 76.5 m^2 (또는 $76\dfrac{1}{2}$ m^2)
22 예 꽃밭의 둘레가 112 m이므로 가로와 세로의 합은
    $112 \div 2 = 56$ (m)입니다. ▶1점
    따라서 꽃밭의 세로는
    $56 \times \dfrac{5}{9+5} = 56 \times \dfrac{5}{14} = 20$ (m)입니다. ▶1점
    ; 20 m ▶2점

23 129.6 cm^2 (또는 $129\dfrac{3}{5}$ cm^2)
24 예 28 : 37   **25** 예 6 : 7

---

1 5 : 9의 비율은 $\dfrac{5}{9}$입니다.

    ① 2 : 5 ⇨ $\dfrac{2}{5}$

    ② 5 : 2 ⇨ $\dfrac{5}{2}$

    ③ 10 : 14 ⇨ $\dfrac{10}{14} = \dfrac{5}{7}$

    ④ 20 : 36 ⇨ $\dfrac{20}{36} = \dfrac{5}{9}$

    ⑤ 36 : 20 ⇨ $\dfrac{36}{20} = \dfrac{9}{5}$

2 비례식에서 바깥쪽에 있는 항을 찾으면 3과 56입니다.

---

3 외항의 곱: $2 \times 21 = 42$
    내항의 곱: $3 \times 14 = 42$

4 비례식은 비율이 같은 두 비를 기호 '＝'를 사용하여 나타
    낸 식이므로 ㉠, ㉢입니다.

5 전항과 후항에 분모 2와 5의 최소공배수인 10을 곱하여
    자연수의 비로 나타냅니다.

6 $14 : 28$ ⇨ $\dfrac{14}{28} = \dfrac{1}{2}$

    $42 : 12$ ⇨ $\dfrac{42}{12} = \dfrac{7}{2}$

    $\dfrac{5}{18} : \dfrac{2}{9}$ ⇨ $5 : 4$ ⇨ $\dfrac{5}{4}$

    $5 : 4$ ⇨ $\dfrac{5}{4}$, $1 : 2$ ⇨ $\dfrac{1}{2}$, $7 : 2$ ⇨ $\dfrac{7}{2}$

7 비의 전항과 후항에 0이 아닌 같은 수를 곱하여도 비율은 같
    습니다.

8 $12 : 15$ ⇨ $\dfrac{12}{15} = \dfrac{4}{5}$, $6 : 12$ ⇨ $\dfrac{6}{12} = \dfrac{1}{2}$,

    $4 : 5$ ⇨ $\dfrac{4}{5}$, $10 : 8$ ⇨ $\dfrac{10}{8} = \dfrac{5}{4}$

10 전항과 후항에 분모의 최소공배수인 24를 곱합니다.

$$\begin{array}{c} \overset{\times 24}{\frown} \\ \dfrac{7}{8} : \dfrac{2}{3} \ \Rightarrow\ 21 : 16 \\ \underset{\times 24}{\smile} \end{array}$$

11 후항을 소수로 바꾸면 $2\dfrac{4}{5} = 2\dfrac{8}{10} = 2.8$입니다.

    $4.2 : 2\dfrac{4}{5}$ ⇨ $4.2 : 2.8$

          ⇨ $42 : 28$

          ⇨ $3 : 2$

12 $\square : 4 = 35 : 20$
    ⇨ $\square \times 20 = 4 \times 35$, $\square \times 20 = 140$, $\square = 7$

🔍 **다른 풀이**
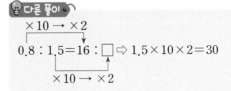

13 $0.8 : 1.5 = 16 : \square$
    ⇨ $0.8 \times \square = 1.5 \times 16$, $0.8 \times \square = 24$, $\square = 30$

🔍 **다른 풀이**

$$\begin{array}{c} \overset{\times 10\ \to\ \times 2}{\frown} \\ 0.8 : 1.5 = 16 : \square \ \Rightarrow\ 1.5 \times 10 \times 2 = 30 \\ \underset{\times 10\ \to\ \times 2}{\smile} \end{array}$$

평가 자료집 22 ~ 27 쪽

14 ㉠ : 45=㉡ : 12

⇨ ㉠×12=180, ㉠=15

⇨ 45×㉡=180, ㉡=4

15 6.3 : 4.9 ⇨ (6.3×10) : (4.9×10) ⇨ 63 : 49

⇨ (63÷7) : (49÷7) ⇨ 9 : 7

16 2.16 : 1.17 ⇨ (2.16×100) : (1.17×100)

⇨ 216 : 117 ⇨ (216÷9) : (117÷9) ⇨ 24 : 13

17 누나: $49×\dfrac{2}{2+5}=49×\dfrac{2}{7}=14$(개)

동생: $49×\dfrac{5}{2+5}=49×\dfrac{5}{7}=35$(개)

18 큰 바퀴가 15바퀴 도는 동안 보조 바퀴의 회전수를 □바퀴 라 하고 비례식을 세우면 6 : 14=15 : □입니다.

⇨ 6×□=14×15, 6×□=210, □=35

19 주희: $1800×\dfrac{4}{4+5}=1800×\dfrac{4}{9}=800$ (m)

20 바닷물 15 L를 증발시켜 얻을 수 있는 소금의 양을 □ g이라 하고 비례식을 세우면 4 : 140=15 : □입니다.

⇨ 4×□=140×15, 4×□=2100, □=525

21 5시간 동안 칠할 수 있는 벽의 넓이를 □ m²라 하고 비례 식을 세우면 $30\dfrac{3}{5}$: 2=□ : 5입니다.

⇨ $30\dfrac{3}{5}×5=2×□$, 153=2×□, □=76.5

22

채점 기준		
꽃밭의 가로와 세로의 합을 구한 경우	1점	
비례배분을 이용하여 꽃밭의 세로를 구한 경우	1점	4점
답을 바르게 쓴 경우	2점	

23 두 정사각형 ㉮와 ㉯의 넓이의 비는

㉮ : ㉯=(2×2) : (3×3)=4 : 9입니다.

정사각형 ㉯의 넓이를 □ cm²라 하고 비례식을 세우면 4 : 9=57.6 : □입니다.

⇨ 4×□=9×57.6, 4×□=518.4, □=129.6

24 (진우 키)$×3\dfrac{7}{10}$=(아버지 키)×2.8

⇨ (진우 키) : (아버지 키)=$2.8 : 3\dfrac{7}{10}$

⇨ 2.8 : 3.7 ⇨ 28 : 37

25 (가로)+(세로)=234÷2=117 (m)이고

(가로)=(세로)−9입니다.

(세로)−9+(세로)=117이므로 (세로)=63 m,

(가로)=63−9=54 (m)입니다.

⇨ (가로) : (세로)=54 : 63 ⇨ 6 : 7

실력 단원평가 [28~29쪽]

1 16		**2** 4 : 5, 16 : 20	
3 ㉡, ㉢		**4** ②	
5 45 g			

6 예 외항의 곱 $0.4×\dfrac{1}{2}=\dfrac{1}{5}$과 내항의 곱

$0.7×\dfrac{2}{7}=\dfrac{1}{5}$이 같으므로 비례식입니다. ▶5점

7 16봉지	**8** 30
9 18개	**10** 5.6
11 예 5 : 3	**12** 32 kg

13 4

14 15.36 cm² 또는 $15\dfrac{9}{25}$ cm²

15 예 나의 한 변의 길이를 □ cm라 하고 비례식을 세우 면 1 : 5=2 : □이므로 ▶2점

1×□=5×2, □=10입니다. ▶2점

따라서 나의 둘레는 10×3=30 (cm)입니다. ▶2점

; 30 cm ▶4점

16 92 m²

---

1 전항이 가장 큰 비는 20 : 16이고 이 비에서 후항은 16입 니다.

2 4 : 5 ⇨ $\dfrac{4}{5}$, 　　　5 : 8 ⇨ $\dfrac{5}{8}$,

16 : 20 ⇨ $\dfrac{16}{20}=\dfrac{4}{5}$, 　　24 : 15 ⇨ $\dfrac{24}{15}=\dfrac{8}{5}$

3 비례식에서 내항의 곱과 외항의 곱은 같습니다.

4 4 : 13=32 : □

⇨ 4×□=13×32, 4×□=416, □=104

5 비타민 B: $100×\dfrac{9}{9+11}=100×\dfrac{9}{20}=45$ (g)

6 비례식에서 외항의 곱과 내항의 곱은 같습니다.

7 과자 36봉지를 진우와 은수가 5 : 4로 나누어 가지려면 은 수는 $36×\dfrac{4}{5+4}=36×\dfrac{4}{9}=16$(봉지)를 가지게 됩니다.

8 외항의 곱과 내항의 곱은 같으므로

㉠×㉡=$\dfrac{3}{5}×□$, 18=$\dfrac{3}{5}×□$,

□=$18÷\dfrac{3}{5}=18×\dfrac{5}{3}$=30입니다.

---

9 형: $42 \times \dfrac{5}{5+2} = 42 \times \dfrac{5}{7} = 30$(개),

동생: $42 \times \dfrac{2}{5+2} = 42 \times \dfrac{2}{7} = 12$(개)

$\Rightarrow 30 - 12 = 18$(개)

10 ・$7 : 12 = ⊙ : 7.2$

$\Rightarrow 7 \times 7.2 = 12 \times ⊙$, $50.4 = 12 \times ⊙$, $⊙ = 4.2$

・$5 : 3 = 2\dfrac{1}{3} : ⓒ$

$\Rightarrow 5 \times ⓒ = 3 \times 2\dfrac{1}{3}$, $5 \times ⓒ = 7$, $ⓒ = 1.4$

$\Rightarrow ⊙ + ⓒ = 4.2 + 1.4 = 5.6$

11 비례식에서 외항의 곱과 내항의 곱은 같으므로

㉮ : ㉯ $= 45 : 27 \Rightarrow 5 : 3$입니다.

12 논 100 m^2에서 수확할 수 있는 벼의 양을 $\square$ kg이라 하

고 비례식을 세우면 $1\dfrac{1}{2} : 0.48 = 100 : \square$입니다.

$\Rightarrow 1\dfrac{1}{2} \times \square = 0.48 \times 100$, $1\dfrac{1}{2} \times \square = 48$, $\square = 32$

13 $\dfrac{\square}{9} : \dfrac{7}{12} \Rightarrow \left(\dfrac{\square}{9} \times 36\right) : \left(\dfrac{7}{12} \times 36\right) \Rightarrow (\square \times 4) : 21$

$(\square \times 4) : 21 = 16 : 21$이므로

$\square \times 4 = 16$, $\square = 4$입니다.

14 직사각형의 세로를 $\square$ cm라 하고 비례식을 세우면

$8 : 3 = 6.4 : \square$이므로

$8 \times \square = 3 \times 6.4$, $8 \times \square = 19.2$, $\square = 2.4$입니다.

$\Rightarrow$ (직사각형의 넓이)$= 6.4 \times 2.4 = 15.36 \text{ (cm}^2)$

15

채점 기준		
알맞은 비례식을 세운 경우	2점	
나의 한 변의 길이를 구한 경우	2점	10점
나의 둘레를 구한 경우	2점	
답을 바르게 쓴 경우	4점	

16 (봉숭아) : (맨드라미)

$\Rightarrow \dfrac{4}{5} : 1.6 \Rightarrow 0.8 : 1.6 \Rightarrow 8 : 16 \Rightarrow 1 : 2$

(화단 전체의 넓이)$=$((윗변)$+$(아랫변))$\times$(높이)$\div 2$

$\qquad\qquad\qquad\quad =(8+15) \times 12 \div 2 = 138 \text{ (m}^2)$

$\Rightarrow$ 화단의 넓이를 (봉숭아) : (맨드라미)$= 1 : 2$로 비례배분

해서 맨드라미를 심을 부분의 넓이를 구하면

맨드라미: $138 \times \dfrac{2}{1+2} = 138 \times \dfrac{2}{3} = 92 \text{ (m}^2)$

과정 중심 단원평가 30~31쪽

1 예) 밀가루와 팥의 무게의 비는 $4.7 : 2.5$입니다.▶3점

간단한 자연수의 비로 나타내면

$$\overset{\times 10}{4.7 : 2.5} \underset{\times 10}{\Rightarrow} 47 : 25$$입니다.▶3점 ; $47 : 25$▶4점

2 예) 비례식에서 외항의 곱과 내항의 곱은 같으므로▶3점

외항의 곱은 내항의 곱과 같은

$5.8 \times 12 = 69.6$입니다.▶3점 ; 69.6▶4점

3 예) 280 km를 갈 때 걸리는 시간을 $\square$분이라 하고

비례식을 세우면 $140 : 80 = 280 : \square$입니다.▶3점

$$\overset{\times 2}{140 : 80 = 280 : \square}, \underset{\times 2}{\square = 160}$$

160분은 2시간 40분입니다.▶3점 ; 2시간 40분▶4점

4 예) 152를 $11 : 8$로 나누면

$152 \times \dfrac{11}{11+8} = 88$, $152 \times \dfrac{8}{11+8} = 64$입니다.

▶3점

따라서 성주는 88개를 가지게 됩니다.▶3점

; 88개▶4점

5 예) 민호와 진희가 등산을 한 시간의 비는 $2.8 : 2\dfrac{1}{2}$입니

다.▶5점 간단한 자연수의 비로 나타내면

$$2.8 : 2\dfrac{1}{2} \Rightarrow \overset{\times 10}{2.8 : 2.5} \underset{\times 10}{\Rightarrow} 28 : 25$$입니다.▶5점

; 예) $28 : 25$▶5점

6 예) 가로를 $\square$ cm라 하고 비례식을 세우면

$7 : 4 = \square : 20$입니다.▶3점

$7 \times 20 = 4 \times \square$, $140 = 4 \times \square$, $\square = 35$▶3점

따라서 액자의 둘레는

$(35+20) \times 2 = 110 \text{ (cm)}$입니다.▶4점

; 110 cm▶5점

7 예) 증발시켜야 하는 바닷물의 양을 $\square$ L라 하고 비례식

을 세우면 $5 : 80 = \square : 480$입니다.▶4점

$5 \times 480 = 80 \times \square$, $2400 = 80 \times \square$, $\square = 30$▶3점

따라서 증발시켜야 하는 바닷물의 양은 30 L입니

다.▶3점 ; 30 L▶5점

8 예) 남학생과 여학생 수의 비가 $8 : 7$이므로 남학생은

$150 \times \dfrac{8}{8+7} = 80$(명)입니다.▶5점

안경을 쓴 남학생과 안경을 쓰지 않은 남학생 수의

비가 $2 : 8$이므로 안경을 쓰지 않은 남학생은

$80 \times \dfrac{8}{2+8} = 64$(명)입니다.▶5점 ; 64명▶5점

1

채점 기준		
밀가루와 팥의 무게의 비를 구한 경우	3점	
간단한 자연수의 비로 나타낸 경우	3점	10점
답을 바르게 쓴 경우	4점	

2

채점 기준		
비례식에서 외항의 곱과 내항의 곱이 같음을 알고 있는 경우	3점	
내항의 곱을 구한 경우	3점	10점
답을 바르게 쓴 경우	4점	

3

채점 기준		
비례식을 세운 경우	3점	
비례식을 계산한 경우	3점	10점
답을 바르게 쓴 경우	4점	

4

채점 기준		
비례배분 식을 바르게 계산한 경우	3점	
성주가 가지게 되는 바둑돌을 구한 경우	3점	10점
답을 바르게 쓴 경우	4점	

5

채점 기준		
등산한 시간의 비를 쓴 경우	5점	
간단한 자연수의 비로 나타낸 경우	5점	15점
답을 바르게 구한 경우	5점	

6 둘레는 (가로)+(세로)의 2배임에 주의합니다.

채점 기준		
비례식을 세운 경우	3점	
비례식을 계산한 경우	3점	
액자의 둘레를 구한 경우	4점	15점
답을 바르게 구한 경우	5점	

7

채점 기준		
비례식을 세운 경우	4점	
비례식을 계산한 경우	3점	
증발시켜야 하는 바닷물의 양을 구한 경우	3점	15점
답을 바르게 구한 경우	5점	

8 비례배분을 이용하여 남학생 수 → 안경을 쓰지 않은 남학생 수를 차례로 구합니다.

채점 기준		
남학생 수를 구한 경우	5점	
안경을 쓰지 않은 남학생 수를 구한 경우	5점	15점
답을 바르게 구한 경우	5점	

심화 문제   32쪽

1 120 cm   **2** 예 $3:2$ **3** $15:12$
4 예 $5:6$ **5** 45명

1 마름모 ㉯의 한 변의 길이를 $\square$ cm라 하여 비례식을 세우면 $4:5=24:\square$이므로
$4\times\square=5\times24$, $4\times\square=120$, $\square=30$입니다.
마름모는 네 변의 길이가 같으므로 마름모 ㉯의 둘레는 $30\times4=120$ (cm)입니다.

2 (삼각형의 넓이)=(밑변)×(높이)÷2입니다.
두 삼각형의 높이는 같으므로 두 삼각형의 넓이의 비는 밑변의 길이의 비와 같습니다.
(삼각형 ㄱㄴㄷ의 넓이) : (삼각형 ㄱㄷㄹ의 넓이)
⇨ (선분 ㄴㄷ의 길이) : (선분 ㄷㄹ의 길이)
⇨ $6:4$ ⇨ $3:2$

3 ㉮ : ㉯의 비율이 $1\frac{1}{4}=\frac{5}{4}$이므로
㉮$=5\times\square$, ㉯$=4\times\square$이다.
㉮$\times$㉯$=5\times\square\times4\times\square=20\times\square\times\square$이므로
$20\times\square\times\square<200$, $\square\times\square<10$, $\square=1, 2, 3$이 될 수 있습니다.
후항이 가장 크려면 $\square=3$이어야 하므로
㉮$=5\times3=15$, ㉯$=4\times3=12$로 $15:12$입니다.

4 ㉮와 ㉯의 가로의 비는 $2:3$이므로
㉮의 가로를 $(2\times\square)$ cm라 하면 ㉯의 가로는 $(3\times\square)$ cm입니다.
㉮와 ㉯의 세로의 비는 $5:4$이므로
㉮의 세로를 $(5\times\triangle)$ cm라 하면 ㉯의 세로는 $(4\times\triangle)$ cm입니다.
(가의 넓이) : (나의 넓이)
⇨ $(2\times\square\times5\times\triangle):(3\times\square\times4\times\triangle)$
⇨ $(10\times\square\times\triangle):(12\times\square\times\triangle)$ ⇨ $10:12$ ⇨ $5:6$

5 전학을 간 후 남학생은
$270\times\frac{8}{8+7}=270\times\frac{8}{15}=144$(명),
여학생은 $270\times\frac{7}{8+7}=270\times\frac{7}{15}=126$(명)입니다.
전학을 가기 전의 남학생 수를 $\square$명이라고 하면 여학생 수는 변화가 없으므로 (남학생) : (여학생)$=\square:126=3:2$입니다. ⇨ $\square\times2=126\times3$, $\square\times2=378$, $\square=189$
따라서 전학을 간 남학생은 $189-144=45$(명)입니다.

5단원 원의 넓이

기본 단원평가 33~35쪽

1

2 원주율

3 (1) × (2) ○

4 3.1, 3.1

5 24 cm

6 14 cm

7 31.4 m

8 186 cm, 124 cm, 62 cm

9 310 cm²

10 32개

11 60개

12 32, 60

13 (위에서부터) 12.56, 4 ; 50.24 cm²

14 254.34 cm²

15 615.44 cm²

16 $16 \times 16 \times 3.14 \div 2 = 401.92$ ▶2점
; 401.92 cm² ▶2점

17 원 모양

18 55.04 cm²

19 226.08 cm²

20 263.76 m

21 예 (큰 원의 넓이)$=10 \times 10 \times 3.14$
$=314$ (cm²) ▶1점
(작은 원의 넓이)$=5 \times 5 \times 3.14 = 78.5$ (cm²) ▶1점
⇨ $314 - 78.5 = 235.5$ (cm²) ▶1점
; 235.5 cm² ▶1점

22 502.4 cm²

23 162.8 m

24 1314 m²

25 35바퀴

---

1 원 위의 두 점을 이은 선분이 원의 중심을 지날 때 이 선분을 원의 지름이라고 하고 원의 둘레를 원주라고 합니다.

2 원주를 지름으로 나눈 값을 원주율이라고 합니다.

3 지름이 길어지면 원주도 길어집니다.

4 $9.4 \div 3 = 3.13 \cdots$ ⇨ 3.1
$18.7 \div 6 = 3.11 \cdots$ ⇨ 3.1

5 $8 \times 3 = 24$ (cm)

6 $43.4 \div 3.1 = 14$ (cm)

7 $5 \times 2 \times 3.14 = 31.4$ (m)

8 가: $60 \times 3.1 = 186$ (cm)
나: $40 \times 3.1 = 124$ (cm)
다: $20 \times 3.1 = 62$ (cm)

9 $10 \times 10 \times 3.1 = 310$ (cm²)

---

12 모눈의 수를 세어 보면 원 안에 색칠한 노란색 모눈은 32개, 원 밖에 있는 빨간색 선 안쪽에 있는 모눈은 60개입니다.
⇨ $32 \text{ cm}^2 <$ (원의 넓이), (원의 넓이) $< 60 \text{ cm}^2$

13 직사각형의 가로는 $4 \times 2 \times 3.14 \times \frac{1}{2} = 12.56$ (cm),
세로는 4 cm입니다.
⇨ (원의 넓이)$=12.56 \times 4 = 50.24$ (cm²)

14 $9 \times 9 \times 3.14 = 254.34$ (cm²)

15 $14 \times 14 \times 3.14 = 615.44$ (cm²)

17 (정사각형 모양의 피자의 넓이)$=13 \times 13 = 169$ (cm²)
(원 모양의 피자의 넓이)$=8 \times 8 \times 3.14 = 200.96$ (cm²)
따라서 원 모양의 피자가 더 넓습니다.

18 (색칠한 부분의 넓이)
$=$(정사각형의 넓이)$-$(원의 넓이)
$=(16 \times 16) - (8 \times 8 \times 3.14)$
$=256 - 200.96 = 55.04$ (cm²)

19 큰 원의 넓이에서 작은 원 2개의 넓이를 뺍니다.
$(12 \times 12 \times 3.14) - (6 \times 6 \times 3.14 \times 2)$
$=452.16 - 226.08 = 226.08$ (cm²)

20 $12 \times 3.14 \times 7 = 263.76$ (m)

21

채점 기준		
큰 원의 넓이를 구한 경우	1점	
작은 원의 넓이를 구한 경우	1점	4점
두 원의 넓이의 차를 구한 경우	1점	
답을 바르게 쓴 경우	1점	

22 $16 \times 16 \times 3.14 \times \frac{5}{8} = 502.4$ (cm²)

23 (경기장의 둘레)
$=$(곡선 부분의 길이)$+$(직선 부분의 길이)
$=(20 \times 3.14) + (50 \times 2) = 62.8 + 100 = 162.8$ (m)

24 (경기장의 넓이)
$=$(직사각형의 넓이)$+$(원의 넓이)
$=(50 \times 20) + (10 \times 10 \times 3.14)$
$=1000 + 314 = 1314$ (m²)

25 자전거의 바퀴가 1바퀴 굴러간 거리는
$60 \times 3 = 180$ (cm)이고 63 m $=6300$ cm입니다.
따라서 자전거의 바퀴는 $6300 \div 180 = 35$(바퀴) 굴러간 것입니다.

실력 단원평가   36~37쪽

1	3.14	**2**	2198 cm
3	15.7 cm	**4**	34.54 cm
5	4 cm	**6**	28.26 cm^2
7	14 cm	**8**	153.86 cm^2
9	53.9 cm^2		

10 예 (피자의 넓이)$=15 \times 15 \times 3.14 = 706.5$ (cm^2)입니다. ▶2점

따라서 한 사람이 먹을 수 있는 피자의 넓이는 $706.5 \div 6 = 117.75$ (cm^2)입니다. ▶3점

; 117.75 cm^2 ▶3점

11	㉠	**12**	94.2 cm
13	157송이	**14**	35

15 예 (반지름)$=49.6 \div 3.1 \div 2 = 8$ (cm)이므로

(원의 넓이)$=8 \times 8 \times 3.1 = 198.4$ (cm^2)이고, ▶2점

(반지름)$=62 \div 3.1 \div 2 = 10$ (cm)이므로

(원의 넓이)$=10 \times 10 \times 3.1 = 310$ (cm^2)입니다. ▶2점

⇨ (두 원의 넓이의 합)$=198.4 + 310$

$\qquad\qquad\qquad = 508.4$ (cm^2) ▶3점

; 508.4 cm^2 ▶3점

16 21.42 cm

---

1 (원주율)$=$(원주)$\div$(지름)

$\qquad\quad = 21.98 \div 7 = 3.14$

2 (굴러간 거리)$=70 \times 3.14 \times 10 = 2198$ (cm)

3 (나의 원주)$-$(가의 원주)

$\quad = (12 \times 3.14) - (7 \times 3.14)$

$\quad = 37.68 - 21.98 = 15.7$ (cm)

4 바깥쪽 지름은 안쪽 지름에 양쪽 두께를 더한 것과 같으므로 $9 + 1 \times 2 = 11$ (cm)입니다.

따라서 고리의 바깥쪽 원주는 $11 \times 3.14 = 34.54$ (cm)입니다.

5 메달이 1바퀴 굴러간 거리는 메달의 원주와 같습니다.

(지름)$=12.56 \div 3.14 = 4$ (cm)

6 지름이 6 cm인 원이므로

(원의 넓이)$=3 \times 3 \times 3.14 = 28.26$ (cm^2)입니다.

7 만들 수 있는 가장 큰 원의 원주는 43.96 cm입니다.

(지름)$=$(원주)$\div 3.14 = 43.96 \div 3.14 = 14$ (cm)

8 (원의 넓이)$=7 \times 7 \times 3.14 = 153.86$ (cm^2)

9 원의 넓이에서 마름모의 넓이를 뺍니다.

$(7 \times 7 \times 3.1) - (14 \times 14 \div 2)$

$= 151.9 - 98$

$= 53.9$ (cm^2)

10

채점 기준		
피자의 넓이를 구한 경우	2점	
한 사람이 먹을 수 있는 피자의 넓이를 구한 경우	3점	8점
답을 바르게 쓴 경우	3점	

11 (㉠의 넓이)$=9 \times 9 \times 3.14 = 254.34$ (cm^2)

㉡의 반지름은 $50.24 \div 3.14 \div 2 = 8$ (cm)이므로

(㉡의 넓이)$=8 \times 8 \times 3.14 = 200.96$ (cm^2)입니다.

따라서 254.34 cm$^2 >$ 200.96 cm$^2 >$ 153.86 cm^{2}이므로 넓이가 가장 넓은 접시는 ㉠입니다.

12 크기가 각각 다른 반원이 3개 있습니다.

(색칠한 부분의 둘레)

$= (30 \times 3.14 \div 2) + (19 \times 3.14 \div 2) + (11 \times 3.14 \div 2)$

$= 47.1 + 29.83 + 17.27$

$= 94.2$ (cm)

13 '원 모양의 연못 둘레' ⇨ 원주

(연못의 둘레)$=60 \times 3.14 = 188.4$ (m)

1 m 20 cm $=1.2$ m이므로 꽃을

$188.4 \div 1.2 = 157$(송이) 심을 수 있습니다.

14 원의 지름이 12 cm이므로 반지름은 $12 \div 2 = 6$ (cm)이고 원의 넓이는 $6 \times 6 \times 3.1 = 111.6$ (cm^2)입니다.

(직사각형의 넓이)$=111.6 + 308.4 = 420$ (cm^2)이므로 $\square \times 12 = 420$, $\square = 35$입니다.

15

채점 기준		
두 원의 넓이를 각각 구한 경우	각 2점	
두 원의 넓이의 합을 구한 경우	3점	10점
답을 바르게 쓴 경우	3점	

16 (사용한 테이프의 길이)

$=$(곡선 부분의 길이)$+$(직선 부분의 길이)

$=3 \times 3.14 + 3 \times 4$

$=9.42 + 12$

$=21.42$ (cm)

1 예 (지름)=(원주)÷(원주율)

$\qquad$ =81.64÷3.14

$\qquad$ =26 (cm)▶5점

$\quad$; 26 cm▶5점

2 예 (가의 원주)=19×3.14=59.66 (cm)▶2점

$\quad$ (나의 원주)=25×3.14=78.5 (cm)▶2점

$\quad$ (원주의 차)=78.5-59.66=18.84 (cm)▶2점

$\quad$; 18.84 cm▶4점

3 예 (원 밖의 정육각형의 넓이)

$\qquad$ =(삼각형 ㄱㅇㄷ의 넓이)×6

$\qquad$ =40×6=240 (cm^2)▶5점

$\quad$; 240 cm^2▶5점

4 예 (원 안의 정육각형의 넓이)

$\qquad$ =(삼각형 ㄹㅇㅂ의 넓이)×6

$\qquad$ =30×6=180 (cm^2)▶5점

$\quad$; 180 cm^2▶5점

5 예 원의 넓이는 180 cm^{2}보다 크고, 240 cm^{2}보다 작으므로▶3점 원의 넓이는 210 cm^{2}로 어림할 수 있습니다.▶3점

$\quad$; 예 210 cm^2▶4점

6 예 (원의 넓이)=(반지름)×(반지름)×3.1

$\qquad$ =111.6▶3점

$\quad$ 이므로 (반지름)×(반지름)=111.6÷3.1=36입니다. 따라서 케이크의 반지름은 6 cm입니다.▶3점

$\quad$; 6 cm▶4점

7 예 (반원의 넓이)=14×14×3.14÷2

$\qquad$ =307.72 (cm^2)▶5점

$\quad$; 307.72 cm^2▶5점

8 예 (지름)=42÷3=14 (cm)▶5점

$\quad$ (정사각형의 네 변의 길이의 합)

$\qquad$ =14×4=56 (cm)▶5점

$\quad$; 56 cm▶5점

9 예 (색칠한 부분의 넓이)

$\qquad$ =(직사각형의 넓이)-(원의 넓이)×2▶4점

$\qquad$ =(12×6)-(3×3×3.1)×2

$\qquad$ =72-55.8=16.2 (cm^2)▶5점

$\quad$; 16.2 cm^2▶6점

1

채점 기준		
(원주)÷(원주율)을 계산한 경우	5점	10점
답을 바르게 구한 경우	5점	

2

채점 기준		
가의 원주를 구한 경우	2점	
나의 원주를 구한 경우	2점	10점
원주의 차를 구한 경우	2점	
답을 바르게 구한 경우	4점	

3

채점 기준		
원 밖의 정육각형의 넓이를 구한 경우	5점	10점
답을 바르게 구한 경우	5점	

4

채점 기준		
원 안의 정육각형의 넓이를 구한 경우	5점	10점
답을 바르게 구한 경우	5점	

5

채점 기준		
원의 넓이가 180 cm^{2}보다 크고 240 cm^{2}보다 작음을 안 경우	3점	
원의 넓이를 어림한 경우	3점	10점
답을 바르게 구한 경우	4점	

6

채점 기준		
원의 넓이를 식으로 나타낸 경우	3점	
케이크의 반지름을 구한 경우	3점	10점
답을 바르게 구한 경우	4점	

7

채점 기준		
반원의 넓이를 구한 경우	5점	10점
답을 바르게 구한 경우	5점	

8

채점 기준		
지름을 구한 경우	5점	
정사각형의 네 변의 길이의 합을 구한 경우	5점	15점
답을 바르게 구한 경우	5점	

9

채점 기준		
색칠한 부분의 넓이를 구하는 식을 세운 경우	4점	
색칠한 부분의 넓이를 구한 경우	5점	15점
답을 바르게 구한 경우	6점	

심화 문제　40쪽

1 189.97 cm²	**2** 13바퀴
3 92.52 cm²	**4** 214.2 cm
5 624 m²	**6** 56그루

1 작은 반원을 잘라 빈 곳에 채우면 지름이 22 cm인 반원이 됩니다.
(색칠한 부분의 넓이)$=11 \times 11 \times 3.14 \div 2$
$\qquad\qquad\qquad\qquad\quad =189.97\ (cm^2)$

2 (굴러간 거리)$=90 \times 3.14 \times 10$
$\qquad\qquad\qquad =2826\ (cm)$
(뒷바퀴의 회전수)$=2826 \div (70 \times 3.14)$
$\qquad\qquad\qquad\qquad =2826 \div 219.8$
$\qquad\qquad\qquad\qquad =12.8 \cdots \Rightarrow 13바퀴$

3 이등변삼각형의 높이는 밑변이 12 cm일 때 원의 반지름과 같습니다.
(색칠한 부분의 넓이)
$=$(반원의 넓이)$+$(이등변삼각형의 넓이)
$=(6 \times 6 \times 3.14 \div 2)+(12 \times 6 \div 2)$
$=56.52+36$
$=92.52\ (cm^2)$

4 (사용한 끈의 길이)
$=$(곡선 부분의 길이)$+$(직선 부분의 길이)
$=(15 \times 2 \times 3.14)+(30 \times 4)$
$=94.2+120$
$=214.2\ (cm)$

5 (빨간색으로 색칠된 부분의 넓이)
$=$(전체 경기장의 넓이)$-$(안쪽 경기장의 넓이)
$=(8 \times 8 \times 3+60 \times 16)-(4 \times 4 \times 3+60 \times 8)$
$=1152-528$
$=624\ (m^2)$

6 (경기장 바깥 둘레)
$=16 \times 3+60 \times 2=168\ (m)$
$168 \div 3=56$이므로 나무는 모두 56그루 필요합니다.

6단원　원기둥. 원뿔, 구

기본 단원평가　41~43쪽

1 다	**2** 마

3 바
4 예 위와 아래에 있는 면이 합동이 아니므로 원기둥이 아닙니다. ▶4점
5

6 ㉡　　　**7** 선분 ㄱㄹ, 선분 ㄴㄷ
8 선분 ㄱㄴ, 선분 ㄹㄷ
9 구　　　**10** 5 cm
11 (왼쪽에서부터) 중심, 반지름
12 예 밑면과 옆면이 겹쳐지기 때문입니다. ▶4점
13 20 cm　　**14** 15 cm
15 원뿔　　　**16** 12 cm
17 10 cm　　**18** ①, ③
19　　　　　**20** 8 cm

21

밑면의 모양	밑면의 수(개)	앞에서 본 모양
사각형	1	삼각형
원	1	삼각형

22
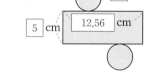

23

24 20 cm　　**25** 6 cm

4 원기둥의 특징을 생각하고 원기둥이 아닌 까닭을 알아봅니다.

5 원기둥에서 서로 평행하고 합동인 두 면을 밑면이라고 하고 두 밑면과 만나는 면을 옆면이라고 합니다. 또 두 밑면에 수직인 선분의 길이를 높이라고 합니다.

6 ㉡은 원뿔의 높이입니다.

7 밑면의 둘레와 길이가 같은 선분은 옆면의 가로입니다.

8 원기둥의 높이와 길이가 같은 선분은 옆면의 세로입니다.

9 반원의 지름을 기준으로 한 바퀴 돌리면 구가 만들어집니다.

10 지름이 10 cm이므로 반지름은 10÷2=5 (cm)입니다.

11 구에서 가장 안쪽에 있는 점을 구의 중심이라 하고, 구의 중심에서 구의 겉면의 한 점을 이은 선분을 구의 반지름이라고 합니다.

12 원기둥의 전개도에서는 합동인 원 모양의 두 밑면이 위와 아래에서 서로 마주 보고 있어야 합니다.

13 원기둥에서 두 밑면에 수직인 선분의 길이를 높이라고 합니다.

14 원뿔에서 꼭짓점과 밑면인 원의 둘레의 한 점을 이은 선분을 모선이라고 합니다.

15 직각삼각형 모양의 종이를 직각을 낀 변을 기준으로 한 바퀴 돌리면 원뿔이 됩니다.

16 원뿔의 높이는 12 cm, 모선의 길이는 13 cm입니다.

17 5×2=10 (cm)

18 ② 각기둥의 밑면은 다각형이지만 원기둥의 밑면은 원입니다.
④ 꼭짓점이 원기둥에는 없고 각기둥에는 여러 개 있습니다.
⑤ 원기둥의 옆면은 굽은 면, 각기둥의 옆면은 평평한 면입니다.

19 원뿔에서 평평한 면을 밑면이라고 합니다.
원뿔에서 원뿔의 꼭짓점과 밑면인 원의 둘레의 한 점을 이은 선분을 모선이라고 합니다.
원뿔의 꼭짓점에서 밑면에 수직으로 내린 선분의 길이를 높이라고 합니다.

20 밑면의 지름은 4×2=8 (cm)입니다.

22 원기둥의 전개도에서 옆면의 가로는 밑면의 둘레와 같으므로 2×2×3.14=12.56 (cm)입니다.
옆면의 세로는 원기둥의 높이와 같으므로 5 cm입니다.

23 구는 위, 앞, 옆에서 본 모양이 모두 같습니다.

24 원기둥을 앞에서 본 모양이 정사각형이므로 원기둥의 높이는 밑면의 지름과 같습니다.
⇨ 10×2=20 (cm)

25 밑면의 반지름을 □ cm라고 하면
□×2×3.14=37.68, □×2=12, □=6입니다.

---

1 다, 라　　　　　**2** 바

3 예 뿔 모양이 아닙니다. / 밑면이 2개이므로 원뿔이 아닙니다. ▶5점

4 예 원기둥의 두 밑면은 원이고 서로 평행합니다.
/ 옆면은 굽은 면이고 잘 굴러갑니다. ▶5점

5 ⑤　　　　　　　**6** 원기둥

7 9 cm　　　　　　**8** 8 cm

9 6 cm, 5 cm　　　**10** 18 cm

11 43.4 cm　　　　**12** ②

13

같은 점	예 밑면의 수가 2개입니다. ▶5점
다른 점	예 원기둥에는 꼭짓점이 없는데 각기둥은 꼭짓점이 있습니다. ▶5점

14 2 cm

15 예

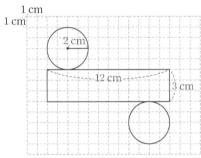

16 24.2 cm

5 원뿔에서 모선의 수는 무수히 많습니다.

9 만들어진 입체도형은 원뿔이므로 밑면의 지름은
3×2=6 (cm)이고, 모선의 길이는 5 cm입니다.

10 원기둥의 전개도에서 선분 ㄱㄴ의 길이는 원기둥의 높이와 같으므로 18 cm입니다.

11 원기둥의 전개도에서 선분 ㄱㄹ의 길이는 밑면의 둘레와 같습니다.
⇨ 7×2×3.1=43.4 (cm)

12 ② 원기둥의 옆면은 굽은 면입니다.

14 원뿔의 모선의 길이는 10 cm이고 높이는 8 cm입니다.
⇨ 10−8=2 (cm)

15 옆면의 가로의 길이: 2×2×3=12 (cm)

16 (옆면의 가로)=(밑면의 둘레)=6×2×3.1=37.2 (cm)
이고 (옆면의 세로)=(원기둥의 높이)=13 cm입니다.
따라서 옆면의 가로와 세로의 길이의 차는
37.2−13=24.2 (cm)입니다.

과정 중심 단원평가 　46~47쪽

1 예 밑면이 원이 아니고 옆면이 굽은 면이 아닙니다. ▶10점

2 예 옆면이 직사각형이 아닙니다. / 두 밑면이 합동이 아닙니다. ▶10점

3 예 원기둥의 높이는 15 cm이고, 원뿔의 높이는 12 cm입니다. ▶3점 따라서 원기둥의 높이가 $15-12=3$ (cm) 더 높습니다. ▶3점
; 원기둥, 3 cm ▶4점

4 예 밑면의 지름은 반지름의 2배이므로 $5 \times 2=10$ (cm)입니다. ▶3점 앞에서 본 모양이 정사각형이므로 원기둥의 높이와 밑면의 지름은 같습니다. 따라서 높이는 10 cm입니다. ▶3점
; 10 cm, 10 cm ▶4점

5 예 반원 모양의 종이를 한 바퀴 돌려 만든 입체도형은 구입니다. ▶5점 따라서 구의 반지름은 $14 \div 2=7$ (cm)입니다. ▶5점
; 7 cm ▶5점

6 성훈 ▶5점 ; 예 원기둥은 앞에서 본 모양이 직사각형이고, ▶5점 원뿔은 앞에서 본 모양이 삼각형입니다. ▶5점

7 예 원기둥의 전개도에서 옆면의 가로는 밑면의 둘레와 길이가 같습니다. ▶3점 밑면의 반지름을 □ cm라 하면 $\square \times 2 \times 3=24$, $\square=4$입니다. ▶3점
따라서 원기둥의 밑면의 반지름은 4 cm입니다. ▶4점
; 4 cm ▶5점

8 예 직각삼각형 모양의 종이를 한 바퀴 돌려 만든 입체도형은 원뿔입니다. ▶3점
원뿔의 모선의 길이는 10 cm이고 밑면의 지름은 $6 \times 2=12$ (cm)이므로 ▶4점
차는 $12-10=2$ (cm)입니다. ▶3점 ; 2 cm ▶5점

3

채점 기준		
원기둥과 원뿔의 높이를 구한 경우	3점	
원기둥의 높이가 3 cm 더 높다고 구한 경우	3점	10점
답을 바르게 구한 경우	4점	

4

채점 기준		
밑면의 지름을 구한 경우	3점	
높이를 구한 경우	3점	10점
답을 바르게 구한 경우	4점	

5

채점 기준		
반원 모양을 돌리면 구가 됨을 아는 경우	5점	
구의 반지름을 구한 경우	5점	15점
답을 바르게 구한 경우	5점	

7

채점 기준		
옆면의 가로는 밑면의 둘레와 같다는 것을 아는 경우	3점	
밑면의 반지름을 구한 경우	3점	15점
원기둥의 밑면의 반지름을 구한 경우	4점	
답을 바르게 구한 경우	5점	

8

채점 기준		
직각삼각형 모양을 돌리면 원뿔이 됨을 아는 경우	3점	
모선의 길이와 밑면의 지름을 구한 경우	4점	15점
차를 구한 경우	3점	
답을 바르게 구한 경우	5점	

심화 문제 　48쪽

1

위에서 본 모양	옆에서 본 모양
◯	▢
◯	△

2

같은 점	예 옆면이 굽은 면입니다. ▶5점
다른 점	예 원뿔은 꼭짓점이 있지만 원기둥에는 없습니다. ▶5점

3 2 cm　　　　**4** 20 cm
5 165.6 cm　　**6** 5 cm

3 원기둥의 밑면의 지름: $4 \times 2=8$ (cm)
원뿔의 밑면의 지름: $5 \times 2=10$ (cm)
$\Rightarrow 10-8=2$ (cm)

4 $10 \times 2=20$ (cm)

5 옆면의 가로는 밑면의 둘레와 같습니다.
밑면의 반지름은 구의 반지름과 같으므로 옆면의 가로는 $10 \times 2 \times 3.14=62.8$ (cm)입니다.
$\Rightarrow$ (옆면의 둘레)$=(62.8+20) \times 2=165.6$ (cm)

6 (원기둥의 높이)$=$(옆면의 세로)
$=$(옆면의 넓이)$\div$(옆면의 가로)
$=155 \div (5 \times 2 \times 3.1)$
$=155 \div 31=5$ (cm)

정답은
이안에
있어!